国家林业和草原局普通高等教育"十三五"规划教材

现代测量学
（第 2 版）

董 斌 徐文兵 主编

中国林业出版社

内容简介

《现代测量学》（第2版）教材是在《现代测量学》教材的基础上，紧跟现代测绘科学技术的发展，进一步补充和完善相应内容而重新编写的。本教材对传统测量学的教学内容进行了仔细地精简和梳理，保留基础知识，秉承经典理论，紧密结合测绘新仪器、新技术、新方法，优化测量学的教学体系和教学内容。紧密结合高等农林院校的专业特色，体现现代测绘技术在资源与环境中的应用特点。在阐述测量学经典理论和方法的基础上，删除了陈旧的测量手段、测图方法和施工测量技术，保证教材的科学性和先进性。本教材编写时力求做到基本概念准确，具体测量工作以国家或行业最新颁布的行业标准、技术规程为依据，体现教材的实用性；新增内容充分反映出测绘科学技术的发展，教材内容与时俱进；同时各章附有思考题，以利于学生学习、实践和解决测量工程中的实际问题。

本教材既适用于高等农林院校测绘工程、地理信息科学、农学、林学、园林、园艺、农业经济、资源与环境、水产养殖、土地资源管理、水土保持、城市（乡）规划、旅游管理、农田水利工程等专业，也可作为其他院校相关专业的师生、成人教育及广大科技工作者的学习或参考用书。

图书在版编目（**CIP**）数据

现代测量学/董斌，徐文兵主编．—2版．—北京：中国林业出版社，2020.12（2024.9重印）
国家林业和草原局普通高等教育"十三五"规划教材
ISBN 978-7-5219-0965-4

Ⅰ.①现… Ⅱ.①董… ②徐… Ⅲ.①测量学－高等学校－教材 Ⅳ.①P2

中国版本图书馆 CIP 数据核字（2020）第 262883 号

现代测量学（第2版）

董 斌 徐文兵 主编

策划编辑 高兴荣 范立鹏
责任编辑 高兴荣

出版发行	中国林业出版社
	地址 北京市西城区德内大街刘海胡同7号 100009
	电话 (010) 83143611 邮箱 jiaocaipublic@163.com
	网址 http://www.forestry.gov.cn/lycb.html
经　销	新华书店
印　刷	河北京平诚乾印刷有限公司
版　次	2012年5月第1版（共印7次）
	2020年12月第2版
印　次	2024年9月第2次印刷
开　本	889mm×1194 1/16
印　张	23
字　数	560千字
定　价	56.00元

未经许可，不得以任何方式复制或抄袭本书之部分或全部内容。
版权所有　侵权必究

《现代测量学》（第2版）编写人员

主　编
　　董　斌　徐文兵

副主编
　　李西灿　高　祥　施拥军
　　姚志强　刘　琳

编写人员　（按姓氏笔画排序）
　　王春红　合肥学院
　　丛康林　山东农业大学
　　刘　琳　安徽农业大学
　　李西灿　山东农业大学
　　赵焕新　浙江农林大学
　　郝　泷　安徽农业大学
　　施拥军　浙江农林大学
　　姚志强　池州学院
　　高　祥　安徽农业大学
　　徐文兵　浙江农林大学
　　徐　琪　浙江农林大学
　　崔玉环　安徽农业大学
　　董　斌　安徽农业大学

主　审
　　高　飞　合肥工业大学

《现代测量学》（第1版）编写人员

主　编
　　　　　董　斌　安徽农业大学
　　　　　徐文兵　浙江农林大学

副主编
　　　　　李希灿　山东农业大学
　　　　　姚　山　北京农学院
　　　　　过家春　安徽农业大学

编写人员　（按姓氏笔画排序）
　　　　　田劲松　安徽农业大学
　　　　　过家春　安徽农业大学
　　　　　刘　琳　安徽农业大学
　　　　　李卫国　石家庄经济学院
　　　　　李希灿　山东农业大学
　　　　　陈红华　南京林业大学
　　　　　赵中立　山东农业大学
　　　　　姚　山　北京农学院
　　　　　施拥军　浙江农林大学
　　　　　徐文兵　浙江农林大学
　　　　　董　斌　安徽农业大学

主　审
　　　　　高　飞　合肥工业大学

第2版前言

本教材适用于测绘工程、地理信息科学、林学、园林、农学、土地资源管理、城乡规划、园艺、资源与环境、旅游管理、水土保持、国土资源调查、农业水利工程、水产养殖工程、土木工程、农业经济、人文地理、环境工程、建筑学等专业的测量类课程教学。

全书共15章，由董斌、徐文兵主编。参加编写工作的单位包括安徽农业大学、浙江农林大学、山东农业大学、池州学院、合肥学院。编写分工如下：第1章由李西灿、丛康林编写；第2章由崔玉环、董斌编写；第3章由郝泷、董斌编写；第4章由高祥、董斌编写；第5章由徐琪、徐文兵编写；第6章由徐文兵、徐琪编写；第7章由姚志强、董斌编写；第8章由刘琳、高祥编写；第9章由施拥军、徐文兵编写；第10章由李西灿、丛康林编写；第11章由高祥、王春红编写；第12章由赵焕新、李西灿编写；第13章由姚志强、高祥编写；第14章由崔玉环、董斌编写；第15章由刘琳、崔玉环编写。全书由高祥、董斌、徐文兵统稿。

本教材由教育部全国高校测绘学科教学指导委员会委员、中国测绘学会工程测量分会理事、合肥工业大学高飞教授主审，并提出了宝贵的意见和建议，在此表示衷心地感谢。安徽农业大学彭亮、方磊、李胜等部分研究生参与文稿校对工作，同时，感谢《现代测量学》（第1版）教材的全体编写人员。本教材已列入安徽省教育厅"一流教材建设"项目。

限于编者的水平，书中疏漏之处敬请专家和广大读者批评指正。

编 者

2020年6月

第1版前言

随着国民经济和科学技术的飞速发展，空间信息技术也随之发展迅速，现代测量仪器在测绘工程中的应用越来越广泛，传统测量技术难以满足21世纪的农林业、市政园林、土地管理测绘工程、地理信息系统等测量工作的需求，传统的测量方法和手段已逐步被新技术、新方法所取代，测量学教学内容和方法也应随之变革。同时，随着高等教育改革的不断深化，1998年教育部《普通高等学校本科专业目录》提出了拓宽基础、淡化专业、加强素质教育和能力培养的要求，专业课学时数被大量压缩，对高等学校教学内容和课程体系的改革提出了更高的要求。为了更好地培养新世纪农林业、测绘、地信等专业人才，适应现代测绘技术的迅速发展和测绘仪器的不断更新，本教材在国内多所农林、经济类等院校测量学教师的精诚合作下，在参阅国内外大量测量学教材、专著、论文和测量规范的基础上，遵循教学内容服务于社会生产需要、培养创新型实践人才的指导思想，顺应时代发展的潮流，实时地改革教学内容、教学手段和教学方式，结合现代测量学教学特点和科学研究成果编写而成。

本教材对传统测量学教学内容进行合理的裁减和梳理，保留基础知识，秉承经典理论，又紧密结合现代测绘技术的新仪器、新技术、新方法，优化测量学教学体系和教学内容，使其具有以下特色：

（1）在学习现代测量学基本理论和方法的同时，以农林业的社会生产需求为导向，紧密结合农林类院校相关专业的要求，以突出本教材的特色。在专业测量知识部分增添了园林工程测量、土地资源测量、渠道测量、林区公路测量和地籍测量等内容，以更好地满足学生学以致用的要求。

（2）在阐述测量学经典理论和方法的基础上，删除陈旧的测量手段、测图方法和施工测量技术，紧密结合现代测量新仪器、新技术和新方法，保证教材的科学性和先进性。增添了GNSS理论与技术、CORS技术、自动陀螺仪、GIS以及测量机器人等新技术；加强了全站仪数字化测图、GPS RTK数字化测图、基于影像的数字化测图等新知识；增加了GIS在数字地形图、专题地图和数字影像图中的应用以及地形图在飞机播种和造林中的应用等新内容。

（3）教材内容和体系做了调整和重新编排。如测量坐标系统部分的内容在现有测量学教材中都安排在绪论部分，学生刚接触这门新课程时难以接受和理解；本教材将高程系统部分放在水准测量章节，球面坐标系及其他坐标系统放在新增章节——坐标测量中，增加了地籍测量及土地资源整治与测绘的内容。全书力求简洁全面，理论结合实践，有助于学生更好地选取相关内容自学。

（4）本教材编写时力求做到基本概念准确，具体测量工作以国家或行业最新颁布的行业标准、技术规程为依据，如《工程测量规范》《国家三四等水准测量规范》《城市测量规范》，体现出教材的实用性；新增内容充分反映测绘科学技术的新发展，以实现教材内容的与时俱进；同时每章后附有思考题，以利于学生学习、实践和解决测量工程中的实际问题。

本教材适用于测绘工程、地理信息系统、林学、园林、农学、土地资源管理、城市（乡）

规划、园艺、资源与环境、旅游管理、水土保持、国土资源调查、农业水利工程、水产养殖、土木工程、农业经济等专业的测量类课程教学。

全书共 15 章，由董斌、徐文兵主编。参加编写工作的单位包括安徽农业大学、浙江农林大学、山东农业大学、北京农学院、南京林业大学、石家庄经济学院。编写分工如下：第 1 章由赵立中、李希灿编写；第 2、3、4 章由董斌编写；第 5 章由徐文兵、梁丹编写；第 6 章由徐文兵、李卫国编写；第 7、8 章由过家春编写；第 9 章由徐文兵、施拥军编写；第 10 章由李希灿编写；第 11 章由田劲松编写；第 12 章由李卫国编写；第 13 章由陈红华、刘新编写；第 14 章由姚山、董斌编写；第 15 章由刘琳编写。安徽农业大学硕士生钱国英参与了部分文稿和图片的校对工作。全书由董斌统稿。

本教材由教育部全国高校测绘学科教学指导委员会委员、中国测绘学会工程测量分会理事、合肥工业大学高飞教授主审，并提出了诸多中肯的、非常有价值的修改意见和建议，在此表示衷心地感谢。

在本教材编写过程中，编者参考了大量文献，感谢这些文献作者的辛勤劳动；本教材的编写得到广州南方测绘仪器有限公司的友情资助，在此表示感谢；中国林业出版社、安徽农业大学和浙江农林大学等单位领导对本教材的立项、出版等给予了大力的支持和帮助，在此深表谢意。

限于编者的水平，书中疏漏之处敬请专家和广大读者批评指正。

编 者

2012 年 2 月

目 录

第2版前言
第1版前言

第1章 绪 论 ·· 001
1.1 测量学与测绘学 ·· 003
 1.1.1 测量学与测绘学 ·· 003
 1.1.2 测量学分类 ·· 003
 1.1.3 测量学任务 ·· 004
 1.1.4 测量学作用 ·· 004
1.2 测量学发展概况 ·· 004
 1.2.1 传统测量技术 ··· 004
 1.2.2 现代测量技术 ··· 005
1.3 坐标系统与高程系统 ·· 006
 1.3.1 地球的形状与大小 ··· 006
 1.3.2 坐标系统 ··· 007
 1.3.3 高程系统 ··· 012
1.4 测量工作概述 ··· 013
 1.4.1 基本工作 ··· 013
 1.4.2 基本原则 ··· 013
 1.4.3 基本概念 ··· 013
1.5 地球曲率对基本观测量的影响 ··· 013
 1.5.1 地球曲率对水平距离的影响 ··· 014
 1.5.2 地球曲率对水平角度的影响 ··· 014
 1.5.3 地球曲率对高程的影响 ·· 014
1.6 测量中常用单位及换算 ··· 015
 1.6.1 基本单位 ··· 015
 1.6.2 单位换算 ··· 015
1.7 测量误差的基本知识 ·· 015
 1.7.1 测量误差及分类 ·· 016
 1.7.2 衡量精度的标准 ·· 017
 1.7.3 误差传播定理 ··· 019
 1.7.4 观测值的算术平均值及其中误差 ··· 019

第2章 水准测量 ... 023
2.1 水准测量方法 ... 025
2.1.1 水准测量原理 ... 025
2.1.2 连续水准测量 ... 026
2.2 微倾水准仪及其使用 ... 027
2.2.1 微倾水准仪的构造 ... 028
2.2.2 水准尺和尺垫 ... 031
2.2.3 水准仪使用 ... 032
2.3 普通水准测量与数据处理 ... 033
2.3.1 水准路线种类 ... 033
2.3.2 水准测量校核方法 ... 033
2.3.3 水准测量成果整理 ... 035
2.4 三、四等水准测量 ... 037
2.4.1 三、四等水准测量 ... 037
2.4.2 三、四等水准测量成果整理 ... 040
2.5 自动安平水准仪和电子水准仪 ... 040
2.5.1 自动安平水准仪 ... 040
2.5.2 电子水准仪 ... 041
2.6 水准仪检验与校正 ... 042
2.6.1 圆水准器轴检验与校正 ... 043
2.6.2 十字丝横丝检验与校正 ... 044
2.6.3 水准管轴检验与校正 ... 044
2.7 水准测量误差来源及注意事项 ... 045
2.7.1 误差来源 ... 045
2.7.2 注意事项 ... 046

第3章 角度测量 ... 049
3.1 角度测量原理 ... 051
3.1.1 水平角 ... 051
3.1.2 竖直角 ... 051
3.2 DJ_6型光学经纬仪 ... 052
3.2.1 经纬仪构造及轴系关系 ... 052
3.2.2 经纬仪读数方法 ... 054
3.3 电子经纬仪 ... 056
3.3.1 电子经纬仪结构 ... 056
3.3.2 电子经纬仪功能 ... 057
3.3.3 电子经纬仪测角原理 ... 057
3.4 经纬仪使用 ... 059
3.4.1 光学经纬仪使用 ... 059
3.4.2 电子经纬仪使用 ... 060

  3.4.3 经纬仪使用注意事项 …… 062
 3.5 水平角测量 …… 062
  3.5.1 测回法 …… 062
  3.5.2 方向观测法 …… 063
  3.5.3 水平角观测注意事项 …… 064
 3.6 竖直角测量 …… 065
  3.6.1 竖直度盘构造 …… 065
  3.6.2 竖直角测量 …… 065
  3.6.3 竖盘指标差 …… 066
 3.7 角度测量误差来源 …… 068
  3.7.1 仪器误差 …… 068
  3.7.2 观测误差 …… 068
  3.7.3 外界条件影响 …… 069
 3.8 经纬仪检验和校正 …… 070
  3.8.1 照准部水准管轴检验与校正 …… 070
  3.8.2 十字丝检验与校正 …… 071
  3.8.3 视准轴检验与校正 …… 071
  3.8.4 横轴检验与校正 …… 072

第4章 距离测量与直线定向 …… 075
 4.1 钢尺量距 …… 077
  4.1.1 丈量工具 …… 077
  4.1.2 直线定线 …… 078
  4.1.3 距离丈量一般方法 …… 078
  4.1.4 距离丈量精度 …… 079
  4.1.5 误差来源 …… 079
  4.1.6 注意事项 …… 079
 4.2 视距测量 …… 080
  4.2.1 基本概念 …… 080
  4.2.2 原理与方法 …… 080
  4.2.3 观测与计算 …… 081
  4.2.4 误差来源 …… 082
 4.3 光电测距 …… 082
  4.3.1 概述 …… 083
  4.3.2 基本原理 …… 083
  4.3.3 相位式光电测距仪工作原理 …… 084
  4.3.4 光电测距仪的使用 …… 085
  4.3.5 光电测距成果整理 …… 085
  4.3.6 手持激光测距仪 …… 086
 4.4 直线定向 …… 086

	4.4.1	标准方向种类	086
	4.4.2	直线方向表示方法	087
	4.4.3	正、反坐标方位角的关系	087
	4.4.4	三种方位角之间的关系	088
4.5	罗盘仪定向	089
	4.5.1	罗盘仪构造	089
	4.5.2	罗盘仪使用	089
	4.5.3	罗盘仪在森林资源调查中的应用	090
	4.5.4	罗盘仪测量注意事项	091
4.6	陀螺经纬仪定向	091
	4.6.1	定向原理	091
	4.6.2	陀螺经纬仪构造	091
	4.6.3	真方位角观测	092
	4.6.4	陀螺经纬仪应用	092

第 5 章 全站仪及坐标测量 — 095

5.1	全站仪及其基本功能	097
	5.1.1	概述	097
	5.1.2	全站仪基本结构与功能	097
5.2	全站仪坐标测量	100
	5.2.1	平面坐标测量	100
	5.2.2	三角高程测量	102
	5.2.3	全站仪坐标测量的使用方法	102
5.3	全站仪其他功能	104
	5.3.1	项目和数据管理	104
	5.3.2	悬高测量	105
	5.3.3	圆柱中心测量	106
	5.3.4	对边测量	106

第 6 章 小地区控制测量 — 109

6.1	控制测量概述	111
	6.1.1	平面控制测量	111
	6.1.2	高程控制测量	113
6.2	导线测量	115
	6.2.1	导线的布设形式	115
	6.2.2	导线的外业工作	116
6.3	导线内业计算	118
	6.3.1	闭合导线坐标计算	118
	6.3.2	附合导线坐标计算	121
	6.3.3	支导线计算	121
	6.3.4	无定向导线计算	122

第7章 大比例尺地形图测绘 …………………………………………………… 127
7.1 比例尺及其精度 ……………………………………………………… 129
7.1.1 比例尺种类 …………………………………………………… 129
7.1.2 比例尺精度 …………………………………………………… 129
7.2 地物地貌的表示方法 ………………………………………………… 130
7.2.1 地形图图式 …………………………………………………… 130
7.2.2 地物符号 ……………………………………………………… 130
7.2.3 地貌符号 ……………………………………………………… 132
7.2.4 地图注记 ……………………………………………………… 137
7.3 传统测图前的准备工作 ……………………………………………… 138
7.3.1 图幅划分 ……………………………………………………… 139
7.3.2 图纸准备 ……………………………………………………… 139
7.3.3 坐标方格网绘制 ……………………………………………… 139
7.3.4 展绘控制点 …………………………………………………… 140
7.4 大比例尺地形图传统测绘方法 ……………………………………… 140
7.4.1 碎部点选择 …………………………………………………… 141
7.4.2 碎部点测定方法 ……………………………………………… 141
7.4.3 经纬仪法测绘地形图 ………………………………………… 142
7.4.4 地物、地貌勾绘 ……………………………………………… 143
7.4.5 碎部测图注意事项 …………………………………………… 144
7.4.6 地形图拼接、整饰和检查 …………………………………… 145
7.5 数字测图 ……………………………………………………………… 145
7.5.1 数字测图的有关概念 ………………………………………… 146
7.5.2 数字测图的作业模式及其基本流程 ………………………… 147
7.5.3 全站仪野外数据采集 ………………………………………… 150
7.5.4 地面数字测图的内业 ………………………………………… 158

第8章 地形图的基本知识 …………………………………………………… 165
8.1 常见地图简介 ………………………………………………………… 167
8.1.1 平面图与地形图 ……………………………………………… 167
8.1.2 地理图与专题图 ……………………………………………… 167
8.1.3 数字地图与电子地图 ………………………………………… 167
8.1.4 影像图 ………………………………………………………… 167
8.2 地形图分类与用途 …………………………………………………… 168
8.2.1 地形图分类与用途 …………………………………………… 168
8.2.2 国家基本比例尺地形图系列 ………………………………… 169
8.3 地形图分幅和编号 …………………………………………………… 169
8.3.1 梯形分幅和编号 ……………………………………………… 169
8.3.2 矩形分幅和编号 ……………………………………………… 173
8.4 地形图的构成要素 …………………………………………………… 175

  8.4.1 数学要素 … 175
  8.4.2 地理要素 … 176
  8.4.3 整饰要素 … 176
 8.5 地形图的识图 … 179
  8.5.1 地形图识图概述 … 179
  8.5.2 地形图识图的一般方法和程序 … 179

第9章 地形图的应用 … 181
 9.1 地形图应用概述 … 183
 9.2 地形图一般应用 … 183
  9.2.1 确定点的平面位置 … 183
  9.2.2 确定点的高程 … 184
  9.2.3 确定两点间距离 … 184
  9.2.4 确定地面坡度 … 185
  9.2.5 确定直线方向 … 186
  9.2.6 绘制纵断面图 … 186
  9.2.7 利用地形图平整土地 … 187
 9.3 地形图在野外调查中的应用 … 188
  9.3.1 准备工作 … 188
  9.3.2 地形图定向 … 188
  9.3.3 确定站立点在图上的位置 … 189
  9.3.4 地形图与实地对照的方法 … 190
  9.3.5 调绘填图 … 190
 9.4 面积测量 … 191
  9.4.1 解析法 … 191
  9.4.2 图解法 … 192
  9.4.3 求积仪法 … 193
  9.4.4 屏幕数字化法 … 195
  9.4.5 确定斜坡面积 … 195
 9.5 地形图修测 … 195
  9.5.1 概述 … 195
  9.5.2 地形图修测方法 … 196

第10章 园林工程施工测量 … 199
 10.1 概述 … 201
  10.1.1 施工放样原则 … 201
  10.1.2 施工放样特点 … 201
  10.1.3 园林工程施工测量的任务 … 201
  10.1.4 施工坐标与测量坐标的换算 … 202
 10.2 施工放样的基本工作 … 202
  10.2.1 水平角测设 … 202

10.2.2 水平距离测设᠁203
10.2.3 高程测设᠁203
10.3 测设点位的基本方法᠁204
10.3.1 直角坐标法᠁204
10.3.2 极坐标法᠁205
10.3.3 角度交会法᠁205
10.3.4 距离交会法᠁206
10.4 建筑场地的施工控制测量᠁207
10.4.1 平面施工控制网᠁207
10.4.2 高程控制᠁209
10.5 园林建筑物的测设᠁209
10.5.1 准备工作᠁209
10.5.2 园林建筑物的定位᠁210
10.5.3 园林建筑物的测设᠁211
10.5.4 基础施工测量᠁212
10.5.5 墙体施工测量᠁213
10.5.6 不规则图形的园林建筑测设᠁214
10.6 园林主要工程测设᠁215
10.6.1 园路测设᠁215
10.6.2 公园水体测设᠁215
10.6.3 堆山测设᠁216
10.6.4 平整场地测设᠁216
10.7 园林树木种植定点放样᠁216
10.7.1 公园树木种植放线᠁216
10.7.2 规则园林种植放线᠁217
10.7.3 行道树定植放线᠁218
10.8 园林地下管道施工测量᠁218
10.8.1 园林地下管道放线测设᠁218
10.8.2 园林地下管道施工测量᠁219

第11章 土地资源测量᠁223
11.1 平原地区土地平整测量᠁225
11.1.1 地块合并测算᠁225
11.1.2 用方格法平整土地᠁225
11.2 山地修筑梯田平整测量᠁228
11.2.1 梯田规划设计᠁228
11.2.2 梯田定线测量᠁232
11.2.3 水平梯田施工᠁235
11.3 果园桑园放样测量᠁235
11.3.1 平原地区建园放样᠁235

	11.3.2	山丘地区建园放样	237
11.4	土地整理工程与测量		237
	11.4.1	土地整理工程概述	237
	11.4.2	土地整理测量	238
11.5	土方量计算		242
	11.5.1	利用地形图平整土地	242
	11.5.2	渠道土方计算	242
	11.5.3	土石方计算	245

第12章 渠道测量 … 247

12.1	渠道选线及中线测量		249
	12.1.1	渠道选线	249
	12.1.2	渠道控制测量	250
	12.1.3	中线测量	250
12.2	渠道纵断面测量		253
	12.2.1	纵断面测量外业	253
	12.2.2	纵断面测量新方法	255
	12.2.3	渠道纵断面图的绘制	255
12.3	渠道横断面的测量		256
	12.3.1	横断面测量外业	256
	12.3.2	横断面图的绘制	257
12.4	渠道土方计算		258
12.5	渠道边坡放样		260
	12.5.1	标定中心桩的挖深或填高	260
	12.5.2	渠道边坡桩的放样	260
	12.5.3	验收测量	261

第13章 林区公路测量 … 263

13.1	概述		265
13.2	勘测设计		265
	13.2.1	林区线路勘测	265
	13.2.2	公路选线	266
13.3	路线中线测量		266
	13.3.1	转向角测定	266
	13.3.2	里程桩设置	267
13.4	圆曲线测设		268
	13.4.1	圆曲线测设	268
	13.4.2	困难地段曲线的测设	268
13.5	回头曲线测设		270
	13.5.1	回头曲线的公式及测设	270
	13.5.2	立交回曲线	271

13.6 竖曲线设计 ………………………………………………………… 271
    13.6.1 竖曲线要素 …………………………………………………… 272
    13.6.2 竖曲线的设计和计算 ………………………………………… 273
13.7 路基设计与放样 …………………………………………………… 274
    13.7.1 路基的设计 …………………………………………………… 274
    13.7.2 路基放样 ……………………………………………………… 275

第 14 章 地籍测量 ………………………………………………………… 277

14.1 地籍与地籍管理 …………………………………………………… 279
    14.1.1 地籍 …………………………………………………………… 279
    14.1.2 地籍管理 ……………………………………………………… 280
    14.1.3 地籍测量在地籍管理中的作用 ……………………………… 281
14.2 地籍调查 …………………………………………………………… 282
    14.2.1 土地权属调查 ………………………………………………… 282
    14.2.2 土地利用现状调查 …………………………………………… 289
    14.2.3 土地等级与土地税收 ………………………………………… 291
    14.2.4 土地划分与地籍编号 ………………………………………… 291
14.3 地籍测量 …………………………………………………………… 292
    14.3.1 地籍平面控制测量 …………………………………………… 292
    14.3.2 界址点坐标测量 ……………………………………………… 293
14.4 地籍图测绘 ………………………………………………………… 300
    14.4.1 地籍图的分类 ………………………………………………… 300
    14.4.2 地籍图基本内容 ……………………………………………… 300
    14.4.3 地籍图测绘 …………………………………………………… 302
14.5 数字地籍测量 ……………………………………………………… 306
    14.5.1 数字地籍的主要内容 ………………………………………… 306
    14.5.2 数字地籍的作业模式和流程 ………………………………… 307
    14.5.3 数字地籍的流程和特点 ……………………………………… 307
    14.5.4 数字地籍的硬件环境 ………………………………………… 309
    14.5.5 数字地籍的软件环境 ………………………………………… 309
    14.5.6 数字地籍测量的数据采集 …………………………………… 310
    14.5.7 数据处理 ……………………………………………………… 310
    14.5.8 地籍图原图数字化 …………………………………………… 310

第 15 章 测绘新技术及其应用 …………………………………………… 313

15.1 全球导航卫星系统（GNSS）……………………………………… 315
    15.1.1 GNSS 概述 …………………………………………………… 315
    15.1.2 GNSS 基本原理 ……………………………………………… 318
    15.1.3 GNSS 定位模式 ……………………………………………… 319
    15.1.4 GNSS 测量的实施 …………………………………………… 320
    15.1.5 GNSS 拟合高程测量 ………………………………………… 325

  15.1.6 RTK 技术 ………………………………………………………… 326
  15.1.7 CORS 技术 ……………………………………………………… 327
 15.2 地理信息系统（GIS） ………………………………………………… 328
  15.2.1 地理信息系统概述 ……………………………………………… 328
  15.2.2 GIS 的基本组成 ………………………………………………… 329
  15.2.3 常用 GIS 软件简介 ……………………………………………… 330
  15.2.4 GIS 的功能 ……………………………………………………… 331
 15.3 遥感技术 ………………………………………………………………… 332
  15.3.1 遥感概述 ………………………………………………………… 332
  15.3.2 遥感图像解译 …………………………………………………… 333
  15.3.3 遥感图像处理技术 ……………………………………………… 333
 15.4 测绘新技术集成及其应用 ……………………………………………… 335
  15.4.1 "3S" 技术集成及其应用 ……………………………………… 335
  15.4.2 三维激光扫描技术及其应用 …………………………………… 338
  15.4.3 测量机器人技术及其应用 ……………………………………… 339
  15.4.4 无人机测绘技术及其应用 ……………………………………… 340
  15.4.5 其他测绘新技术及其应用 ……………………………………… 340
参考文献 ………………………………………………………………………… 344

第 1 章 绪 论

测绘科学与技术是一门古老而又年轻的学科，具有悠久的历史，并随着现代科学技术的进步而不断发展。

本章主要介绍测量学的概念、学科分类、基本任务，坐标系统与高程系统，测量工作的基本原则，常用测量单位及其换算，测量误差等基本知识。

1.1 测量学与测绘学

1.1.1 测量学与测绘学

测量学是研究地球的形状、大小以及测定地面点或空间点相对位置的一门科学，其目的是为了解自然和改造自然服务。现代测量学是利用现代测绘仪器和技术研究空间数据的采集、传输、处理、变换、存储、分析、制图、显示和应用的科学与技术。

测量学已广泛应用于资源勘察、城市规划、农田水利建设、工业与民用建筑、交通及矿产开采等领域，为社会经济发展提供基础资料和技术保障。

测绘学是测量学与制图学的统称，是研究实体（包括地球整体、表面以及外层空间各种自然和人造物体）中与地理空间分布有关的各种几何、物理、人文及其随时间变化的空间和属性信息的采集、处理、管理、更新和利用的科学与技术。可见，测量学是测绘学的重要组成部分，一般情况下，测量学就等同于测绘学，本教材中对此也不作严格区分。

1.1.2 测量学分类

随着科学技术的发展，测绘学的分支越来越细，根据其研究对象、应用范围和技术手段的不同，测绘学分为以下6个主要分支学科：

（1）普通测量学

普通测量学是研究地球表面小区域内测绘工作的基本理论、技术和方法的学科。由于范围较小，在研究过程中不考虑地球曲率的影响。普通测量学也称为地形测量学。

（2）大地测量学

大地测量学是研究整个地球的形状、大小和重力场，或研究在大区域内进行精密测量的理论和方法的学科。由于范围较大，在其研究过程中要顾及地球曲率的影响。现代大地测量学又分为几何大地测量学、物理大地测量学和空间大地测量学。

（3）摄影测量学

摄影测量学是利用摄影技术研究地表物体的形状、大小及空间位置的学科。根据摄影平台不同，摄影测量学可分为地面摄影测量、航空摄影测量和航天摄影测量；按技术处理方法，则分为模拟法摄影测量、解析法摄影测量和数字摄影测量。

（4）工程测量学

工程测量学是研究测量学的基本理论、方法和技术在工程建设中的应用，解决工程建设中施工放样、竣工测量和变形监测等实际问题的学科。工程测量学按其应用领域可分为土木工程测量、水利水电测量、矿山测量、军事工程测量和精密工程测量等。

（5）地图制图学

地图制图学是研究利用测量的数据资料，编制、印刷、出版地图、地形图和专题图的理论和方法的学科。地图是测绘工作的重要产品形式。地图制图学为生产国标的地图产品提供理论、技术和方法。

(6) 海洋测量学

海洋测量学是以海岸和海底地形为对象,研究海洋定位、测定大地水准面、海底地形、海洋重力、海洋磁力、海洋环境等自然和社会信息的地理分布,及其编制各种海图的理论和技术的学科。海洋测量学为海洋资源监测和管理、船舶和潜艇导航等方面提供服务。

随着电子计算机、信息技术、激光技术、遥感技术等现代科技的发展,尤其是以"3S"技术(GNSS、GIS 和 RS)为核心的测绘科学技术与其他学科的交叉发展,测绘学科的各个分支学科开始由独立走向综合,近年来正走向兴起的一门新兴学科——地球空间信息学(Geo - spatial Information Science,简称 Geomatics)。

1.1.3 测量学任务

测量学是一门用途极为广泛的应用科学与技术,一般而言,其主要任务有三类:测绘、测设和科学研究。测绘是利用测量仪器和工具,通过测量地面点的定位与属性数据,按一定的方法将地表形态及其信息绘制成图,这项工作称为地形图测绘,简称测图。测设是利用测量仪器和工具,将在图纸上设计好的建筑物或构筑物的位置在地面上标定出来以指导施工,这项工作又称为施工放样。科学研究是为研究农林业资源分布、地球的形状和大小、地壳的升降、地震预测预报、海岸线的变迁等科学研究提供资料和方法。

1.1.4 测量学作用

测量学已广泛应用于经济建设、国防建设和科学研究等领域,如资源调查与勘察、城市规划、农田水利建设、工业与民用建筑、道路与桥梁工程建设、园林规划设计、矿产开采等,尤其是土建类工程,在工程的规划、设计、施工、竣工和运行阶段都离不开测量工作。测量工作贯穿于工程建设的全过程,测绘工作者是建设的尖兵。国防安全与工程建设更需要测量工作,战略、战役的部署,行军路线的选择,后勤供应站的设置等,尤其是现代化战争,精确打击目标必须以准确的导航技术作为保障。在诸如地壳变形、地震预报、滑坡监测、灾害预报、航天技术等科学研究中,需要测量技术的支持。

在农业、林业生产中,诸如农林资源调查、土地利用规划、土地平整、梯田规划、灌溉工程设计与布置、苗木定植、树种分布与面积统计、水土保持等方面均需要进行测量工作。随着信息农业的发展,各种精细农业信息的获取与传输,包括土壤养分、作物种植、施肥浇灌、灾害防治、农产品产销信息发布等,需要一个庞大的信息监测网络的支持,其中"3S"技术、传感器技术、通讯技术被越来越广泛地应用。

1.2 测量学发展概况

1.2.1 传统测量技术

测绘科学技术是人类长期以来改造自然、从事生产建设的经验总结,是一门古老而又年轻的科学技术。我国古代的夏禹治水、古埃及的尼罗河泛滥后农田边界再划分,就已使用简单的测量工具和方法。夏禹治水所用的"准、绳、规、矩"，就是当时的测量工具。

据历史记载，我国的测量工作始于公元前 7 世纪前后。公元前 5～公元前 3 世纪，我国就制造出世界上最早的定向工具"司南"。公元前 130 年，西汉初期的《地形图》为我国目前所发现最早的地图。东汉张衡(78—139 年)发明了世界上最早的浑天仪和地动仪。西晋裴秀(224—271 年)的《制图六体》是世界上最早的制图规范。公元 724 年，我国历史上第一次应用弧度测量的方法测定地球的形状和大小，也是世界上最早的一次子午线弧长测量。北宋沈括(1031—1095 年)创造分层筑堰法，用水平尺和罗盘进行地形测量，制作了立体地形模型——木图，比欧洲最早的地形模型早 700 多年。元代郭守敬(1231—1316 年)在全国进行了 27 个点的纬度测量。18 世纪初，我国绘制了全国地图《皇舆全览图》，1761 年又改编成《大清一统舆图》。我国的万里长城、四川都江堰等宏伟的历史性建筑工程，至今仍蕴含着我国测量技术发展的历史辉煌。

随着社会生产力的发展，测绘科技也随之发展和更新。1492 年，欧洲哥伦布发现美洲新大陆，促进了航海事业的发展，从而对测绘科技提出了新的要求，也激发了人们对制图学以及地球形状和大小的研究。17 世纪初，测绘科技在欧洲得到较大发展。1608 年，荷兰人汉斯发明了望远镜，克服了测绘工作者的视觉局限，使测量仪器和方法有了很大的改进。1617 年，荷兰人斯纳留斯首次进行了三角测量。1683 年，法国人通过弧度测量证明地球是两极略扁的椭球体。19 世纪，德国数学家高斯提出了根据最小二乘法进行测量平差的方法，并著有横轴圆柱投影的学说，进一步完善了测绘科学的基本理论。1903 年，飞机的出现和摄影测量理论的发展，航空摄影技术开始应用于测绘领域，使测绘手段有了巨大的变革。

1.2.2 现代测量技术

20 世纪中期，随着电子技术、激光技术、电子计算机技术和空间科学技术等迅速发展，测绘科学从理论到手段都发生了根本变化，形成了以"3S"技术(GNSS、RS 和 GIS)为代表的现代测量技术。

20 世纪 40 年代，出现了自动安平水准仪，提高了水准测量速度。1990 年，电子水准仪的问世，实现了水准测量的自动化。20 世纪 60 年代中期，光电测距仪的问世，使距离测量实现了自动化和高精度。1968 年，电子经纬仪的诞生，标志着角度测量开始自动化。随后，将激光测距技术、自动测角技术和计算机技术相结合的电子速测仪(全站仪)、自动全站仪(测量机器人)的问世，实现了测量、记录、计算和成果输出的自动化、数字化，实现了测量内外业的一体化。

1957 年，苏联成功发射的人类历史上第一颗人造地球卫星，拓展了测绘科学的研究范围和方法，1966 年，开始进行卫星大地测量。20 世纪 80 年代，美国的全球定位系统(GPS)问世，因其具有全球、全天候、快速、高精度、不受光学通视条件限制等优点，GPS 技术被广泛应用于大地测量、工程测量、地形测量，以及导航、通信、定位等军事和管理等领域。目前，全球导航卫星系统(GNSS)包含了美国的 GPS、俄罗斯的 GLONASS、中国的 BDS 和欧盟的 Galileo 系统。

20 世纪 50 年代，摄影测量由模拟法向解析法过渡；20 世纪 80 年代末，解析法摄影测量发展为数字摄影测量；将 GNSS 技术与 CCD 摄影技术相结合，数字摄影测量又发展为实时摄影测量。20世纪70年代末，遥感技术（RS）趋于成熟并在资源勘查、环境监测、自然灾害预警、军事等领域得到广泛应用，摄影测量发展为摄影测量与遥感。目前，遥感技术正向高光谱、超光谱遥感方向发展，其应用前景更为广阔。

随着计算机技术的发展，20世纪80年代出现了地理信息系统（GIS）。GIS因其具有数据综合、模拟与分析评价等技术优势，已被广泛应用在社会、经济、军事等领域的管理方面。随着计算机和网络技术的迅速发展，GIS正朝着一个可运行的、分布式的、开放的、网络化的全球GIS发展，其中三维GIS、时态GIS和网络GIS已经成为GIS的发展趋势和研究热点。

近几十年来，随着测绘"3S"技术的发展，以及计算机和网络通讯技术的普及，测绘科学的研究领域早已从陆地扩展到海洋、空间，由地球表面延伸到内部；测绘成果从三维发展到四维、从静态转向动态；测绘技术体系从模拟转向数字、从地面转向空间，并进一步向网络化和智能化方向发展。

1.3 坐标系统与高程系统

测绘工作的基本任务是确定地面点的空间位置，因此，必须了解地球的形状与大小以及地面点空间位置的表示方法。

1.3.1 地球的形状与大小

地球的自然表面高低起伏、错综复杂，有高山、丘陵、平原、海洋、河流和湖泊等。世界最高峰珠穆朗玛峰高达8 844.43 m（2005），最深的马里亚纳海沟深达11 034 m。总体上，整个地球表面积，海洋约占71%，陆地约占29%。虽然地球表面高低起伏，上下落差近20 km，但与地球的半径约6 371 km相比，仍可以忽略不计。因此，地球总的形状可以看作成被海水包围的球体。

水准面是水在地球重力作用下形成的静止曲面，因此水准面处处与重力线相垂直。受海水潮汐的影响，海水面时高时低，其次陆地上任意点都存在着一个水准面，所以水准面有无数个，其中海水面是地球上最大的水准面。由于地球内部质量分布不均匀，造成水准面是一个不规则的曲面。假想静止不动的海水面延伸穿过所有的陆地与岛屿，形成一个封闭的曲面，这个曲面称为水准面。测量上将过平均海水面的水准面称为大地水准面，大地水准面在一个时期内是唯一的，测量上把大地水准面作为高程测量的基准面。大地水准面所包围的形体称为大地体，如图1-1所示，大地体代表地球的形状与大小。

由于大地水准面是一个不规则的曲面，无法用严密的数学公式表达，不能作为测量计算的基准面。因此，人们用一个规则的又最接近大地水准面的椭球面代表地球表面，即参考椭球面，如图1-1所示，参考椭球面可看成由一个椭圆绕其短轴旋转而形成的椭球面，故又称旋转椭球面，通常作为测量与制图的基准面。参考椭球面所围成的形体称为参考椭球体。

地球参考椭球体形状与大小的参数为椭球的长半径 a、短半径 b 和扁率 α。如我国1980年国家大地坐标系采用1975年IUGG椭球，其参数为：

长半轴——$a = 6\ 378\ 137$ m

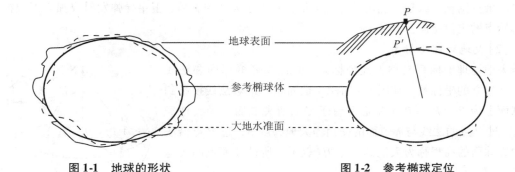

图 1-1 地球的形状 　　　　　图 1-2 参考椭球定位

短半轴——$b = 6\,356\,755.3$ m

扁　率——$\alpha = (a - b)/a = 1/298.257$

由于参考椭球体扁率 α 值很小，若测区的面积不大时，可以把地球视为正球体，取椭球半径的平均值作为地球的半径 R，如式(1-1)。

$$R = (2a + b)/3 \approx 6371 \text{ km} \tag{1-1}$$

地球的形状和大小确定后，进而确定大地水准面与参考椭球面的相对关系，才能把观测结果归化到参考椭球面上。如图 1-2 所示，在地球上选择适当的点 P，设想把参考椭球与大地体相切，切点 P' 点位于 P 点的铅垂线方向上，这时椭球面上 P' 点的法线与大地水准面的铅垂线相重合，使椭球的短半轴与地轴保持平行，且椭球面与大地水准面的差距尽量小。因此，椭球表面与大地水准面的相对位置就得以确定，地球上的 P 点若为一个国家的坐标起算点，则称大地原点，这就是参考椭球的定位原理。若对参考椭球面的数学表达式加入地球重力异常变化等参数的改正，便可得到大地水准面的较为近似的数学表达式。

1.3.2　坐标系统

1.3.2.1　地理坐标系统

用经纬度表示地面点空间位置的球面坐标系称为地理坐标系，依据采用的观测方法和投影线的不同，又分为天文地理坐标系和大地地理坐标系。

（1）天文地理坐标系

天文地理坐标系又称天文坐标系，是以大地体（大地水准面）和铅垂线为基准建立的坐标系。如图 1-3 所示，过地面点 P 与地轴的平面为子午面，该子午面与首子午面间的二面角为天文经度 λ，过 P 点的铅垂线（由于地球离心力作用，铅垂线不一定经过地球中心）与赤道面（垂直于地轴并通过地球中心 O 的平面）的交角为天文纬度 φ，用 (λ, φ) 表示地面点在天文坐标系中的球面坐标。

任意一地面点天文坐标都可以用天文测量测出，由于天文测量受环境条件限制，定位精度不高（测角精度 $0.5''$，相当于地面长度 10 m），天文测量是以大地水准面为基准面，坐

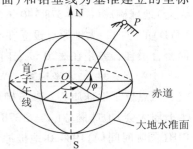

图 1-3　天文地理坐标系

标之间推算困难，故较少应用于工程测量，常用于天文控制网、卫星导弹发射或独立工程控制网起始点的定位定向。

(2) 大地地理坐标系

大地地理坐标系又称大地坐标系，是以参考椭球面和法线为基准建立的坐标系。如图1-4所示，地面点P沿着法线投影到椭球面上为P'，P'所在子午面和首子午面所夹二面角为大地经度L，过P点的法线与赤道面的交角为大地纬度B，过P点沿法线到椭球面的高程称为大地高，用$H_大$表示，所以地面点的大地坐标为$(L, B, H_大)$。

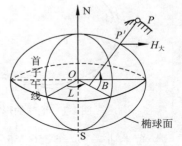

图1-4　大地地理坐标系

大地经纬度是根据大地原点坐标按大地测量所得的数据推算而得，大地原点坐标是经过天文测量获得的天文经纬度。采用不同的椭球时，大地坐标系是不一样的，采用参考椭球建立的坐标系称为参心坐标系，采用总地球椭球并且坐标原点在地球质心的坐标系称为地心坐标系。我国目前常用的坐标系中，1954年北京坐标系和1980年国家大地坐标系属于参心坐标系，WGS-84大地坐标系和CGCS2000大地坐标系属于地心坐标系。

①1954年北京坐标系　20世纪50年代，我国天文大地网建立初期，采用了苏联克拉索夫斯基椭球元素($a = 6\ 378\ 245$ m，$\alpha = 1/298.3$)，坐标原点在苏联境内的普尔科沃，利用我国东北边境呼玛、吉拉林、东宁三个点与苏联1942年普尔科沃坐标系联测后的坐标作为我国天文大地网起算数据，然后通过天文大地网计算，推算出北京某点的坐标，从而推算到全国而建立的我国大地坐标系，定名为1954年北京坐标系。

中华人民共和国成立以来，我国在1954年北京坐标系统框架下完成了大量的测绘工作，但该坐标系统存在一些问题，主要包括：一是参考椭球长半轴比地球总椭球的长半轴长100多米；二是椭球基准轴定向不明确；三是椭球面与我国大地水准面差异不均匀，东部局部地区高程异常达68 m，西部新疆地区高程异常为零；四是点位精度偏低。

②1980年国家大地坐标系　为了克服1954年北京坐标系存在的问题，20世纪70年代末，采用新的椭球参数和新的定位定向，对原全国天文大地网重新进行平差，建立了1980年国家大地坐标系，也有简称1980年西安坐标系。

1980年国家大地坐标系采用IUGG-75(1975年国际大地测量与地球物理联合会第十六届大会)地球椭球($a = 6\ 378\ 140$ m，$\alpha = 1/298.257$)，椭球短轴Z轴由地心指向1968.0地极原点(JYD)的方向，大地原点设立在我国中部陕西省泾阳县永乐镇。该椭球面与我国境内大地水准面密合最佳，差距在±20 m之内，边长精度为1/500 000。

③WGS-84大地坐标系　WGS-84坐标系是世界大地坐标系，由美国军方于1987年建立，原点位于地球质心，参考椭球采用IUGG-79(1979年国际大地测量与地球物理联合会第十七届大会)地球椭球($a = 6\ 378\ 137$ m，$\alpha = 1/298.257\ 223\ 563$)，椭球短轴$Z$轴由地心指向BIH(国际时间局)1984.0地极原点(CTP)的方向。由GPS卫星定位系统获得的地面点坐标是WGS-84坐标。

④2000国家大地坐标系　2000国家大地坐标系(China Geodetic Coordinate System 2000，简

称 CGCS2000)是由 2000 国家 GPS 大地控制网、2000 国家重力基本网及用常规大地测量技术建立的国家天地大地网联合平差获得的三维地心坐标系统,原点位于包括海洋和大气的整个地球质心,参考椭球采用 2000 参考椭球($a = 6\ 378\ 137$ m,$GM = 3\ 986\ 004\ 418 \times 10^{14}$ m^3/s^2,$J_2 = 0.001\ 082\ 629\ 832\ 258$,$\omega = 7.292\ 115 \times 10^{-5}$ rad/s),椭球短轴 Z 轴由地心指向 BIH(国际时间局)1 984.0 地极原点(CTP)的方向。2008 年 7 月 1 日,我国开始统一使用地心坐标系,过渡期 8~10 年。

1.3.2.2 空间直角坐标系统

空间直角坐标系是以地球质心为原点的坐标系,坐标原点 O 选在地球椭球中心,对于总地球椭球,坐标原点与地球质心重合;Z 轴指向地球北极;X 轴为格林尼治子午面与地球赤道面交线;Y 轴垂直于 XOZ 平面,构成右手坐标系。如图 1-5 所示,地面点 P 的空间位置用三维直角坐标(x,y,z)表示。

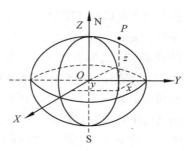

图 1-5　空间直角坐标系

地面点可以用大地坐标表示,也可以用空间直角坐标表示,两种坐标之间可以进行坐标转换。若设地面点 P 的大地坐标为(B,L,H),空间直角坐标为(x,y,z),则由大地坐标换算为空间直角坐标的公式如式(1-2)。N、e 的计算分别表示如式(1-3)。

$$\left.\begin{aligned}x &= (N + H)\cos B\cos L \\ y &= (N + H)\cos B\sin L \\ z &= [N(1 - e^2) + H]\sin B\end{aligned}\right\} \tag{1-2}$$

式中,N 为 P 点的卯酉圈曲率半径;e 为第一偏心率。

$$\left.\begin{aligned}N &= \frac{a}{\sqrt{1 - e^2\sin^2 B}} \\ e^2 &= \frac{a^2 - b^2}{a^2}\end{aligned}\right\} \tag{1-3}$$

由空间直角坐标系转换为大地坐标,如式(1-4)。

$$\left.\begin{aligned}B &= \arctan\left[\tan\theta\left(1 + \frac{ae^2}{z}\frac{\sin B}{W}\right)\right] \\ L &= \arctan\left(\frac{y}{x}\right) \\ H &= \frac{R\cos\theta}{\cos B} - N\end{aligned}\right\} \tag{1-4}$$

式中,$W = \sqrt{1 - e^2\sin^2 B}$;$\theta = \arctan\dfrac{z}{(\sqrt{x^2 + y^2})}$;$R = \sqrt{x^2 + y^2 + z^2}$;$a$ 为长半轴半径。

用式(1-4)计算大地纬度时,大地纬度 B 可先设定一个起始值 B_0,用迭代法求 B 值,直到两次求得的 B 值之差小于一定阈值为止。

1.3.2.3 平面直角坐标系统

大地坐标系是大地测量的基本坐标系,对大地坐标的解算、地球形状和大小的研究等十分有用,但对地形图测绘、工程建设等很不方便,这时需要将球面上大地坐标按照一定的数学法则归算到平面上，转换为平面直角坐标进行简化计算。这种将球面上的图形或数据归算到平面上的过程就是地图投影。我国平面直角坐标系采用高斯—克吕格投影建立起来的平面坐标系统。

（1）高斯—克吕格投影

高斯—克吕格投影简称为高斯投影，是19世纪20年代由德国的数学家、测量天文学家高斯（1777—1855年）最先设计，后又于1912年由德国的大地测量学家克吕格（1857—1923年）对投影公式加以补充完善。高斯投影是为了实现球面与平面间转换，是将参考椭球面上的点、线按照一定的数学法则投影到可展开的投影面上，是众多地图投影方法之一。如图1-6所示，设想用一个椭圆柱面横套在地球椭球体外面，使它与椭球面上某一子午线（称为中央子午线）相切，椭圆柱的中心轴通过椭球体中心，按照一定的投影方法，将中央子午线两侧一定经差范围内的图形投影到椭圆柱面上，再将此椭圆柱面沿母线剪开展开成平面，实现球面向平面的转换。

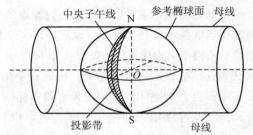

图1-6 高斯投影

将球面投影后展开成平面，将不可避免地出现投影变形。变形量主要有角度、长度和面积3种。在地图制作时，可根据需要选择合适的变形，如等角投影的形状不会改变、等积投影的面积变形比为1等。高斯投影是等角投影，故高斯投影又称为等角横轴椭圆柱投影。

高斯投影具有3个特点：

①中央子午线投影后为直线，长度不变形，其余子午线投影均为凹向中央子午线的对称曲线；

②赤道投影为直线，长度变形，并与中央子午线垂直，其余纬线的投影均为凸向赤道的对称曲线；

③椭球体面上的角度投影到平面上之后，角度不变形，即形状不变。

高斯投影中，除中央子午线外，其他经纬线均存在长度变形，且距中央子午线愈远，变形愈大。为了控制长度变形，将地球椭球面按一定的经差分成若干范围不大的带，带宽一般分为经差6°和3°，称为投影带，分别称为6°带和3°带，如图1-7所示。为了限制变形误差，根据规范要求，规定1:25 000或更小比例尺地形图采用6°带投影，1:10000或更大比例尺地形图采用3°带投影。

其中6°带是从东经0°子午线起，每隔经差6°自西向东分带，依次编号1，2，…，60。带号N与相应的中央子午线经度L_0的关系如式（1-5）。3°带是从东经1.5°子午线起，每隔经差3°自西向东分带，依次编号1，2，3，…，120。带号n与相应的中央子午线经度l_0的关系如式（1-6）。我国幅员辽阔，南北方向从北纬4°至北纬54°，东西方向从东经73°至东经135°，6°带从第13带至第23带共跨越了11个投影带，3°带从第24带至第45带共跨越了22个投影带。

$$L_0 = 6° \cdot N - 3° \tag{1-5}$$

$$l_0 = 3° \cdot n \tag{1-6}$$

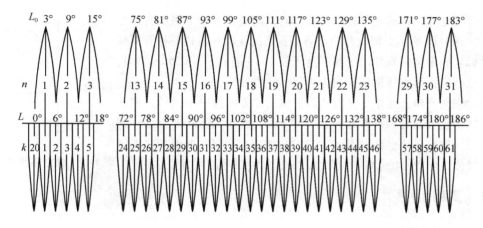

图 1-7　高斯分带投影

（2）高斯平面直角坐标系

利用高斯投影，在每个高斯投影带中，以中央子午线投影为纵轴 X，以赤道投影为横轴 Y，以交点投影为原点所构成的平面直角坐标系，称为高斯平面直角坐标系（图 1-8）。高斯坐标系中，象限顺序按顺时针排列，三角函数公式在测量计算中直接应用。

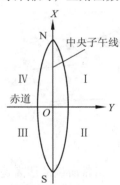　　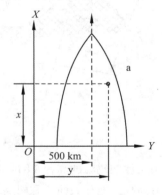

图 1-8　高斯平面直角坐标系　　图 1-9　高斯通用坐标

我国位于北半球，在高斯平面直角坐标系内，X 坐标均为正值，而 Y 坐标值有正有负。为避免 Y 坐标出现负值，规定将所有点的 Y 坐标值均加上 500 km，因为一个投影带中，$y_{min} > -400$ km，相当于 X 坐标轴向西平移 500 km，如图 1-9 所示，改正后的 Y 坐标恒为正。同时，必须注明某点位于哪一个投影带中，应在横坐标值前冠以投影带号（我国 6°带和 3°带的带号不重叠，且均为两位，因此根据带号就可判断是 6°带或 3°带投影），这种改造后的坐标称为通用坐标或简称高斯坐标。

【例 1-1】P 点的高斯原始坐标为（4 438 568.258，−26 543.211）（单位：m），若该点位于第 20 带，则 P 点的高斯通用坐标为（4 438 568.258，20 473 456.789）（单位：m）。

（3）独立平面直角坐标系

在局部区域建立平面控制网时，若无任何已知控制点可以利用，可以在测区中任选某一点,假定其坐标,并选一条边假定其方向,就建立了独立平面直角坐标系,如图1-10所示,以此作为起算数据,通过测角测边,推算其他点的坐标。假定坐标系常用于测区范围较小(一般面积 $S < 25\ \text{km}^2$)时,可不经过高斯投影直接把球面视为平面,简化计算。

独立平面直角坐标系尽可能地以近似南北方向为纵轴 X 轴,向北为正;以相垂直的近似东西方向为横轴 Y 轴,向东为正;起点坐标值假定时,一般要保证坐标原点(0,0)的位置应在测区的西南角并在测区外,使测区内各点的 (X, Y) 值均为正;象限顺序按顺时针排列。

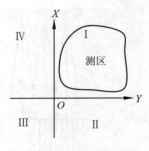

图1-10 独立平面直角坐标

1.3.3 高程系统

1.3.3.1 高程与高差

如图1-11所示,地球表面任意点到大地水准面的铅垂距离,称为该点的绝对高程,简称高程,又称海拔。地球表面任意点到假定水准面的铅垂距离,称为该点的相对高程,也称假定高程。

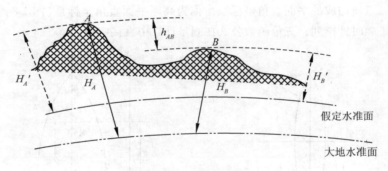

图1-11 高程和高差

例如,我国珠穆朗玛峰的高程8 844.43 m就是海拔。通常所说的楼高是以地平面为假定水准面起算的相对高程。地球表面任意两点间的高程之差,称为高差。高差有正负之分,高差与采用的水准面没有直接关系。在图1-11中,A、B 两点之间的高差为 $h_{AB} = H_B - H_A$。

1.3.3.2 测量高程系统

中华人民共和国成立后,为了统一我国的高程系统,国家规定以山东省青岛验潮站1950—1956年测定的黄海平均海水面作为全国统一的高程基准面,凡由该基准面起算的高程,统称为"1956年黄海高程系",该高程系的水准原点在青岛市观象山,高程为72.289 m。

由于验潮站的观测数据不断积累,20世纪80年代,我国又根据青岛验潮站1953—1979年的观测资料计算出新的平均海水面,重新推算该水准原点的高程为72.260 m。我国从1987年开始启用新的高程系统,并命名为"1985国家高程基准"。若不便引测国家高程控制点或为了便于施工,在局部地区亦可建立独立或假定高程系统。

1.4 测量工作概述

1.4.1 基本工作

测量工作的基本目的是为了确定地面点的空间位置。地面点的空间位置通常用平面坐标和高程表示,是通过测定待定点与已知点之间的距离、角度和高差,经过计算获得。因此,距离、角度和高差称为确定地面点位的基本定位元素,测量的基本工作包括距离测量、角度测量和高程测量。

1.4.2 基本原则

为保证测量成果满足精度要求,测量工作必须遵循一定的基本原则:布局方面,由整体到局部;次序方面,先控制后碎部;精度方面,由高级到低级;过程方面,步步有校核。

遵循测量工作的基本原则,一方面,既可以保证测区控制的整体精度,杜绝错误,又防止测量误差积累而保证碎部测量的精度;另一方面,在完成整体控制测量后,把整个测区划分成若干局部,各个局部可以同时展开测图工作,从而加速工作进度,提高作业效率。

1.4.3 基本概念

(1) 控制测量与碎部测量

在测区范围内,选择一定数量具有控制作用的点(即控制点),然后精确测算出这些点的平面坐标和高程,这项工作称为控制测量。以控制点为基础,利用仪器设备测定控制点周围的地表信息,然后按照规定比例尺和符号缩绘成地形图,这项工作称为碎部测量。根据"先控制后碎部"的工作原则,测量工作必须在测区内先控制测量,再碎部测量。

(2) 外业与内业

在室外进行的测量工作称为外业。外业工作主要是获取必要的数据,如水平距离、角度和高差等。在室内进行的数据处理工作称为内业。内业工作主要是根据外业获取的测量数据进行计算和绘图。无论哪种测量工作都必须认真严谨,随时检查,杜绝错误,遵循"步步有校核"的工作原则。

(3) 地形与地形图

地形是地物和地貌的总称。地面上各种天然或人工构筑的固定物体,称为地物,天然地物如河流、森林和湖泊等,人工地物如房屋、公路和水库等;地球表面高低起伏的形态,称为地貌,如平原、丘陵和高山等。地形图是按一定制图比例尺,用规定的符号表示地物和地貌的平面位置和高程的正射投影图,是普通地图中几何精度最高的一种地图。

1.5 地球曲率对基本观测量的影响

地球表面是一个曲面,将曲面上的图形投影到平面上,总会产生一些变形。水准面是海洋或湖泊的水面静止不流动时,每一个点受到重力相同,形成的一个重力等位面,是个曲面。而水平面是指与水准面相切的平面。若水平面能代替水准面,将简化测量计算工作,本节讨论水平面代替水准面对水平距离、水平角和高程的影响,以便明确可以代替的范围,或必要时加以改正。

1.5.1 地球曲率对水平距离的影响

如图 1-12 所示,将水准面近似地看成半径为 R 的正球面,A、B、C 为地面点,设 A,B 两点在水准面上投影的距离为 D,在水平面上投影的距离为 D',两者之差为 ΔD。

则 ΔD 为式(1-7)。

$$\Delta D = D' - D \quad (1-7)$$

经推导可得式(1-8)。

$$\Delta D = \frac{D^3}{3R^2} \quad (1-8)$$

或用相对误差表示为式(1-9)。

$$\frac{\Delta D}{D} = \frac{D^2}{3R^2} \quad (1-9)$$

若取地球平均半径 $R = 6\ 371$ km,用不同的 D 值代入式(1-8)和式(1-9),根据计算结果可得出以下结论:当距离为 10 km 时,用水平面代替水准面所产生的距离之差为 0.008 2 m,相对误差为 1∶1 217 000,当距离为 20 km 时,距离之差为 0.065 7 m,相对误差为 1∶304 000。根据距离测量的精度要求,要求较高时,在半径为 10 km 的范围内可以用水平面代替水准面;一般精度要求时,距离半径范围可放宽到 20 km。当半径大于 20 km 时,则需要考虑地球曲率的影响。

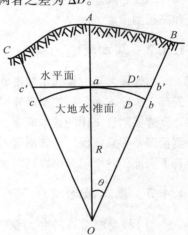

图 1-12 水平面代替水准面的影响

1.5.2 地球曲率对水平角度的影响

由球面三角学知道,同一个空间多边形在球面上投影的内角之和,与其在平面上投影的内角之和存在一个差值,即球面角超,其大小与图形面积成正比。根据测角精度要求,面积在 100 km² 内的多边形,地球曲率对水平角度的影响只有在最精密测角中才考虑,一般测量工作可忽略,具体推算过程可参见相关书籍。

1.5.3 地球曲率对高程的影响

如图 1-12 所示,Δh 是由于用水平面代替水准面对地面点高程所产生的差值,即 $\Delta h = Bb - Bb'$,即地球曲率对地面点高程产生的影响。根据勾股定理可得式(1-10)。

$$(R + \Delta h)^2 = R^2 + D'^2 \quad (1-10)$$

经推导可得式(1-11)。

$$\Delta h = \frac{D^2}{2R} \quad (1-11)$$

若取 R = 6 371 km，用不同的 D 值代入式(1-11)，根据计算结果可得出以下结论：当 D 取 100 m 时，Δh 为 0.000 8 m；当 D 取 200 m 时，Δh 为 0.003 1 m，该差值已超过精密高程测量的精度要求。因此，在进行精密高程测量时，不允许用水平面代替水准面。但对普通高程测量而言，距离在 100 m 之内时，可以不考虑地球曲率的影响。

1.6 测量中常用单位及换算

1.6.1 基本单位

测量工作测定的基本元素为距离、角度和高差，在测量时又受到外界环境因素的影响，如温度、气压等。因此，测量基本单位主要指长度(距离、高差)、角度、面积、温度、气压、拉力等的单位。高程和距离的基本单位是米(m)；角度的基本单位是度(°)；面积的基本单位是平方米(m^2)；温度的基本单位为摄氏度(℃)；拉力的基本单位为牛顿，简称牛(N)；气压的国际制单位是帕斯卡，简称帕(Pa)。

1.6.2 单位换算

(1) 角度单位

有度、分、秒和弧度。度、分、秒的换算进制为六十进制，即 1° = 60′ = 3 600″。度与弧度间的换算，360°对应 2π 弧度的角度值，1 弧度表示的角度约为 57.3°、约为 3 438′、约为 206 265″。

(2) 高程和距离单位

有千米、米、分米、厘米和毫米，为十进制，即 1 km = 1 000 m = 10 000 dm = 100 000 cm = 1 000 000 mm。

欧美常采用海里，海里是航海上度量距离的单位，它等于地球椭圆子午线上纬度 1 分所对应的弧长。由于地球子午圈是一个椭圆，它在不同纬度的曲率是不同的，因此，纬度 1 分所对应的弧长也是不相等的。目前我国和世界上大多数国家采用的 1929 年国际水文地理学会议 (International Extraordinary Hydrographic Conference) 通过的海里的标准长度，1 海里的长度等于 1 852 m。国际上常用的几种海里标准：1 海里 = 1.852 km(中国标准)；1 海里 = 1.851 01 km (美国标准)；1 海里 = 1.854 55 km(英国标准)；1 海里 = 1.853 27 km(法国标准)；1 海里 = 1.855 78 km(俄罗斯标准)。

(3) 面积单位

有平方千米、公顷、亩、平方米和平方毫米等。1 平方千米(km^2) = 100 公顷(hm^2) = 1 500 亩，1 亩 = 666.666 667 平方米(m^2)，1 公顷(hm^2) = 10 000 平方米(m^2) = 15 亩。

1.7 测量误差的基本知识

测量工作是指利用测绘仪器设备在外界环境中通过人为操作获取相关空间信息，测量结果中不可避免地存在测量误差。研究测量误差的目的是掌握其分布规律,通过数据处理求得观测量的最可靠值和评定观测成果的精度。

1.7.1 测量误差及分类

1.7.1.1 测量误差与多余观测

对两点间的水平距离进行重复测量,即使同一个人用同一台仪器在相同的外界条件下进行观测,测得的结果也往往不相等。例如,观测一平面三角形的三个内角,测得的三个内角之和不等于其理论值180°;等等。这种观测值之间或观测值与真值之间的不符现象称为测量误差。

观测者、仪器设备和外界环境是产生测量误差的主要因素,统称为"观测条件"。观测条件相同的观测称为等精度观测,相反,称为不等精度观测。不论观测条件如何,观测结果中都会含有误差。在观测过程中,尽量地减弱其对观测结果的影响。

测量上把必须要观测的量称为必要观测量,不必要观测的量称为多余观测量。例如,要获得一个平面三角形的三个内角值,至少需要观测其中两个内角,第三个内角可以计算出来,这两个内角值是必要观测量,而第三个为多余观测。多余观测是为了检核和评定观测成果的精度,测量上必须要进行多余观测。

1.7.1.2 测量误差的分类

测量误差按照其性质分为系统误差和偶然误差两大类。

(1) 系统误差

在相同的观测条件下对某个量作一系列观测,出现的误差如果在大小和符号上表现出一定的规律性,这类误差称为系统误差。例如,用一名义长度为30 m,而实际长度为30.004 m的钢尺丈量某一距离,每丈量一个整尺就将产生0.004 m的误差。丈量距离越长,丈量结果中的误差越大,即误差与丈量长度成正比,但误差符号始终不变,这种误差就属于系统误差。

系统误差对测量结果的影响具有积累性,所以对成果质量的危害较大。由于系统误差总表现出一定的规律,可以根据它的规律,采取相应措施,把影响尽量地减弱直至消除。例如,在距离丈量中,加入尺长改正,可以消除尺长误差。

(2) 偶然误差

在相同的观测条件下对某个量作一系列观测,从表面上看,出现的误差值在大小和符号都没有什么规律性,但就大量误差的整体而言具有一定的统计规律,这类误差称为偶然误差。偶然误差是由人的感觉器官鉴别能力的局限性、仪器的极限精度、外界条件等共同引起的误差,其大小和符号纯属偶然。例如,用望远镜十字丝照准目标,可能偏左,也可能偏右,而且每次偏离中心线的大小也不一致,即照准误差,其属于偶然误差。

偶然误差是不可避免的,也不能被消除,但可以采取一些措施减弱它的影响。一般来说,系统误差根据其特性可以消减,残存的系统误差对观测成果的影响要比偶然误差小得多。因此,影响观测成果质量的主要是偶然误差。

另外,在测量工作中,除了上述两种误差外,还可能出现错误,也称为粗差。例如,瞄错目标、读错读数等,在测量成果中是不允许错误存在的。

1.7.1.3 偶然误差的特性

从表面上看，偶然误差好像没有任何规律，纯属一种偶然性。但是，偶然与必然是相互联系而又相互依存的，偶然是必然的外在形式，必然是偶然的内在本质。如果统计大量的偶然误差，将会发现在偶然性的表象里存在着必然性规律，而且统计的量越大，这种规律就越明显。下面结合观测实例，分析偶然误差的特性。

某一测区在相同的观测条件下观测了217个平面三角形的全部内角，由于观测结果中存在着偶然误差，使观测所得三角形的内角和不等于其理论值，其差值称为三角形内角和的闭合差。设第 i 个三角形的内角的观测值分别为 a_i、b_i、c_i，角度闭合差为 f_i 如式(1-12)。

$$f_i = a_i + b_i + c_i - 180° \tag{1-12}$$

为了便于分析，将这217个角度闭合差，按正负和绝对值大小分区间排列，见表1-1。

表1-1 三角形闭合差统计表

误差区间	正 误 差		负 误 差		合 计	
(3″)	个数 v	频数 v/n	个数 v	频数 v/n	个数 v	频数 v/n
0~3	30	0.138	29	0.134	59	0.272
3~6	21	0.097	20	0.092	41	0.189
6~9	15	0.069	18	0.083	33	0.152
9~12	14	0.065	16	0.073	30	0.138
12~15	12	0.055	10	0.046	22	0.101
15~18	8	0.037	8	0.037	16	0.074
18~21	5	0.023	6	0.028	11	0.051
21~24	2	0.009	2	0.009	4	0.018
24~27	1	0.005	0	0	1	0.005
27以上	0	0	0	0	0	0
	108	0.498	109	0.502	217	1.000

从表1-1中可以看出，误差在大小和符号上显然呈现出一种规律性的趋势，测量工作者通过大量的试验统计，归纳出偶然误差具有如下特性：

①有界性 在一定的观测条件下，偶然误差的绝对值不会超过一定的限值；
②大小性 绝对值小的误差比绝对值大的误差出现的概率大；
③对称性 绝对值相等的正负误差出现的机会相等；
④抵偿性 当观测次数无限多时，偶然误差的算术平均值趋近于零，即满足式(1-13)。

$$\lim_{n \to \infty} \frac{[f]}{n} = 0 \tag{1-13}$$

式中，[ ]为求和符号；n 为观测次数。

1.7.2 衡量精度的标准

观测成果精度的高低是与观测时出现的误差大小有关的。为了评定观测成果的精度，检验是否满足有关工程测量规范要求，必须有一个综合性的误差指标作为衡量观测成果精度的标准。目前，常用的误差指标包括平均误差、中误差、极限误差和相对误差。

1.7.2.1 平均误差

在一定的观测条件下，一组真误差（观测值与其真值之差 Δ）之绝对值的算术平均值，称为平均误差，常用 θ 表示，如式(1-14)。

$$\theta = \pm \frac{[|\Delta|]}{n} \tag{1-14}$$

1.7.2.2 中误差

取各观测值真误差平方和的平均值的平方根作为衡量精度的标准，称其为中误差，常以 m 表示，即式(1-15)。

$$m = \pm \sqrt{\frac{[\Delta\Delta]}{n}} \tag{1-15}$$

式中，n 为观测次数；

$$[\Delta\Delta] = \Delta_1^2 + \Delta_2^2 + \cdots + \Delta_n^2$$

【例 1-2】设对某一三角形分两组进行了多次观测，其角度闭合差为：

第一组：$-3''$，$-3''$，$+4''$，$-1''$，$+2''$，$+1''$，$-4''$，$+3''$；

第二组：$+1''$，$-5''$，$-1''$，$+6''$，$-4''$，$0''$，$+3''$，$-1''$。

解：根据式(1-14)和式(1-15)，分别计算两组真误差的平均误差和中误差。

两组观测值的平均误差分别为：

$$\theta_1 = \pm 2.6''$$
$$\theta_2 = \pm 2.6''$$

两组观测值的中误差分别为：

$$m_1 = \pm 2.8''$$
$$m_2 = \pm 3.3''$$

结果显示，平均误差反映了两组观测值的精度相同，而中误差则反映了第一组观测值比第二组观测值的精度高。这就说明用中误差作为衡量精度的标准，可以更充分地反映出大误差的影响；当观测次数有限时，用中误差衡量观测精度更为可靠。

1.7.2.3 极限误差

由偶然误差的特性可知，偶然误差的绝对值不会超过一定的限值，这个限值称为极限误差。根据误差理论分析及实践验证，通常以三倍中误差作为偶然误差的极限值，也称为容许误差，如式(1-16)。

$$\Delta_{限} = 3m \tag{1-16}$$

由于实际工作要求不同，精度要求较高时，可采用 $2m$ 作为极限误差。在测量工作中，如果出现的误差超过了极限误差，就可以认为它是粗差，应将剔除。

1.7.2.4 相对误差

真误差、平均误差、中误差以及极限误差，都带有测量单位，统称为绝对误差。有些观测值精度的衡量，只用绝对误差还不能完全表达观测成果的质量，如长度测量、面积测量等，需要将绝对误差和观测值的大小联系起来，即相对误差，它是绝对误差的绝对值与观测值之比。

相对误差一般用分子为 1 的分数形式表示，且分母要取整。

1.7.3 误差传播定理

在测量工作中，有一些量并非是直接观测值，而是根据直接观测值计算出来的，即未知量是观测值的函数。由于直接观测值不可避免地含有误差，因此由直接观测值求得的函数值，必定受到影响而产生误差，这种现象称为误差传播。描述观测值的中误差与观测值函数的中误差之间关系的定律，称为误差传播定律。下面介绍线性与非线性函数关系的误差传播公式。

1.7.3.1 线性函数

设有函数

$$z = k_1 x_1 \pm k_2 x_2 \pm \cdots \pm k_n x_n \tag{1-17}$$

式中 $k_1, k_2, \cdots, k_n$ 为常数；

$x_1, x_2, \cdots, x_n$ 为独立观测值。

设观测值中误差分别为 $m_1, m_2, \cdots, m_n$，则函数值 z 的中误差为

$$m_z^2 = (k_1 m_1)^2 + (k_2 m_2)^2 + \cdots + (k_n m_n)^2 \tag{1-18}$$

即线性函数中误差的平方等于各观测值的中误差与相应系数乘积的平方和。

1.7.3.2 非线性函数

设有函数

$$z = f(x_1, x_2, \cdots, x_n) \tag{1-19}$$

式中 $x_1, x_2, \cdots, x_n$ ——独立观测值。

中误差分别为 $m_1, m_2, \cdots, m_n$，则函数值 z 的中误差为

$$m_z^2 = \left(\frac{\partial f}{\partial x_1}\right)^2 m_{x_1}^2 + \left(\frac{\partial f}{\partial x_2}\right)^2 m_{x_2}^2 + \cdots + \left(\frac{\partial f}{\partial x_n}\right)^2 m_{x_n}^2 \tag{1-20}$$

式中 $\frac{\partial f}{\partial x_i}$ 为函数对各个变量的偏导数，当观测值为定值时，则 $\frac{\partial f}{\partial x_i}$ 是常数。

式(1-20)说明，一般函数中误差的平方，等于该函数对每个观测值所求得的偏导数与相应观测值中误差乘积的平方和。

在应用误差传播定律时，首先，依题意列出函数式，根据函数式判断函数的类型，然后，结合不同类型函数的误差传播定律计算函数的中误差。另外，在计算时要保证单位的一致性。

1.7.4 观测值的算术平均值及其中误差

1.7.4.1 算术平均值

在相同的观测条件下，对某量进行了 n 次观测，其观测值分别为 $L_1, L_2, \cdots, L_n$，则根据式(1-21)计算出的 x 即为该量的算术平均值。

$$x = \frac{L_1 + L_2 + \cdots + L_n}{n} = \frac{[L]}{n} \tag{1-21}$$

根据偶然误差的特性，可以证明当观测次数无限增多时，算术平均值趋近于该量的真值。然而在实际工作中，观测次数不可能无限增加，因此算术平均值也就不可能等于真值，但可以

认为根据有限个观测值求得的算术平均值应该是最接近真值的值，称其为观测量的最可靠值，也称为最或是值，一般将它作为观测量的最后结果。

1.7.4.2 算术平均值的中误差

在测量成果的整理中，由于将算术平均值作为观测量的最后结果，所以必须求出算术平均值的中误差，以评定其精度。将式(1-21)改写为式(1-22)。

$$x = \frac{L_1}{n} + \frac{L_2}{n} + \cdots + \frac{L_n}{n} \tag{1-22}$$

可见，式(1-22)为线性函数表达式。设 L_1，L_2，$\cdots$，L_n 的中误差均为 m，则由线性函数的误差传播定律，由式(1-18)计算得算术平均值的中误差为式(1-23)。

$$m_x = \pm \frac{m}{\sqrt{n}} \tag{1-23}$$

由式(1-23)可知，观测次数越多，所得结果越精确，即可以通过增加观测次数提高算术平均值的精度。但是，观测成果精度的提高仅与观测次数的平方根的倒数成正比，当观测次数增加到一定数量时，其精度提高很慢。另外，观测次数越多，工作量越大。所以当观测值精度要求较高时，不能仅靠增加观测次数提高精度，必须选用较精密的仪器和较严密的测量方法。

1.7.4.3 由改正数计算中误差

由式(1-15)计算中误差时，需要知道观测值的真误差，但在一般情况下，观测值的真值是不知道的，因而真误差也就无法计算。但在等精度观测的情况下，观测值的算术平均值是可求的，算术平均值与观测值之差称为观测值的改正数，用 v 表示，即式(1-24)。

$$\left.\begin{array}{l} v_1 = x - L_1 \\ v_2 = x - L_2 \\ \quad \vdots \\ v_n = x - L_n \end{array}\right\} \tag{1-24}$$

将等式两端分别相加得式(1-25)。

$$[v] = nx - [L] \tag{1-25}$$

将 $x = \dfrac{[L]}{n}$ 代入式(1-25)得式(1-26)。

$$[v] = n\frac{[L]}{n} - [L] = 0 \tag{1-26}$$

可见，在相同的观测条件下，同一个量的一组观测值的改正数之和恒等于零。该结论可作为计算工作的校核条件。

由于改正数可求，在真误差未知时可用改正数计算中误差，如式(1-27)。

$$m = \pm \sqrt{\frac{[vv]}{n-1}} \tag{1-27}$$

式(1-27)即是利用改正数计算观测值中误差的公式，亦称为白塞尔公式。将式(1-27)代入式(1-23)得到，由改正数计算观测值的算术平均值的中误差公式(1-28)。

$$m_x = \pm \frac{m}{\sqrt{n}} = \pm \sqrt{\frac{[vv]}{n(n-1)}} \tag{1-28}$$

【例 1-3】 设某水平角观测了 6 个测回，其观测数据列于表 1-2 中，试求该角的算术平均值及其中误差。

解：有关观测数据和计算，见表 1-2。

表 1-2　算术平均值及中误差计算表

测回	观测值	$v('')$	$vv('')^2$	计算结果
1	36°50′30″	−4	16	
2	36°50′26″	0	0	
3	36°50′28″	−2	4	$m = \pm\sqrt{\dfrac{[vv]}{n-1}} = \pm\sqrt{\dfrac{34}{6-1}} = \pm2.6''$
4	36°50′24″	+2	4	
5	36°50′25″	+1	1	$m_x = \pm\sqrt{\dfrac{[vv]}{n(n-1)}} = \pm\sqrt{\dfrac{34}{6(6-1)}} = \pm1.06''$
6	36°50′23″	+3	9	
x	36°50′26″	$[v]=0$	$[vv]=34''$	

本章小结

本章主要介绍了测量学的研究对象、学科分类和基本任务，地球的形状与大小，测量的坐标系统和高程系统，测量工作的基本原则，地球曲率对观测元素的影响，常用测量单位及其换算，测量误差的分类，衡量精度的标准和误差传播定律。学习本章内容应注意以下 8 个方面：

①掌握测量学，地形图测绘，施工放样，水准面，大地水准面，高程，高差，控制测量，碎部测量，测量误差，系统误差，偶然误差等基本概念。

②掌握测量学科的分类及特点，了解测量学的地位和作用、发展历程和概况。

③了解测量工作的基准面、测量计算的基准面，掌握参考椭球体的表示方法。

④掌握常用的坐标系统和高程系统，了解我国的坐标系统。

⑤重点掌握高斯投影的基本原理，高斯平面坐标系的建立方法以及统一坐标的表示方法。

⑥掌握测量的基本工作及工作原则，地球曲率对测量工作的影响。

⑦掌握测量单位及换算方法。

⑧掌握偶然误差的特性，衡量精度的标准，算术平均值及其中误差计算。

思考题

(1) 测绘科学的研究对象是什么？

(2) 什么是地形图测绘和施工测量？

(3) 什么是水准面？水准面有何特性？何谓大地水准面？

(4) 测量中采用的平面直角坐标系与数学中的平面直角坐标系有何不同？

(5) 何谓高斯投影？高斯投影的主要特点有哪些？

(6) 高斯投影为什么要分带？如何分带？

(7) 地面上某点的经度为东经 115°35′，试求该点所在高斯投影 6°带和 3°带的带号及其中央子午线的经度？

(8) 高斯平面直角坐标系是如何建立的？通用坐标如何表示？

(9) 什么称绝对高程？什么称相对高程？什么称高差？

(10)测量的基本观测元素是什么？测量的基本工作是什么？
(11)测绘工作应遵循哪些原则？控制测量和碎部测量的概念？
(12)测量误差，系统误差和偶然误差的概念？
(13)衡量测量精度的标准有哪些？
(14)误差传播定律的表达形式？
(15)一组观测值改正数的特点？如何利用观测值的改正数计算其中误差和算术平均值的中误差？
(16)地球曲率对基本观测元素的影响是什么？

第 2 章　水准测量

高程测量是基本测量工作之一，本章详细介绍高程测量的原理与数据处理。

本章共分七节内容，其中，重点介绍水准测量的基本原理、连续水准测量的方法、DS_3型水准仪的结构及其使用、水准测量的路线校核以及数据处理的方法和成果整理；同时，介绍自动安平水准仪和电子水准仪的特点及其使用方法、普通水准仪的检验和校正原理及方法；最后，简要介绍了水准测量的误差来源及注意事项。

2.1 水准测量方法

利用仪器测定地面点高程的测量工作,称为高程测量。按照所使用的仪器和测量方法的不同,高程测量可分为水准测量、三角高程测量和气压高程测量。其中,水准测量的精度最高,在控制测量和工程测量中应用最为广泛;三角高程测量精度次之,可用于小地区控制测量或地形测量。有文献表明,由于现代光电测距技术的迅猛发展,精密三角高程测量可代替国家二等甚至一等水准测量;气压高程测量采用气压计测定高程,其精度相对最低。本章重点介绍水准测量的原理、水准仪的结构、使用和施测方法以及数据处理与误差分析。

2.1.1 水准测量原理

水准测量的原理是利用水准仪提供的水平视线配合水准尺测出地面上两点间的高差,然后根据已知点的高程推算出未知点的高程。

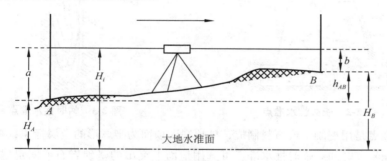

图 2-1 水准测量原理

如图 2-1 所示,A 点高程为已知或假定,为测出地面上 B 点的高程,可在 A、B 两点上分别竖立水准尺,在两点之间前后视距大致相等处安置一架能提供水平视线的仪器,使视线水平照准 A 点的水准尺并读数,设为 a,称为后视读数,再照准 B 点的水准尺并读数,设为 b,称为前视读数。由图中的几何关系可知 A、B 两点间的高差 h_{AB} 应等于后视读数减去前视读数,如式(2-1)。

$$h_{AB} = a - b \tag{2-1}$$

若 A 点的高程 H_A 为已知,则计算 B 点的高程有两种方法:

(1)高差法

$$H_B = H_A + h_{AB} \tag{2-2}$$

(2)视线高程法

水平视线到大地水准面的铅垂距离称为视线高程,用 H_i 表示,如式(2-3)。

$$H_i = H_A + a \tag{2-3}$$

则 B 点的高程 H_B,如式(2-4)。

$$H_B = H_i - b \tag{2-4}$$

这种方法也称视线高法,广泛应用于工程测量中。

高差 h_{AB} 本身有正负之分。当 h_{AB} 值为正,说明 B 点高于 A 点;当 h_{AB} 值为负,即 B 点低于 A 点。为了避免高差计算中正负符号发生错误,在计算高差 h_{AB} 时必须注意 h 的下标点号顺序。例如,h_{AB} 是表示 B 点相对 A 点的高差,计算时判断好路线的前进方向是 A 到 B,A 点为后视点,B 点为前视点,高差 = 后视读数 – 前视读数。显然,水准测量的实质是通过水准仪提供水平视线测定两点间的高差。

2.1.2 连续水准测量

2.1.2.1 水准点

水准测量的目的是要测量一系列未知点的高程,已知或待测的高程点通常称为水准点。我国水准点的高程是从青岛的水准原点起算的,水准点用 BM(bench mark)表示。水准点按等级及保存时间的长短分为永久性水准点和临时性水准点两种,如图 2-2、图 2-3 所示。

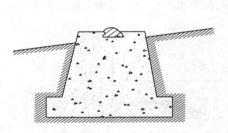

图 2-2　永久性水准点

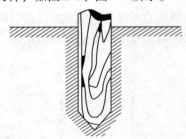

图 2-3　临时性水准点

永久性水准点是用混凝土或石料制成,桩顶嵌入顶面为半球形的金属标志,桩面上标明水准点的等级、编号和时间。临时性水准点可选用地面上突出的坚硬岩石或固定建筑物的墙角、阶石、大桥的桥墩等处,用红色油漆进行标记和注记,也可用木桩打入地下,桩顶钉一个钢钉。水准点的高程是指半球顶或红漆标记中心的高程。水准测量的成果通常都取至毫米,因此,水准点的稳定性十分重要,混凝土现场浇灌比预制成品再挖坑埋设的要稳定。此外,水准测量的作业必须在埋石后间隔一段时间(最好经历一个雨季)进行,以防标石下沉、移动等。为便于寻找水准点,所有水准点都应绘制水准点"点之记"。

2.1.2.2 连续水准测量

如果地面上两测量点之间的距离较远或地势起伏较大时,仅安置一次仪器不能测定它们之间的高差,这时需要增设若干个临时的立尺点,作为高程传递的过渡点,即转点 TP(turning point),此时采用连续、分站测量的方法,求各站高差代数和,即得两点间的高差值。

在进行连续水准测量时,若其中任何一个后视或前视的读数记录或读数有错误,都会影响整个水准路线高差的正确性。每测段中,前后测站中的转点不能发生任何移动,否则该测段需重新观测。所以对转点的施测要倍加细心和认真。

已知起始 A 点高程 $H_A = 30.000$ m,欲测定未知 B 点的高程,其施测步骤如图 2-4 所示。在离起始点 A 适当距离处选择 1 号转点,在 A 点和 1 点间立水准尺,将 A 点作为后视点,1 号点作为前视点。在 A 点与 1 号点之间前后视距大致相等的地方安置水准仪,此为测站 I。测量员将仪器整平,瞄准后视水准尺,调节微倾螺旋使符合水准器气泡居中,读取后视读数 a_1。再瞄

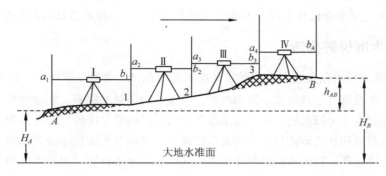

图 2-4 连续水准测量

准前视水准尺,使符合水准器气泡居中后,读取前视读数 b_1,即得高差 $h_1 =$ 后视读数 $a_1 -$ 前视读数 b_1。测站 I 的工作结束后,转点 1 的立尺点不动,将仪器搬至测站 II,将转点 1 作为测站 II 的后视点,在前进方向再选转点 2,按与测站 I 相同的工作程序进行观测、记录与计算。如此这般,完成整条路线观测,得到每个测站的高差,即

$$h_1 = a_1 - b_1$$
$$h_2 = a_2 - b_2$$
$$\cdots$$
$$h_n = a_n - b_n$$

将上列各式两边都相加,即得 A、B 两点间的高差 h_{AB},如式(2-5)。

$$h_{AB} = \sum h = \sum a - \sum b \tag{2-5}$$

则 B 点的高程 H_B,如式(2-6)。

$$H_B = H_A + h_{AB} \tag{2-6}$$

由(2-5)式可知,A、B 两点间的高差等于两点间各段高差的代数和,也等于后视读数之和减去前视读数之和,此关系可校核计算中出现的粗差。此两项若相等,说明计算无误;如不等,说明计算有错,需要重算。

在实际作业中,可先算出各测站间的高差,然后取高差的和,从而得到 h_{AB}。再用后视读数之和 $\sum a$ 减去前视读数之和 $\sum b$ 计算高差 h_{AB},并检核计算是否有误。需要注意的是,此方法只能检查水准测量的计算是否有误,不能校核观测、记录中是否有错误。

2.2 微倾水准仪及其使用

水准仪是水准测量的主要仪器,按其精度可分为 DS_{05}、DS_1、DS_3 及 DS_{10} 等几种等级。"D" 和"S"是中文"大地测量"和"水准仪"中首个汉字的汉语拼音的首字母,通常在书写时可省略字母"D";下标"05"、"1"、"3"及"10"等数字,表示该类仪器每 1 km 往返测量高差平均数的中误差值,以 mm 为单位。S_3 型和 S_{10} 型水准仪称为普通水准仪,用于国家三、四等水准及普通水

准测量，S_{05}型和S_1型水准仪称为精密水准仪，用于国家一、二等水准及精密水准测量。

2.2.1 微倾水准仪的构造

DS_3型水准仪主要由望远镜、水准器与基座三部分组成，如图2-5所示。仪器的上部有望远镜、水准管、水准管气泡观察窗、圆水准器、目镜及物镜对光螺旋、制动螺旋、微动及微倾螺旋等。基座部分有3个脚螺旋，配合圆水准器，用以粗略整平仪器。望远镜和水准管固连在一起，用来精确照准和放大待测目标，转动微倾螺旋，可调节水准管连同望远镜一起在竖直方向上做微小的升降运动，以使水准管气泡居中，从而获得水平视线。望远镜可绕其竖直旋转轴作水平方向的旋转，望远镜旋转轴的几何中心线称为竖轴。水平制动和水平微动螺旋用来控制望远镜在水平方向的转动，拧紧制动螺旋将望远镜固定后，再旋转微动螺旋，能使望远镜在水平方向上做微小的转动。在水准仪的基座下部有连接板，利用连接板中央的螺孔和中心螺旋，可使仪器与三脚架相连。

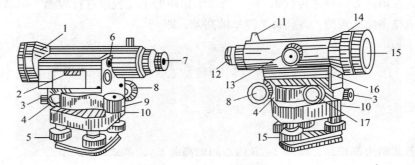

图 2-5 DS_3型水准仪的结构

1. 望远镜 2. 符合水准器 3. 制动螺旋 4. 支架 5. 脚螺旋 6. 符合水准器观察窗
7. 目镜 8. 微倾螺旋 9. 圆水准器 10. 基座 11. 准星 12. 目镜调焦螺旋
13. 物镜调焦螺旋 14. 物镜 15. 照门 16. 连接弹簧 17. 微动螺旋

2.2.1.1 望远镜

望远镜是水准仪提供水平视线和照准目标的装置，由物镜、对光凹透镜、十字丝分划板及目镜等组成，在目镜与物镜之间安装对光凹透镜，旋转对光螺旋，可使对光凹透镜在镜筒内前后移动，从而使目标的影像清晰地落在十字丝分划板上，如图2-6所示。

十字丝分划板装在十字丝环上，通过螺丝固定在望远镜筒内。瞄准目标或在水准尺上读数时，应以十字丝的中心交点为准。十字丝常见形式如图2-7所示。中央两根垂直相交的丝构成十字丝，其中，横丝又称为中丝。上下两根短丝为视距丝，又称上丝和下丝。十字丝交点与物镜光心的连线称为视准轴，也称视线。望远镜瞄准目标和读数时，十字丝及目标成像必须清晰、稳定。水准测量前，首先，进行目镜对光：将望远镜对着明亮的背景如天空或白墙，调节目镜对光螺旋，使十字丝清晰。其次，进行物镜对光：先对准待测目标，调节物镜对光螺旋，使目标成像清晰。同时使眼睛相对目镜微微上下移动，检查有无十字丝视差。若目标未成像于十字丝分划板上，如图2-8(a)所示，眼睛做微小的上下移动时，十字丝与目标成像之间会产生

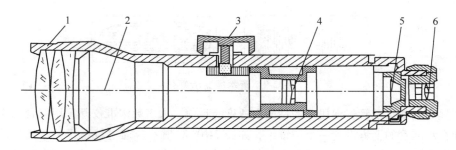

图 2-6 望远镜结构示意图
1. 物镜 2. 视准线 3. 物镜对光螺旋 4. 对光凹透镜 5. 十字丝片 6. 目镜

位移，导致十字丝对应的读数不是唯一的，说明存在十字丝视差。反之，若目标正好成像于十字丝分划板上，十字丝与目标成像不会相对移动，如图 2-8(b) 所示。消除视差的办法是交替调节目镜和物镜对光螺旋，使上述两个影像完全吻合，直至目标成像清晰、稳定为止。

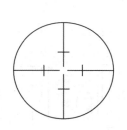

图 2-7 十字丝示意图

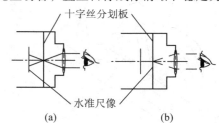

图 2-8 目镜视差现象示意图
(a) 有视差   (b) 无视差

2.2.1.2 基座

基座由轴座、脚螺旋和连接板组成。仪器上部通过竖轴插入轴座内，由基座承托。脚螺旋用来调节圆水准器，使圆水准气泡居中从而实现粗平，整个仪器通过连接板、连接螺旋与三脚架相连。

2.2.1.3 水准器

水准器分管形和圆形两种，主要用来调节仪器竖轴竖直和视准轴水平。圆水准器安装在基座上，用来判断仪器的竖轴是否竖直，当圆水准气泡居中时，仪器达到粗平。长形的管水准器又称水准管，和望远镜固连在一起，用来判断视线是否水平，当水准管气泡严格居中时，仪器达到精平。水准管上相邻两分划线间弧长所对的圆心角，称为水准管分划值，用"τ"表示。分划值越小，灵敏度越高。但灵敏度越高，整平的难度越大，所以水准管的灵敏度应与仪器的其他性能相适应。我国规定，DS_3 型水准仪的技术参数为：望远镜的放大率不小于 30 倍，水准管分划值不大于 20″/2 mm，圆水准器的分划值不大于 8′/2 mm。

(1) 管水准器

管水准器一般每隔 2 mm 表示水准管的分划值，如图 2-9 所示。DS_3 型水准管的分划值 τ = 20″/2 mm。管内圆弧中点处的切线称水准管轴。当水准管的气泡居中时，水准管轴处于水平位置。

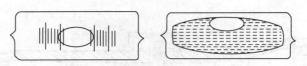

图 2-9 管水准器示意图

为了提高观察水准管气泡居中的精度和速度,目前,大多数水准仪都采用符合水准器棱镜系统,即在水准管的上方设置一个棱镜组,如图 2-10(a)所示。通过棱镜组的折光,使气泡两端的半弧影像折射在望远镜旁的视窗内,其视场成像,如图 2-10(b)所示。图中两端气泡半弧影像错开,表明气泡未居中。当气泡的两个半弧吻合时,则表明气泡严格居中。在判断两端气泡的吻合程度时常会出现误差,该误差值正好是距离完全符合程度的两倍。因此,符合水准器可使气泡居中的精度提高一倍。

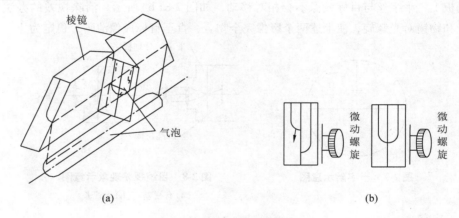

图 2-10 符合棱镜系统与调节

（2）圆水准器

圆水准器是将一个圆柱形的玻璃盒子镶嵌在金属框架内,盒内装有乙醚和酒精的混合液,经过加热密封后再冷却,液体热胀冷缩,管内便形成一个气泡。由于重力作用,气泡永远处于管内的最高处。盒子的顶面内壁被磨成球面,中央刻有直径 5~8 mm 的圆圈,其圆心即是水准器的零点,连接零点与球心的直线为圆水准器的水准轴。当气泡居中时,圆水准轴处于铅垂位置,如图 2-11 所示。圆水准器的分划值"τ"一般为 8′~10′/2 mm,故其灵敏度较低,只能用于仪器的粗略整平。当气泡位于圆水准器内的中央位置时,表明圆水准器轴竖直,亦即仪器的竖轴竖直。

DS_3 型水准仪除了上述三个部件外,还有水平制动螺旋和水平微动螺旋,当拧紧制动螺旋时,仪器固定,再转动微动螺旋,可使望远镜在水平方向上作微小的转动。有的水准仪的制动装置为无限动极轴,任意位置都可固定,再利用微动螺旋可精确瞄准目标。在 DS_3 型水准仪望远镜的目镜下端装有微倾螺旋,调节微倾螺旋,可使管水准器的气泡居中。

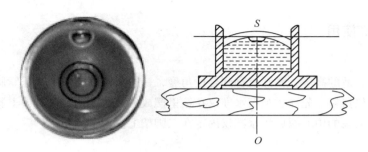

图 2-11 圆水准器

2.2.2 水准尺和尺垫

(1) 水准尺

普通水准尺由木制、塑钢或铝合金制成的,精密水准尺由钢瓦合金钢制成。水准尺有 2 m 或 3 m 的直尺、3 m 的折尺以及 3~5 m 的塔尺等,如图 2-12(a)所示。精度较高的水准测量常用双面水准尺。双面水准尺一般成对使用,黑面起始读数为零,红面起始读数分别为 4 687 mm 或 4 787 mm(图中可从起始读区分黑面尺和红面尺)。尺面每隔 1 cm 或 0.5 cm 涂有黑白或红白相间的分格,每 1 dm 有数字注记。为了倒像望远镜的观测方便,数字注记常常倒写。一般水准尺的底面为铁片,以防磨损。

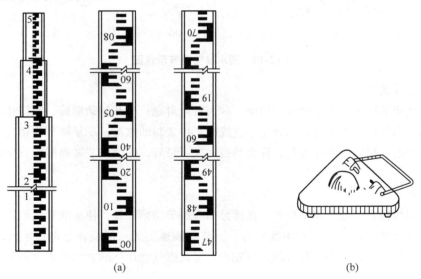

图 2-12 水准尺与尺垫

(2) 尺垫

尺垫一般为三角形的铸铁块,重量较重,中央有一突起的半球顶,如图 2-12(b)所示,以便放置水准尺,下有三个尖脚,可踩入土中。尺垫的作用是作为转点标记立尺点位和支撑水准尺,可以利用地面突起的固定点代替尺垫。使用时将其尖脚踩入土中,防止水准点下沉和点位移动,已知或待测的水准点上禁止使用尺垫。

2.2.3 水准仪使用

(1) 安置

伸缩脚架到合适的高度,张开三脚到合适角度,一般成等边三角形,踩紧脚架,并使架头大致水平。打开仪器箱,先注意观察水准仪在箱里摆放的姿态,拿出仪器放上脚架,一手扶住仪器,另一手用架头的中心螺旋将水准仪固定在三脚架上。

(2) 粗平

转动基座上的三个脚螺旋使圆水准气泡居中,如图2-13(a)所示。先将圆水准器调至任意两个脚螺旋①②的中间,同时调节两个脚螺旋,按气泡运行的方向与左手大拇指旋转方向一致的规律,用双手同时反向转动两个脚螺旋,使气泡沿着两个脚螺旋连线平行的方向移动到如图2-13(b)所示的位置,然后转动第三个脚螺旋③,使气泡居中,如图2-13(c)所示,表明水准仪竖轴已竖直,此工作称为粗平。

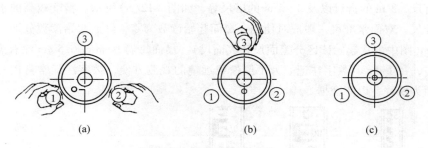

图 2-13 圆水准器调节示意图

(3) 瞄准与调焦

首先,使望远镜中的十字丝成像清晰,称为目镜对光;松开制动螺旋,旋转望远镜,瞄准待测的目标,当缺口、准星与目标处于一直线时,拧紧制动螺旋;反复调节物镜对光螺旋,直至目标成像清晰、稳定,消除视差,称为物镜对光;最后,仔细调节微动螺旋,使竖丝处于水准尺尺面上。

(4) 精平

为了使视线精确地处于水平位置,在读数前应调节微倾螺旋,使水准管气泡严格居中,也就是使符合水准器的两端气泡的半弧吻合。调节微倾螺旋的一般规律是向前旋转为抬高目镜端,向后旋转为降低目镜端。调节时,可先由外部观察气泡运行的方向来决定调节的方向。

(5) 读数

由于望远镜所看到的水准尺有正像和倒像之分,所以在读数时,应遵循从小到大的读数原则,倒像按照从上往下读,正像按照从下往上读,分别读出米、分米、厘米并估读至毫米。精确整平后,应立即根据视野里的中丝读取水准尺上的读数,读数时应估读到毫米。如图2-14所示,读数分别为1274、5960、2534,四位读数,毫米为单位。精平和读数是两项不同的操作步骤,但在水准测量的使用过程中,常把这两项操作视为一个整体,即在观测读数时要看管水准气泡是否吻合,一旦发现气泡不吻合,应重新精平后才能精确读数。

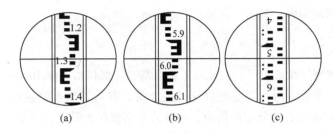

图 2-14 水准尺读数

2.3 普通水准测量与数据处理

2.3.1 水准路线种类

（1）闭合水准路线

如图 2-15（a）所示，从已知水准点 BM_A 开始，沿着环形路线测定 1、2、3、4 等点高程，最后回到水准点 BM_A，称为闭合水准路线。

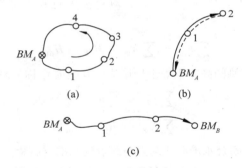

图 2-15 水准路线的种类

（a）闭合水准路线　（b）支水准路线　（c）附合水准路线

（2）支水准路线

如图 2-15（b）所示，由已知水准点 BM_A 点开始到点 1、2 既不附合到另一水准点，也不闭合到原水准点的水准路线，称为支水准路线。

（3）附合水准路线

如图 2-15（c）所示，从一侧的已知水准点 BM_A 开始，沿线测定 1、2、3 等点的高程，最后连测到另一侧的已知水准点 BM_B，称为附合水准路线。

2.3.2 水准测量校核方法

在水准测量中，测站上通常采用改变仪器高度法或双面尺法进行测站校核，但测站校核无法检查所有误差，如转点尺垫的移动。因此，水准测量成果还必须进行路线校核，以保证测量误差都在规定的容许范围内，否则，需要查明原因并重测。

2.3.2.1 测站校核

（1）改变仪高法

在每个测站上观测一次高差后，在原地重新升高或降低仪器高度 10 cm 以上，再测一次高差，观测顺序是后前前后。两次高差的理论值应相等，在普通水准测量中其不符值不得超过 6 mm。若两次观测的高差符合规定的限值，则取其平均值作为最后的结果。

（2）双面尺法

采用双面水准尺在每个测站上读取后视尺的黑、红面读数和前视尺的黑、红面读数，然后进行校核，观测顺序是黑黑红红。同一根水准尺黑红面的读数之差应为一常数（4687 mm 或 4787 mm），在普通水准测量中，其误差不得超过 5 mm；黑、红面分别算得的高差应相等，其高差之差在普通水测量中不得超过 6 mm。若在容许误差范围内，可取两次高差的平均值作为最后结果。

2.3.2.2 路线校核

（1）附合水准路线

如图 2-15(c)所示，从一个已知水准点 BM_A 开始，沿路线测定 1、2 等点的高程，最后连测到另一个已知水准点 BM_B。从理论上来说，测得高差总和应等于已知两个水准点间的高差，即

$$\sum h_{测} = \sum h_{理} = H_{BM_B} - H_{BM_A}$$

由于测量存在误差，实测的高差不等于理论值，其差值 f_h 称为高差闭合差，即式(2-7)。

$$\begin{aligned} f_h &= \sum h_{测} - \sum h_{理} \\ &= \sum h_{测} - (H_{终} - H_{始}) \end{aligned} \quad (2\text{-}7)$$

式中，$H_{始}$ 与 $H_{终}$——分别为附合水准路线起点与终点的水准点高程。

由于测量误差值的存在，闭合差是不可避免的。为了保证精度，必须规定容许限值，如式(2-8)，超过限值时，说明观测误差太大，必须检查原因，返工重测。

$$\begin{aligned} \text{一般地区} \quad & f_{h_{容}} = \pm 40\sqrt{D} \text{ 或 } \pm 8\sqrt{n} \\ \text{山区} \quad & f_{h_{容}} = \pm 12\sqrt{n} \text{ 或 } \pm 50\sqrt{D} \end{aligned} \quad (2\text{-}8)$$

式中 n——测站总数；

D——路线长度(km)；

$f_{h_{容}}$——闭合差容许值(mm)。

（2）闭合水准路线

如图 2-15(a)所示，从一个已知水准点 BM_A 开始，沿着环形路线测定 1、2、3、4 等点高程，最后仍回到水准点 BM_A，闭合水准路线测得的高差总和，在理论上应等于零，即 $\sum h_{理} = 0$。由于测量存在误差，$\sum h_{测} \neq 0$，则存在高差闭合差，如式(2-9)。闭合差的容许值同附合水准路线。

$$f_h = \sum h_测 \tag{2-9}$$

(3) 支水准路线

如图 2-15(b)所示,由一已知水准点开始,如果最后没有闭合到原水准点或连测到另一已知水准点,称为支水准路线。支水准路线必须进行往返测量。往返观测的高差绝对值应相等,符号应相反,即往返观测高差的代数和应等于零,如不为零,则产生高差闭合差,如式(2-10)。

$$f_h = \sum h_往 + \sum h_返 \tag{2-10}$$

闭合差容许值 $f_{h_容}$ 应根据不同的地形情况,采用式(2-8)计算,但此时式中,D 为水准路线单程长度的公里数;n 为单程测站数。

2.3.3 水准测量成果整理

2.3.3.1 连续水准测量计算

根据图 2-4 所示的连续水准测量路线,读取后视读数 a_1、a_2、a_3、a_4 和前视读数 b_1、b_2、b_3、b_4,分别记入表格的后视读数和前视读数栏内,后视读数减前视读数,即得高差 h_1,记入表格的高差栏内。最后根据 A 点的高程和计算的高差,计算 B 点的高程,计入表格中的 B 点高程栏内。

综上,表 2-1 为连续水准测量手簿的记录和计算示例。

表 2-1 连续水准测量观测手簿

方　　向:_____　观测日期:_____　观测者:_____
仪器型号:_____　天　气:_____　记录员:_____

测　点	后视读数(m)	前视读数(m)	高差(m) +	高差(m) −	高程(m)	备　注
A	1.225			0.762	30.000	已 知
1	1.562	1.987	0.319			
2	1.609	1.243	0.608			
3	1.321	1.001	0.340			
B		0.981	1.267	0.762	30.505	未 知
$\sum$	5.717	5.212	$\sum h = +0.505$			
校核计算	$\sum a - \sum b = +0.505$				+0.505	

2.3.3.2 高差闭合差调整

由于水准测量中仪器误差、观测误差以及外界条件的影响,使水准测量中不可避免地存在着误差,高差闭合差就是各误差影响的综合反映。为了保证观测精度,对高差闭合差应做出一定的限制,即计算所得高差闭合差应在规定的容许范围内。普通水准测量外业观测结束后,首先应复查与检核观测手簿,并按水准路线布设形式进行成果整理。在同一水准路线的观测中,可认为各测站的观测条件是相同的,故各站产生的误差认为是相等的。因此,闭合差的调整原则是:将闭合差反符号,按与测站数或距离成正比进行分配。各测段的高差改正数 δ_{h_i} 按式(2-11)或式(2-12)计算。

$$\delta_{h_i} = -\frac{f_h}{[n]} \cdot n_i \qquad (2\text{-}11)$$

$$\delta_{h_i} = -\frac{f_h}{[D]} \cdot D_i \qquad (2\text{-}12)$$

式中，$[n]$ 为测站数总和；$[D]$ 为水准路线总长度，以 km 计；n_i 为某测段的测站数；D_i 为某测段的距离，以 km 计。

各测段高差观测值与改正数的代数和，即为该测段改正后的高差。

将起始点 BM_1 的高程与沿线各测段改正后的高差，逐一累加即得各未知点高程。最后算得的 BM_2 的高程应和已知高程相等，以作校核。

对于支水准路线，采取往返观测的方法，当往返观测的高差之和产生的闭合差小于规定的容许误差时，可取往返高差的平均数作为最后结果。如式(2-13)。

$$h = \frac{1}{2}(h_{往} - h_{返}) \qquad (2\text{-}13)$$

2.3.3.3 闭合水准路线的成果整理

设有一闭合路线，从 1 点开始，经过 2、3、4 点，最后回到起始点 1，将测得各段的高差和距离各项数据填入表格，其中高差以 m 为单位，距离以 km 为单位。则高差闭合差为：

$$f_h = \sum h - (H_{终} - H_{始}) = \sum h = +0.044 \text{ m}$$

$$f_{h_{容}} = \pm 40\sqrt{D} = \pm 40\sqrt{4} = \pm 0.080 \text{ m}$$

因为，$f_h \leqslant f_{h_{容}}$，所以，外业测量成果符合规定是容许误差要求，可按公式(2-12)对 f_h 进行调整，具体见表 2-2。

表 2-2　闭合水准路线高差误差配赋表

点 号	距离 (km)	高差 观测值 (m)	高差 改正数 (m)	高差 改正后高差 (m)	高程 (m)	备 注
1	1.10	-1.999	-0.012	-2.011	30.000	已知高程
2	0.75	-1.420	-0.008	-1.428	27.989	
3	1.20	+1.825	-0.013	+1.812	26.561	
4	0.95	+1.638	-0.011	+1.627	28.373	
1						
Σ	4.00	+0.044	-0.044	0.000	30.000	校核

2.3.3.4 附合水准测量的成果整理

如图 2-15(c)所示，BM_A、BM_B 为两个已知水准点，1、2、3 为未知点，测得各段高差和距离各项数据填入表格，其中高差以 m 为单位，距离以 km 为单位。则高差闭合差为：

$$f_h = \sum h - (H_{终} - H_{始}) = -0.015 \text{ m}$$

$$f_{h_{容}} = \pm 40\sqrt{D} = \pm 40\sqrt{1.89} = \pm 0.055 \text{ m}$$

因为，$f_h \leqslant f_{h_{容}}$，所以，外业测量成果符合规定的容许差要求，可根据式(2-12)对 f_h 进行调整，具体见表 2-3。

表 2-3 附合水准路线高差误差配赋表

点 号	距离（km）	高差 观测值（m）	高差 改正数（m）	高差 改正后高差（m）	高程（m）	备 注
BM_A	0.51	+1.377	+0.004	+1.381	30.000	已知高程
1	0.60	+1.102	+0.005	+1.107	31.381	
2	0.35	-0.348	+0.003	-0.345	32.488	
3	0.43	-1.073	+0.003	-1.070	32.143	
BM_B					31.073	已知高程
Σ	1.87	+1.058	+0.015	+1.073		

2.4 三、四等水准测量

2.4.1 三、四等水准测量

三、四等水准测量应从附近的国家一、二等水准点引测高程，其常用于加密国家高程控制网或小地区的首级高程控制。

工程建设地区的三、四等水准点的间距取决于实际需要，永久性水准点的间距一般地区为 2~3 km，在工业区为 1~2 km。水准点应埋设普通水准标石，并且在土质坚硬、便于保存和使用的地方，距离厂房或高大建筑物不小于 25 m，注意偏离地下管线。临时性水准点可用铁钉、木桩或在固有地物如墙角、岩石等突出处涂以红油漆作为水准点标志。

三、四等水准测量应使用 DS_3 及以上等级的水准仪，水准尺通常使用一对红黑双面尺，即红面与黑面读数的固定差值为 4 687 mm 或 4 787 mm。

三、四等水准测量的技术要求见表 2-4 和表 2-5。

表 2-4 水准测量主要技术要求

等级	每千米高差全中误差（mm）	路线长度（km）	水准仪型号	水准尺	观测次数 与已知点联测	观测次数 附合或环线	往返较差、附合或环线闭合差 平地（mm）	往返较差、附合或环线闭合差 山地（mm）
二等	2	—	DS_1	铟瓦	往返各1次	往返各1次	$4\sqrt{D}$	—
三等	6	≤50	DS_1	铟瓦	往返各1次	往1次	$12\sqrt{D}$	$4\sqrt{n}$
			DS_3	双面		往返各1次		
四等	10	≤16	DS_3	双面	往返各1次	往1次	$20\sqrt{D}$	$6\sqrt{n}$
图根	15	—	DS_3	单面	往返各1次	往1次	$30\sqrt{D}$	—

注：①结点之间或结点与高级点之间，其路线的长度，不应大于表中规定的 0.7 倍；
②D 为往返测段附合或环线的水准路线长度（km），n 为测站数；
③数字水准仪测量的技术要求和同等级的光学水准仪相同。

表 2-5 水准观测主要技术要求

等级	水准仪型号	视线长度(m)	前后视较差(m)	前后视累积差(m)	视线离地面最低高度(m)	基、辅分划或黑、红面读数较差(mm)	基、辅分划或黑、红面所测高差较差(mm)
二等	DS₁	50	1	3	0.5	0.5	0.7
三等	DS₁	100	3	6	0.3	1.0	1.5
三等	DS₃	75	3	6	0.3	2.0	3.0
四等	DS₃	100	5	10	0.2	3.0	5.0
五等	DS₃	100	近似相等	—	—	—	—

注：①二等水准视线长度小于 20 m 时，其视线高度不应低于 0.3 m；

②三、四等水准采用变动仪器高度观测单面水准尺时，所测两次高差较差，应与黑面、红面所测高差之差的要求相同；

③数字水准仪观测，不受基、辅分划或黑、红面读数较差指标的限制，但测站两次观测的高差较差，应满足表中相应等级基、辅分划或黑、红面所测高差较差的限值。

2.4.1.1 三、四等水准测量的方法

（1）观测方法

表 2-6 三、四等水准测量观测手簿

测站号	测点号	后尺 下丝 / 上丝 / 后视距离 / 前后视距差	前尺 下丝 / 上丝 / 前视距离 / 累积差	方向及尺号	水准尺中丝读数 黑面	水准尺中丝读数 红面	K+黑-红	平均高差	备注
示范		(1) / (2) / (9) / (11)	(4) / (5) / (10) / (12)	后 / 前 / 后-前	(3) / (6) / (15)	(8) / (7) / (16)	(14) / (13) / (17)	(18)	
1	A 1	1.620 / 1.278 / 34.2 / +0.9	1.454 / 1.121 / 33.3 / +0.9	后1 / 前2 / 后-前	1.449 / 1.290 / +0.159	6.235 / 5.978 / +0.257	+0.001 / -0.001 / +0.002	+0.1580	
2	1 2	1.780 / 1.050 / 73.0 / +0.1	1.969 / 1.240 / 72.9 / +1.0	后2 / 前1 / 后-前	1.412 / 1.601 / -0.189	6.009 / 6.387 / -0.288	+0.000 / +0.001 / -0.001	-0.1885	
3	2 3	1.885 / 1.366 / 51.9 / -0.2	1.833 / 1.312 / 52.1 / +0.8	后1 / 前2 / 后-前	1.624 / 1.573 / +0.051	6.410 / 6.260 / +0.150	+0.001 / +0.000 / +0.001	+0.0505	

(续)

测站号	测点号	后尺 下丝 上丝 后视距离 前后视距差	前尺 下丝 上丝 前视距离 累积差	方向及尺号	水准尺中丝读数 黑面	水准尺中丝读数 红面	K+黑-红	平均高差	备注
4	3 4	1.750 1.184 56.6 -0.8	1.886 1.312 57.4 +0.0	后2 前1 后-前	1.468 1.599 -0.131	6.156 6.386 -0.230	-0.001 +0.000 +0.001	-0.1305	
5	4 B	1.670 1.369 30.1 +0.4	2.279 1.982 29.7 +0.4	后1 前2 后-前	1.519 2.131 -0.612	6.305 6.818 -0.513	+0.001 +0.000 +0.001	-0.6125	
校核计算		$\sum(9)-\sum(10)=245.8-245.4$ $=+0.4$ 末站(12)=+0.4		$\sum(15)=-0.722$ $\sum(16)=-0.624$ $[\sum(15)+\sum(16)-0.100]\div 2=-0.723$				$\sum(18)=-0.723$	

如表 2-6，采用双面尺三丝读数法，一个测站上的操作顺序如下：
①照准后视标尺黑面，读取下、上丝读数(1)、(2)及中丝读数(3)；
②照准前视标尺黑面，读取下、上丝读数(4)、(5)及中丝读数(6)；
③照准前视标尺红面，读取中丝读数(7)；
④照准后视标尺红面，读取中丝读数(8)。

观测顺序采用"后—前—前—后"或称"黑—黑—红—红"，主要是为了抵消水准仪与水准尺下沉产生的误差。

(2)测站的计算、校核与限差
①视距计算。

$$后视距离(9) = [(1)-(2)] \times 100 \text{ m}$$
$$前视距离(10) = [(4)-(5)] \times 100 \text{ m}$$
$$前、后视距差(11) = (9)-(10)$$

前、后视距累积差，本站(12) = 前站(12) + 本站(11)。前、后视距差和前、后视距累积差应满足相应等级的技术要求。

②黑、红面读数差。

$$前尺(13) = (6) + K_1 - (7)$$
$$后尺(14) = (3) + K_2 - (8)$$

K_1、K_2分别为前尺、后尺的红黑面常数差，文中 $K_1 = 4787$、$K_2 = 4687$。黑、红面读数差应满足相应等级的技术要求(如图根 ≤ ±5 mm)。

③高差计算。

$$黑面高差(15) = (3) - (6)$$
$$红面高差(16) = (8) - (7)$$
$$黑、红面高差之差(17) = (14) - (13) = (15) - (16) \pm 0.100$$

高差中数$(18) = 1/2 \times [(15) + (16) \pm 0.100]$

黑、红面高差之差，三等不得超过 3 mm，四等不得超过 5 mm。

上述各项记录、计算，见表 2-6。观测时，若发现本测站某项限差超限，应立即重测本测站。只有各项限差均检查无误后，方可搬站。

2.4.1.2 每页计算的总校核

在每测站校核的基础上，应进行每页计算的校核。具体方法如下：

$$\sum(15) = \sum(3) - \sum(6)$$
$$\sum(16) = \sum(8) - \sum(7)$$
$$\sum(9) - \sum(10) = 本页末站(12) - 前页末站(12)$$

测站数为偶数时，

$$\sum(18) = \frac{1}{2}\left[\sum(15) + \sum(16)\right]$$

测站数为奇数时，

$$\sum(18) = \frac{1}{2}\left[\sum(15) + \sum(16) \pm 0.100\right]$$

2.4.1.3 水准路线测量成果计算、检核

三、四等附合或闭合水准路线高差闭合差的计算、调整方法与普通水准测量相同。

2.4.2 三、四等水准测量成果整理

三、四等水准测量的闭合或附合线路的成果整理，首先，应规定检验两水准点之间的线路往返测高差不符值及附合或闭合线路的高差闭合差。如果误差在容许范围以内，则测段高差取往、返测的平均值，线路的高差闭合差则反其符号按测段的长度成正比例进行分配，此平差方法与附合路线和闭合路线的高差配赋方法完全相同。

2.5 自动安平水准仪和电子水准仪

2.5.1 自动安平水准仪

2.5.1.1 自动安平水准仪的原理

自动安平水准仪的特点是用补偿器取代符合水准器，如图 2-16(b)所示。使用时，只要用圆水准器粗略整平仪器便可读得水平视线的读数。目前，各种精度的自动安平水准仪已普遍使用于各等级水准测量中。如图 2-16(a)所示，为国产 DSZ_3 型自动安平水准仪的外观。当视线水平时，水平光线恰好与十字丝交点所在位置重合，读数正确无误，如视线倾斜一个角度，十字

丝交点移动一段距离，这时按十字丝交点读数，显然有偏差。如果在望远镜内的恰当位置装置一个半角全角"补偿器"（如图 b 中的结构 8），使进入望远镜的水平光线经过补偿器后偏转一个角度，恰好通过十字丝交点读出的数仍然是正确的。由此可知，补偿器的作用，是使水平光线发生偏转，而偏转角的大小正好能够补偿视线倾斜所引起的读数偏差。

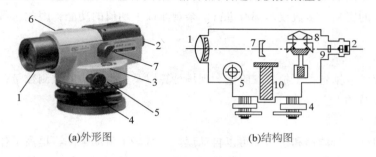

(a)外形图　　　　　　(b)结构图

图 2-16　自动安平水准仪
1. 物镜　2. 目镜　3. 圆水准器　4. 脚螺旋　5. 微动螺旋
6. 调焦螺旋　7. 透镜　8. 补偿器　9. 十字丝　10. 竖轴

2.5.1.2　自动安平水准仪使用

首先，把自动安平水准仪安置好，使圆水准气泡居中，即可用望远镜瞄准水准尺进行读数。为了检查补偿器是否起作用，有的仪器安置一个按钮，按此钮可把补偿器轻轻触动，待补偿器稳定后，看尺上读数是否有变化，如无变化，说明补偿器正常。如仪器没有此装置，可稍微转动一下脚螺旋，如尺上读数没有变化，说明补偿器起作用，仪器正常，否则应进行检查和校正。

2.5.2　电子水准仪

2.5.2.1　电子水准仪的原理

电子水准仪又称数字水准仪，是在自动安平水准仪的基础上设计出来的。电子水准仪使用条码标尺，各厂家标尺编码的条码图案不尽相同，一般不能相互使用。目前照准标尺和望远镜的调焦工作仍需人工目视进行。人工完成照准和调焦之后，一方面，标尺条码被成像在望远镜的分划板上，供目视观测；另一方面，通过望远镜的分光镜，标尺条码又被成像在光电传感器或探测器上，即线阵 CCD 器件上，供电子读数。

当前，电子水准仪采用原理上相差较大的 3 种自动电子读数方法：①相关法。如徕卡的 NA3002/3003 电子水准仪；②几何法。如蔡司 DiNi10/20 电子水准仪；③相位法。如拓普康 DL-100C/102C 电子水准仪。上述电子水准仪的测量原理各有其优点，经过实践证明，都能满足精密水准测量工作需要。

2.5.2.2　电子水准仪的特点

电子水准仪是以自动安平水准仪为基础，在望远镜光路中增加了分光镜和探测器，并采用条码标尺和图像处理电子系统而构成的光、机电测量一体化的精密仪器。采用普通标尺时，可以当一般自动安平水准仪使用。它与传统的水准仪相比，具有以下特点：

（1）读数客观

不存在误读、误记的问题，没有人为的读数误差。

（2）精度高

视线高和视距读数都是采用大量的条码分划图像经处理后取平均值得出来的，因而削弱了水准尺分划误差的影响；多数仪器都有进行多余观测取平均值的功能，因此，可以削弱外界条件的影响。

（3）速度快

由于可以存贮数据省去了报数、听记、现场计算以及人为出错的重测数量，测量时间与传统仪器相比可以节约1/3。

（4）效率高

只要瞄准目标进行调焦和按键就可以自动读数，减轻了劳动强度，提高了作业效率。视距还能自动记录、检核和处理并能输入计算机进行后处理，可实现内外业一体化。

（5）价格贵

一般电子水准仪的价格是普通水准仪的10~100倍，精密仪器的价格更高。一般用于国家大型工程和精密水准测量工程。

2.6 水准仪检验与校正

水准仪的作用是提供水平视线，而视线的水平是依据望远镜管水准器的气泡居中来判断。因此，当管水准气泡居中时，水准管轴 LL 必须平行于视准轴 CC，就是水准仪必须满足的首要条件。其次，水准仪的圆水准轴 $L'L'$ 应平行于竖轴 VV，当圆水准气泡居中时，竖轴便基本竖直，即仪器基本整平，辅助管水准器的精确整平。再者，水准仪的十字丝横丝应垂直于竖轴，这样，就可用横丝代替交点进行读数，给观测带来方便。水准仪使用前，必须对上述各项条件依次进行检验。如不满足，应进行校正或采用适当的操作方法消除其影响。

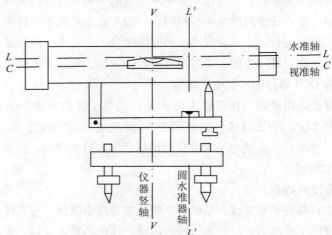

图 2-17　水准仪圆水准轴与竖轴

水准仪必须提供一条水平视线，其主要轴线之间的几何关系如图 2-17 所示，水准仪应满足下列条件：

①圆水准器轴平行于仪器的竖轴，即 $L'L'//VV$。
②十字丝横丝垂直于竖轴 VV。
③水准管轴平行于视准轴，即 $LL//CC$。

在进行水准测量之前，必须对上述多项条件进行检验和校正，使各轴线满足上述关系。

2.6.1 圆水准器轴检验与校正

（1）检验原理

如图 2-18(a)所示，竖轴与圆水准轴不平行，圆水准轴偏向于竖轴的左侧，交叉成 δ 角。此时若调节脚螺旋使圆气泡居中，则圆水准轴竖直，竖轴偏斜。将仪器绕偏斜的竖轴旋转 180°，如图 2-18(b)所示，圆水准轴转至竖轴的右侧，仍交叉成 δ 角。显然，此时圆水准轴偏离铅垂线的角度为 2δ，圆气泡也随之偏向高的一端。

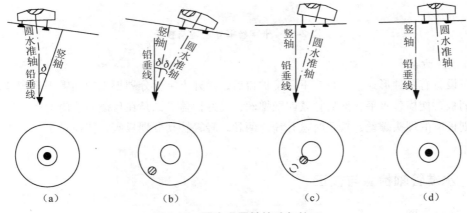

图 2-18　圆水准器轴检验与校正

若圆水准轴与竖轴平行，则气泡居中后，竖轴处于铅垂位置，仪器旋转至任意位置，圆气泡也必然居中。

（2）检验方法

安置仪器后，先调脚螺旋使圆水准器气泡居中，然后将仪器旋转 180°，若气泡仍然居中，说明条件满足。若气泡有了偏移，说明条件不满足，需校正。

（3）校正方法

如图 2-18(b)所示，圆水准轴偏离铅垂线 2δ，这是由两个等量因素构成的：一是竖轴偏离铅垂线；二是圆水准轴不平行竖轴。由此可见，圆水准轴与竖轴间的误差仅占气泡偏移量的一半，另一半是由于竖轴偏斜引起的。因此，校正时，先调节脚螺旋使气泡向中央移回一半，如图 2-18(c)所示，此时竖轴已处于铅垂位置。然后用校正针按脚螺旋整平圆水准器的操作程序，拨动圆水准器底三个校正螺旋，使气泡居中，如图 2-18(d)所示。此时，圆水准轴也处于铅垂位置，至此，条件获得满足。检验和校正应反复进行，直至条件满足为止。

2.6.2 十字丝横丝检验与校正

（1）检验原理

当水准仪的竖轴处于铅垂位置时，如果十字丝横丝垂直于竖轴，横丝必成水平。这样，当望远镜绕竖轴旋转时，横丝上任何部分必然在同一水平面内。

（2）检验方法

整平仪器后，将十字丝横丝的一端瞄准一明显点，如图 2-19(a)所示的 A 点，固定制动螺旋，转动微动螺旋，如果 A 点始终在横丝上移动，则表示条件满足，如果 A 点偏离横丝，如图 2-19(b)所示，则需进行校正。

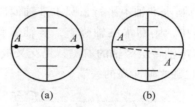

图 2-19 十字丝横丝检验与校正

（3）校正方法

校正设备有两种形式。一是旋下目镜护盖后，松开十字丝分划板上的四颗固定螺丝，轻轻转动分划板，使横丝水平，然后拧紧四颗螺丝，装好护盖。二是在目镜端镜筒上有三颗固定十字丝分划板座的埋头螺丝，校正时松开任意两颗，轻轻转动分划板座，使横丝水平，再将埋头螺丝拧紧。

2.6.3 水准管轴检验与校正

（1）检验原理

如果仪器的水准轴和视准轴平行，当水准管气泡居中时，视线即水平。这时水准仪安置在两点间任何地点，所测得的高差都是正确的。若水准轴与视准轴不平行，当水准管气泡居中时，视线却是向上或向下倾斜，与水准轴形成一个 i 角，此时，水准尺上的读数比视准轴水平时要大或小。此项误差的大小与尺子到仪器的距离成正比。如果将水准仪安置成后视与前视距离相等，如图 2-20(a)所示。

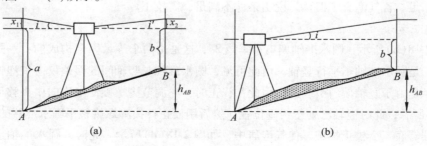

图 2-20 水准管轴的检验与校正

$$h = (a + x_1) - (b + x_2) \qquad (2\text{-}14)$$

由式(2-14)可知,当仪器存在 i 角误差时,实测出的高差不是实际高差。要消除 i 角的影响,只有使 $x_1 = x_2$,此时,即使存在 i 角,也可获得正确高差,即当后视与前视距离不相等时,两尺上的读数误差也不相等,算出的高差就会受到影响,前后视距离相差愈大,i 角对高差的影响也愈大。

(2)检验方法

选距离约 80 m 的 A、B 两点,各打一个木桩。先将仪器安置在 AB 线段的中点,如图 2-20 所示,用改变仪器高法测出正确高差 h_{AB}。然后将仪器搬到后视点附近约 3 m 处,如图 2-20(b)所示中的 A 点附近。当气泡居中时读取后视读数 a_2。因仪器距 A 点很近,可以忽略 i 角对 a_2 的影响,认为 a_2 是视线水平时的读数。由此可以计算出视线水平时的前视读数,如式(2-15)。如果 B 尺上实际读数 b_2' 与计算出的前视读数 b_2 相等,则说明条件满足;否则,需进行校正。

$$b_2 = a_2 - h_{AB} \qquad (2\text{-}15)$$

(3)校正方法

转动微倾螺旋,使中丝对准正确的前视读数 b_2,此时视准轴已处于水平位置,但水准气泡却偏离了中心,为了使水准轴也处于水平位置,即使水准轴与视准轴平行,可用校正针拨动水准管一端的上、下两个校正螺丝,如图 2-21 所示,使气泡居中即可。此项检验校正也应反复进行,直至符合要求为止。一般要求 b_2' 与 b_2 的差值在 3~5 mm。

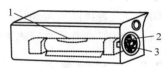

图 2-21　水准管校正
1. 水准管　2. 上校正螺丝
3. 下校正螺丝

2.7　水准测量误差来源及注意事项

2.7.1　误差来源

(1)仪器误差

外业测量所使用的水准仪,虽经过检验与校正,但还不完善,仍会存在一些残余误差,主要是视准轴与水准管轴不平行的误差,即 i 角误差,可采用前后视距相等进行消除或削弱。因此,只要严格按照正确的作业方法进行操作,仪器误差对高差的影响相对较小。水准尺误差包括尺长不精确、连接处松动、分划不均匀和尺底的零点不准确等误差,这将直接影响水准测量的精度,因此,精度要求较高时,在水准测量之前应对水准尺进行严格的检测。

(2)水准管气泡的整平误差

水准测量的主要前提条件是视线必须水平,故每次读数前必须使水准管气泡的两个半弧影像严格吻合后方能读数,并且,读数后还要检查气泡是否吻合。

(3)读数误差

在普通水准测量中,读数可估读至毫米。估读的正确与否除了对光和视差的影响外,还与望远镜的放大率和视距的长度有关。放大率太小或视距太长都会引起较大的读数误差。因此,为了保证读数精度,除了观测中应仔细对光并消除视差外,还应对仪器的放大率和最大视距长度加以规定。普通水准测量的仪器放大率一般不应小于20倍,视距长度不应超过100 m。

(4) 扶尺不直误差

如果尺子没有竖直,无论向前还是向后倾斜,总是使水准尺上的读数增大,而且视线越高、距离越远,其误差则越大。当尺子倾斜2°时,在水准尺上2 m处读数时会产生约1 mm的读数误差。所以在水准尺上一般装有圆水准器,扶尺时要使气泡居中。

(5) 仪器和水准尺下沉误差

水准测量时,若仪器或水准尺下沉会造成测量误差,如在读取后视读数后仪器产生下沉,使视线降低,前视读数减小,则高差必然比正确值增大。因此,测量时,脚架和尺垫都应踩实,防止下沉,同时,应迅速操作,尽量缩短观测时间,采用后前前后的观测顺序,以减少此项误差的影响。

(6) 地球曲率和大气折光的影响

大地水准面是一个曲面,只有当水准仪的视线与之平行时,才能测出两点间的真正高差。同时空气密度随着距地面的高度增大而减小,当水平视线在空气传播时,将因折射而发生弯曲。因此,在普通水准测量中,若使前后视距离相等,则可消除地球曲率和大气折光的影响。

2.7.2 注意事项

①高程测量作业前,水准仪要进行严格的检验与校正。

②测站的地面要坚实,脚架的固定螺旋应拧紧并踩稳,以防止松动和碰动。

③前后视线要大致等长,视线不宜过长,一般小于100 m。

④瞄准水准尺时,应注意消除视差,每次读数前符合气泡必须严格居中。

⑤水准尺应严格竖直,防止前倾后仰,尺垫应踩实,转点要牢固,读数应迅速准确,在已知或固定的水准点上不得使用尺垫。

⑥记录要工整,不得事后转抄,计算要准确无误,并及时进行校核和计算。

⑦读数要准确,严格按照限差要求,误差超限,必须重测。

本章小结

①水准测量是一种精密测定高差的方法。它是利用水平视线配合水准尺测定两点间高差,根据已知点高程推算未知点高程。水准测量时视线高度因人而异,但视线必须水平,标尺必须垂直。在水准测量前,必须对仪器进行检验与校正,以保证圆水准器轴平行于竖轴和水准管轴平行于视准轴。观测时一定要使符合气泡两端影像吻合。

②高差计算公式为 $h_{AB}=a-b$,后视读数 a 与前视读数 b 的位置不能颠倒。视线高法常用于工程测量中。水准测量时,将仪器放在距前后视距离相等处,目的在于消去地球曲率、大气折光和视准轴不平行于水准管轴残余误差的影响。

③水准测量每一站的基本操作:安装、粗平、照准、精平和读数。其中,粗平是基础,精平是关键,视差要消除,读数要准确,记录要正确。三、四等水准测量是测定控制点高程的重要方法,施测时要严格按照观测其观测程序进行。

④当两点相距较远或高差较大时,应当采取合理的水准路线布设形式,必要安置若干次仪器才能测

得两点间的高差。其测量特点是水准测量原理的重复运用，逐点向前推进，转点传递高程。但要做到步步精益求精，站站认真校核，整条路线测量精度符合水准测量规范的要求。

⑤通过学习要掌握仪器使用、基本操作、外业观测程序、记录计算和内业成果整理的方法。

思考题

(1)简述水准测量原理。为什么高程测量的实质就是高差测量？

(2)什么是视准轴？什么是视差？视差现象是如何形成、如何消除的？

(3)粗平与精平的操作方法有何不同？其各自的目的是什么？

(4)转点在水准测量中起什么作用？其特点是什么？

(5)为什么需要将水准仪安置在前后视距大致相等处进行观测？

(6)水准测量中有哪些校核？各有什么作用？各采用什么方法？

(7)水准仪的结构应满足哪些条件？其中最主要的条件是什么？

(8)自动安平水准仪有何特点？为什么它能在仪器微倾的状态下读得水平视线的读数？

(9)用水准仪测定 A、B 两点间高差，已知 A 点高程为 $H_A = 12.658$ m，A 尺上读数为 1 526 mm，B 尺上读数为 1 182 mm，求 A、B 两点间高差 h_{AB} 为多少？B 点高程 H_B 为多少？绘图说明。

(10)按 I_1ABI_2 法检校水准仪 i 角，用钢尺量得 $D_1 = 5.8$ m，$D_2 = 40.9$ m。安置水准仪在 I_1 点，得 A 尺读数 $a_1 = 1 207$ mm，B 尺读数 $b_1 = 1 139$ mm，然后搬水准仪至 I_2 点，又读 A 尺上读数 $a_2 = 1 466$ mm，B 尺上读数 $b_2 = 1 382$ mm，问：水准管轴是否平行于视准轴？如果不平行，当水准管气泡居中时，视准轴是向上倾斜还是向下倾斜？i 角值是多少？如何进行校正？

第 3 章 角度测量

为了测量地面上任意点的平面位置和高程，需要测定不同方向间的水平角和竖直角，即角度测量。

角度测量是三项基本测量工作之一。介绍水平角、竖直角、天顶距、竖盘指标差的概念；重点介绍测回法、方向观测法测量水平角的原理和数据处理方法；竖直角的测量原理及数据处理方法；DJ_6 级光学经纬仪及电子经纬仪的结构、读数设备及其读数方法；简要介绍角度测量的误差来源及经纬仪的检验与校正。

3.1 角度测量原理

3.1.1 水平角

地面上一点到两目标的方向线垂直投影在水平面上所成的角称为水平角。水平角通常用 β 表示,其角值范围为 $0°\sim360°$。如图 3-1 所示,地面上的点 O,两个目标分别为 A、B,P 为水平投影面。

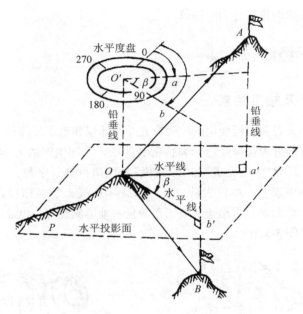

图 3-1 水平角测量原理

水平角是指 $\angle AOB$ 在水平面上的投影 $\angle a'Ob'$,即 β。实际上,β 就是通过 OA 与 OB 的两铅垂面所形成的二面角,因此,用任意一水平面去截取这两个竖直面,即得此二面角。为测定水平角 β 的大小,可在 $O'O$ 线上安置一个有分划的圆盘,圆盘的中心为 O' 点,并处于水平状态。从 OA 竖面与圆盘的交线得一个读数 a,再从 OB 竖面得另一读数 b,则水平角 β 就是两读数之差,如式(3-1)。

$$\beta = b - a \tag{3-1}$$

3.1.2 竖直角

一点到目标的方向线与经过该点的水平线在同一竖直面内所夹的角度称为竖直角,简称竖角。如图 3-2 所示,竖角一般用 α 表示,其角值范围为 $0°\sim\pm90°$。当视线向上倾斜时所构成的竖角称为仰角,α 取正值;当视线向下倾斜时所构成的竖角称为俯角,α 取负值。

根据竖角的定义,观测竖角与观测水平角的原理类似,也是两个方向的读数之差。如图 3-2

所示，如果在测站点 A 上安置一个带有竖直刻度盘的测角仪器，其竖盘中心通过望远镜旋转轴，设照准目标点 A 时视线的读数为 n、水平视线的读数为 m，则竖直角 $a = n - m$。与水平角观测不同的是，竖盘是固定在望远镜的旋转轴上，随望远镜一起转动，当视线水平时其读数默认为定值，一般是 $90°$ 的整倍数。因此，观测竖角时只需瞄准目标方向进行读数，按公式计算出竖角的角度。

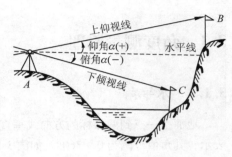

图 3-2 仰角与俯角

测量水平角与竖直角的仪器称为经纬仪。

3.2 DJ₆ 型光学经纬仪

3.2.1 经纬仪构造及轴系关系

经纬仪的种类很多，目前广泛使用的主要有光学经纬仪和电子经纬仪，早期还有游标经纬仪。若按精度的高低可划分为普通经纬仪和精密经纬仪。我国生产的光学经纬仪有 DJ_2、DJ_6、DJ_{15} 等几种等级。"D、J" 为 "大地测量" 和 "经纬仪" 的汉语拼音首字母，"2、6、15" 为水平角观测一测回方向的观测中误差，单位为秒（"），例如，DJ_6 级光学经纬仪表示该型号经纬仪的一测回方向的观测中误差为 $6''$，常用于一般工程测量、地形测量等，由照准部、度盘、基座和水准器四部分组成，如图 3-3 所示。

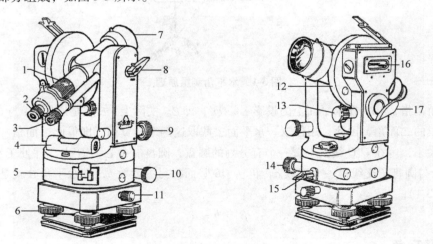

图 3-3 DJ₆ 经纬仪的结构

1. 望远镜对光螺旋 2. 目镜调焦螺旋 3. 读数窗 4. 管水准器 5. 复测钮 6. 脚螺旋 7. 物镜
8. 垂直制动 9. 垂直微动 10. 水平微动 11. 轴座固定螺旋 12. 竖直度盘 13. 微倾螺旋
14. 水平微动 15. 水平制动 16. 竖直度盘水准器 17. 采光镜

3.2.1.1 照准部

照准部主要由望远镜、竖直度盘、照准部水准管、读数装置等组成，是基座和水平度盘上方能转动部分的总称。望远镜是照准部的主要部件，安装在横轴的支架上，可以瞄准高低不同的目标，为控制其上下转动，配有望远镜制动螺旋和微动螺旋。读数显微镜是读数设备，其目镜与望远镜目镜并列，配有调焦螺旋。整个照准部由竖轴连接水平度盘部分和基座部分，照准部的转动就是绕竖轴在水平方向内转动。为了使竖轴和水平度盘分别处于竖直位置和水平位置，照准部装有水准管气泡。照准部配有制动螺旋和微动螺旋，装置在水平度盘上，用以控制整个照准部的水平旋转。

3.2.1.2 度盘

度盘主要由水平度盘、竖直度盘、照准部制动、微动装置、度盘变换手轮（又称复测扳手）等组成。度盘由光学玻璃制成，整个圆周分为360°，顺时针注记。DJ_6级经纬仪一般每隔1°有一分划。水平度盘固定装置于竖轴上，一般不随照准部转动而转动。若需要将水平度盘安置在某一读数位置，可用度盘变换手轮来改变水平度盘的读数；或先旋转照准部找到某一读数位置，扳下复测扳手，将水平度盘与照准部结合在一起，瞄准目标后，松开复测扳手即可。竖直度盘又称竖盘，是用光学玻璃制成，刻有360条分划线，即全圆360°，竖盘固定在望远镜的横轴上，当望远镜在竖直面内上下转动时，竖盘随之一起转动。

3.2.1.3 基座

支撑整个仪器的底座是基座，通过仪器中心螺旋固定在三脚架上。基座主要由基座、脚螺旋、连接板等组成。中心螺旋的正中装有挂垂球的挂钩，观测时使所挂垂球对准地面点标志中心，以保证竖轴轴线与过测站点中心的铅垂线重合。一般经纬仪都备有垂球，但其对中精度较低，现在大部分经纬仪都装有光学对中器。光学对中器是一个小型外调焦望远镜。当照准部水平时，对中器的视线经棱镜折射后成铅垂方向，且与仪器竖轴重合，如图3-4所示。若地面点中心与光学对中器分划板中心重合，水平度盘水平，说明竖轴中心与测站点在同一铅垂线上。光学对中器比垂球对中方便，且精度较高。光学对中器一般都装在仪器的照准部。此外，基座上还有轴座固定螺丝，使用时切勿随意松动，以免仪器照准部与基座分离而摔落。

3.2.1.4 水准器

照准部装有圆水准器和管水准器，用于粗略和精确整平仪器。与基座相连的圆水准器，通过脚架伸缩调节使气泡居中，实现仪器粗平；与水平度盘相连的管水准器，通过基座上的三个脚螺旋调节，实现水平方向的精确整平。另外，为了保证竖盘读数指标铅直，通常还装有与照准部竖直度盘相连的竖盘指标水准管，通过调节竖盘指标水准管调节螺旋使气泡居中。

3.2.1.5 经纬仪的主要轴系关系

经纬仪是用来测量角度的仪器，各部件之间必须满足角度测量的要求，如水平度盘必须水平；度盘中心应在照准部旋转轴上；望远镜上下转动时扫过的视准面必须是竖直平面等。经纬仪主要轴线的关系，如图3-5所示。经纬仪一般应满足4种轴线关系；即照准部水准管轴 LL 应垂直于竖轴 VV；视准轴 CC 应垂直于横轴 HH；横轴 HH 应垂直于竖轴 VV；十字丝竖丝应垂直于横轴 HH。

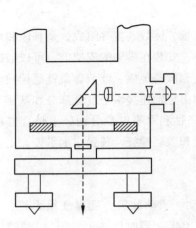
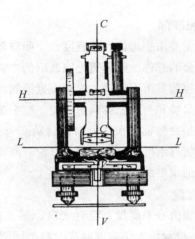

图 3-4　光学对中器光路示意图　　　图 3-5　经纬仪主要轴线关系

3.2.2　经纬仪读数方法

由于度盘的分划很细密，需要放大一定的倍数才能精确读数，因此，光学经纬仪通常利用读数显微镜进行读数。图 3-6 为 DJ_6 级光学经纬仪的读数系统的光路原理图，从中可看出，经水平度盘的光线由反光镜 1 反射后穿过照明进光窗 2，经转向棱镜 3 的折射、透镜 4 的聚光，后由水平度盘显微镜组 7 和转向棱镜 8 将水平度盘光线 5 的分划线转向后，在读数窗与场镜 9 的平面上成像。光线通过读数窗与场镜 9 后，再经过转向棱镜 10 和转向透镜 11，在读数显微镜目镜 12 的焦平面成像。经竖直度盘的光线由反光镜 1 反射后穿过照明进光窗 2，经照明棱镜 13 的折射，则照亮竖盘 14 的分划线，然后由转向棱镜 15 和竖盘显微镜组 16，转向棱镜 17 及

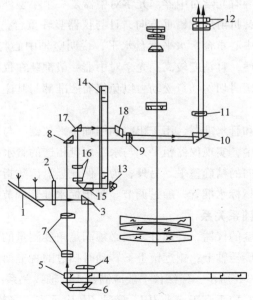

图 3-6　光学经纬仪的光路原理图

菱形棱镜18，将竖盘的分划线在读数窗与场镜9的平面上成像。光线通过读数窗与场镜9后，与水平度盘的光线沿同一路线继续前进。DJ_6光学经纬仪读数显微镜的读数设备，通常有测微尺式和平行玻璃测微器式两种。

3.2.2.1 测微尺式

DJ_6光学经纬仪大多采用测微尺式读数设备，它是在显微镜的读数窗内设置一个带分划尺的分划板，称为测微尺或分微尺。测微尺的长度刚好等于度盘1°分划间的长度，分为60小格，每小格代表1′，每10小格注有数字，表示10′的倍数。如图3-7所示，为读数显微镜内所见到的度盘和测微尺的影像。其中，长线和大号数字是度盘上"度"的分划线及其注记，短线和小号数字是测微尺上"分"的分划线及其注记；视窗里有两个窗口，上面注有"水平"或字母"H"（Horizontal）为水平度盘读数，下面注有"竖直"或字母"V"（Vertical）为竖直度盘读数。

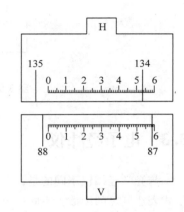

图3-7 DJ_6经纬仪测微尺式读数窗

读数时，首先判断哪一根度盘的分划线被测微尺所覆盖，这根分划线既是读数指标线且其注记读数即为度数，然后读取这根分划线所指的测微尺上的读数即分的读数，直接读取到1′，估读到0.1′并直接化成秒，以便后面的计算。如图3-7所示中，水平度盘的读数为134°53′30″，竖盘的读数为87°59′00″。

这种读数设备的读数精度因受显微镜放大率与测微尺长度的限制，一般仅用于DJ_6以下的光学经纬仪。

3.2.2.2 平行玻璃测微器式

部分光学经纬仪的读数设备是在显微镜的光路中设置光学测微器。在这种测微器中，通过光学机械元件的作用，使度盘分划线的影像产生移动，以与固定指标线重合，或者使度盘对径分划线相向移动而符合。分划线影像的移动量反映在测微尺上，可在读数窗内读取。

DJ_6光学经纬仪光学测微器的光学元件一般为单平板玻璃，光线以一定入射角穿过平板玻璃时，将发生移动现象。平板玻璃和测微尺用金属结构连在一起，转动测微手轮时，平板玻璃和测微尺就绕同一轴转动。度盘分划线的影像因此而产生的移动量就可在测微尺上读取。

如图3-8(a)所示，平板玻璃测微器读数显微镜的读数窗口中，下面为水平度盘读数窗，中间为竖盘读数窗，度盘读数窗上有双指标线。上面为两个度盘共用的测微尺读数窗，有单指标线。度盘的最小分划为30′，每隔一度有数字注记。测微尺共分划90小格，当度盘分划线影像移动30′间隔时，测微尺转动90小格，所以测微尺上每小格为20″，每三小格为一大格(1′)，每一大格有数字注记。

在测角时，转动测微手轮使双指标线旁的度盘分划线精确位于双指标线的中间，双指标线中间的分划线即为度盘上的读数；然后再从测微尺上读取不足30′的分数和秒数，估读到1/4格，即5″。最后所测角度为二者之和。应当注意，这种装置的读数设备，水平盘与竖盘读数应分别转动测微手轮读取。如图3-8(b)中竖盘的读数为42°45′30″。

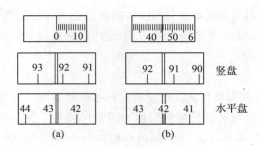

图 3-8　DJ_6 经纬仪平板玻璃测微器式读数窗

3.3　电子经纬仪

与光学经纬仪不同的是，电子经纬仪采用电子测角的方法，通过光电转换，以光电信号的形式表达度盘的读数。不同厂家生产的电子经纬仪在结构、操作方法上有着一定的差异，但其基本功能、基本原理，以及野外数据采集的程序大致相同。

3.3.1　电子经纬仪结构

与传统的光学经纬仪相比，电子经纬仪的结构与光学经纬仪相似，主要区别是读数系统，通过电板给仪器供电，采用电子度盘和液晶屏显示度盘读数，不需要人工读数。电子经纬仪，如图 3-9 所示。

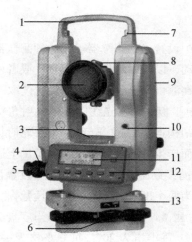

图 3-9　电子经纬仪

图 3-10　电子速测仪

1. 提把　2. 望远镜物镜　3. 长水准器　4. 水平制动手轮
5. 水平微动手轮　6. 基座锁定钮　7. 提长固定螺丝
8. 粗瞄准镜　9. 仪器中心标记　10. 测距仪数据接口
11. 显示器　12. 操作键盘　13. 基座

3.3.2 电子经纬仪功能

电子经纬仪除具备传统光学经纬仪功能外，还有以下几点功能：

（1）自动显示、存储数据

电子经纬仪利用光电转换自动读数并显示于读数屏，不需要观测者判读观测值和手工记录，避免了人为读数误差，且大部分电子经纬仪都有存储设备，具有存储记录测量数据的功能，可通过数据接口将数据导入计算机或其他数据存储设备。

（2）与测距仪连接，组合成半站仪

电子经纬仪可以与多种测距仪组合，构成"组合式全站仪"，或称为半站仪，如图3-10所示，既可测角，也可测距，提高了工作效率。

（3）测量成果数字化

电子经纬仪可将测量成果实现数字化存储，利用数据电缆和通信软件实现与计算机的通讯，从而实现成果的数字化管理。

3.3.3 电子经纬仪测角原理

与光学经纬仪相比，电子测角同样采用度盘测角，不同的是电子测角是从度盘上获取电信号，然后根据电信号转换成角度值。根据获取电信号方式的不同可分为编码度盘测角和光栅度盘测角。

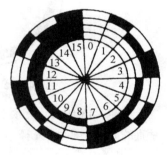

图 3-11 四码道度盘

3.3.3.1 编码度盘测角

如图3-11所示，是一个四码道度盘的示意图。整个圆周被均匀地分成16个区间，每个区间中码道的黑色部分为透光区或导电区，白色部分为不透光区或非导电区。设透光区为1，不透光区为0，当望远镜的照准方向落在某一区间时，读数设备反映出的电信号则对应该区间的相对唯一的二进制编码。各区间的编码见表3-1。根据任意两区间的不同二进制代码，便可测出该两区间的夹角。

表 3-1 四码道度盘的二进制编码

区间	二进制编码	区间	二进制编码	区间	二进制编码	区间	二进制编码
0	0000	4	0100	8	1000	12	1100
1	0001	5	0101	9	1001	13	1101
2	0010	6	0110	10	1010	14	1110
3	0011	7	0111	11	1011	15	1111

识别望远镜的照准方向落在哪一个区间是编码度盘测角的关键设备，一般有机电读数系统和光电读数系统两种，其原理不再赘述。但无论哪种读数系统，其输出端的电信号都是望远镜照准方向所在区间的二进制编码。例如，望远镜照准第一个目标输出端的电信号状态为0110，然后照准第二个目标输出端的电信号状态为1101，那么此两目标间的角值就是由0110与1101所反映出的6至13区间的角度。

显然，这种编码度盘的角度分辨率 δ 与区间数 s 的关系是：$\delta = 360°/s$，而区间数 s 又取决于码道数 n，$s = 2^n$。因此，四码道编码度盘的角度分辨率为 22.5°。如果将码道增加到 9，角度分辨率提高到 42.19′。若想提高分辨率，就需增加码道数，则最内圈一个区间的码道弧长就越短。例如，半径为 80 mm 的度盘，码道数为 16，道宽为 1 mm 时，最内圈一个区间的码道弧长只有 0.006 mm。由于制作工艺的局限，所以直接利用编码度盘很难有效提高测角精度。

3.3.3.2 光栅度盘测角

光栅度盘测角系统使用较为广泛，光栅度盘是在光学玻璃圆盘的径向上均匀地刻画出很密的平行细纹构成光栅，如图 3-12 所示。将两块间隔相同的光栅圆盘重叠并成很小的交角，在垂直于光栅构成的平面方向上就形成莫尔干涉条纹。

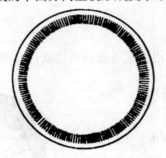

图 3-12 光栅度盘

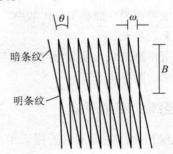

图 3-13 莫尔干涉条纹图

如图 3-13 所示，莫尔干涉条纹按正弦周期性变化，且光栅相对移动时，莫尔条纹在与其垂直的方向上移动（光栅每相对移动一条刻线，莫尔条纹在与其垂直的方向上正好移动一周期），其关系式，如式(3-2)。

$$B = \frac{\omega}{\tan\theta} \tag{3-2}$$

式中，y 为条纹移动量；x 为光栅相对移动量；φ 为光栅之间的夹角。

由于 φ 很小，莫尔干涉条纹就起到了放大移动量的作用。光栅度盘测角就是利用这一特性提高测角的分辨率。

光栅度盘的测角原理示意图，如图 3-14 所示。发光管、指示光栅和光电管的位置固定，由发光管发出的光信号通过光栅度盘和指示光栅形成的莫尔干涉条纹落到光电管上。光栅度盘随照准部转动，度盘每转动一条光栅，莫尔干涉条纹就变化一周期，通过莫尔干涉条纹的光信号强度也变化一周期，光电管输出的电流也变化一周期。当望远镜照准起始方向时，使计数器处于 0° 状态，那么照准第二个目标时，光电管输出电流的周期数就是两方向之间的光栅数。由于光栅之间的夹角是已知的，所以经过处理就可得到两方向之间的夹角。如果在输出电流的每个周期内再均匀内插 n 个脉冲，对脉冲进行记数，则相当于光栅刻线增加了 n 倍，即角度分辨率提高了 n 倍。

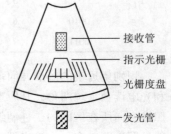

图 3-14 光栅测角原理

3.4 经纬仪使用

经纬仪测量角度之前，必须使仪器中心与测站点在同一铅垂线上，同时，还应使水平度盘处于水平位置，再进行瞄准和读数。因此，经纬仪测角工作步骤有对中、整平、瞄准和读数。

3.4.1 光学经纬仪使用

(1) 对中

对中的目的是使仪器中心与测站点的标志中心在同一铅垂线上。利用垂球对中操作方法如下：首先，打开三脚架，安置在测站点上，使架头大致水平，架头中心大致对准测站点。其次，将经纬仪稳当置于三脚架上，拧紧中心螺旋并挂上垂球。此时若垂球尖偏离测站点较远，可平行地移动脚架，使之初步对中。再将脚架尖踩入土内，使仪器保持稳定。若仍有偏差，可略松中心螺旋，在架头上移动仪器，使垂球尖精确地对准测站点，再拧紧中心螺旋。至此，仪器中心和测站点就处在同一铅垂线上，对中工作完成。实际作业中，多采用光学对中器进行对中，操作方法如下：将仪器安置在测站上，调节对中器焦距，使其分划环及地面成像清晰，固定三脚架的一条腿于适当位置，两手分别握住另外两条腿，移动这两条腿并同时从光学对中器中观察，使对中器对准测站标志中心，放下脚架并踩实，若对准有偏移，可调节脚螺旋重新对准。

(2) 整平

整平的目的是使仪器的竖轴竖直，即水平度盘上处于水平位置。具体做法是：转动照准部，使照准部水准管平行于任意两个脚螺旋①②的连线，如图3-15(a)所示，按气泡运行方向与左手大拇指旋转方向一致的规律，以相反方向同时旋转这两个脚螺旋，使水准管气泡居中。然后，将照准部旋转90°，使水准管垂直于原先的位置，如图3-15(b)所示，单独旋转第三个脚螺旋③，使气泡居中。如此反复进行，直至水准管气泡在任何方向都居中，偏离值不超过1格。

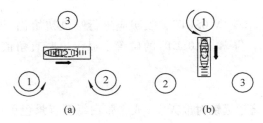

图 3-15 经纬仪整平

如果经纬仪的照准部上装有圆水准器，可先通过伸缩任意两根脚架使圆水准器气泡大致居中，再用上述方法精确整平。整平后应检查对中，若对中破坏，可略松中心螺旋，在架头上平行移动仪器，重新对中，锁紧中心螺旋，再重复上述精确整平过程重新整平，这两步骤反复进行，直至对中偏差2 mm以内、整平偏离值不超过1格。

(3) 瞄准

利用望远镜的准星和缺口或瞄准器，先找到待测目标，将水平制动螺旋旋紧，再轻轻转动水平微动螺旋，精确瞄准目标。在水平角测量时尽量瞄准目标的底部中心线，竖丝的单丝平分或双丝夹住目标；在竖直角测量时，盘左和盘右横丝尽量瞄准目标的同一个高度位置。

(4) 读数

水平盘读数与竖盘读数的读数方法基本一样，DJ$_6$型光学经纬仪可以估读至6″的整倍数。

3.4.2 电子经纬仪使用

(1) 安置仪器

在测站点上架设仪器。从箱中取电子经纬仪时，应注意仪器的装箱位置，将仪器中心安置在测站点的铅垂线上。同时，使水平度盘处于水平位置。

(2) 对中、整平

与光学经纬仪相应步骤完全相同。

(3) 设置仪器

安置好仪器后，即可按 PWR 键开机，显示屏如图 3-16 所示。面板上的操作键功能，见表 3-2、表 3-3。

图 3-16　电子经纬仪操作键盘

屏幕信息显示 2s 后，出现"V 0SET"，表明应进行竖盘初始化（即使竖盘指标归零），此时，应将望远镜上下转动，屏幕上"0SET"的位置上显示出竖直角值时，则可进入角度测量状态。

(4) 瞄准

取下望远镜的镜盖，将望远镜对准天空（或一张白纸等背景色单一的明亮背景），转动望远镜的目镜调焦螺旋，使十字丝清晰；用望远镜上的照门和准星瞄准远处目标（如测杆底部等），旋紧经纬仪照准部和望远镜的制动螺旋，转动物镜调焦螺旋（对光螺旋），使目标影像清晰（注意消除视差）；再转动望远镜和照准部的微动螺旋，使目标被十字丝的纵向单丝平分，或被纵向双丝夹在中央。开机后屏幕显示的水平方向读数"HR：176°34′31″"为仪器内存的原始水平方向值，如图 3-16 所示。若不需要此值时，可以连续按两次"0SET"键（置零键），使显示的水平方向读数为"HR：0°00′00″"。

(5)读数

瞄准目标后，在显示屏幕上直接读取水平度盘或竖直度盘读数。

(6)记录

将观测读数记录在表格中并计算。

表 3-2 ET-02 型电子经纬仪操作键功能一览表

操作键	第一功能(角度测量模式：单独按下)	第二功能(距离测量模式：+ CONS 键)
PWR	电源开关。开机后持续按键超过 2s 则关机	
☼ REC	显示屏和十字丝照明键，按键一次，开灯照明；再按则关，10s 内不按则自动熄灭	记录键，令电子手簿执行记录功能
MODE ▼	角度测量模式切换到距离测量模式	在特种功能模式中为减量键
V% ▲	竖直角和斜率百分比显示切换键	按该键交替显示斜距、平距、高差。在特种功能模式中为增量键
OSET TRK	连按两次，水平方向置零	跟踪测距键，按此键每秒跟踪测距一次，精度达 ±0.01 m(只限测距)
HOLD MEAS	连按两次，水平方向读数被锁定，再按一次被解除	测距键，按此键连续精确测距
R/L CONS	选择水平方向值向右旋转增大或向左旋转增大	专项特种功能模式
特种功能模式	听到 3 声蜂鸣后，松开 CONS 键，仪器进入初始设置状态，屏幕显示 ND 3000 / 101 11111 下面一行 8 个数位分别表示初始设置的 7 项内容(即所连接的测距仪的型号、象限蜂鸣设置、竖盘自动补偿开关、角度最小显示单位、自动关机时间、竖盘零位、角度单位)，可按仪器说明书提供的代码对有关项目进行设置。在该功能模式下，按 MEAS 键使闪烁的光标向左移动到要改变的数字位；按 TRK 键使闪烁的光标向右移动到要改变的数字位；按 ▲ 或 ▼ 键改变数字大小(第二功能键在 ET02 电子经纬仪中不起作用)	

表 3-3 ET-02 型电子经纬仪显示符号信息表

符号	含义	符号	含义
☼	照明状态	BAT	电池电量
V	竖盘读数或天顶距	%	斜率百分比
H	水平度盘读数	G	角度单位：格(角度采用"度"及"密度"作单位时无符号显示)
HR	右旋(顺时针)水平角	HL	左旋(逆时针)水平角

(续)

符号	含义	符号	含义
◢	斜距	◢	平距
◢	高差	m	距离单位：米
ft	距离单位：英尺	T.P	温度、气压(本仪器未采用)

3.4.3　经纬仪使用注意事项

①尽量使用电子经纬仪的光学对中器进行对中，对中误差应小于 2 mm。
②应尽可能瞄准目标的底部，以减少目标倾斜所引起的目标偏心误差。
③太阳光下测量时，应避免将电子经纬仪的物镜直接对准太阳。
④仪器安置到脚架上或取下时，要一手拿提把手、一手托仪器底座，以防摔落。
⑤电子经纬仪在装、卸电池时，必须先关掉仪器的电源后再更换电池。
⑥勿用有机溶液或酒精等化学试剂擦拭镜头、显示窗和键盘等。

3.5　水平角测量

用经纬仪测角时，为了消除误差，提高测量精度，一般用盘左、盘右两个位置进行观测。所谓盘左，就是竖直度盘在从目镜到物镜的轴线的左侧，或观测者利用望远镜瞄准目标时竖直度盘在望远镜的左侧；反之称为盘右。习惯上，将盘左称为正镜，盘右称为倒镜。水平角的观测方法一般根据观测目标的多少、测角精度的要求以及所使用的仪器而定。测回法与方向观测法是两种常用的测角方法。

3.5.1　测回法

3.5.1.1　观测方法

测回法是水平角测量的基本方法，用于观测两个方向之间的水平角。如图 3-17 所示，设观测 OA 与 OB 方向间的水平角 β，其具体步骤如下：

（1）安置仪器

观测者在测站点 O 安置经纬仪，对中、整平后，使望远镜处于盘左位置。分别在 A、B 两点竖立觇标(花杆、觇牌等)。

（2）盘左半测回

松开照准部和望远镜制动螺旋，精确瞄准左目标 A(竖丝的双丝夹住或单丝平分目标，注意消除视差)，读取水平度盘读数 $a_{左}$ 并记入观测手簿；松开照准部和望远镜制动螺旋，顺时针转动望远镜，用同样的方法，瞄准右目标 B，读取水平度盘读数 $b_{左}$ 并记录。注意：转动照准部或望远镜前，应先松开制动螺旋。

盘左半测回也称上半测回。上半测回测得的角值，如式(3-3)。

$$\beta_{左} = b_{左} - a_{左}$$

(3-3)

(3) 盘右半测回

读完水平度盘读数 $b_左$ 后，松开制动螺旋，倒转望远镜，将仪器变换为盘右位置，逆时针旋转，先瞄准右目标 B，读取水平度盘读数 $b_右$。然后逆时针旋转照准部，瞄准左目标 A，读记水平度盘读数 $a_右$。此为盘右半测回，又称下半测回，其角值，如式(3-4)。

$$\beta_右 = b_右 - a_右 \quad (3\text{-}4)$$

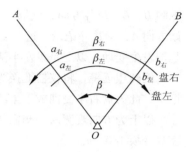

图 3-17 测回法观测水平角

盘左半测回与盘右半测回合在一起，称为一测回。若盘左、盘右半测回角值之差不超过规定限差，则取其平均值作为一测回水平角的角值，如式(3-5)。

$$\beta = \frac{1}{2}(\beta_左 + \beta_右) \quad (3\text{-}5)$$

水平角测量有时需观测几个测回，为了减少度盘分划不均匀的误差，在各测回之间，应使用复测扳手或度盘变换手轮。设测回总数为 n，将瞄准起始目标的度盘读数设置为 $(i-1)180°/n$，其中 $i \leq n$，表示第 i 个测回。例如，要观测 2 个测回，第 1 测回起始时的度盘位置应配置在 $0°00'$ 或稍大于 $0°00'$ 的读数处，第 2 测回起始时应配置在 $90°00'$ 或稍大于 $90°00'$ 的读数处。

测回法观测水平角通常有两项限差：一是两个半测回角度值的互差；二是各测回间角度值的互差。使用 DJ_6 型经纬仪所进行的普通测角工作，一般规定前者为 $40''$，后者为 $25''$。若误差超限，应检查原因，重新观测。

3.5.1.2 记录与计算

测回法观测水平角的记录与计算手簿，见表 3-4。

表 3-4 测回法观测手簿

测站	目标	竖盘位置	水平度盘读数 (° ′ ″)	半测回角值 (° ′ ″)	一测回角值 (° ′ ″)
O	A	盘左	0 01 36	58 37 00	58 37 12
	B		58 38 36		
	A	盘右	180 01 12	58 37 24	
	B		238 38 36		

3.5.2 方向观测法

3.5.2.1 观测方法

当观测目标为 3 个或 3 个以上时，通常采用方向观测法，也称为全圆测回法。如图 3-18 所示，用方向观测法观测 O 到 A、B、C、D 各方向之间的水平角，其步骤如下：

在 O 点安置经纬仪，对中、整平后，使望远镜处于盘左位置。将度盘配置在稍大于 $0°00'$ 的读数处，选择一目标作为零方向开始观测，例如，以 A 作为零方向，则按顺时针方向依次

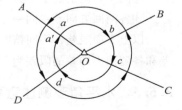

图 3-18 方向观测法观测水平角

观测 B、C、D 各方向，读取水平度盘读数并记录。如果观测方向超过 3 个，最后还应回到起始方向 A，读数并记录，这一步称为"归零"，其目的是为了检查水平度盘的位置在观测过程中是否发生变动。以上是盘左半测回，或称上半测回。

倒转望远镜，将仪器变换为盘右位置，按逆时针方向依次照准 A、D、C、B、A，观测并记录。此为盘右半测回或下半测回。

以上为方向观测法一测回的观测工作。如果需观测测回，同测回法一样，应于每测回间将度盘变换 $180°/n$。

3.5.2.2 记录与计算

表 3-5 为方向观测法一个测回的观测记录和计算示例。其记录和计算方法基本与测回法一样，但由于有"归零"观测，因此起始方向有两个读数，最后取平均值记于有关列的上面，例如，第一测回盘左的 21″是 18″和 24″的平均值。半测回方向值是把观测的方向值减去起始方向"归零"后的平均值而算得的。

表 3-5 方向观测法观测手簿

测回	目标	读数		半测回方向	一测回平均方向	各测回平均方向
		盘左	盘右			
		° ′ ″	° ′ ″	° ′ ″	° ′ ″	° ′ ″
		21	15			
	A	0 00 18	180 00 06	0 00 00	0 00 00	
第一测回	B	75 24 48	255 24 30	75 24 27	75 24 21	
				15		
	C	167 46 42	347 46 18	167 46 21	167 46 12	
				03		
	D	218 17 12	38 17 18	218 16 51	218 16 57	
				17 03		
	A	0 00 24	180 00 24			

方向观测法通常有三项限差：

① 半测回归零差：半测回中 2 次瞄准起始方向的读数之差。
② 同一方向上、下半测回方向值相差 2 倍视准差（也称两倍照准差 2C）。
③ 各测回方向差：同一方向各测回的方向值之差。

以上 3 项限差，不同精度的仪器有不同的规定。对于 DJ_6 型经纬仪，一般规定半测回归零差和各测回方向差的限差为 25″，同一方向上、下半测回方向值较差不应超过 40″。

3.5.3 水平角观测注意事项

① 仪器高度要合适，脚架要踩实，观测时手不得扶脚架和基座，走动时防止碰动脚架。

②对中要严格,误差小于 2 mm,整平误差在 1 格以内。
③应选择清晰、背景明亮、易于照准的目标点作为起始方向。
④目标要竖直,每次照准应尽量瞄准目标花杆下端或木桩的小钉上。
⑤观测结束后应立即进行计算,检查有无漏测方向及各项观测误差是否在限差以内,以免造成不必要的返工重测。

3.6 竖直角测量

3.6.1 竖直度盘构造

竖盘常见的注记形式为全圆注记,注记的方向分顺时针注记与逆时针注记,如图 3-19 所示,为比较常见的两种注记形式,其竖盘读数计算竖角的公式也不同。本书以图 3-19(a)所示的顺时针注记的竖盘形式为例讨论竖角的计算方法。

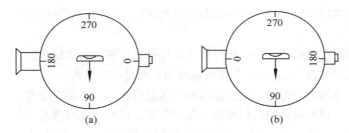

图 3-19 竖盘注记形式

3.6.2 竖直角测量

3.6.2.1 竖直角观测原理

在盘左位置,如图 3-20(a)、(b)所示,望远镜水平时读数指标线(图中度盘下方带箭头的短线)的读数为 90°;望远镜上倾瞄准一目标(仰角),读数减小为 L。显然,盘左位置时竖角的值,如式(3-6)。

$$\alpha_左 = 90° - L \tag{3-6}$$

同理,如图 3-20(c)、(d)所示,在盘右位置,望远镜水平时的读数为 270°;望远镜上倾瞄准一目标,读数增加为 R。所以,盘右位置时竖角的值,如式(3-7)。

$$\alpha_右 = R - 270° \tag{3-7}$$

由于观测中总存在误差,$\alpha_左$ 与 $\alpha_右$ 常不相等,应取其平均值作为最后观测成果,如式(3-8)。

$$\alpha = \frac{1}{2}(\alpha_左 + \alpha_右) = \frac{1}{2}[(R - L) - 180°] \tag{3-8}$$

可见,计算竖直角值也是两个方向的读数之差。一个是瞄准目标的方向读数,一个是视线水平时的起始读数。观测前,把所用仪器的望远镜先放在大致水平位置观察一下读数,一般为

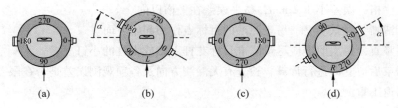

图 3-20　竖盘读数与竖角计算

$90°$ 的整倍数，然后，上倾望远镜，判断读数的变化趋势，即可确定竖角的计算公式：

望远镜上倾，若读数增加，则：

竖角 α = 瞄准目标的读数 − 视线水平时的固定读数

望远镜上倾，若读数减少，则：

竖角 α = 视线水平时的固定读数 − 瞄准目标时的读数

3.6.2.2　竖直角观测

①在测站上安置仪器，对中、整平，判断竖盘注记形式，确定竖角的计算公式，量取仪器高 i。

②盘左位置瞄准目标，使十字丝中丝切于目标某一位置。若觇标为标尺，则读取中丝在标尺上的读数，即为觇标高 v；若觇标是花杆或棱镜，则量取觇标高。

③转动竖盘水准管微动螺旋，使竖盘水准管气泡居中，读取盘左位置的竖盘读数 L。

④倒转望远镜，盘右位置照准目标同一高度位置，同③法读取盘右位置的竖盘读数 R。

⑤根据竖角计算公式，计算竖角的大小。同时应判断指标差较差是否超限。若超限，应重测。

说明：竖角的测定一般应用于三角高程测量，竖角的大小与仪器高和觇标高有关，故要量取仪器高 i 和觇标高 v。

竖直角观测手簿的记录格式，见表 3-6。

表 3-6　竖直角观测记录

测站	仪器高 i	觇点	觇标高 v	竖盘位置	竖盘读数 (° ′ ″)	半测回竖角 (° ′ ″)	2 倍指标差 (″)	一测回竖角 (° ′ ″)	照准目标位置
A	1.480	P_1	1.050	左	76　23　54	+13　36　06	−12	+13　36　00	觇标顶
				右	283　35　54	+13　35　54			
		P_2	3.390	左	118　03　06	−28　03　06	−06	−28　03　09	觇标顶
				右	241　56　48	−28　03　12			

注：指标差的计算方法见本章 3.6.3.1。

3.6.3　竖盘指标差

3.6.3.1　竖盘指标差及其计算

竖角计算公式都是默认当视线水平时，竖盘的读数为 $90°$ 的整倍数。但实际操作中，这个条件有时是不满足的：当视线水平且竖盘指标水准管气泡居中时，指标线所指读数不是 $90°$ 的整倍数,而是稍大于或稍小于90°的整倍数,存在一个角度差,这个差值是由指标偏离了正确位置而引起的,称为竖盘指标差,通常用"x"表示。现仍以图3-20(a)所示的竖盘形式为例讨论竖角的计算公式及指标差的计算。

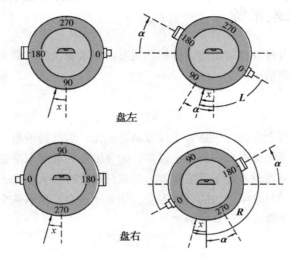

图 3-21 竖盘指标差

如图 3-21 所示,盘左视线水平且竖盘指标水准管气泡居中时,指标所指不是 90°,而是 $90°+x$。同样,指向目标时读数也增加了 x,所以正确的竖角计算应该是 $\alpha = (90°+x) - L$。同样,盘右时应该用 $\alpha = R - (270°+x)$ 将此两式相加取中数,则可得式(3-9)。

$$\alpha = \frac{1}{2}\{[(90°+x)-L]+[R-(270°+x)]\}$$
$$= \frac{1}{2}[(R-L)-180°] \tag{3-9}$$

式(3-9)与式(3-8)完全相同。可见,采用盘左、盘右两次读数的平均值而求得竖角,可以消除指标差的影响。

为了计算方便,竖盘指标差的计算公式可直接转化为:

$$x = \frac{1}{2}[(L+R)-360°] \tag{3-10}$$

对一台经纬仪而言,在同一段时间内,其指标差变化很小,可视为定值。但由于仪器误差、观测误差及外界条件的影响,使计算出的指标差往往发生变化。所以测量规范通常规定了两倍指标差的变化容许范围,如果超限,则应该重测。例如,一般规定 DJ_6 经纬仪指标差的变化容许范围为 $±25″$,则两倍指标差的变化容许值为 $±50″$。

3.6.3.2 竖盘指标的补偿原理

测量竖直角时,竖盘指标水准管气泡居中是很重要的,若水准管气泡不居中,则指标位置不正确,读数就不正确。然而,每次都必须使竖盘指标水准管气泡严格居中是十分费事的,现在大多经纬仪的竖盘指标都采用自动归零补偿装置。

所谓自动归零补偿装置,就是当经纬仪竖盘读数指标有微量倾斜时,补偿装置会自动地调整光路，使读数为水准气泡居中时的数值，正常情况下，此时指标差为零。竖盘自动归零补偿装置的基本原理与自动安平水准仪的补偿装置原理相同。

3.7 角度测量误差来源

角度测量中会产生各种各样的误差，分析其主要误差来源及其对测角精度的影响，有利于减小误差影响和提高测角精度。

3.7.1 仪器误差

仪器误差的来源有两个方面：一是属于仪器制造误差，如度盘偏心、度盘刻划不均匀误差等；二是由于仪器校正不完善而存在的残余误差，如竖轴与照准部水准管轴不垂直、视准轴与横轴的不垂直误差等。仪器误差属于系统误差，对测角精度有较大影响，因此角度测量前，需对仪器进行严格检校，同时采用适当的观测方法，如采用盘左、盘右两个半测回观测、多测回间变换度盘位置等，来消除或减弱其影响。

3.7.2 观测误差

3.7.2.1 仪器对中误差与目标偏心误差

如图 3-22 所示，O 为测站中心，O' 为仪器中心，β' 为有对中误差时的实测角度，β 为正确的角度，则

$$\beta = \beta' - (\delta_1 + \delta_2)$$

而

$$\delta_1 = \frac{e \cdot \sin \theta}{d_1} \rho$$

$$\delta_2 = -\frac{e \cdot \sin(\beta' + \theta)}{d_2} \rho$$

所以

$$\beta' - \beta = \delta_1 + \delta_2 = e \cdot \rho \left(\frac{\sin \theta}{d_1} - \frac{\sin(\beta' + \theta)}{d_2} \right)$$

实际上，O' 的位置可在以 O 为圆心，e 为半径的圆周上的任意位置，即角每变化 $d\theta$ 就对应 $d\beta$。

按中误差的定义，可得：

$$m_{中}^2 = \frac{[d\beta \cdot d\beta]}{\frac{2\Delta}{d\theta}} = \rho^2 \cdot \frac{e^2}{2\Delta} \int_0^{2\Delta} \left(\frac{\sin^2 \theta}{d_1^2} + \frac{\sin^2(\beta' + \theta)}{d_2^2} - 2 \frac{\sin\theta \cdot \sin(\beta' + \theta)}{d_1 d_2} \right)$$

推导可得，如式(3-11)。

$$m_{中} = \frac{\rho \cdot e}{\sqrt{2}} \cdot \frac{d_{AB}}{d_1 \cdot d_2} \tag{3-11}$$

图 3-22 仪器对中误差

如图 3-23 所示，目标偏心对水平角的影响，如式 3-11，此不详述。

$$m_{偏} = \sqrt{m_{偏A}^2 + m_{偏B}^2}$$
$$= \frac{1}{\sqrt{2}} \rho \cdot \sqrt{\frac{e_1^2}{s_1^2} + \frac{e_2^2}{s_2^2}} \tag{3-12}$$

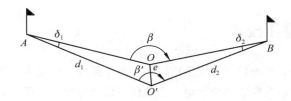

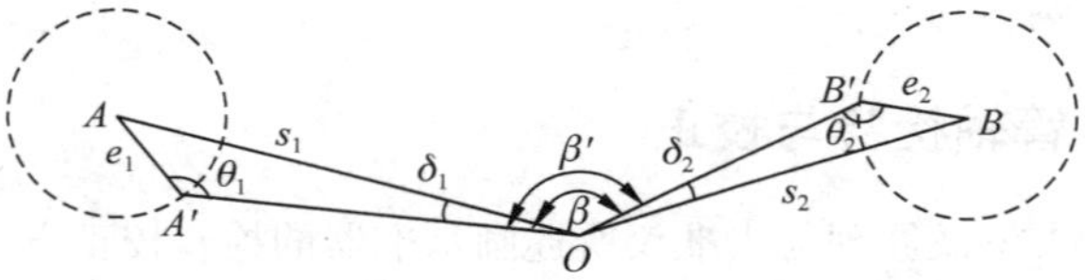

图 3-23 目标偏心误差

由式(3-11)可知，仪器对中误差对水平角的影响与两目标之间的距离 S_{AB} 成正比，即水平角在 180° 时最大(此时 $S_{AB} = s_1 + s_2$)；而与测站至目标的距离 s_1 和 s_2 的乘积成反比，距离越短，影响越大。

由式(3-12)可知，目标偏心误差对水平角的影响与测站至目标的距离 s_1 和 s_2 有关，距离越短，影响越大，但与 β 的大小无关。

仪器对中误差和目标偏心误差均属于"对中"性质的误差，为了减弱这两种误差的影响，对于短边的角度应特别注意对中，瞄准目标时，要尽量瞄准目标的根部。

3.7.2.2 照准误差与读数误差

这两项误差主要取决于仪器的构造及设计精度，但与观测者的技术水平也是密不可分的。例如，测微尺读数装置的 DJ_6 级光学经纬仪的读数误差可不超过 6″，但若观测者技术不熟练，调焦不佳，估读误差可能大大超过此数。

3.7.3 外界条件影响

同水准测量一样，来自外界条件影响的因素很多，如大气透明度会影响照准精度、温度变化会影响仪器的正常状态等，要完全避免这些影响是不可能的。野外作业时应尽量选择有利的观测条件，从而将这些外界条件的影响降低到"最小"。

实际上，角度的观测精度与上述各种误差的综合影响有关。为保证测角的精度，应对仪器定期进行检校，观测时严格遵守规范规定，采用合理的观测方法。

3.8 经纬仪检验和校正

根据角度测量原理，经纬仪安置完毕后应满足两个条件：一是水平度盘应水平放置；二是视准轴绕横轴的旋转面应为竖直平面。第一个条件可以通过整平实现，为了能够整平仪器，照准部水准管的水准轴必须垂直于竖轴。在第二个条件中，首先，视准轴必须垂直于横轴，使视准面成为平面，否则，视准面将成为锥面；其次，横轴必须垂直于竖轴，才能使视准面成为竖直平面。

综上所述，经纬仪各轴线之间应满足三个关系，即：水准轴垂直于竖轴；视准轴垂直于横轴；横轴垂直于竖轴。此外，经纬仪的十字丝竖丝还必须垂直于横轴。

在使用经纬仪之前，必须对上述各项关系依次进行检验，如不满足，应进行校正或采用正确的观测方法消除其影响。

3.8.1 照准部水准管轴检验与校正

此项检验与校正的方法及原理与水准仪所述圆水准器的检验校正方法相仿。

3.8.1.1 检验方法

①在土质坚实的地面安置仪器，大致整平，如图3-24(a)所示。

②使照准部水准管平行于任意两脚螺旋的连线，调此两脚螺旋使气泡精确居中。若水准轴不垂直于竖轴，交叉成 α 角，如图3-24(b)所示，此时竖轴必然也偏斜 α 角。

③松开照准部，旋转180°，若气泡仍然居中，表示条件满足。若气泡偏离中心，如图3-24(c)，则需校正。此时，水准轴与水平线的交角为 2α。

3.8.1.2 校正方法

先用脚螺旋将气泡调回偏离格数的一半，如图3-24(c)所示，再用校正针拨水准管校正螺丝使气泡完全居中，如图3-24(d)。校正后，应再将照准部旋转180°，若气泡仍不居中，应按上法再进行校正。如此反复进行，直至条件满足。

照准部圆水准器的检验，可用已校正的水准管将仪器严格整平后观察圆气泡是否居中来进行。若不居中，可直接调圆水准器校正螺丝将气泡调至居中。

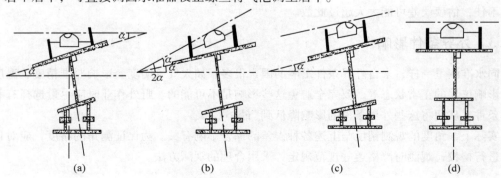

图3-24 照准部水准管轴的检验与校正

3.8.2 十字丝检验与校正

观测时,瞄准应以十字丝交点为准。但当十字丝处于正确位置时,用竖丝上任意一点瞄准同一目标时水平度盘读数应不变,用横丝上任意一点瞄准同一目标时竖直度盘读数也应不变,这能给观测工作提供方便。所以,在观测前应对此项条件进行检验。

(1)检验方法

整平仪器后,用十字丝交点瞄准一明显目标,固定照准部,调节望远镜微动螺旋,使望远镜慢慢转动,若所瞄准的目标始终沿着竖丝移动,则满足条件。否则如图3-25(c)所示,说明竖丝不垂直于横轴 HH,应进行校正。

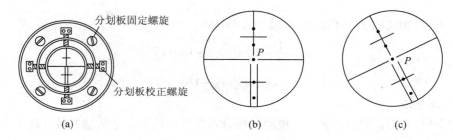

图3-25 十字丝检验与校正

(2)校正方法

松开十字丝环的压环螺丝,如图3-25(a)所示,转动十字丝环使条件满足如图3-25(b)所示,再将压环螺丝上紧。

(3)误差消除方法

如果每次都用十字丝交点瞄准目标,即可避免此项误差的影响。

3.8.3 视准轴检验与校正

视准轴是物镜光心与十字丝交点的连线。仪器的物镜光心是固定的,而十字丝交点的位置可能变动。因此,视准轴是否垂直于横轴,取决于十字丝交点是否处于正确的位置。当十字丝交点偏向一边时,视准轴不与横轴垂直,形成视准误差,常用 c 表示。

(1)检验方法

整平仪器,以盘左瞄准大致水平方向的远处明显目标 A,读取其水平度盘读数,设为 $m_左$。将仪器变换为盘右位置,仍瞄准目标 A,读取水平度盘读数,设为 $m_右$。若 $m_左 = m_右 \pm 180°$,说明视准轴垂直于横轴,否则,说明条件未能满足,其差值为二倍视准差,即 $2c$。

如图3-26所示,视准轴不垂直于横轴。盘左时的图3-26(a),因视准轴偏于正确位置的左侧,使 $m_左$ 比正确读数大了 c 值。盘右时的图3-26(b),因视准轴偏于正确位置的右侧,使 $m_右$ 比正确读数小了 c 才值。设盘左时的正确读数为 ,得式(3-13)和式(3-14)。

$$m_左 = m + c \tag{3-13}$$

$$m_右 = m \pm 180° - c \tag{3-14}$$

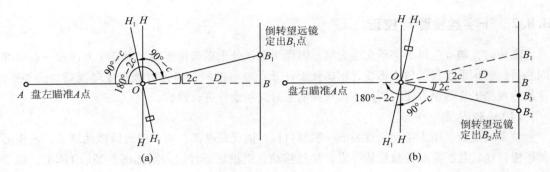

图 3-26 视准轴的检验

由式(3-13)和式(3-14)可得式(3-15)和式(3-16)。

$$m = \frac{1}{2}[m_{左} + (m_{右} \pm 180°)] \tag{3-15}$$

$$2c = m_{左} - (m_{右} \pm 180°) \tag{3-16}$$

(2) 校正方法

按式(3-14)求得正确读数 m，在检验时的盘右位置，调节水平微动螺旋，使度盘读数为 $m \pm 180°$。此时，十字丝交点必偏离目标 P。因为 $m \pm 180°$ 是盘右 $c = 0$ 时的正确读数，所以，只要调十字丝环左右两校正螺丝，使十字丝交点对准目标，视准轴即处于与横轴垂直的位置。此项检验校正，需重复进行，才能达到目的。

(3) 误差消除方法

由式(3-14)可知，只要用盘左、盘右进行观测，取观测结果的平均值，即可消除视准误差影响，求得正确的结果。

3.8.4 横轴检验与校正

(1) 检验方法

①在离墙不远的地方安置仪器，以盘左瞄准高处一点 M，固定照准部，将望远镜大致调至水平，指挥另一人在墙上标出十字丝交点的位置，设为 m_1，如图 3-27(a)所示；

②将仪器变换为盘右，仍瞄准 M 点，再将望远镜大致至水平，用同法在墙上又一次标出十字丝交点的位置，设为 m_2，如图 3-27(b)所示。

③若 m_1 与 m_2 重合，则表示条件满足，否则，存在横轴倾斜误差。

(2) 校正方法

如果仪器的横轴不垂直于竖轴，当竖轴竖直时，横轴必不水平，此时，即使视准轴垂直于横轴，视准面也不是竖直面而是倾斜面，如果盘左时视准面偏于竖直面的某一侧，盘右时必然等量地偏于另一侧。显然，其平均位置即为正确位置。

校正时，使仪器瞄准 m_1 与 m_2 的中点，固定照准部，旋转望远镜瞄向 M 点，此时 M 点不必在十字丝交点上，如图 3-27(c)所示，调节横轴的偏心板，令其一端抬高或降低，使十字丝交点对准 M 点，如图 3-27(d)所示，横轴即处于与竖轴垂直的位置。

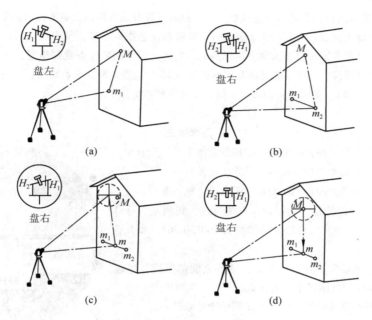

图 3-27 横轴的检验与校正

光学经纬仪的横轴是密封的，一般仪器均能保证横轴垂直于竖轴的正确关系。若发现较大的横轴误差，应送检修部门进行校正。

（3）误差消除方法

用盘左、盘右进行观测，取观测结果的平均值，即可消除横倾斜误差影响，获得正确的结果。

本章小结

本章共有 8 节内容，介绍水平角、竖直角、天顶距、竖盘指标差的概念；重点介绍测回法、方向观测法测量水平角的原理和数据处理方法；竖直角的测量原理及数据处理方法；DJ_6 级光学经纬仪及电子经纬仪的结构、读数设备及其读数方法；简要介绍角度测量的误差来源及经纬仪的检验与校正。复习时应注意以下要点：

1. 角度测量是测量的基本工作之一，三角高程测量包括测量水平角和竖直角。水平角是确定点平面位置的要素，竖直角可用来将斜距化为平距，也是间接测定高差的要素。

2. 由一点到两个目标的方向线垂直投影在水平面上所构成的角度，称为水平角。在同一个竖直面内，测站点至观测目标的方向线与水平之间的夹角，称为竖直角。满足测角条件的仪器是经纬仪，对中、整平是测角的基础，对中的目的是把仪器水平度盘的中心安置在所测角顶的铅垂线上。整平是使水平度盘处于水平位置。这样测得的角度才是水平角。

3. 为了消除仪器的某些误差，水平角测量常采用盘左和盘右两个位置进行。测回法是对两个方向的单角进行观测，它观测目标的程序是："左—右—右—左"。水平角 = 右目标读数 − 左目标读数。不够减时先加 360°，然后再减。观测的方向多于两个时采用方向观测法，仍采用盘左和盘右进行观测，要严格按照其观测的程序进行。要掌握方向观测法表格记录、计算的限差要求和计算过程。

4. 竖直角 α 是观测目标的读数与始读数之差，但其计算方法应根据竖盘的注记类型来确定。在竖角测量之前，应首先确定竖直角计算公式。观测时，要时刻注意指标水准管气泡居中时，读出目标方向线的读数，即可按照竖角公式算出竖直角。指标差 x 的变化范围可用来检查观测质量，在相同的观测条件下，对 DJ_6 级经纬仪而言，指标差的变动范围不应超过 25~。当精度要求不高时，可先测定 x 值，以后只作半测回观测，求得 a_L 或 a_R，再加或减 x 值，计算出竖直角。

思考题三

1. 水平角、竖直角是如何定义的？如何测定水平角、竖直角？
2. 什么是竖盘指标差？如何检验并消除指标差？
3. 试简叙测回法和方向观测法测量水平角的方法和步骤。
4. 设在 O 点安置经纬仪，利用盘左观测方法，观测左目标 A 的读数为 $200°30'00''$，观测右目标 B 的读数为 $100°30'36''$，求水平角 $\angle AOB$ 等于多少？
5. 利用经纬仪测量竖直角时，在每次读数之前都要调节竖盘指标水准管微动螺旋使气泡居中，为什么？
6. 经纬仪主要有哪些轴线？应该满足哪些重要条件？
7. 电子经纬仪与光学经纬仪有什么不同点和相同点？
8. 水平角测量的误差主要有哪些，在测量中的注意事项有哪些？
9. 试读出右图中水平度盘和竖直度盘的读数。

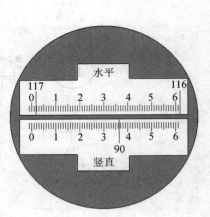

第 4 章 距离测量与直线定向

　　距离测量是确定地面点位置的三项基本工作之一。距离测量和直线定向是测量的重要工作。

　　本章将简要介绍直线定线、距离测量、直线定向的方法及注意事项等内容。

4.1 钢尺量距

距离一般是指两点间的水平距离,即地面上两点沿铅垂线方向投影在水平面上的直线距离。如果测量结果是两点间的倾斜距离,通常要换算成水平距离。

4.1.1 丈量工具

(1)钢尺

钢尺是钢制的带尺,宽约 10~15 mm,长度一般有 20 m、30 m 和 50 m 等,如图 4-1(a)所示。钢尺的基本分划为厘米,有的钢尺在起点至第 1 分米以内有毫米分划,有的整个尺长都刻有毫米分划,一般适用于短距离、较精密的距离测量。根据钢尺零点位置的不同,可分为端点尺和刻线尺两种。端点尺是以尺的最外端边线作为零刻划线,如图 4-2(a)所示。刻线尺是零刻划线刻在钢尺前端的尺面上,如图 4-2(b)所示。使用时,须注意钢尺的零点位置,以防误读。

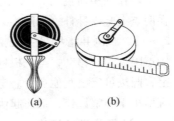

图 4-1 钢尺和皮尺

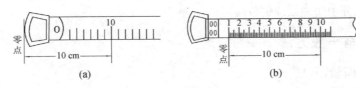

图 4-2 端点尺和刻线尺

(2)皮尺

皮尺是用麻线与金属丝合织而成的带状尺,如图 4-1(b)所示。通常有 20 m、30 m 和 50 m 等,尺上刻划至厘米,一般为端点尺。皮尺弹性较大,适用于精度要求较低的量距工作。

(3)辅助工具

量距的辅助工具有标杆、测钎、垂球。标杆又称花杆,如图 4-3(a)所示。测钎用来标定丈量尺段的端点和计数尺段数,如图 4-3(b)所示。锤球又称线锤,如图 4-3(c)所示。在钢尺精密量距时还需要温度计和弹簧秤。

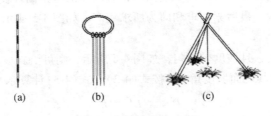

图 4-3 量距辅助工具

4.1.2 直线定线

当丈量的距离较长且超过一个整尺长或地形起伏较大时,需要在待测直线上标定分段点,使相邻点间的距离不超过一个尺段,并且使始终点、各分段点在同一条直线上,这项工作称为直线定线。一般用目估法定线,当精度要求较高时,可用经纬全站仪定线法。

(1) 目估定线法

当在互相通视的 A、B 两点间目估定线时,先分别在两点上竖立标杆,如图 4-4 所示,一人站在 A 点后 1~2 m 处,观测并指挥另一人持标杆在 A、B 方向上各分段点附近左右移动,当三根标杆重合时,即在同一直线上,同法可定出其他点位。定线时,两分段点间的距离宜稍小于一整尺长,地面起伏较大时则宜更短。

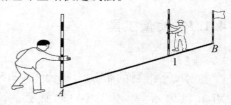

图 4-4 目估定线法

(2) 经纬仪定线法

在待测距离的一端点安置经纬仪,然后照准另一端点的标杆,固定照准部,并指挥司尺员在测线方向的分段点上左右移动,直到标杆与望远镜竖丝完全重合为止,如果要求精度更高,还可以采取正倒镜分中法加以确定分段点。

4.1.3 距离丈量一般方法

4.1.3.1 平坦地面量距

首先,在待测直线上定线,然后由两个司尺员逐段丈量,所求距离即为各尺段之和。为了避免丈量错误和提高精度,通常采用往返丈量。距离丈量成果精度一般用相对误差表示,计算相对误差时,分子为往返测差值的绝对值,分母为往返测的平均数,并化为分子为 1 的分数形式。如直线 A、B,往测长 327.43 m,返测长为 327.35 m,则相对误差,如式(4-1)。

$$k = \frac{D_{AB} - D_{BA}}{D_{平均}} = \frac{0.08}{327.39} \approx \frac{1}{4\,000} \tag{4-1}$$

4.1.3.2 倾斜地面量距

(1) 台阶法

如果各尺段两端高差较小,可将尺一端抬高,或两端同时抬高,使尺面水平,尺的末端用垂球对点读数,逐段丈量,最后累加求和即为所求距离。如图 4-5 所示。

(2) 斜量法

如果地面的坡度较大,且坡度较均匀,如图 4-6 所示,则可沿斜坡量出倾斜距离 D',再测出两点间高差 h,或测出其地面坡度角 α,按式(4-2)、式(4-3)计算水平距离 D。

$$D = \sqrt{D'^2 - h^2} \tag{4-2}$$

$$D = D'\cos\alpha \tag{4-3}$$

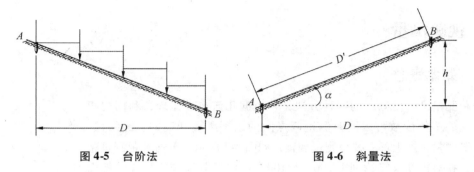

图 4-5 台阶法　　　　　图 4-6 斜量法

4.1.4 距离丈量精度

钢尺的一般量距精度可达到 1/5 000~1/1 000。对于图根钢尺量距导线,相对误差 K 值应不大于 1/3 000~1/2 000,若符合要求,取往返测的平均数作为测量结果。当要求量距精度更高时,应采用钢尺精密量距方法。

精密量距还需要借助辅助工具,如拉力计、温度计等。量距前,钢尺应经过检验,得到其检定的尺长方程式,拉钢尺需要固定拉力,量测丈量时温度等。随着电磁波测距仪的普及,现在除了一些精密测量工程的特殊需求,已经很少用钢尺精密丈量距离,相关内容可查阅有关书籍。

4.1.5 误差来源

(1) 尺长误差

尺子的名义长度与实际长度不符所引起的误差称为尺长误差,此为系统误差,可通过尺长改正加以消除。

(2) 定线误差

由于直线定线所标定的尺段点不完全在一条直线上,导致测量的距离为折线距离。如果测量精度需要,可采用经纬仪定线法削弱此项误差。

(3) 丈量误差

丈量误差主要包括:由于没有将尺的零点或某刻划对准起点或测钎中心的误差;拉力不均匀误差;读数不准确误差;前后司尺员配合不当造成不能同时读数误差;等等。这些误差均为偶然误差,只能在测量中通过准确操作进行削弱。

(4) 钢尺垂曲误差

钢尺进行悬空测距时,由于自身的重量从而导致中间下垂,使测得的距离大于实际距离。因此,在量距时,应使钢尺水平,或者在成果整理时,应按照实际尺长情况进行改正。

4.1.6 注意事项

丈量前应对钢尺进行尺长鉴定,并认清尺子的零点位置;丈量时拉力要均匀一致,尽量使用固定拉力;丈量时钢尺要拉直;定线要准;钢尺要放平;读数要准确,记录计算无误。总之,钢尺量距的基本要求是"一直二平三准确"。

4.2 视距测量

4.2.1 基本概念

视距测量是间接测距的一种方法，它根据几何光学原理，利用视距丝和中丝的三丝读数可以同时测定两点间的水平距离和高差。经纬仪、水准仪等测量仪器上都有视距测量装置，如图4-7所示。普通视距测量精度较低，相对精度仅能达到1/300～1/100。但由于其操作简便，受地面起伏状况的限制小等优点，未出现电磁波测距仪之前，常用于低精度的测距工作。

图 4-7　视距丝

4.2.2 原理与方法

4.2.2.1 视准轴水平时的视距原理

如图4-8所示，欲测定A、B两点间的水平距离D及高差h，在A点安置仪器，B点竖立视距尺，使望远镜视线水平照准B点上的视距尺。尺上M、N两点成像恰好落在两根视距丝上，则上、下视距丝的读数之差就是尺上MN的长度，称为尺间距或视距间隔，设为l。如图4-8所示，由于$\triangle Fmn$与$\triangle FMN$相似，则有$\dfrac{d}{l}=\dfrac{f}{mn}$，故$d=\dfrac{l}{mn}f=\dfrac{f}{p}l$。

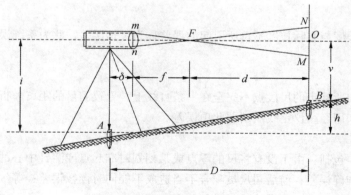

图 4-8　视线水平时视距原理

式中，f为望远镜的焦距；p为望远镜视距丝的间隔，$p=mn$。

则仪器中心到视距尺的水平距离D，如式(4-4)。

$$D = d + f + \delta = \frac{f}{p}l + f + \delta \tag{4-4}$$

式中，δ为物镜光心至仪器中心的距离；d为焦点到视距尺的距离；f为焦距。

令$K=f/p$，称为视距乘常数，一般仪器的乘常数为100；$c=\delta+f$，称为视距加常数，则有式(4-5)。

$$D = Kl + c \tag{4-5}$$

对于外调焦望远镜来说，c 值一般在 0.3 m~0.6 m。对于内调焦望远镜，经过调整物镜焦距、调焦透镜焦距及上、下丝间隔等参数后，$c=0$。则式(4-5)可改写为式(4-6)。

$$D = Kl \tag{4-6}$$

当视线水平时，读取十字丝中丝在尺上的读数，即目标高 v。量取仪器高 i，则测站点与所测点之间的高差 h_{AB}，如式(4-7)。

$$h_{AB} = i - v \tag{4-7}$$

4.2.2.2 视准轴倾斜时的视距测量原理

在地形起伏较大地区进行视距测量时，望远镜视准轴往往是倾斜的，如图 4-9 所示。

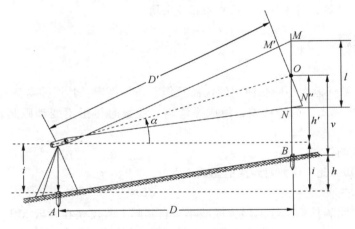

图 4-9　视线倾斜时的视距测量原理

设竖直角为 α，尺间隔为 l，此时视线不再垂直于视距尺，利用视线倾斜时的尺间隔 l 求水平距离和高差，必须加入两项改正：①视准轴不垂直于视距尺的改正，由 l 求出 $M'N''$，如式(4-8)，求得倾斜距离 D'；②由斜距 D' 化为水平距 D，如式(4-9)。

$$l' = l\cos\alpha, \quad D' = Kl' = Kl\cos\alpha \tag{4-8}$$

$$D = D'\cos\alpha = Kl\cos^2\alpha \tag{4-9}$$

当视线倾斜时，所测点 B 相对于测站点 A 的高差 h_{AB}，如式(4-10)。

$$h_{AB} = D\tan\alpha + i - v \tag{4-10}$$

4.2.3 观测与计算

4.2.3.1 视距测量的观测

(1) 安置仪器

测站点上安置经纬仪，量取仪器高 i，记入手簿，在待测点上竖立标尺。

(2) 盘左瞄准与读数

盘左位置瞄准目标尺，读取下丝读数 a、上丝读数 b 和中丝读数 v。

(3) 读取竖盘读数

转动指标水准管微动螺旋，使竖盘指标水准管气泡居中并读取竖盘读数，记入手簿。

（4）盘右瞄准与读数

倒转望远镜，用盘右位置瞄准标尺，重复（2）、（3）步骤的观测和记录，称为一个测回。若精度要求较高，可以增加测回数；若精度要求较低，一般只观测盘左半个测回。

为了简化计算和提高瞄准精度，在观测中可使中丝读数 v 等于仪器高 i 或中丝瞄准整厘米刻划线，例如，$i=1.580$ m，可使中丝读数 $v=1.580$ m，这样式（4-10）中 $i-v=0$，则高差 $h_{AB}=D\tan\alpha$。

4.2.3.2 视距测量计算

视距测量计算可以用普通函数计算器按式（4-9）和式（4-10）进行计算，也可用编程计算器预先编制程序进行计算，具体编程方法参考相关书籍。

4.2.4 误差来源

（1）尺间隔 l 的读数误差

尺间隔 l 的读数误差大小应视使用的仪器及作业条件而定，其误差对测量结果影响较大。所以观测时应仔细对光，消除视差，使成像清晰。读数时尽量不变动眼睛位置，要估计到毫米。

（2）竖直角观测误差

由式（4-9）可知，此项误差对距离的影响不大。

（3）标尺分划误差

若标尺的分划间隔是系统性的增大或减小，它实际上将反映在常数 K 上，即是否仍能使 $K=100$，只要对 K 加以测定就可得到改正；若标尺的分划间隔大小不均匀变化，那么它对尺间隔 l 将产生偶然性的误差影响。

（4）乘常数 K 不准确误差

K 值的误差来自望远镜视距丝间隔误差、标尺分划的系统误差、外界温度影响等，使 K 值不稳定。一般 K 值经确定，即认为不再变化，所以它对视距的影响是系统性的。

（5）标尺竖立不直

尺子倾斜对视距的影响基本上是系统性的，且随距离的增大而增大，所以在视距测量中不可忽视此项误差。为减小其影响，可在标尺上安置圆水准器，保证扶尺竖直。

（6）外界条件影响

主要包括大气折光使视线弯曲、空气对流使成像不稳定、风力使尺子抖动等。为减弱大气折光和空气对流的影响，视线不能离地面太近，一般下丝应高于地面 0.3 m，同时选择合适的天气作业。

4.3 光电测距

随着计算机技术和光电技术的发展，光电测距仪在实际生产中得到广泛的应用。光电测距仪具有测程远、精度高、受地形限制小及作业效率高等优点，大大改善了作业条件，显著提高了测距精度和效率，革命性地改变了传统测距的方式方法。本节仅简单介绍电磁波测距仪的分类、基本原理以及在地形测量中常用的测距方法。

4.3.1 概述

光电测距仪按载波的不同可分为微波测距仪、红外测距仪和激光测距仪；按测程的大小可分为短程测距仪(<3 km)、中程测距仪(3~15 km)和远程测距仪(>15 km)；按测距的精度可分为一般精度测距仪(>10 mm)、高精度测距仪(5~10 mm)和超高精度测距仪(<5 mm)；按测距的方式可分为脉冲式测距仪和相位式测距仪。

4.3.2 基本原理

光电测距仪测距的基本原理：测量电磁波在待测两点间往返传播的时间计算两点间的距离。如图4-10所示，从 A 点向 B 点发射电磁波，经反射棱镜反射后被测距仪接收，测出电磁波在 A、B 两点间的传播时间 t，则 A、B 的距离，如式(4-11)。

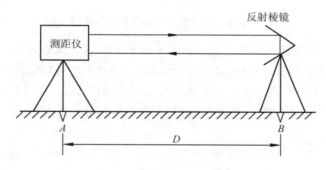

图 4-10 光电测距原理

$$D = \frac{1}{2}ct \tag{4-11}$$

式中，c 为电磁波在大气中的传播速度，其值为 c_0/n；c_0 为光波在真空中的传播速度，c_0 值为 299 792 458 m/s；n 为大气折射率；t 为电磁波在大气中传播的往返时间。

根据测定时间 t 的方法不同，光电测距的仪器可以分为脉冲式和相位式两种。

(1) 脉冲式测距仪

脉冲式测距仪是计数脉冲个数，直接测定时间，从而计算出距离。测程可达几千米至几十千米，但精度相对较低，一般只能达到米级，常用于军事测绘和地形测图中，短距离测量中不采用此法。

(2) 相位式测距仪

相位式测距仪是测定连续的调制波在被测距离间往返传播所产生的相位差，然后根据公式推算出两点间的距离。相位式光电测距仪精度可以达到毫米级，其应用范围更为广泛。下面介绍相位式测距仪的测距原理。

4.3.3 相位式光电测距仪工作原理

相位式光电测距仪是通过测量电磁波在待测两点间往返传播所产生的相位变化,测定调制波长的相对值求出距离。

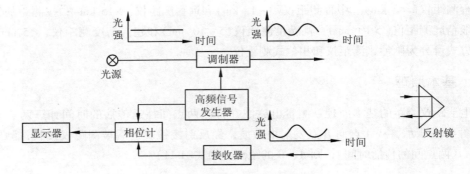

图 4-11 相位式光电测距仪工作原理

测距仪的基本工作原理和工作过程,如图 4-11 所示,由光源灯产生的光经过调制器后,成为调制光。经过待测点的反射镜后被接收器接收,然后由相位计将发射信号与接收信号进行相位比较,获得调制光在被测距离上往返传播所引起的相位移 φ,并且利用显示器显示出来。如果将调制光在 A、B 两点间的往程和返程展开,就会得到图 4-12 所示的图形。

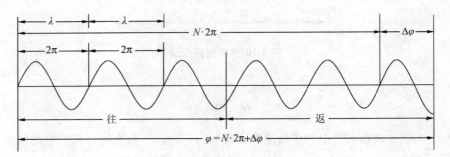

图 4-12 相位式测距原理

调制光在传播过程中所产生的相位移 φ,等于调制光的角速度 ω 乘以传播的时间 t,若已知 φ 和 ω,则调制光在待测距离上往返传播的时间 t,如式(4-12)。

$$t = \frac{\varphi}{\omega} \tag{4-12}$$

因为 $\omega = 2\pi f$(f 为调制光的频率),所以计算 t,如式(4-13)。

$$t = \frac{\varphi}{2\pi f} \tag{4-13}$$

将式(4-13)代入式(4-11),就得到用相位移表示的测距,如式(4-14)。

$$D = \frac{c}{2f} \times \frac{\varphi}{2\pi} \tag{4-14}$$

因为相位移是以 2π 为周期变化的，由图4-12可得，如式（4-15）。

$$\varphi = N \cdot 2\pi + \Delta\varphi = 2\pi(N + \Delta N) \tag{4-15}$$

式中，N 为调制光往返总相位移整周数个数，其值可为零或正整数；φ 为不足整周期的相位移尾数，其中，$\Delta\varphi$ 小于 2π；ΔN 为不足整周期的小数，$\Delta N = \Delta\varphi/2\pi$。

将式（4-15）代入式（4-14），考虑到 $f = \dfrac{c}{\lambda}$（λ 为调制光的波长），如式（4-16）。

$$D = \frac{\lambda}{2}(N + \Delta N) \tag{4-16}$$

式（4-16）即为相位式测距的基本公式。相位式测距的实质相当于用一把尺长为 $\lambda/2$ 的钢尺丈量距离。N 为被测距离的整尺段数，ΔN 为不足一个整尺的尾数，$\lambda/2$ 为测尺长度。显然，只要知道 N 和 ΔN 就可以求出距离。通常 N 无法获知，因此，当被测距离小于半波长时，即 $N=0$，可算出距离 D，而为了测定较长的距离，必须选定较长波长的电磁波。由于测相精度为 $1/100 \sim 1/10$，测距精度随波长增大而降低。可见，波长越短，测距精度越高，测程越短；波长越长，测距精度越低，测程越长。为了解决这个矛盾，可以选用多频率电磁波相组合的方式，即保证测距精度，又保证测程。

4.3.4 光电测距仪的使用

4.3.4.1 安置仪器

测距时，如图4-13所示，将测距仪和反射棱镜分别安置在测线的两端，仔细对中和整平，照准反射镜，打开测距仪电源开关，按测量键，即可开始测距；如果无法测距，检查经反射镜反射回的光强信号强弱，检查是否被遮挡或未瞄准棱镜。

4.3.4.2 读数

测距的数值自动显示，可记入手薄或存贮于仪器中。测距时应利用温度计和气压计分别测量大气温度值、气压值，测距前输入仪器自动进行气温和气压的气象改正或观测完毕后计算改正值进行气象改正。若测距仪没有测角和数据处理功能，又需要求得测线的水平距离，则需要测定测线的竖直角进行倾斜改正。

4.3.5 光电测距成果整理

利用光电测距仪直接测得的距离为包含各种因素影响的斜距，必须经过改正后才能获得两点间的水平距离。这些改正大致包括三类：一是仪器系统误差改正；二是大气折射率变化所引起的改正；三是归算改正。仪器系统误差改正包括加常数改正、乘常数改正和周期误差改正。电磁波在大气中传播时受气象条件的影响较大，因而要进行大气改正。

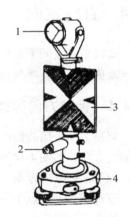

图4-13　反射棱镜
1. 反射棱镜　2. 光学对中器目镜
3. 照准靶牌　4. 基座

随着测距仪的更新换代，现代的测距仪通过设置比例因子，在一定范围内可自动进行一些改正计算，得到改正后的水平距离。

4.3.6 手持激光测距仪

手持激光测距仪是一种利用脉冲式激光进行距离测量的仪器，只要按一个键就可进行长度、面积和体积测量，并以数字形式显示，精度可达毫米级。手持激光测距仪体积小、重量轻、使用方便，无需合作目标，可自动调焦，在测距时仪器不能抖动，在精度要求较高时，需要固定仪器，以减小误差。手持激光测距仪的测距范围一般为 10~800 m，合适的反射目标测程会更远，快速准确地显示距离，其精度可达毫米级。手持激光测距仪较多应用于房产测量、古旧建筑物测量以及建筑施工测量。

手持激光测距仪测量面积时要求两个测距方向相互垂直，屏幕显示测出的面积，在房屋的面积测量中非常方便。在体积测量中，分别照准三个相互垂直的方向，屏幕上显示测出的三个距离及这三个距离相乘的体积。手持激光测距仪除了可以测量无法直接测量的物体以外，还可以穿过障碍物进行测量。

手持激光测距仪使用的是二级激光，测量过程中禁止直接通过望远镜直视激光束，禁止将激光束直接打到抛光物体表面或玻璃等镜面，避免激光可能意外伤害眼睛。手持激光测距仪不能测定运动的物体，待测目标的颜色也不能太深，测量时尽量避免雨雪天气，否则会降低测距精度。

4.4 直线定向

要确定两点间平面位置的相对关系，除了需要测量两点间的距离，还要确定直线的方向。确定地面上一条直线与标准方向之间角度关系的测量工作，称为直线定向。

4.4.1 标准方向种类

测量工作采用的标准方向有真子午线方向、磁子午线方向和坐标纵轴线方向，如图 4-14 所示。

(1) 真子午线方向

通过地面上某点子午线的切线、指向地球南北极的方向线，称做该点的真子午线方向，又称真北方向，可用陀螺仪测定。

(2) 磁子午线方向

地面某点上磁针水平静止时其轴线所指的方向线，称做该点的磁子午线方向，又称磁北方向，可用罗盘仪测定。

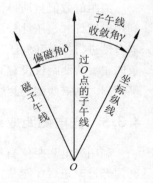

图 4-14 三北方向线

(3) 坐标纵轴线方向

坐标纵轴线方向就是平面直角标系中的纵坐标轴方向。若采用高斯平面直角坐标，则以中央子午线作为坐标纵轴，坐标纵轴方向又称坐标北方向。

真子午线方向、磁子午线方向和坐标纵轴线方向合称为三北方向，其图又称为三北方向线或三北方向图。

4.4.2 直线方向表示方法

表示直线方向的方式有方位角与象限角两种,其中,象限角应用较少。

(1) 方位角

由标准方向的北端起,顺时针方向量至某直线的角度,称为该直线的方位角,角值为 0°~360°,如方向 OA 的方位角为 α_{OA}(图 4-15)。根据采用的标准方向是真子午线方向、磁子午线方向和纵坐标轴方向,测定的方位角分别为真方位角、磁方位角和坐标方位角,相应地用 $\alpha_真$、$\alpha_磁$ 和 α 表示。

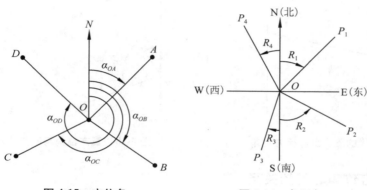

图 4-15 方位角　　　图 4-16 象限角

(2) 象限角

从标准方向的北端或者南端起到已知直线所夹的角度称为象限角,一般用 R 表示。由于象限角为锐角,与所在象限有关,因此,描述象限角时,不但要注明角度的大小,还要注明所在的象限。如图 4-16 所示,北东 R_1 或 SR_2E、南东 R_2 或 SR_2E、南西 R_3 或 SR_3W、北西 R_4 或 NR_4W 分别为四条直线的象限角。

(3) 方位角与象限角的关系

根据方位角与象限角的定义,它们之间的换算关系见表 4-1。

表 4-1 方位角与象限角的关系

直线方向	由 R 推算 α	由 α 推算 R
北东(第Ⅰ象限)	$\alpha = R$	$R = \alpha$
南东(第Ⅱ象限)	$\alpha = 180° - R$	$R = 180° - \alpha$
南西(第Ⅲ象限)	$\alpha = 180° + R$	$R = \alpha - 180°$
北西(第Ⅳ象限)	$\alpha = 360° - R$	$R = 360° - \alpha$

4.4.3 正、反坐标方位角的关系

由于地面上各点的真(磁)子午线方向都是指向地球(磁)的南北极,各点的子午线都不平行,给计算工作带来不便。而在平面直角坐标系中,各点上纵坐标轴方向线均是平行的。在一

个高斯投影带中,中央子午线为纵坐标轴,其他各处的纵坐标轴方向都与中央子午线平行,因而,在普通测量工作中,以纵坐标轴方向作为标准方向,以坐标方位角表示直线的方向,会使计算工作方便。如图4-17所示,设直线P_1至P_2的坐标方位角为a_{12}为正坐标方位角,则P_2至P_1的方位角α_{21}为反坐标方位角,显然,正、反坐标方位角互差180°,如式(4-17)所示。当$\alpha_{21}>180°$时,式(4-17)取"-"号;当$\alpha_{21}<180°$时,式(4-17)取"+"号。

$$\alpha_{12} = \alpha_{21} \pm 180° \tag{4-17}$$

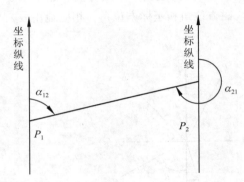

图4-17 直线的正、反坐标方位角

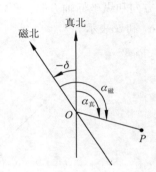

图4-18 真方位角与磁方位角的关系

4.4.4 三种方位角之间的关系

4.4.4.1 真方位角与磁方位角的关系

由于地磁南北极与地球南北极并不重合,因此,过地面上某点的磁子午线与真子午线不重合,其夹角δ称为磁偏角,如图4-18所示。磁针北端偏于真子午线以东称东偏,偏于以西称西偏。直线的真方位角与磁方位角之间可按式(4-18)换算,其中δ值东偏时取正值、西偏时取负值。

$$\alpha_{真} = \alpha_{磁} + \delta \tag{4-18}$$

地球表面各点的磁偏角因地、因时而异,但具有一定的规律性。我国境内的磁偏角最大年变化值只有几分,日变化值南方为7′,北方较大,有的超过10′,一天中以正午和半夜最小。另外,磁偏角的大小受磁暴、太阳黑子、地震和北极光等影响较大,与磁力异常和地层内含有磁性物质也有关。

4.4.4.2 真方位角与坐标方位角的关系

由高斯分带投影可知,除了中央子午线上的点,投影带内其他各点的坐标轴方向与真子午线方向都不重合,其夹角γ称为子午线收敛角,如图4-19所示。真方位角与坐标方位角之间的关系可用式(4-19)换算,其中γ值东偏时取正值、西偏时取负值。

$$\alpha_{真} = \alpha + \gamma \tag{4-19}$$

4.4.4.3 坐标方位角与磁方位角的关系

若已知某点的磁偏角δ与子午线收敛角γ,则坐标方位角与磁方位角之间的换算关系,如式(4-20),其中δ、γ值东偏时取正值、

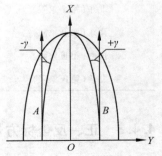

图4-19 子午线收敛角

西偏时取负值。

$$\alpha = \alpha_{磁} + \delta - \gamma \tag{4-20}$$

4.5 罗盘仪定向

罗盘仪是测定直线磁方位角的仪器，它构造简单，使用方便，应用于各种精度要求不高的测量工作。

4.5.1 罗盘仪构造

罗盘仪主要由罗盘、望远镜、水准器三部分组成，如图 4-20 所示。

（1）罗盘

罗盘包括磁针和刻度盘两部分。磁针用人造磁铁制成，磁针支撑在刻度盘中心的顶针尖端上，磁针可灵活转动，当它静止时，可指示磁子午线方向。地球的北半球对磁针北端的引力较大，造成磁针北端下倾，从而产生磁倾角，为了使其平衡，在磁针的南端缠绕细铜丝或铝块。为了防止磁针的磨损，不用时，可旋紧磁针固定螺旋，将磁针固定。刻度盘基本分划为 1°或 0.5°，按逆时针从 0°注记到 360°。

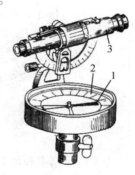

图 4-20 罗盘仪的构造
1. 磁针　2. 刻度盘　3. 望远镜

（2）望远镜

罗盘仪的望远镜一般为外对光望远镜，由物镜、目镜、十字丝所组成，用支架装在刻度盘的圆盒上，可随圆盒在水平方向转动，也可在竖直方向转动。望远镜的视准轴与度盘上 0°与 180°直径方向重合。支架上装有竖直度盘，可测竖直角。

（3）水准器

在罗盘盒内装有两个互相垂直的管状水准器或圆水准器，用以整平仪器。此外，还有水平制动螺旋，望远镜的竖直制动和微动螺旋，以及球窝装置和连接装置。

4.5.2 罗盘仪使用

用罗盘仪测定直线磁方位角的步骤如下：

（1）对中

罗盘仪安置在待测直线的一端，利用垂球对准测站点。

（2）整平

松开仪器球形支柱上的固紧螺旋，上下左右摇摆圆盘，使度盘上的两个相互垂直的水准气泡同时居中，旋紧螺旋，此时刻度盘水平。松开磁针固定螺旋，使磁针自由转动。

（3）瞄准

用望远镜瞄准直线另一端点的目标，尽量瞄准标杆的下端，一般用十字丝的竖丝垂直平分标杆。

(4) 读数

待磁针静止后，读取磁针北端的读数，即为该直线的磁方位角。读取时，要遵循从小到大、从上到下俯视读数的原则。读数时视线应与磁针的指向一致，不应斜视，直接读取磁针北端的读数，例如，图 4-21(a) 的读数为 60°00′，图 4-21(b) 读数为 303°00′。

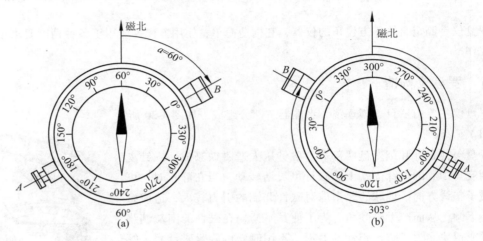

图 4-21 罗盘仪刻度和读数

为了防止错误和提高观测精度，通常在测定直线的正方位角后，还要测定该直线的反方位角。如误差在规定的限差范围内，可按式(4-21)取二者平均数作为最后结果。式(4-21)中正负号的选取方法与式(4-17)一致。

$$\alpha = \frac{1}{2}[\alpha_{正} + (\alpha_{反} \pm 180°)] \tag{4-21}$$

4.5.3 罗盘仪在森林资源调查中的应用

(1) 坡度测量

利用罗盘仪的竖盘刻度，可以测定地面的坡度，测量时，先测量罗盘仪的高度，瞄准待测目标与罗盘仪等高处，按照从小到大读数的原则直接读取竖盘读数，可估读至 0.1°。望远镜向上为仰角，向下为俯角。

(2) 坡向测量

坡向测量与罗盘仪的使用方法基本相同，在野外实际调查中，关键是瞄准坡向，否则，随着照准目标的不同，所测量的坡向也不相同。坡向读数可读出方位角，也可直接读出象限角。

(3) 标准样地测量

森林罗盘仪除了上述测量外，还经常在林业调查中用以标定标准地的位置。先根据林业调查设计的样点找到标志样地的西南角点，安置罗盘仪，按照设计的方位角测出标准地的第一条边，利用望远镜十字丝的上下测距丝根据视距测量的原理量出两点间水平距离，从而标定出第一点，并在现场作出记号，再旋转 90°或者 270°，依此类推，标定出另外两点。标志的桩位钉好后，还需实地检查闭合误差须在规定的范围内。罗盘仪还可以测定树木的高度，如果将望远镜加以改进，可以直接测定林分的胸高、断面积等因子。

4.5.4 罗盘仪测量注意事项

在用罗盘仪测定磁方位角时，应远离高压线、铁制品、电线杆、手机和手表等，以免影响磁针的指向。读数时视线应与磁针的指向一致，按照从小到大、从上往下俯视读数的原则。搬站或测量结束时，应将顶针螺旋拧紧，以防磁针反复摇摆与圆盘玻璃产生磨损。

4.6 陀螺经纬仪定向

4.6.1 定向原理

为了求得测量的基准方位和日照时间的方位，必须使用磁针罗盘仪进行天体观测。然而，磁针罗盘仪的精度较低，在天体观测中还受到通视、天气、场所和时间等观测条件的影响。为了解决这些问题，可采用利用力学原理获得真北方向的陀螺经纬仪。陀螺经纬仪主要应用于隧道测量以及由于不能和已知点通视而无法确定方位的情况。陀螺经纬仪是由陀螺仪装置、测定角度值的经纬仪组成，其关键装置之一是陀螺仪，简称陀螺，又称回转仪，主要由一个高速旋转的转子支承在一个或两个框架上而构成。具有一个框架的称二自由度陀螺仪；具有内外两个框架的称三自由度陀螺仪。经纬仪上安置悬挂式陀螺仪，是利用其指北性确定真子午线北方向，再用经纬仪测出真子午线北方向至待定方向所夹的水平角，即真方位角。指北性是指悬挂式在受重力作用和地球自转角速度影响下，陀螺轴将产生进动、逐渐向真子面靠拢，最终达到以真子午面为对称中心，作角简谐运动的特性。

高速旋转物体的旋转轴对于改变其方向的外力作用有趋向于铅直方向的倾向，而且，旋转物体在横向倾斜时，重力会向增加倾斜的方向作用，而轴则向垂直方向运动，就产生了摇头的运动（岁差运动）。当陀螺经纬仪的陀螺旋转轴以水平轴旋转时，由于地球的旋转而受到铅直方向旋转力，陀螺的旋转体向水平面内的子午线方向产生岁差运动，当旋转轴平行于子午线而静止时可加以应用。

4.6.2 陀螺经纬仪构造

陀螺经纬仪由陀螺装置与经纬仪组合而成，陀螺装置由陀螺部分和电源部分组成。如图4-22所示。

陀螺本体在装置内用丝线吊起使旋转轴处于水平。当陀螺旋转时，由于地球的自转，旋转轴在水平面内以真北为中心产生缓慢的岁差运动。旋转轴的方向由装置外的目镜可以进行观测，陀

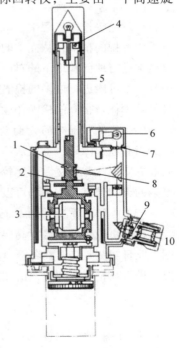

图 4-22 陀螺仪的构造
1. 陀螺转子　2. 供电用馈线
3. 陀螺马达　4. 0点调整螺丝
5. 吊线　6. 照明灯　7. 指针
8. 反射镜　9. 刻度线　10. 目镜

螺指针的振动中心方向指向真北。利用陀螺经纬仪的真北测定方法有"追尾测定"和"时间测定"等。

4.6.3 真方位角观测

(1) 追尾测定

追尾测定又称反转法。利用全站仪的水平微动螺丝对陀螺经纬仪显示岁差运动的刻度盘进行追尾。在震动方向反转的点上(此时运动停止)读取水平角。如此继续测定之,求得其平均震动的中心角。用此方法进行20分钟的观测可以求得±0.5″的真北方向。

(2) 时间测定

时间测定又称通过法。用追尾测定观测真北方向后,陀螺经纬仪指向了真北方向,其指针由于岁差运动而左右摆动。用全站仪的水平微动螺丝对指针的摆动进行追尾,当指针通过0点0秒的精度求得真北方向时反复记录水平角,可以提高时间测定的精度,并以±20秒的精度求得真北方向。

4.6.4 陀螺经纬仪应用

(1) 隧道中心线测量

在隧道等挖掘工程中,坑内的中心线测量一般采用难以保证精度的长距离导线,特别是进行盾构挖掘的情况,从立坑的短基准中心线出发必须有很高的测角精度和移站精度,测量中还要经常进行地面和地下的对应检查,以确保测量的精度。特别是在密集的城市地区,检核条件困难,不可能进行过多的检测作业。如果使用陀螺经纬仪可以得到绝对高精度的方位基准,而且可减少耗费很高的检测作业(检查点最少),是一种效率很高的中心线测量方法。

(2) 通视障碍时的方向角获取

当有通视障碍,不能从已知点获得方向角时,可以采用天文测量或陀螺经纬仪测量的方法获取方向角。与天文测量比较,陀螺经纬仪测量的方法有很多优越性:对天气的依赖少、无须复杂的天文计算、在现场可以得到任意测线的方向角而容易计算闭合差。

(3) 日影计算所需的真北测定

在城市或近郊地区对高层建筑有日照或日影条件的高度限制。在建筑申请时,要附加日影图。此日影图是指,在冬至日真太阳时的8:00到16:00为基准,为了计算、图面绘制的需要,进行高精度真北方向的测定,可使用陀螺经纬仪测量且不受天气、时间等影响。

本章小结

距离是确定地面点位的基本几何要素之一。距离测量的方法有钢尺量距、视距测量和光电测距等。钢尺量距是用钢尺沿地面直接丈量距离;视距测量是用仪器望远镜中的视距丝及视距标尺按几何光学原理进行测定距离和高差,但精度较低;电磁波测距是利用仪器发射并接收电磁波,通过测量电磁波在待测距离上往返传播的时间解算出距离,测距的速度快、精度高,普遍使用的相位式测距仪是测定连续的调制波在被测距离间往返传播所产生的相位差,再根据公式推算出两点间的距离。

标准方向线、方位角是直线定向的基准和角度描述。罗盘仪是测量直线磁方位角的仪器,广泛应用于林业资源调查，测角时应注意正确读数并避开局部引力。陀螺经纬仪是带有陀螺仪装置和经纬仪的组合，其关键装置之一是陀螺仪，是测定直线真方位角的仪器，主要应用于地下工程。

思考题四

(1) 简述钢尺测距的基本要求，分析其误差来源。

(2) 试述视距测量的基本原理和观测方法。

(3) 试述相位测距仪的测距原理。

(4) 为什么要进行直线定向？怎样确定直线的方向？方位角是如何定义的？

(5) 为什么罗盘仪的刻度盘上的度数是逆时针方向注记的？试绘图说明（提示：根据方位角的定义，以及磁针与度盘零直径的关系综合考虑）。

(6) 什么称三北方向线？它们三者之间的关系如何？

(7) 一条直线的正、反方位角有何关系？测量工作中，为什么有时既测直线的正方位角，又测其反方位角？

(8) 已知地面上某直线12的磁方位角 $a_{12} = 10°10'$，磁偏角 δ 为东偏 $1°$，试求直线12的真方位角并绘图表示。

(9) 简述罗盘仪在森林资源调查中有何用处。

(10) 简述陀螺经纬仪的结构和测量原理。

第 5 章　全站仪及坐标测量

全站仪是最常用的测量仪器之一，具有角度测量、距离测量和坐标测量等功能，已广泛应用于控制测量、细部测量、施工放样、变形监测等多种测量工作。

本章将以我国自主品牌南方全站仪为例，介绍全站仪结构和基本功能，以及坐标测量的原理。

5.1 全站仪及其基本功能

5.1.1 概述

全站仪（Electronic Total Station），是全站型电子速测仪的简称。它由电子测角、光电测距、微处理机及其软件组成，能完成测量水平角、竖直角、距离，并能自动计算平距、高差、方位角和坐标等，还可以将测量数据传输给计算机，实现自动化测图。

全站仪是随着测量自动化应运而生，经历了组合式向整体式发展历程。组合式是将电子经纬仪、红外测距仪通过连接螺丝连接，用电缆实现数据的相互通信，以完成测量作业，因其操作不便，现在基本上已被淘汰。整体式是电子经纬仪和红外测距仪组成一个整体，共用一个望远镜，其视准轴、红外发射光轴和接收光轴同轴。全站仪的观测数据可存储在存贮器中，数据可通过仪器上的通信接口和通信电缆传输给计算机，还可以实现全站仪和计算机的双向数据传输。另外，为了消除仪器未精确整平和竖轴倾斜对角度观测的影响，全站仪上安装有双轴倾斜电子传感器，监视竖轴的倾斜并自动对视准轴方向和横轴方向进行倾斜补偿，即双轴补偿。

全站仪已广泛应用于控制测量、细部测量、施工放样、变形监测等多种测量工作。目前，我国常用的全站仪有拓普康（Topcon）公司的 GTS 系列、索佳（Sokkia）公司的 SET 系列、徕卡（Leica）公司的 TPS 系列、南方测绘仪器公司的 NTS 系列等。不同的全站仪，性能、功能有所差别，但基本操作方法大同小异，本章以我国自主品牌南方全站仪为例，介绍全站仪的基本操作方法。

5.1.2 全站仪基本结构与功能

5.1.2.1 全站仪基本结构

电子全站仪由电源部分、测角系统、测距系统、数据处理部分、通信接口、显示屏及键盘等组成，如图 5-1 所示。全站仪本身是一个带有特殊功能的计算机控制系统，其微机处理装置由微处理器、存储器、输入部分和输出部分组成。微处理器对获取的倾斜距离、水平角、竖直角、垂直轴倾斜误差、视准轴误差、垂直度盘指标差、棱镜常数、气温、气压等信息加以处理，从而获得各项改正后的观测数据和计算数据。在仪器的只读存储器中固化了测量程序，测量过程由程序完成。如图 5-2 所示，是南方 NTS-340 型全站仪的结构。

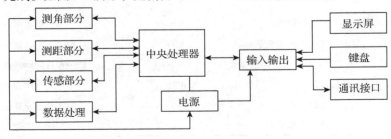

图 5-1 全站仪系统组成

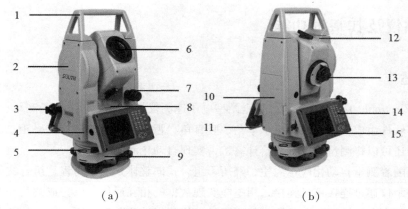

(a)　　　　　　　　　　(b)

图 5-2　NTS-340 全站仪结构图

1. 提把　2. 横轴中心标志　3. 光学对中器　4. 通信接口　5. 圆水准器　6. 物镜
7. 垂直制微动　8. 管水准器　9. 基座　10. 电池　11. 水平制微动　12. 粗瞄器
13. 目镜　14. 键盘　15. 屏幕

全站仪测量是通过键盘输入指令进行工作的。键盘上的键分为硬键和软键，每一个硬键都对应着一个固定功能，或兼有第二、第三功能，软键是与屏幕上显示的功能菜单或子菜单相对应。如图 5-3 所示，是南方 NTS-340 型全站仪的操作面板，相应功能见表 5-1。

图 5-3　NTS-340 型全站仪操作面板

表 5-1　键盘功能表

按键	功能	按键	功能
α	切换大小写字符	S.P	空格键
—	打开软键盘	ESC	退出键
★	打开和关闭快捷功能菜单	ENT	确认键
—	长按，电源开关；短按，切换标签页	- - - -	不同的控件间跳转或移动光标
Tab	不同的控件间切换屏幕的焦点	0~9	输入数字和字母
B.S	退格键	—	输入负号或其他字母
Shift	切换字符和数字	·	输入小数点

5.1.2.1 全站仪基本功能

全站仪可以进行角度测量、距离测量和三维坐标坐标,以及其他特殊测量工作,能够提高野外测量的效率和质量。

(1) 角度测量

全站仪具有电子经纬仪的测角系统,可以测量水平角和竖直角。点击操作界面上的菜单【常规】→【角度测量】,进入测角模式。

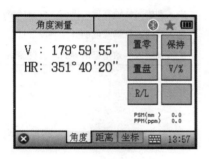

图 5-4 角度测量界面

表 5-2 角度测量按键功能表

按键	功　能
V/%	显示垂直角度
R/L	显示水平右角或者水平左角
置零	将当前水平角度设置为零
保持	保持当前角度不变,直到释放为止
置盘	通过输入设置当前的角度值

如图 5-4 所示,是角度测量时的操作界面,其中 V 是显示的竖直度盘读数,HR/HL 是显示的水平度盘读数。其他测角功能见表 5-2。

(2) 距离测量

全站仪具有光电测距系统,可以测量斜距、平距和垂直距离和距离放样。点击操作界面上的菜单【常规】→【距离测量】,进入测距模式。

如图 5-5 所示,是距离测量时的操作界面,其中 SD 是仪器中心到目标间的倾斜距离,HD 是两点间的水平距离,VD 是两点间的垂直距离。其他测距功能见表 5-3。

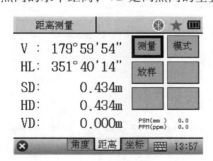

图 5-5 距离测量界面

表 5-3 距离测量按键功能表

按键	功　能
测量	进行距离测量
模式	测量模式设置
放样	进入到距离放样模式,输入距离放样值界面

(3) 坐标测量

全站仪可以直接测定点的三维坐标。点击操作界面上的菜单【常规】→【坐标测量】,进入坐标测量模式,完成必要的参数设定后,全站仪就进行坐标测量。

如图 5-6 所示,是坐标测量时的操作界面,其中 N 是 X 坐标值(北坐标),E 是 Y 坐标值

(东坐标),Z是高程。其他坐标测量功能见表5-4。

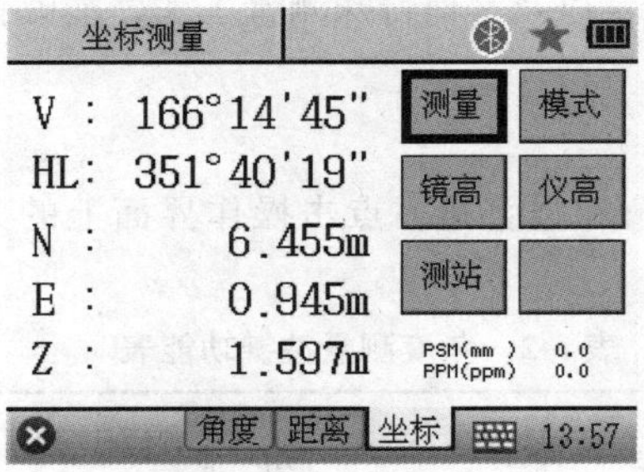

表5-4 坐标测量按键功能表

按键	功 能
测量	进行距离测量
模式	测量模式设置
镜高	进入到输入棱镜高度的界面,设置棱镜高度
仪高	进入到输入仪器高度的界面,设置仪器高度
测站	进入到输入测站坐标的界面,设置测站坐标

图 5-6 坐标测量界面

5.2 全站仪坐标测量

确定点的空间位置就是测量点的三维坐标,点的三维坐标是通过基本观测量推算得到的。全站仪获取点的三维坐标基本原理是极坐标法和三角高程测量,即测边、测角并通过内置程序计算出三维坐标增量,再加上测站点坐标得到目标点坐标。

5.2.1 平面坐标测量

5.2.1.1 坐标方位角推算

地面测量点的平面坐标是依据观测边的坐标方位角和边长推算。实际测量工作中,并不是直接测定每条边的坐标方位角,而是根据起始边的已知坐标方位角及转折角 β_i 按公式推算。推算时,转折角 β_i 有左角和右角(根据转折角在路线前进方向的左侧或右侧进行判断)之分,分别按式(5-1)和式(5-2)计算。

当转折角 β_i 为左角时,公式如式(5-1)。

$$\alpha_{前} = \alpha_{后} + \beta_{左} - 180° \tag{5-1}$$

当转折角 β_i 为右角时,公式如式(5-2)。

$$\alpha_{前} = \alpha_{后} - \beta_{右} + 180° \tag{5-2}$$

式中,$\alpha_{后}$ 为转折前已知边的坐标方位角;$\alpha_{前}$ 为转折后待求边的坐标方位角;脚标"后"和"前"为前进方向上的前后。

在推算过程中若推算出的方位角 $\alpha_{前}$ 大于360°,则应减去360°;若小于0°,则应加上360°,要保证方位角范围为0°~360°。

【例5-1】如图5-7所示,已知起始边1-2的坐标方位角 α_{12}(即 $\alpha_{后}$),测得1-2边与2-3边转折角 β_2(即 $\beta_{左}$),则待求边2-3的坐标方位角 α_{23}(即 $\alpha_{前}$)为 $\alpha_{23} = \alpha_{12} + \beta_2 - 180°$。其他边坐标方位角计算方法依此类推。

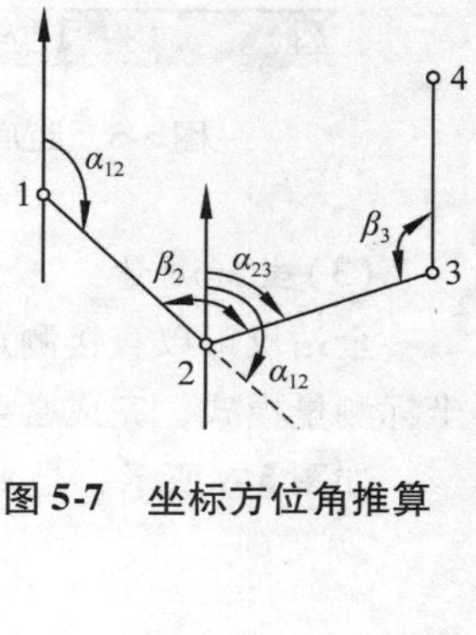

图 5-7 坐标方位角推算

5.2.1.2 坐标增量计算

如图 5-8 所示,已知点 1 的坐标为 (x_1, y_1) 和 1-2 边的坐标方位角 α_{12},测得 1-2 边长 D_{12},则 2 点的坐标 (x_2, y_2) 计算公式,如式(5-3)。

$$\begin{cases} x_2 = x_1 + \Delta x_{12} \\ y_2 = y_1 + \Delta y_{12} \end{cases} \tag{5-3}$$

式中,Δx_{12}、Δy_{12} 为 1-2 边坐标增量。

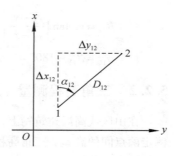

图 5-8　坐标增量计算

由此可见,求待定点的坐标,实质上是求待求点与已知点之间的坐标增量。由图 5-8 可知坐标增量的计算公式,如式(5-4)。

$$\begin{cases} \Delta x_{12} = D_{12} \cdot \cos\alpha_{12} \\ \Delta y_{12} = D_{12} \cdot \sin\alpha_{12} \end{cases} \tag{5-4}$$

5.2.1.3 坐标正算

根据已知点的坐标、观测边的长度及其坐标方位角计算待求点的坐标,称为坐标正算。如图 5-8 所示,假设已知点 1 的坐标为 (x_1, y_1) 和 1-2 边的坐标方位角 α_{12},测得 1-2 边长 D_{12},先按式(5-4)分别求出 1-2 边坐标增量 Δx_{12}、Δy_{12},再按式(5-3)即可求出点 2 坐标 (x_2, y_2)。计算坐标增量时,sin 和 cos 函数值随着 α 角所在象限的不同有正负值,坐标增量的计算值也有正负值。

【例 5-2】假设 1-2 边长为 $D_{12} = 123.45$ m,方位角为 $\alpha_{12} = 78°36'48''$,1 点坐标为 (3145.67,4234.78)(单位:m),则 2 点坐标为:

$$\begin{cases} x_2 = x_1 + \Delta x_{12} = 3145.67 + 123.45 \cdot \cos 78°36'48'' = 3170.04 \text{ m} \\ y_2 = y_1 + \Delta y_{12} = 4234.78 + 123.45 \cdot \sin 78°36'48' = 4355.80 \text{ m} \end{cases}$$

5.2.1.4 坐标反算

根据直线两端点坐标计算直线的边长和坐标方位角,称为坐标反算。

如图 5-8 所示,假设 1、2 点坐标分别为 (x_1, y_1)、(x_2, y_2),则可按式(5-5)分别计算边长和坐标方位角。

$$\begin{cases} D_{12} = \sqrt{(x_2 - x_1)^2 + (y_2 - y_1)^2} = \sqrt{\Delta x_{12}^2 + \Delta y_{12}^2} \\ R_{12} = \arctan\left|\dfrac{y_2 - y_1}{x_2 - x_1}\right| = \arctan\left|\dfrac{\Delta y_{12}}{\Delta x_{12}}\right|, R_{12} \to \alpha_{12} \end{cases} \tag{5-5}$$

计算坐标方位角时,先计算直线边的象限角,再计算其坐标方位角,象限角与坐标方位角的关系参照第 4 章相关章节。

【例 5-3】已知 1、2 点坐标分别为 (4342.99,3814.29)、(2404.50,525.72)(单位:m),试计算 1-2 边长及其坐标方位角。

解:
$$D_{12} = \sqrt{(x_2 - x_1)^2 + (y_2 - y_1)^2}$$
$$= \sqrt{(2404.50 - 4342.99)^2 + (525.72 - 3814.29)^2} = 3817.39 \text{ (m)}$$

$$R_{12} = \arctan\left|\frac{y_2 - y_1}{x_2 - x_1}\right| = \arctan\left|\frac{525.72 - 3814.29}{2404.50 - 4342.99}\right| = 59°28'56''$$

$$\alpha_{12} = R_{12} + 180° = 239°28'56''$$

5.2.2 三角高程测量

在山区或高层建筑物上，水准测量传递高差困难大且速度慢，常采用三角高程测量的方法测定两点间的高差。三角高程测量的基本思想是根据由测站到目标的距离和竖直角，计算测站与目标之间的高差。

5.2.2.1 三角高程测量原理

三角高程测量原理如图 5-9 所示。已知 A 点高程 H_A，欲求 B 点高程 H_B。可将仪器安置在 A 点，照准 B 点目标某位置 P，测得竖直角为 α，若用测距仪测得两点间的斜距 D' 或已知 AB 两点间的水平距离 D，量取仪器高 i 和目标高 v，则高差 h_{AB}，如式(5-6)，B 点高程，如式(5-7)。

$$h_{AB} = D' \cdot \sin\alpha + i - v = D \cdot \tan\alpha + i - v \tag{5-6}$$

$$H_B = H_A + h_{AB} \tag{5-7}$$

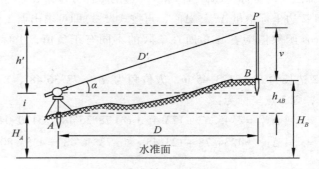

图 5-9 三角高程测量原理

5.2.2.2 三角高程测量的观测和计算

三角高程测量可以用于测定碎部点的高程，也可以用于高程控制测量。三角高程测量控制点可组成闭合导线或附合路线。其路线闭合差应满足相应等级的技术要求。如果闭合差未超限，则将闭合差按与边长成正比分配给各高差，其算法与水准测量相同。由于大气折光受地形条件、天气、观测时间等多种因素的影响，其对高差产生的影响是复杂的，因此，三角高程测量一般都采用对向观测，取对向观测所得高差绝对值的平均数以削弱或消除地球曲率和大气折光的影响。

5.2.3 全站仪坐标测量的使用方法

5.2.3.1 仪器架设

全站仪的架设方法和步骤与电子经纬仪操作基本相同。

（1）架设三脚架

将三脚架伸到适当高度，水平地面使三腿等长，倾斜地面，一般沿着坡向三腿两长一短，打开三脚架并使顶面近似水平，且位于测站点的正上方，固定其中一条腿。

(2) 对点

将仪器安置到三脚架上，拧紧中心连接螺旋。若是光学对点器，调整并使十字丝成像清晰。若是激光对点器，开机并打开激光对点器。双手握住另外两条架腿，通过观察光学对点器或可见激光点并旋转两条腿的位置，使光学对点器或激光点大致对准测站点，放下两腿并固定在地面上。调节脚螺旋，使十字丝或激光点精确对准测站点。

(3) 粗平

伸缩三脚架任意两条腿的高度，使圆水准气泡居中。

(4) 精平

①松开水平制动螺旋，转动仪器，使管水准器平行于某一对脚螺旋的连线，调节该对脚螺旋，使管水准气泡居中；②将仪器旋转90°，调节第三个脚螺旋，使管水准气泡居中；③如此反复，直到管水准气泡都居中或偏离值符合要求。

(5) 精确对中与整平

通过观察光学对点器或激光对点器，若对中有偏移，松开中心连接螺旋，平移仪器（不可旋转仪器），使仪器精确对准测站点，拧紧中心连接螺旋，再精平仪器。重复此项操作直至仪器精确整平对中。

5.2.3.2 数据采集步骤

(1) 已知点建站

若测定未知点在已知坐标系里的坐标，全站仪需要安置在已知点上，进入界面主菜单建站中的已知点建站子菜单，输入测站点坐标、仪高和镜高配置测站，并通过另一已知点进行后视的设置。设置后视有两种方式：一种是通过已知的后视点坐标；另一种是通过已知的后视方位角，如图5-10所示。此时，注意一定要复测后视点坐标，检核测量误差在允许值范围内之后，再开始目标点坐标测量。已知点建站界面上的按钮和符号的功能与意义见表5-5。

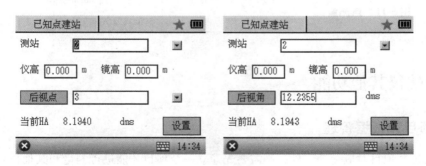

图5-10 已知点建站

表 5-5　已知点建站按键功能表

按键	功能
测站	输入已知点号或名称，通过 ▼ 调用或新建一个已知点作为测站
仪高	输入当前的仪器高度
镜高	输入当前的棱镜高度
后视点	输入已知后视点的名称
后视角	输入后视角度值
设置	根据当前的输入对后视角度进行设置

（2）点测量

改变全站仪望远镜垂直角、水平角和目标棱镜高度，对准测量目标点，按测距键后，仪器将按照测量的水平距离及垂直角重新计算 VD 及 Z 坐标，根据水平角、水平距离重新计算 N、E 坐标。点击保存键，仪器将保存测量结果，如图 5-11 所示。界面上的按钮和符号的功能与意义见表 5-6。

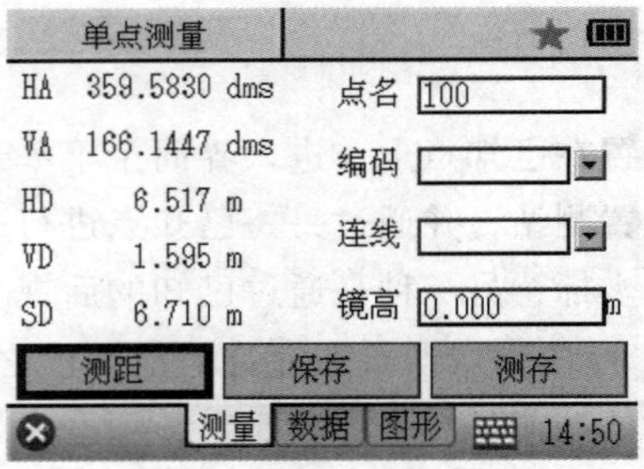

表 5-6　点测量按键功能表

按键	功能
点名	输入测量点的点名，每次保存后点名自动加 1
编码	输入当前的仪器高度
连线	输入当前的棱镜高度
镜高	输入已知后视点的名称
测距	输入后视角度值
保存	根据当前的输入对后视角度进行设置
测存	测距并保存
数据	显示上一次的测量结果
图形	显示当前坐标点的图形

图 5-11　点测量

5.3　全站仪其他功能

5.3.1　项目和数据管理

全站仪每个项目对应一个文件，必需要先建立一个项目才能进行测量和其他操作，默认系统将建立一个名为 default 的项目。每次开机将默认打开上次关机时操作的项目。测量数据可以存储到项目文件中，可以对当前项目中的数据进行查看、添加、删除、编辑等操作，也可以导出到其他外部存储设备（图 5-12）。

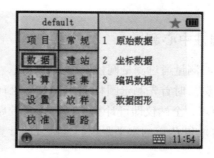

图 5-12 项目和数据管理

5.3.2 悬高测量

悬高测量是指首先测量一已知目标点的水平距离和垂直角,然后通过不断改变垂直角度,对准与已知目标点相同水平位置的测量点,测量垂直角,得到测量点与已知目标点的高差(图 5-13)。测量时首先把反射棱镜设立在欲测目标 K 下的地面点,仪器先测出测站点到棱镜的平距和垂直角,再转动望远镜照准目标点 K,由全站仪的计算程序按式(5-8)计算目标 K 与地面点的高差 dVD。

$$dVD = D\tan\alpha_2 - D\tan\alpha_1 + l \tag{5-8}$$

式中　l——棱镜高;

　　　D——全站仪至反射棱镜的斜距;

　　　α_2,α_1——反射棱镜和目标点的垂直角。

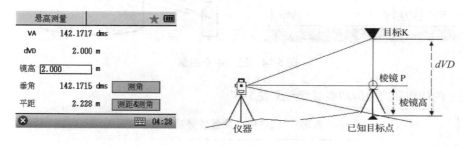

图 5-13 悬高测量

界面上的按钮和符号的功能与意义见表 5-7。

表 5-7 悬高测量按键功能表

按键/符号	功　能
VA	显示当前的垂直角度
dVD	显示测量点与目标点的高差
镜高	输入棱镜高
垂角	显示已知点的垂直角
平距	显示已知点的水平距离
测角	测量点的垂直角度值
测距 & 测角	测量已知点的水平距离和垂直角度

5.3.3 圆柱中心测量

圆柱中心测量通过测量圆柱圆周上的三点，计算出圆柱中心的距离、方向角和坐标。如图 5-14 所示，测量时首先测定圆柱面上的(P_2)和(P_3)点方向角，然后通过直接测定圆柱面上(P_1)点的距离，全站仪即可计算出圆柱中心的距离、方向角和坐标。根据圆柱面上的(P_2)和(P_3)点方向角和 P_1 点的水平距离，全站仪的计算程序按式(5-9)计算圆柱的半径。

$$r = \frac{D}{\csc\frac{(\alpha_3 - \alpha_2)}{2} - 1} \tag{5-9}$$

圆柱中心的方向角等于圆柱面点(P_2)和(P_3)方向角的平均值，如式(5-10)。

$$\alpha = \frac{(\alpha_2 + \alpha_3)}{2} \tag{5-10}$$

圆柱中心的水平距离等于圆柱面点(P_1)的距离加上圆柱半径。根据方位角、圆柱半径和 P_1 到测站的水平距离，全站仪可以按本章 5.2 节中的坐标计算原理计算 P_0 坐标。

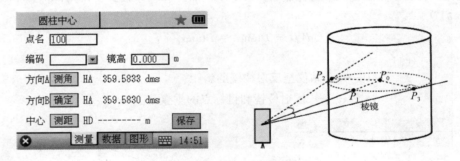

图 5-14 圆柱中心测量

界面上的按钮和符号的功能与意义见表 5-8。

表 5-8 圆柱中心测量按键功能表

按键	功能
点名	输入待测点的点名
方向 A	照准圆柱侧边方向角度值
方向 B	照准圆柱的另外一个侧边方向角度值
中心	圆柱的中心水平测距
测角	测量点的方向角度值
测距	对圆柱的中心进行测距

5.3.4 对边测量

全站仪对边测量可测出两个待测点间的距离和高差，待测点间不需通视。全站仪内置有两种对边测量功能：一种是连续式的；另一种是辐射式。测量时在待测点安置反光棱镜，全站仪架设在与待测点通视的地方，测量测站到待测点的平距，竖直角和水平角，根据三角高程原理和三角余弦定理计算待测点间的距离和高差。当测完第一个点时，全站仪屏幕会显示出测站到被测点的斜距、高差、平距。当再按一次测距键测第二个被测点时，则屏幕显示出第一个被测点至第二个被测点的斜距、高差、平距，依次测量所有待测点，连续式测量时每次显示与前一个待测点的的距离和高差，辐射式测量时每次显示与起始待测点的的距离和高差（图 5-15）。全站仪的计算程序按式(5-11)计算待测点间平距。

$$D = \sqrt{D_1^2 + D_2^2 - 2D_1D_2\cos\beta} \tag{5-11}$$

式中　D_1，D_2——两待测点到测站的平距；
　　　β——测站到两待测点的水平角。

全站仪的计算程序按式(5-12)计算待测点间高差。

$$h = D_1\tan\alpha_1 - D_2\tan\alpha_2 \tag{5-12}$$

式中　α_1，α_2——两待测点的垂直角。

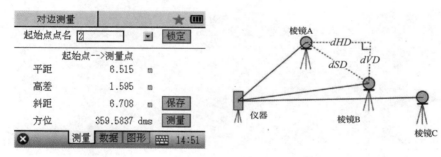

图 5-15　对边测量

界面上的按钮和符号的功能与意义如表 5-9。

表 5-9　对边测量按键功能表

按键	功　能
起始点	输入或者调用一个已知点作为起始点，默认是测站
平距	起始点与测量点之间的平距
高差	起始点与测量点之间的高差
斜距	起始点与测量点之间的斜距
方位	起始点与测量点所在直线的方位角
锁定	锁定当前起始点，否则起始点将是上一个测量的点

本章小结

测绘工作的基本任务是确定地面点的空间位置，点的空间位置是通过三维坐标表示的。全站仪是直接测定地面点位坐标的常用仪器设备，是集电子经纬仪、电磁波测距仪、微处理器和存贮设备为一体的智能型测量仪器,虽然全站仪的品牌和型号多样,但全站仪的结构和使用方法基本相同,本章介绍了南方全站仪 NTS-340 型仪器的结构和使用方法、坐标计算原理和坐标正反算,以及全站仪的一些特殊功能,重点掌握坐标计算的方法和全站仪采集坐标的过程和方法。

思考题五

(1) 简述坐标测量的基本原理。

(2) 全站仪的测量模式有哪些?每个模式具备哪些功能?

(3) 简述全站仪采集数据的基本过程。

(4) 简述常用的全站仪与经纬仪在仪器结构上的不同之处。

(5) 简述三角高程测量的原理。

(6) 已知 A、B 边的坐标方位角为 220°,AB 与 $B1$ 的转折角为 95°,$B1$ 与 12 边的转折角为 275°,B 点的坐标为 (100,200),边长 D_{B1} = 200 m、D_{12} = 300 m,求 B-1 边及 1-2 边的坐标方位角和点 1 和点 2 的坐标。

第 6 章 小地区控制测量

测量工作必须遵循"先控制后碎部"的原则，以克服测量过程中误差的传递和积累，保证测区的精度均匀。控制测量分为平面控制测量和高程控制测量。在传统的测量工作中，平面控制网通常采用三角测量和导线测量等常规方法，高程控制网主要通过水准测量和三角高程测量的方法。在卫星定位技术非常发达的今天，高等级的平面控制网常采用 GNSS 静态定位技术，图根控制点采用 CORS 系统的网络 RTK 动态定位技术，但了解和掌握导线测量内外业工作与数据处理，以及三、四等水准测量和三角高程测量规范和方法还是必要的。

本章从国家基本控制网、城市控制网、小地区控制网及图根控制等方面对控制测量进行了概括性介绍；控制测量包括平面控制测量和高程控制测量。导线测量是小地区平面控制测量的重要形式。因此，重点介绍导线测量的外业测量、内业计算以及导线测量错误的检查方法；高程控制测量重点介绍三、四等水准测量和三角高程测量。

6.1 控制测量概述

测量工作包括测定和测设,测定的主要内容是测绘地形图,而测设的主要工作是施工放样,无论测定还是测设,都要遵循"从整体到局部,先控制后碎部"的原则。其目的在于控制测量误差的积累,分析整体成果质量,保证测量结果精度均匀。

测量工作实施时,依据相应的测量技术规范,首先,要在整个测区范围内踏勘,选定足够数量、具有控制作用的地面点,做好固定标志,这些具有控制作用的点称为控制点,按照规范要求埋设标志并构成几何图形,该几何图形称为控制网,形成整个测区的框架,其后,利用一定的测量手段进行观测,通过内业计算确定这些点的平面位置和高程。这种对控制网进行布设、观测、计算等工作称为控制测量。利用这些控制点可以测定其他地面点的坐标或进行施工放样。控制测量是一切测量工作的基础。

控制测量分为平面控制测量和高程控制测量两种。测定控制点平面位置的工作,称为平面控制测量。测定控制点高程的工作,称为高程控制测量。控制点平面坐标与高程可以同时测定。

6.1.1 平面控制测量

(1) 国家平面控制网

由于控制点间所构成的几何图形的不同,传统的平面控制测量分为三角测量、边角测量和导线测量。三角测量是将控制点组成连续的三角形,观测所有三角形的水平内角和至少一条三角边的长度,如图6-1所示,将控制点 A、B、C、D、E、F、G、H 组成相互连接的三角形,测量出 1~2 条边作为起算边(或称为基线)的长度,如 AB、GH 边,再根据已知边的坐标方位角及其坐标,求出其余各点的坐标。边角测量是同时观测三角形内角和全部或若干边长。导线测量,如图6-2所示,是将控制点 B、1、2、3、4 用折线连接起来,测量各边的边长和各转折角,由起算边 AB 的坐标方位角和 B 点的坐标,推算出其他转折点的坐标。利用三角测量和导线测定的平面控制点分别称为三角点和导线点。

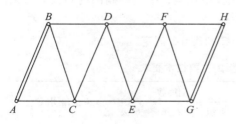

图6-1 三角测量

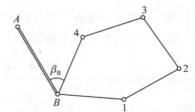

图6-2 导线测量

国家平面控制网是在全国范围内统一建立的控制网,是确定全国范围内地物地貌平面位置的坐标体系,按控制等级和施测精度分为一、二、三、四等网。目前国家平面控制网中含三角点、导线点共 154 348 个,构成 1954 年北京坐标系统和 1980 年国家大地坐标系。国家平面控制网主要通过精密三角测量的方法,按先高级后低级、逐级加密的原则建立。首先,是一等天文大地锁网,全国范围之内大致沿经纬线方向布设,锁段间距大约 200 km 的格网,三角形边长约 20 km。其次，二等全面网是在一等格网中部用边长约 13 km 的三角形填充。一、二等三角网构成全国的全面控制网。在此基础上，以边长约 8 km 的三等网和 2~7 km 的四等网逐步加密，主要满足测绘全国 1:10 000~1:5 000 地形图的需要。国家平面控制网是全国测图的基本控制和工程基本建设的依据，并为研究地球的形状和大小、军事和科学研究，以及地震预报等提供重要的研究资料。

（2）国家 GNSS 大地控制网

随着全球导航卫星定位系统 GNSS 技术的应用和普及。我国从 20 世纪 80 年代开始，建立了一系列 GNSS 控制网：①国家测绘局于 1991—1995 年布设的国家高精度 GNSS A、B 级网；②总参测绘局于 1991—1997 年布设的全国 GNSS 一、二级网；③中国地震局、总参测绘局、中国科学院和国家测绘局等部门于 1998—2000 年共同建立的"中国地壳运动观测网络"。为了整合 3 个覆盖全国（不包含台湾省）的 GNSS 控制网的整体效益和不兼容性，于 2000—2003 年进行整体平差处理，建立统一的、高精度的国家 GNSS 大地控制网，共获得 2 524 个 GNSS 控制点成果，命名为"2000 国家 GPS 大地控制网"，为全国三维地心坐标系统提供了高精度的坐标框架，为全国提供了高精度的重力基准。

（3）工程平面控制网

工程平面控制网是针对某项具体工程建设测图、施工或管理的需要，在一定区域内布设的平面控制网，是工程项目的空间位置参考框架。平面控制网的布设，应遵循下列原则：①首级控制网应因地制宜，且适当考虑发展。当与国家坐标系统联测时，应同时考虑联测方案；②首级控制网的等级，应根据工程规模、控制网的用途和精度要求合理选择；③加密控制网，可越级布设或同等级扩展。

平面控制网的坐标系统，应在满足测区内投影长度变形不大于 2.5 cm/km 的要求下，作下列选择：①采用统一的高斯等角投影 3°带，投影面为测区抵偿高程面或测区平均高程面；②或任意带，投影面为 1985 国家高程基准面；③小测区或有特殊精度要求的控制网，可采用独立坐标系统；④在已有平面控制网的地区，可沿用原有的坐标系统；⑤建筑群内可采用建筑坐标系统。2007 年国家建设部颁布的《工程测量规范》中规定，平面控制网的布设，可采用卫星定位测量控制网、导线及导线网、三角形网等形式。

平面控制网的主要技术要求见表 6-1、表 6-2 和表 6-3 规定。

表 6-1 导线测量的主要技术要求

等级	导线长度 (km)	平均边长 (km)	测角中误差 (″)	测距中误差 (mm)	测距相对中误差	测回数			方位角闭合差 (″)	导线全长相对闭合差
						1″级仪器	2″级仪器	6″级仪器		
三等	15	3	±1.5	±18	1/150 000	6	10	—	$3.6\sqrt{n}$	≤1/60 000
四等	10	1.6	±2.5	±18	1/80 000	4	6	—	$5\sqrt{n}$	≤1/40 000
一级	3.6	0.3	±5	±15	1/30 000	—	2	4	$10\sqrt{n}$	≤1/14 000
二级	2.4	0.2	±8	±15	1/14 000	—	1	3	$16\sqrt{n}$	≤1/10 000
三级	1.5	0.12	±12	±15	1/7 000	—	1	2	$24\sqrt{n}$	≤1/6 000

注：n 为测站数。

表 6-2　城市 GNSS 平面控制网的主要技术要求

等级	平均边长（km）	a（mm）	b（1×10^{-6}）	最弱边边长相对中误差
二等	9	≤5	≤2	≤1/120 000
三等	5	≤5	≤2	≤1/80 000
四等	2	≤10	≤5	≤1/45 000
一级	1	≤10	≤5	≤1/20 000
二级	0.5	≤10	≤5	≤1/10 000

注：a 为 GNSS 网基线向量的固定误差；b 为比例误差系数。

表 6-3　图根电磁波测距导线的主要技术要求

测图比例尺	附合导线长度（m）	平均边长（m）	导线相对闭合差	测回数	方位角闭合差
1:500	900	80	≤1/4 000	1	$\leq\pm40''\sqrt{n}$
1:1 000	1 800	150			
1:2 000	3 000	250			

注：n 为测站数。

小地区控制网是指在小地区（面积在 10 km² 以下）范围内建立的控制网。小地区控制测量是在已有基本控制网的地区采用进一步加密，布设直接为测图服务的控制网即图根控制网，其控制点称为图根点，其工作称为图根控制测量。图根平面控制测量一般采用图根导线、极坐标法、边角交会法和 GNSS 测量等方法，高程控制测量采用水准测量或三角高程测量方法。小地区控制网应视测区的大小建立"首级控制"和"图根控制"，首级控制是加密图根点的依据。图根点的密度应根据测图比例尺和地形条件而定，平坦开阔地区图根点的密度见表 6-4 规定，复杂、隐蔽地形以及城市建筑区，应以满足测图需要并结合具体情况加大图根点密度。

表 6-4　一般地区解析图根点的个数

测图比例尺	图幅尺寸（cm）	解析图根点（个数）		
		全站仪测图	GPS(RTK)测图	平板测图
1:500	50×50	2	1	8
1:1 000	50×50	3	1~2	12
1:2 000	50×50	4	2	15
1:5 000	40×40	6	3	30

注：所列点数指施测该幅图时，可利用的全部解析控制点。

6.1.2　高程控制测量

高程控制测量精度等级的划分，依次为一、二、三、四、五等。各等级高程控制主要采用水准测量，四等及以下等级可采用电磁波测距三角高程测量，五等也可采用 GNSS 拟合高程测量。其布设的原则是由高级到低级、从整体到局部。一、二等水准测量称为精密水准测量，在全国范围内沿主要干道、河流等整体布设，作为全国各地的高程控制。三、四等水准测量按各地区测绘需要进行加密，作为全国各地的高程控制。

工程中，首级高程控制网的等级，应根据工程规模、控制网的用途和精度要求合理选择。首级网应布设成环形网，加密网宜布设成附合路线或结点网(图6-3和图6-4)。测区的高程系统采用1985年国家高程基准。在已有高程控制网的地区，可沿用原有的高程系统；当小测区联测有困难时，也可采用假定高程系统。高程控制点间的距离，一般地区应为1~3 km，工业厂区、城镇建筑区宜小于1 km。但一个测区及周围至少应有3个高程控制点。

(a)闭合水准路线　　(b)附合水准路线

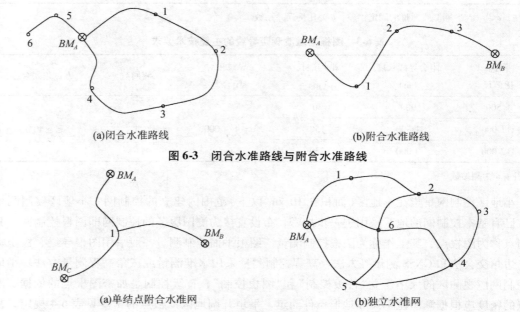

图6-3　闭合水准路线与附合水准路线

(a)单结点附合水准网　　(b)独立水准网

图6-4　结点水准路线

城市水准测量的主要技术要求，见表6-5。

表6-5　城市水准测量的主要技术要求

等级	每千米高差全中误差(mm)	路线长度(km)	水准仪型号	水准尺	观测次数		附合或环线闭合差	
					与已知点联测	附合或环线	平地(mm)	山地(mm)
二等	±2	≤400	DS_1	铟瓦	往返各一次	往返各一次	$\pm 4\sqrt{L}$	-
三等	±6	≤45	DS_1 DS_3	铟瓦 双面	往返各一次	往一次 往返各一次	$\pm 12\sqrt{L}$	$\pm 4\sqrt{n}$
四等	±10	≤15	DS_3	双面	往返各一次	往一次	$\pm 20\sqrt{L}$	$\pm 6\sqrt{n}$
五等	±20	1-4	DS_3	单面	往返各一次	往一次	$\pm 40\sqrt{L}$	$\pm 12\sqrt{n}$

注：1. 结点之间或结点与高级点之间，其路线的长度，不应大于表中规定的0.7倍；
2. L为往返测段、附合或环线的水准路线长度(km)，n为测站数；
3. 数字水准仪测量的技术要求和同等级的光学水准仪相同。

6.2 导线测量

导线测量是小地区平面控制测量的常用方法，是通过测角和量距，求出各导线点的坐标，适宜用于建筑区、林区等通视条件较好地区和道路、管线、隧道等带状施工地区。

6.2.1 导线的布设形式

导线根据距离测量方式分为钢尺量距导线、光电测距导线和视距导线；通常根据导线点的连接关系分为附合导线、闭合导线、支导线，无定向导线等若干种。

（1）附合导线

如图 6-5 所示，从已知高级控制点 B 和已知方向 AB 出发，经过导线点 1、2、3，最后附合到另一个高级控制点 C 和已知方向 CD 上构成的导线，称为附合导线。

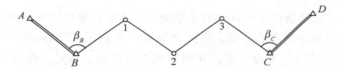

图 6-5　附合导线

（2）闭合导线

如图 6-6 所示，从已知高级控制点 B 和已知方向 AB 出发，经过导线点 1、2、3、4、5 后，回到 1 点，组成一个闭合多边形，称为闭合导线。

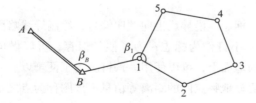

图 6-6　闭合导线

（3）支导线

如图 6-7 所示，由已知点 B 和已知边 AB 出发，既不附合又不闭合的导线，称为支导线。支导线无理论检核条件，并且误差具有传递和积累的作用，故一般只限于图根导线或地下工程导线。实际测量中，可采用往返测量的方法进行检核，且测站数一般不宜超过 3~4 个。

（4）无定向导线

如图 6-8 所示，从已知高级控制点 B 出发，经过导线点 1、2、3 号后，附合到另一个高级控制点 C 上而构成的导线，称为无定向导线。无定向导线作为导线测量的一种特殊形式，在各种工程测量及大比例尺地形测量中常被采用。然而，由于无定向导线本身仅存在一个约束条件，即只有一个多余观测，因而降低了它的成果可靠性。

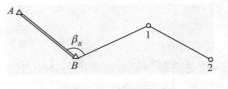

图 6-7 支导线

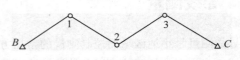

图 6-8 无定向导线

在林区及其他通视条件比较困难的地区,由于已知控制点比较少且通视条件受到严重地限制,采用无定向导线的路线布设方式可以解决控制点少、控制点之间不通视的问题。

6.2.2 导线的外业工作

导线测量的外业工作内容包括踏勘选点及建立标志、水平角观测、距离测量和连接测量。

(1)踏勘选点及建立标志

在踏勘选点前,应调查收集测区已有地形图、影像资料和高等级控制点的成果资料,然后踏勘测区,根据已知控制点的分布、测区地形条件和测图及工程要求等,在测区已有的地形图等资料上拟定导线的布设方案,并到实地进行踏勘、核对、修改、落实点位和建立标志。选点时应注意下列事项:①点位应选在质地坚硬、稳固可靠、视野开阔、便于保存、便于加密、便于施测、便于寻找的地方;②相邻点之间应通视良好,其视线离开障碍物的距离,三、四等不宜小于 1.5 m,四等以下要不受旁折光的影响;③当采用电磁波测距时,相邻点之间视线应避开烟囱、散热塔等发热体及强电磁场;④相邻两点之间的视线倾角不宜太大,相邻边长均匀;⑤充分利用原有控制点;⑥导线点应有足够的密度,分布均匀合理,能够控制整个测区。

选定导线点位置,建立标志,沿导线走向顺序编号,绘制导线略图。图根导线点通常用小木桩打入土中,在桩顶钉一小钉作为标志;为了便于保存,可以做成混凝土桩,如图 6-9 所示;在沥青或水泥等坚硬的地面上,可以使用大铁钉。为了便于以后寻找,绘制草图,图上注明导线点的编号、与周围明显地物点间的距离等信息,该图称为点之记,如图 6-10 所示。

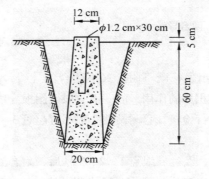

图 6-9 混凝土桩导线点

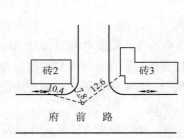

图 6-10 点之记

(2) 转折角观测

测站在导线点上，由相邻两导线边构成的角称为转折角。导线的转折角分左角和右角，以导线点标号方向作为前进方向，位于其左侧的称为左角，右侧的称为右角。左角或右角无实质性差别，附合导线、支导线或无定向导线，一般观测左角；闭合导线，一般观测内角。转折角观测一般采用全站仪、电子经纬仪和光学经纬仪。

转折角观测宜采用方向观测法，并符合表6-6规定。观测的方向数不多于3个时，可不归零；观测的方向数多于6个时，可进行分组观测。分组观测应包括两个共同方向（其中一个为共同零方向），其两组观测角之差，不应大于同等级测角中误差的2倍。分组观测的最后结果，应按等权分组观测进行测站平差。转折角的观测值应取各测回的平均值作为测站成果。

表6-6 转折角方向观测法的技术要求

等 级	仪器型号	光学测微器两次重合读数之差(″)	半测回归零差(″)	一测回内2C互差(″)	同一方向值各测回较差(″)
四等及以上	1″级仪器	1	6	9	6
	2″级仪器	3	8	13	9
一级及以下	2″级仪器	—	12	18	12
	6″级仪器	—	18	—	24

转折角观测过程中，气泡中心位置偏离整置中心不宜超过1格。四等及以上等级的转折角观测，当观测方向的垂直角超过±3°的范围时，宜在测回间重新整置气泡位置。有垂直轴补偿器的仪器，可不受此款的限制；如受外界因素（如震动）的影响，仪器的补偿器无法正常工作或超出补偿器的补偿范围时，应停止观测。

(3) 边长观测

一级及以上等级控制网的边长测量，应采用全站仪或电磁波测距仪进行测距，一级以下可采用普通钢尺进行量距。各等级导线测距主要技术要求应满足表6-7规定。

表6-7 测距的主要技术要求

平面控制网等级	仪器型号	观测次数		总测回数	一测回读数较差(mm)	单程各测回较差(mm)	往返较差(mm)
		往	返				
三等	≤5 mm 级仪器	1	1	6	≤5	≤7	
	≤10 mm 级仪器			8	≤10	≤15	≤2(a+b×D)
四等	≤5 mm 级仪器	1	1	4	≤5	≤7	
	≤10 mm 级仪器			6	≤10	≤15	
一级	≤10 mm 级仪器	1	—	2	≤10	≤15	—
二、三级	≤10 mm 级仪器	1	—	1	≤10	≤15	

四等及以上等级控制网的边长测量，应分别量取两端点观测始末的气象数据，计算时应取平均值。测量气象元素的温度计宜采用通风干湿温度计，气压表宜选用高原型空气盒气压表；读数前应将温度计悬挂在离开地面和人体1.5 m以外的地方，读数精确至0.2℃；气压表应置

平，指针不应滞阻，读数精确至 50 Pa。当使用检定过的钢尺按精密量距的方法进行丈量，对于图根导线应往返丈量 1 次。当尺长改正数小于尺长的 1/10 000 时，量距时的平均尺温与检定时温度之差小于 ±10 ℃、尺面倾斜小 1.5% 时，可不进行尺长、温度和倾斜改正。取其往返丈量的平均值作为结果，测量精度不得低于 1/3 000。若用钢尺丈量，一、二、三级导线，应采用钢尺量距的精密方法；图根导线，可用一般方法。

(4) 连接角测量

为了使测区的导线点坐标与国家或地区的相统一，获得坐标方位角的起算数据，布设的导线应与高级控制点进行连测。若测站在已知点上，一个目标是已知点而另一个是未知点，构成的角称为连接角。导线连接角的测量称为连接测量，连测方式有直接连接和间接连接两种。如果导线距离高级控制点较远，可采用间接连接方法，若连接角和连接边的测量出现误差，会使整个导线网的方向旋转和点位平移，所以，连测时，角度和距离的精度均应比实测导线高一个等级。

如果测区附近无高级控制点，要按独立坐标系统建立的原则，假定起点坐标作为导线的起始坐标，用罗盘仪测定起始边的磁方位角作为导线的起始坐标方位角。

6.3 导线内业计算

导线测量内业计算就是根据已知的起算数据和外业观测结果，通过平差计算，求出各导线点的平面坐标。导线测量内业计算的基本思想是平差处理角度误差和边长误差，先分配角度闭合差，再分配坐标闭合差，进而获得导线点的平面直角坐标。

导线计算结果是重要的技术资料，计算过程必须规范，要在统一的表格内进行。计算前，应全面检查导线测量的外业记录，看数据是否齐全，有无记错、算错，成果是否符合精度要求，起算数据是否正确，以确保结果正确无误，然后绘制出导线略图，并标注各项数据在图中的相应位置上，下面介绍几种导线内业计算的具体步骤。

6.3.1 闭合导线坐标计算

现有图根闭合导线，如图 6-11 所示，具体计算方法和步骤如下：

(1) 角度闭合差计算与调整

由于观测转折角存在误差，各内角 β_i 的实测值之和与多边形内角和的理论值之差，称为角度闭合差 f_β。n 边形内角和的理论值，如式(6-1)，则角度闭合差计算，如式(6-2)。

$$\sum \beta_{理} = (n-2) \cdot 180° \tag{6-1}$$

$$f_\beta = \sum \beta_{测} - \sum \beta_{理} \tag{6-2}$$

各级导线角度闭合差的容许值 $f_{\beta容}$，应查取相应的测量规范，图根导线一般取 $f_{\beta容} = \pm 40''\sqrt{n}$。若 f_β 大于 $f_{\beta容}$，则需

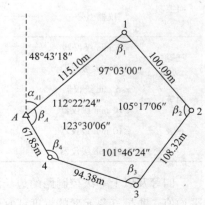

图 6-11 闭合导线示意

要重新检查数据或重测角度;若f_β不大于$f_{\beta容}$,求闭合差反号平均值,即角度改正值v_{β_i},如式(6-3),得改正后角值β'_i,如式(6-4),并要求$\sum \beta'_i = (n-2) \cdot 180°$,校核计算结果。

$$v_{\beta_i} = -\frac{f_\beta}{n} \tag{6-3}$$

$$\beta'_i = \beta_i + v_{b_i} \tag{6-4}$$

（2）坐标方位角推算与坐标增量计算

根据起始边的已知坐标方位角及改正后角值推算其他各导线边的坐标方位角,然后根据各边实测边长计算各边的坐标增量,具体计算方法参见第5章第5.2节。

（3）增量闭合差计算与调整

闭合导线纵、横坐标增量代数和的理论值应为零,即$\sum \Delta x_理 = 0$,$\sum \Delta y_理 = 0$,测量中由于量边的误差和角度闭合差调整后的残余误差,使$\sum \Delta x_测$,$\sum \Delta y_测$不等于零,其差值即为纵、横坐标增量闭合差f_x、f_y,如式(6-5)。由于f_x、f_y的存在,使导线不能闭合,$A-A'$之长度f称为导线全长闭合差,如图6-12所示,f的计算,如式(6-6)。

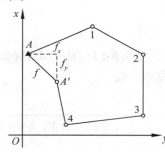

图6-12　坐标增量闭合差

$$\begin{cases} f_x = \sum \Delta x_测 - \sum \Delta x_理 = \sum \Delta x_测 \\ f_y = \sum \Delta y_测 - \sum \Delta y_理 = \sum \Delta y_测 \end{cases} \tag{6-5}$$

$$f = \sqrt{f_x^2 + f_y^2} \tag{6-6}$$

由于f值的大小与导线长度有关,应将f与导线全长$\sum D$相比,化为分子为1的分数,即导线全长相对闭合差K表示导线测量的精度,如式(6-7)。

$$K = \frac{f}{\sum D} = \frac{1}{\sum D/f} \tag{6-7}$$

不同等级的导线全长相对合差的容许值$K_容$可查相应规范。若K超过$K_容$,则说明成果不合格,先检查内业有无计算错误,再检查外业观测成果,未能解决问题就需要重测。若K不超过$K_容$,则精度符合要求,闭合差可以调整,即将f_x、f_y反其符号按与边长成正比分配到各边的纵、横坐标增量中,其坐标增量改正数,如式(6-8),以式(6-9)进行计算检核。

$$\begin{cases} V_{x_{i,i+1}} = -\dfrac{f_x}{\sum D} \cdot D_{i,i+1} \\ V_{y_{i,i+1}} = -\dfrac{f_y}{\sum D} \cdot D_{i,i+1} \end{cases} \tag{6-8}$$

$$\begin{cases} \sum V_x = -f_x \\ \sum V_y = -f_y \end{cases} \tag{6-9}$$

进而计算各导线边改正后坐标增量,如式(6-10),以式(6-11)进行计算检核。

$$\begin{cases} \Delta x'_{i,i+1} = \Delta x_{i,i+1} + v_{x_{i,i+1}} \\ \Delta y'_{i,i+1} = \Delta y_{i,i+1} + v_{y_{i,i+1}} \end{cases} \tag{6-10}$$

$$\begin{cases} \sum \Delta x' = 0 \\ \sum \Delta y' = 0 \end{cases} \tag{6-11}$$

(4)坐标计算

根据起点已知坐标及改正后增量,按式(6-12)依次推算导线各点坐标值。最后推算回起点的坐标,看其坐标值是否一致,以作计算校核。

$$\begin{cases} x_{i+1} = x_i + \Delta x_{i,i+1} \\ y_{i+1} = y_i + \Delta y_{i,i+1} \end{cases} \tag{6-12}$$

【例 6-1】 有一闭合导线,A 为已知点,1、2、3、4 为未知点,具体观测数据和计算过程见表 6-8。

表 6-8 闭合导线坐标计算

点号	实测角度 (° ′ ″)	改正后角度 (° ′ ″)	方位角 (° ′ ″)	距离 D(m)	坐标增量		改正后坐标增量		坐标	
					Δx(m)	Δy(m)	$\Delta x'$(m)	$\Delta y'$(m)	x(m)	y(m)
A	+12 112 22 24	112 22 36			−0.02	0.02	75.91	86.52	536.27	328.74
			48 43 18	115.10	75.93	86.50				
1	+12 97 03 00	97 03 12							612.18	415.26
			131 40 06	100.09	−0.02 −66.54	0.02 74.77	−66.56	74.79		
2	+12 105 17 06	105 17 18							545.62	490.05
			206 22 48	108.32	−0.02 −97.04	0.02 −48.13	−97.06	−48.11		
3	+12 101 46 24	101 46 36							448.56	441.94
			284 36 12	94.38	−0.02 23.80	0.01 −91.33	23.78	−91.32		
4	+12 123 30 06	123 30 18							472.34	350.62
			341 05 54	67.58	−0.01 63.94	0.01 −21.89	63.93	−21.88		
A	+12 112 22 24	112 22 36							536.27	328.74
1			48 43 18							
∑	539 59 00	540 00 00		485.47	0.09	−0.08	0.00	0.00		

辅助计算: $\sum \beta_{测} = 539°59'00''$ $\sum D = 485.47$ m

$\sum \beta_{理} = 540°00'00''$ $f_\beta = \sum \beta_{测} - \sum \beta_{理} = -60''$ $f_{\beta容} = \pm 40''\sqrt{5} = \pm 89''$

$f_x = +0.09$ m $f_y = -0.08$ m $f = \sqrt{f_x^2 + f_y^2} = 0.12$ m

$$K = \frac{f}{\sum D} = \frac{1}{4\,000}$$

6.3.2 附合导线坐标计算

附合导线由于布设形式与闭合导线不同,坐标计算步骤中角度闭合差与坐标增量闭合差的计算稍有区别,其他大致相同。现有图根附合导线,如图 6-13 所示。

(1) 角度闭合差计算

导线中 A、B、C、D 为首末已知点,根据其坐标可以计算 AB、CD 的坐标方位角 α_{AB}、α_{CD},由已知的 α_{AB} 和观测角 β(包括连接角)按式(5-6)推算终边 CD 的坐标方位角 $\alpha'_{CD} = \alpha_{AB} - n \cdot 180° + \sum \beta_{测}$,写成通式形式为 $\alpha'_{终} = \alpha_{始} - n \cdot 180° + \sum \beta_{测}$。其中 $\alpha'_{终} \in (0° \sim 360°)$。则附合导线的角度闭合差 f_β,按式(6-13)计算。

$$f_\beta = \alpha'_{终} - \alpha_{终} = (\alpha_{始} - \alpha_{终}) + \sum \beta_{测} - n \cdot 180° \tag{6-13}$$

容许角度闭合差的计算及其调整同闭合导线。注意:当转折角为左角时,角度改正数与 f_β 反号;当转折角为右角时,角度改正数与 f_β 同号。

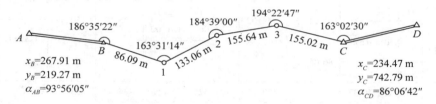

图 6-13 图根附合导线示意

(2) 坐标增量闭合差计算

按附合导线的特点,各边坐标增量代数和的理论值应等于终、始两点的已知坐标值之差,即 $\sum \Delta x_{理} = x_{终} - x_{始}$,$\sum \Delta y_{理} = y_{终} - y_{始}$,按式(5-9)计算 $\Delta x_{测}$ 和 $\Delta y_{测}$,则纵、横坐标增量闭合差,按式(6-14)计算。

$$\begin{cases} f_x = \sum \Delta x_{测} - (x_{终} - x_{始}) \\ f_y = \sum \Delta y_{测} - (y_{终} - y_{始}) \end{cases} \tag{6-14}$$

附合导线的导线全长闭合差、全长相对闭合差和容许相对闭合差的计算,以及增量闭合差的调整,与闭合导线相同。

【例 6-2】现有附合导线,路线图如图 6-13 所示,具体坐标计算过程见表 6-9。

6.3.3 支导线计算

如图 6-7 所示,由于支导线既不闭合于起始点、也不附合于另一个已知点,缺乏检核条件,因此没有角度闭合差和坐标增量闭合差的计算及调整。支导线计算步骤参见第 5 章第 5.2 节的坐标计算方法:①由 AB 边的方位角 α_{AB},按式(5-6)推导各导线边的方位角;②由各边的坐标方位角和边长,按式(5-9)推导各导线边的坐标增量;③按式(5-8)推导各导线边的坐标。

表 6-9 附合导线坐标计算表

点号	转折角(左角) 观测值 (° ′ ″)	转折角(左角) 改正后值 (° ′ ″)	方位角 (° ′ ″)	边长 (m)	增量计算值 Δx(m)	增量计算值 Δy(m)	改正后增量 Δx′(m)	改正后增量 Δy′(m)	坐标 x(m)	坐标 y(m)
1	2	3	4	5	6	7	8	9	10	11
A			93 56 05							
B	−3″ 186 35 22	186 35 19							267.91	219.27
			100 31 24	86.09	0 −15.72	−1 +84.64	−15.72	+84.63		
1	−4″ 163 31 14	163 31 10							252.19	303.90
			84 02 34	133.06	0 +13.81	−1 +132.34	+13.81	+132.33		
2	−3″ 184 39 00	184 38 57							260.00	436.23
			88 41 31	155.64	1 +3.55	−2 +155.60	+3.54	−155.58		
3	−3″ 194 22 47	194 22 44							269.54	591.81
			103 04 15	155.02	1 −35.06	−2 +151.00	−35.07	+150.98		
C	−3″ 163 02 30	163 02 27							234.47	742.79
			86 06 42							
D										
Σ	892 10 53	892 10 37		529.81	−33.42	+523.58	−34.44	523.52		

辅助计算:$f_\beta = \alpha'_{CD} - \alpha_{CD} = +16''$ $f_容 = \pm 40''\sqrt{n} = \pm 40''\sqrt{5} = \pm 89''$

$$f_x = \sum \Delta x' - (x_C - x_B) = +0.02 \text{ m} \quad f_y = \sum \Delta y' - (y_C - y_B) = +0.06 \text{ m}$$

$$f = \sqrt{f_x^2 + f_y^2} = 0.06 \text{ m}$$

$$K = \frac{f}{\sum D} = \frac{0.06}{529.81} \approx \frac{1}{8\,800} < \frac{1}{2\,000}$$

6.3.4 无定向导线计算

无定向导线,如图 6-14 所示,计算方法和步骤如下:

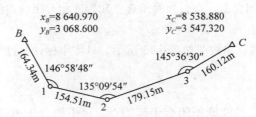

图 6-14 无定向导线示意

(1)假定坐标方位角的计算

①先假定起始边 $\alpha'_{B,1} = 0°00'00''$(可以为任意值),B 点的坐标为(0.000,0.000);

②根据假定起始边方位角和转折角推算出各边假定坐标方位角；
③计算各边假定坐标增量，见表6-10。

表6-10 假定坐标系统计算各点坐标

点号	实测角度 (° ′ ″)	方位角 (° ′ ″)	距离 (m)	坐标增量		改正后坐标增量		坐标	
				Δx(m)	Δy(m)	$\Delta x'$(m)	$\Delta y'$(m)	x(m)	y(m)
B								0.000	0.000
		0 00 00	164.34	164.340	0.000				
1	146 58 48							164.340	0.000
		326 58 48	154.51	129.554	-84.197				
2	135 09 54							293.894	-84.197
		281 08 42	179.15	37.691	-175.140				
3	145 36 30							331.585	-259.337
		274 45 12	160.12	-60.621	-148.201				
C								270.964	-407.538
∑									

辅助计算　$\alpha_{BC} = 102°02'18''$　　$\theta = \alpha_{BC} - \alpha'_{BC} = -21°34'51''$
　　　　　$\alpha'_{BC} = 123°37'09''$　　$\theta_{B1} = \alpha'_{B1} + \theta = 158°25'09''$

（2）各边方位角和边长调整
①计算 B、C 两点间的假定坐标增量，如式(6-15)。

$$\begin{cases} \Delta x'_{BC} = \sum \Delta x' \\ \Delta y'_{BC} = \sum \Delta y' \end{cases} \quad (6\text{-}15)$$

②计算 B、C 两点间的假定长度 D'_{BC} 和假定坐标方位角 α'_{BC}，如式(6-16)。

$$\begin{cases} D'_{BC} = \sqrt{(\Delta x'_{BC})^2 + (\Delta y'_{BC})^2} \\ \alpha'_{BC} = \arctan \dfrac{\Delta y'_{BC}}{\Delta x'_{BC}} \end{cases} \quad (6\text{-}16)$$

③根据已知坐标计算 B、C 两点的真实长度 D_{BC} 和坐标方位角 α_{BC}，如式(6-17)。

$$\begin{cases} D_{BC} = \sqrt{(\Delta x_{BC})^2 + (\Delta y_{BC})^2} \\ \alpha_{BC} = \arctan \dfrac{\Delta y_{BC}}{\Delta x_{BC}} \end{cases} \quad (6\text{-}17)$$

④计算起始导线边 $B1$ 的真坐标方位角。先计算假定导线与真实导线的旋转角度，也即 BC 与 $B'C'$ 间真假方位角的角差 θ，如式(6-18)；再计算起始边的真实方位角 α_{B1}，如式(6-19)。

$$\theta = \alpha_{BC} - \alpha'_{BC} \quad (6\text{-}18)$$

$$\alpha_{B1} = \alpha'_{B1} + \theta \quad (6\text{-}19)$$

⑤各导线边长的调整。

首先,真假长度比 R 的计算,如式(6-20)。

$$R = \frac{D_{BC}}{D'_{BC}} \tag{6-20}$$

R 愈接近1,则观测值的误差愈小。如果 R 比较小,或者在计算过程中采用实测的边长,那么距离可以不进行改正。

其次,各边边长的改正,如式(6-21)。

$$D_{ij} = R \cdot D'_{ij} \tag{6-21}$$

(3)重新计算各边坐标增量

用改正后的边长和真坐标方位角按照附合导线的计算步骤进行,见表6-11。

表 6-11 改正后坐标计算表

点号	实测角度 (° ′ ″)	方位角 (° ′ ″)	距离 (m)	坐标增量		改正后坐标增量		坐标	
				Δx(m)	Δy(m)	$\Delta x'$(m)	$\Delta y'$(m)	x(m)	y(m)
B								8 640.970	3 068.600
		158 25 09	164.34	-0.004 -152.820	0.022 60.446	-152.824	60.468		
1	146 58 48							8 488.146	3 129.068
		125 23 57	154.51	-0.004 -89.503	0.020 125.947	-89.507	125.967		
2	135 09 54							8 398.639	3 255.035
		80 33 51	179.15	-0.005 29.370	0.023 176.726	29.365	176.749		
3	145 36 30							8 428.004	34 431.78
		46 10 21	160.12	-0.005 110.881	0.021 115.515	110.876	115.536		
C								8 538.880	3 547.320
∑			658.12	-102.072	478.634				

辅助计算: $\Delta x_{BC} = -102.090$ $\Delta y_{BC} = 478.720$ $\sum D = 658.12$ m

$f_x = +0.018$ $f_y = -0.086$ $f = \sqrt{f_x^2 + f_y^2} = 0.088$ $K = \frac{f}{\sum D} = \frac{1}{7\,490}$

本章小结

测量工作包括测定和测设,而控制测量是一切测量工作的基础,通过控制测量限制误差的传递与积累,分析整体成果质量,保证测量结果精度均匀。控制测量分为平面控制测量和高程控制测量两种。小地区控制测量中,平面控制测量主要是通过导线测量测定控制点的平面位置,高程控制测量是通过水准测量或三角高程测量测定控制点的高程。

本章介绍了控制测量的基础知识、相关技术指标、导线的布设形式,并结合算例,重点介绍导线测量外业工作、闭合导线和附合导线的内业数据处理。同时,简要介绍支导线和无定向导线的内业计算。本章学习重点是掌握小地区导线测量外业工作及其数据处理。

思考题六

(1) 控制测量的目的是什么?
(2) 小地区平面控制常用的形式有那些?
(3) 导线布设的形式有哪几种? 各适用于什么场合?
(4) 选择导线点应注意哪些问题?
(5) 何谓点之记? 它的作用是什么?
(6) 小地区高程控制的形式有哪些? 各适用于什么场合?
(7) 闭合导线、附合导线和无定向导线的内业计算有何异同点?
(8) 何谓坐标增量闭合差? 如何进行坐标增量闭合差的调整?
(9) 在导线测量内业计算时,怎样评价导线测量的精度?
(10) 无定向导线如何确定起始边坐标方位角的?

第 7 章　大比例尺地形图测绘

　　大比例尺地形图一般是指比例尺为 1:n~5001 的地形图。大比例尺地形图的测绘遵循"从整体到局部，先控制后碎部"的基本原则。地形图碎部测量，就是在控制测量结束后，以控制点为依据，利用平板仪、经纬仪或全站仪等仪器测定各种地物、地貌的平面位置和高程，并按规定的比例尺和符号绘制成地形图。

　　随着测绘科技的发展，传统的图解法大比例尺地形图测绘已经基本被数字测图所取代。广义的数字测图包括全野外数字测图（地面数字测图）、航空摄影测量数字测图、现有纸质地形图的数字化等。

7.1 比例尺及其精度

地形图上某一线段的长度 d 与地面上相应线段的水平距离 D 之比，称为地形图的比例尺。

7.1.1 比例尺种类

比例尺的表示方法常见的有两种，即数字比例尺和图示比例尺。

(1) 数字比例尺

用分子为 1 的分数式来表示的比例尺，称为数字比例尺，如式(7-1)。数字比例尺一般写成 $\dfrac{1}{M}$ 的形式，如 1∶500、1∶1 000 等。

$$\frac{d}{D}=\frac{1}{M} \tag{7-1}$$

式中 M 称为比例尺分母，M 值愈大，比例尺愈小。

(2) 图示比例尺

为了用图方便，以及避免由于图纸伸缩而引起的误差，一般地形图上都绘有图示比例尺，如直线比例尺。

直线比例尺是在一段线段上截取若干相等的线段(一般为 1 cm 或 2 cm)，并注记相应的实地水平距离，称为比例尺的基本单位。将最左边的一段基本单位十等分或二十等分，例如，1∶2 000 的直线比例尺，如图 7-1 所示。应用时，将脚规的两脚尖对准地形图上需要量测的两点，然后移到直线比例尺上，使右脚尖对准 0 刻度右边适当的整刻划上，左脚尖落在 0 刻度左边的比例尺基本单位内，可读取到米。图 7-1 中量取地形图上某两点间的水平距离为 119 m。

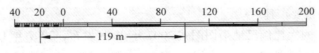

图 7-1 直线比例尺

7.1.2 比例尺精度

7.1.2.1 比例尺精度的概念

一般情况下，人眼能分辨的最短距离约为 0.1 mm。因此，在测绘地形图时，地面上的两点按比例尺缩绘到图上的距离不应小于 0.1 mm，否则将没有实际价值。在测量工作中，把相当于图上 0.1 mm 的实地水平距离称为比例尺精度，其值为 $(0.1 \times M)$ mm。表 7-1 为几种不同比例尺的比例尺精度。

表 7-1 比例尺精度

比例尺	1∶500	1∶1 000	1∶2 000	1∶5 000	1∶10 000
比例尺精度(m)	0.05	0.10	0.20	0.50	1.00

7.1.2.2 比例尺精度的参考意义

测绘地形图时，比例尺越大，地表信息反映得就越详细，但测图所需的工作量也就越大。因此，根据实际需要，合理地选择比例尺，关系到测图的成本和效率。比例尺精度具有以下两个方面的参考意义：

①根据工作需要确定地物、地貌的详细程度，选择合适的测图比例尺；

②确定测图比例尺之后，按照比例尺精度确定测量地物时的量距精度。

7.2 地物地貌的表示方法

地形图通常是指比例尺大于 1:100 万，按照统一的数学基础、图式图例、统一的测量和编图规范要求，经过实地测绘或根据遥感资料，配合其他有关资料编绘而成的一种普通地图。地形图主要是表示地表上的地物、地貌平面位置并通过统一图式表示的一种普通地图，详细地表示了地表上居民地、道路、水系、境界线、土质、植被和地表高低起伏的形态等基本地理要素，内容详细完备。

地形图是经济建设、国防建设和科学研究中不可缺少的工具，也是编制各种小比例尺普通地图、专题地图和地图集的基础资料。本节在介绍大比例尺地形图图式的基础上，重点介绍了地物、地貌在地形图上的表示方法。

7.2.1 地形图图式

地形图图式是地图上地物、地貌符号的样式、规格、颜色、使用以及地图注记和图廓整饰等的统一规范规定。

地形图图式由国家统一颁布执行，是测绘和出版地形图必须遵守的基本依据之一，是人们识别和使用地形图的重要工具。

我国当前所使用的大比例尺地形图图式 2007 年 08 月发布，2007 年 12 月 01 日开始实施的《国家基本比例尺地图图式(第 1 部分)：1:500、1:1 000、1:2 000 地形图图式》(GB/T 20257.1—2007)，代替 1996 年 5 月颁布实施的《1:500、1:1 000、1:2 000 地形图图式》(GB/T 7929—1995)。

该图式规定了 1:500、1:1 000、1:2 000 地形图表示地物、地貌要素的符号、注记和整饰标准，以及使用符号的原则、方法和要求，适用于国民经济建设各部门测制和编绘 1:500、1:1 000、1:2 000 地形图，也是各部门利用地形图进行规划、设计、施工、管理、科研和教学的基本依据之一。

本节主要介绍地物符号、地貌符号和地图注记等图形要素；图廓整饰等辅助要素将在第 8 章里讲述。

7.2.2 地物符号

地物符号种类繁多，按符号的几何性质可分为面状符号、线状符号和点状符号；按符号与地图比例尺的关系可分为依比例符号、半依比例符号和不依比例符号；按符号的定位性质可分为定位符号和说明符号。表 7-2 为《国家基本比例尺地图图式（第 1 部分）：1∶500、1∶1 000、1∶2 000 地形图图式》(GB/T 20257.1—2007)中部分地物符号摘录。

（1）依比例符号

凡能按地图比例尺将地物的形状、大小和位置缩绘在地图上的符号称为依比例符号。依比例符号主要为轮廓较大的面状地物，如房屋、湖泊、田地、运动场等。

（2）半依比例符号

半依比例符号主要用于表示线状狭长地物，如道路、栅栏、管线设施等。这类地物的特征是呈线状延伸，而横断面狭窄，因此，延伸方向的长度依比例绘制，而横向宽度不依比例绘制，用规定的线型、线粗表示。

（3）不依比例符号

不依比例符号的地物一般为轮廓较小的地物，如水塔、烟囱、旗杆、独立树、测量控制点等，因无法将其形状和大小按测图比例尺缩绘到地图上，而采用图式规定的符号绘制。不依比例符号主要是点状符号。

特别说明，某一地物采用何种符号绘制，取决于地图的比例尺。随着地图比例尺的缩小，有些依比例符号将逐渐转变为半依比例符号或不依比例符号。

表 7-2 地物符号摘录

地形大类	符号名称	图例符号	地形大类	符号名称	图例符号
测量控制点	不埋石图根点	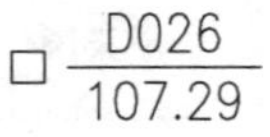 □ D026/107.29	管线及附属设施	输电线	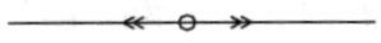
	水准点	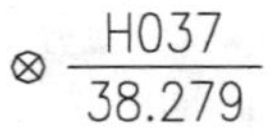 ⊗ H037/38.279		配电线	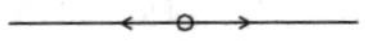
	卫星定位等级点	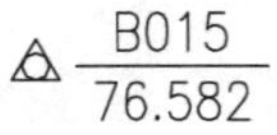 △ B015/76.582		下水暗井	
工矿建筑物及其他设施	温室花房	 温室	境界	已定国界	
	假石山			村界	
	路灯			自然保护区界	

(续)

地形大类	符号名称	图例符号	地形大类	符号名称	图例符号
植被	双线田埂	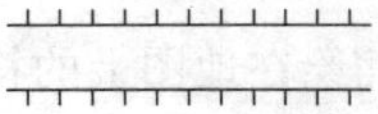	水系及附属设施	河流、流向	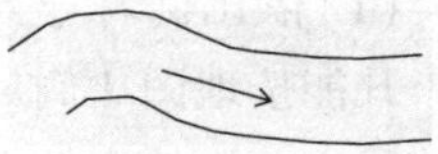
	稻田	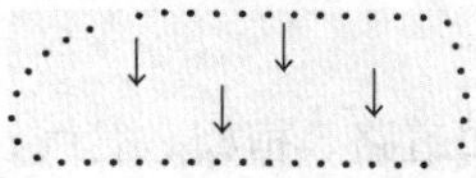		有坎池塘	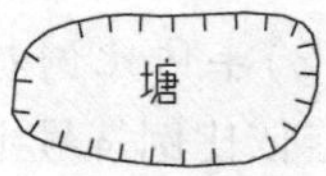
居民地和桓栅	普通房屋 混—房屋结构 6—房屋层数	 混6	地貌和土质	坎式土堤	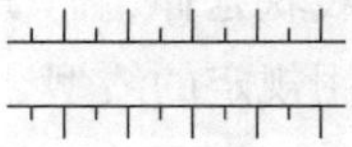
	围墙 a. 依比例的 b. 不依比例的	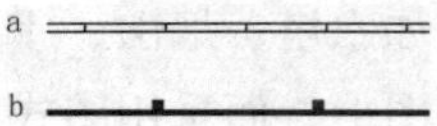		加固斜坡	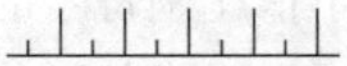
	台阶	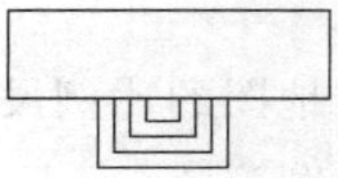		未加固陡坎	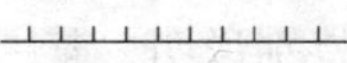
交通及附属设施	内部道路			盐碱地	
	一般公路桥	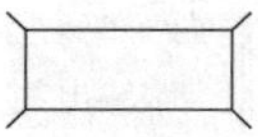	植被	果园	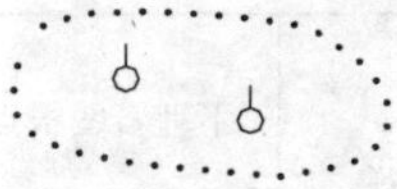
	航行灯塔			旱地	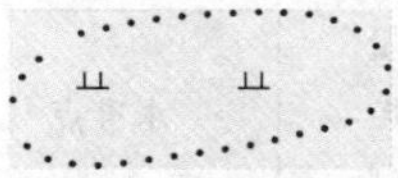

7.2.3 地貌符号

地貌是指地球表面(包括海底)的各种高低起伏形态。总体上，地貌可以归纳为山地、高原、盆地、丘陵和平原 5 种基本类型。在大比例尺地形图上，地貌主要采用等高线表示地貌，部分特殊地貌采用特殊地貌符号表示，如冲沟、陡崖等。

7.2.3.1 等高线表示地貌的原理

地面上高程相等的各相邻点连接而成的闭合曲线称为等高线。等高线表示地貌的原理如图 7-2 所示，假想用间隔(高差)相等的水平面去水平切割某一座山体，将切得的截口线沿铅垂线投影到地图制图面上并按制图比例尺缩绘，便形成一组闭合曲线。在同一条曲线上各点高程相等，即为等高线。

相邻等高线之间的高差称为等高距，用 h 表示。相邻等高线之间的水平距离称为等高线平距，常以 d 表示。根据等高线表示地貌的原理，在同一幅地形图中基本等高距是固定的。因此，等高线平距与其地面坡度的大小成反比。

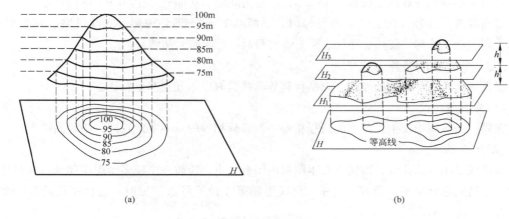

图 7-2　等高线表示地貌的原理

7.2.3.2　等高线的分类

为了更好地表示地貌的特征，便于识图用图，地形图上主要采用首曲线、计曲线和间曲线 3 种等高线，如图 7-3 所示。

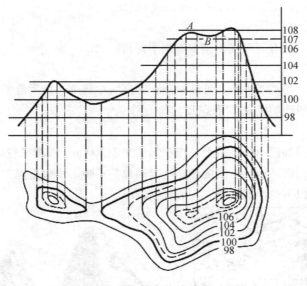

图 7-3　等高线的种类

（1）首曲线

是指按基本等高距绘制的等高线，线型规定为线粗 0.15 mm 的实线。

（2）计曲线

是指从零米起算，每隔 4 条首曲线加粗绘制的一条等高线，线型规定为线粗 0.3 mm 的实线。

（3）间曲线

是用基本等高距绘制等高线不足以反映局部地貌特征时，加绘间曲线。间曲线是指按 1/2

基本等高距绘制的等高线，线粗0.15 mm，线型为间隔1.0 mm、长度6.0 mm的长虚线。

等高线遇到各种注记、独立性符号时，隔断0.2 mm；遇到房屋、双线道路、双线沟渠、水库、湖、塘、冲沟、陡崖、路堤、路堑等符号时，绘至符号边线。

7.2.3.3 等高线的特性

根据等高线表示地貌的原理，总结得到等高线具有以下几点基本特性：

(1) 等高性

在同一条等高线线上，各点的高程相等。但高程相等的点不一定在同一条等高线上。

(2) 闭合性

等高线是闭合的曲线，即使不在本图幅内闭合，也会跨越一个或多个图幅闭合。在具体绘图时，等高线遇到崩崖、滑坡、房屋、双线道路等各种符号及注记时，为使图面清晰需要中断，否则是连续的曲线。

(3) 非交性

不同高程的等高线不能相交。但是，遇到一些特殊地貌，如悬崖、陡崖等崩塌残蚀地貌，等高线可能会发生重叠，此时必须加绘相应的特殊地貌符号。

(4) 正交性

等高线与山脊线(分水线)、山谷线(集水线)正交。

(5) 一致性

在同一幅地形图中所有等高线的基本等高距保持一致。

(6) 密陡疏缓性

在同一幅地图上，等高线愈密，坡度愈陡；等高线愈稀疏，坡度愈平缓。

7.2.3.4 若干种典型地貌的基本形态及其等高线

(1) 山丘和洼地

山地是指一般海拔高度500 m以上、相对起伏大于200 m、坡度又较陡的高地。相对应的，高低起伏较小、坡度较缓、连绵不断的低矮隆起高地是丘陵。洼地是地表局部低于周边的低洼地带，或位于海平面以下的内陆低地，一般规模较小。

(a) 洼地及其等高线　　　　　　(b) 山丘及其等高线

图7-4　山丘与洼地及其等高线

在地形图上，山丘（山地和丘陵）和洼地的等高线都是一组闭合曲线。如图7-4所示。区分山丘和洼地主要是通过高程注记和示坡线：内圈等高线的高程注记大于外圈者为山丘，反之为洼地；示坡线是与等高线垂直相交、指示斜坡下坡方向的短线，示坡线指向外圈等高线的为山丘，反之为洼地。

（2）山脊与山谷

山脊是由两个坡向相反、坡度不一的斜坡相遇组合而成条形脊状延伸的凸形地貌形态。山脊最高点的连线，称为山脊线。因雨水以山脊线为界流向山体两侧，故山脊线又称为分水线。

相邻两山脊之间的低洼部分称为山谷，其两侧称为山坡或谷坡，两谷坡底部相交部分称为谷底。谷底最低点的连线，称为山谷线。因雨水汇集到山谷，故山谷线又称为集水线。

用等高线表示地貌时，山脊处等高线表现为一组凸向低处的曲线，山谷处等高线表现为一组凸向高处的曲线，且山脊线（分水线）、山谷线（集水线）与等高线正交，如图7-5所示。

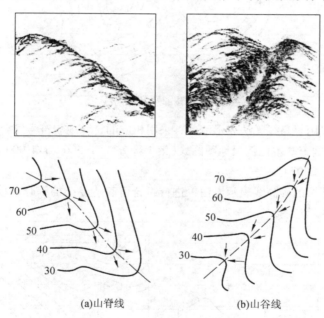

(a)山脊线　　　　(b)山谷线

图7-5　山脊、山谷及其等高线

（3）鞍部

鞍部是位于两座相连山脉中间部位，地势较为平缓，形似马鞍的位置。鞍部往往是山区道路通过的地方，有着重要的方位作用。鞍部等高线绘制时要注意鞍部的中心位置（即鞍部的最低点）是位于分水线的最低位置，最低点两侧的山谷线近似对称。鞍部及其等高线示意如图7-6所示。

（4）其他特殊地貌

其他特殊地貌主要是指崩塌残蚀地貌、人工地貌及其他地貌等。地形图图式中将崩塌残蚀地貌分为崩崖、滑坡、陡崖、陡石山与露岩地、冲沟、干河床与干涸湖、岩溶漏斗等7类；将人工地貌分为斜坡、陡坎、梯田坎等3类；其他地貌主要包括山洞与溶洞、独立石、石堆、石垄、土堆、坑穴、乱掘地、地裂缝等8类。

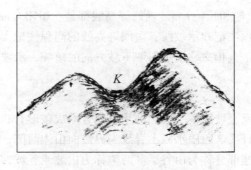

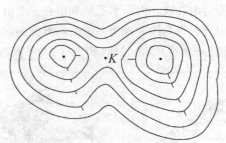

图 7-6 鞍部及其等高线

上述特殊地貌仅用等高线无法表示清楚,采用相应的特殊地貌符号配合等高线表示,其具体表示方法请参阅《国家基本比例尺地图图式(第1部分):1:500、1:1 000、1:2 000 地形图图式》(GB/T 20257.1—2007)。

综合上述典型地貌的等高线表示方法,进行组合可表达复杂的综合地貌,图 7-7 为综合地貌及其等高线表示的示意图。

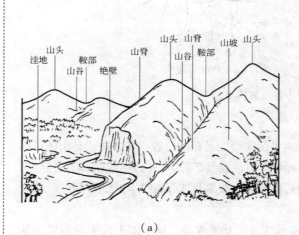

(a)

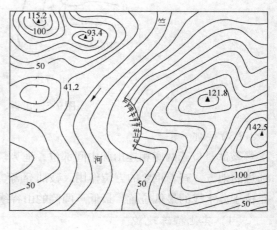

(b)

图 7-7 综合地貌及等高线表示

7.2.4 地图注记

地图注记是地图语言的重要组成部分,图形符号由图形语言构成,地图注记则由自然语言构成,地图注记是图形符号的有效补充。

地图注记有标识对象、指示对象的属性、表明对象间的关系及转译的功能。在地形图上,注记是判读和使用地形图的直接依据。地形图图式上对各种名称、说明注记和数字注记的字体、字号、字隔、排列方式等作了相应规定。本节主要介绍注记的字体及其排列方式。

7.2.4.1 注记字体

地图上的注记字体常用的主要包括宋体及其变形体(长宋体、扁宋体、斜宋体)、等线体及其变形体(长等线体、扁等线体、耸肩等线体或粗等线体、中等线体、细等线体)、仿宋体、隶体、魏碑体及其他美术字体等。常用的各种注记字体见表7-3。

表7-3 地图注记的字体

字体		式样	主要用途
宋体	正宋	成都	居民地名称
	宋变	湖海 长江	水系名称
		山西 淮南	图名 区域名
		江苏 杭州	
等线体	粗中细	北京 开封 青州	居民地名称 细等作说明
		太行山脉	山峰名称
	等变	珠穆朗玛峰	山峰名称
		北京市	区域名称
仿宋体		信阳县 周口镇	居民地名称
隶体		中国 建元	图名 区域名
魏碑体		洁陵旗	

字体	式样	主要用途
美术体	河北省图	名称

(续)

7.2.4.2 注记的排列方式

地图上注记的排列方式有4种，如图7-8所示。

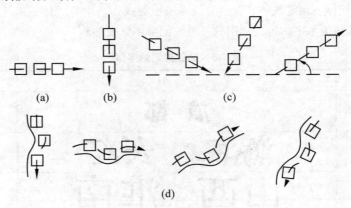

图 7-8 注记的排列方式

（1）水平字列

各字中心的连线平行于南、北图廓，由左向右排列。点状地物名称注记大多采用这种排列方式。

（2）垂直字列

各字中心的连线垂直于南、北图廓，由上而下排列。南北向的线状、面状地物及少数用水平字列不好配置的点状地物，可以采用这种排列方式。

（3）雁行字列

各字中心的连线为直线且斜交于南北图廓，字向直立或垂直于中心连线。

（4）屈曲字列

各字中心的连线是一条自然弯曲的曲线，依线状地物的弯曲形状而排列，字体不应直立，而是随地物走向而改变字向，各字字边一般垂直或平行于被注记地物。

7.3 传统测图前的准备工作

测图前，首先准备好测量仪器、绘图板、专用绘图纸和其他工具，整理好控制测量成果等相关的数据、图件等资料，然后通过资料或实地踏勘熟悉测区地形概况，完成图幅的划分、控制点的展绘等工作。

7.3.1　图幅划分

1∶500～1∶2 000 的大比例尺地形图的标准图幅大小为 50 cm×50 cm 的正方形图幅或 50 cm×40 cm 的矩形图幅。当测量范围较大时,则需要把整个测区分为若干个标准图幅进行施测。有时为了减少图幅接图,也可以根据需要使用其他规格的任意图幅进行分幅。

划分图幅的具体方法是,采用比测图比例尺更小的比例尺,在一张图纸上展绘出控制点分布图,图幅的西南角的坐标根据所有控制点最小的(x,y)坐标决定,一般取整十米或整百米。

分幅后,为了测绘和使用的方便,要进行图幅编号,并绘制图幅接合表。地形图的分幅与编号方法将在第 8 章中详细讲述。

7.3.2　图纸准备

早先白纸测图时代,测绘生产部门广泛采用聚酯薄膜图纸代替纸质图纸进行测图。聚酯薄膜具有透明度好、伸缩性小、不怕潮湿、牢固耐用等优点。聚酯薄膜对水的渗透抵抗力强,可用水洗涤以保持图面清洁,并可直接在底图上着墨复晒蓝图。但聚脂薄膜有易燃、易折等缺点,故在使用过程中应注意防火防折,注意妥善保管。

测图时,在测图板上垫一张硬胶纸和浅色薄纸衬底,然后用胶带纸或铁夹将聚酯薄膜固定在图板上即可进行测图。若用白纸测图,则需将图纸裱糊在测图板上。

7.3.3　坐标方格网绘制

如前所述,1∶500～1∶2 000 的大比例尺地形图的标准图幅大小为 50 cm×50 cm 的正方形图幅或 50 cm×40 cm 的矩形图幅。碎部测量以控制点为依据,测图前必须先将控制点展绘在图纸上。为了能够准确地展绘控制点,则需先将标准图幅绘制成 10 cm×10 cm 的直角坐标方格网,然后按各点坐标展绘控制点。

绘制坐标方格网,可使用直角坐标仪或坐标格网尺(也称方眼尺)等专用仪器工具绘制坐标方格网,也可以使用对角线法绘制。

现以 50 cm×50 cm 标准图幅为例,采用对角线法绘制坐标方格网。如图 7-9 所示,在图纸上画两条对角线,设交点为 O 点。取适当长度为半径(应该大于 $25\sqrt{2}$ cm),以 O 点为圆心画弧,交对角线于 A、B、C、D 四点,连接四点得矩形 $ABCD$。分别以 A、D 两点为起点,沿 AB、DC 方向每隔 10 cm 标注一点,各标注 5 点。同样,再分别以 A、B 两点为起点,沿 AD、BC 方向每隔 10 cm 标注一点,各标注 5 点。分别连接对边相应点即得 50 cm×50 cm 标准图幅的坐标方格网。

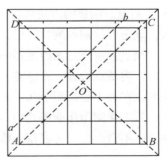

图 7-9　对角线法绘制坐标方格网

方格网应以 3H 铅笔绘制,绘制完毕后应擦去辅助线条,并用直尺检查各方格顶点是否在一条直线上(如图 7-9 中的 ab 线),偏离值不应超过 0.2 mm。同时,各方格边长应不超过 100 mm±0.2 mm,对角线长度控制 141.4 mm±0.3 mm 以内。

若采用测绘地图专用图纸，图纸上坐标方格网已经印制，规范准确，用户无需再绘制。

7.3.4 展绘控制点

展点前，首先将坐标格网边线坐标值标注在边线外侧，一般以 km 为单位，如图 7-10 所示。然后抄录并核对图幅内各控制点的点号、坐标、高程、等级等，用来展绘控制点并留作测图时检查之用。

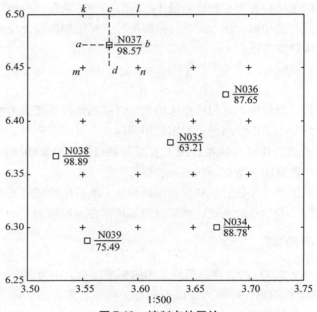

图 7-10 控制点的展绘

展点时，首先确定控制点所在的方格。如图 7-10 所示，已知控制点 N037 的坐标($x=$ 5 471.25 m，$y=$ 3 573.76 m)，可以确定该控制点在方格 $klmn$ 内。然后从 m 点和 n 点分别向上量取(6 471.25 − 6 450)/500 = 0.042 5 m = 4.25 cm(注：按测图比例尺换算为图上距离)，得到 a、b 两点。同样的方法可以得到 c、d 两点。线段 ab 与线段 cd 的交点即为控制点 N037 的位置。确定好控制点的位置后，按图式规范绘制控制点符号，注明点号、高程。

测量控制点是测绘地形图和工程测量的主要依据，在图上必须精确表示。展绘好所有控制点后，需认真检查，杜绝错误展点，点位精度要求按图上量测相邻点距离与按控制点坐标反算距离之误差不超过图上 0.3 mm。

数字化测图作业模式中，地形图成图软件都具有展绘控制点的功能，并且可以批量展绘控制点，不会产生人为误差，精度好，效率高。

7.4 大比例尺地形图传统测绘方法

大比例尺地形图测绘遵循"从整体到局部，先控制后碎部"的基本原则。在控制测量的基础上开始碎部测量。所谓碎部测量，就是以已测控制点为依据，利用平板仪、经纬仪或全站仪等仪器测定各种地物、地貌的平面位置和高程,并按规定的比例尺和符号绘制成地形图。

传统的图解法大比例尺地形图测绘方法,按所使用的仪器不同,主要有大平板仪测图、经纬仪测图、小平板仪配合经纬仪测图3种作业模式。测定碎部点的方法主要有极坐标法、方向交会法、距离交会法等。

7.4.1 碎部点选择

地形是地物和地貌的合称。地形图测绘就是利用测量仪器设备按照一定的测量方法获得地物、地貌的水平投影位置及高程并绘制成相应比例尺的地形图。为了测定地物、地貌,首先需要确定地物、地貌特征点,如房角点、道路交叉口、山顶、鞍部、山谷等在图上的平面位置和高程。地物、地貌特征点称为碎部点。绘制地形图是在足够数量碎部点的基础上,对照实地情况,以相应的地形图符号在图上勾绘出各种地物、地貌。如何准确有效地选择碎部点,是提高测图效率、保证成图质量的关键。

7.4.1.1 地物特征点选择

地物的测绘主要是测定地物形状、位置的特征点。典型地物的特征点主要包括:点状地物或独立地物的中心点,如水井、路灯、电线杆、独立树等;线状地物、面状地物的方向变化处、转折转弯点、轮廓线拐点等,如道路转弯点、交叉点、房角点、河流湖泊转弯转向点等。

当地物形状不规则或较为复杂时,应视实际情况适当增测地物特征点,一般要求地物凸凹部分在图上大于0.4 mm的均能表示出来,以便得到与实地相符的地物图形。

7.4.1.2 地貌特征点选择

大比例尺地形图上主要采用等高线表示地貌,所以地貌的测绘就是如何测绘等高线。类似于地物的测绘,首先测定地貌特征点的平面位置和高程,然后连接地性线,按内插法勾绘等高线。所谓地性线是指地表相邻坡面相交的棱线,如山脊线、山谷线和山脚线等。

因此,地貌特征点主要包括地性线的起止点、地性线上的方向和坡度变换点等,如山顶点,山脚线方向变换点,鞍部、山脊线、山谷线上的坡度、坡向变换点等。

7.4.2 碎部点测定方法

测定碎部点的方法主要包括极坐标法、方向交会法、距离交会法等。

7.4.2.1 极坐标法

极坐标法是根据测站点上的一个已知方向,测定已知方向与待测点(碎部点)方向间的水平角,并量测测站点至待测点之间的水平距离,以确定碎部点位置的一种方法。极坐标法是测定碎部点位置的最主要方法。

如图7-11所示,A、B为地面上两个已知控制点,1、2、3三个房角点为待测碎部点。在其中一个控制点A上安置仪器,以AB方向作为起始方向,依次在房角点上竖立规标,分别测得已知方向与测站点至待测点方向间水平角β_1、β_2、β_3及测站点至待测点之间的水平距离D_1、D_2、D_3。通过确定各碎部点相对于控制点之间的相对关系,按比例尺缩绘到图板上,按规定的符号图解勾绘出房屋。

其中,水平距离可以采用钢(皮)尺量距、视距测量、电磁波测距等方式测量。如果需要测定碎部点的高程，则同时观测竖直角 BM_A，按式(7-2)计算碎部点的高程 H_P。

$$H_P = H_0 + D \cdot \tan \alpha + i - v \tag{7-2}$$

式中 H_P——测站点高程；

D——碎部点至测站点之间的水平距离；

i——仪器高；

v——觇标高。

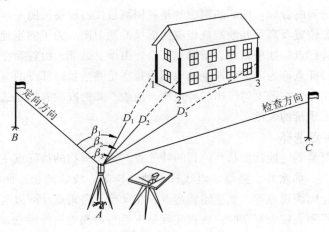

图 7-11　极坐标法碎部测量

7.4.2.2　方向交会法与距离交会法

方向交会法又称角度交会法，是分别在两个已知控制点上对同一个碎部点进行方向交会以确定碎部点位置的测量方法。

例如，在图 7-11 中，在 A 点安置仪器，以 B 点为后视点，获得水平角 β_1，然后在 B 点安置仪器，以 A 点为后视点，获得水平角 β_A'，则可以按照角度图解交会出碎部点 1 的位置。

类似地，分别在两个已知控制点上对同一个碎部点进行距离测量，按照距离图解交会出碎部点的位置，称为距离交会法。

7.4.3　经纬仪法测绘地形图

大平板仪测图、小平板仪配合经纬仪测图已经基本被淘汰，本节不再叙述。在不具备数字测图条件的情况下，一般可以采用经纬仪法测图。以图 7-11 所示为例，介绍利用经纬仪在一个测站上以极坐标法测绘地形图的主要过程。

经纬仪法测绘地形图，一个作业小组一般由 3~4 人组成：观测员 1 人，记录兼绘图员 1 人，跑尺员(立尺员)1~2 人。

7.4.3.1　测站点安置仪器，照准后视定向

观测者在测站点安置经纬仪，完成对中整平，量取仪器高 i。然后选择一个距离适当、易于照准的控制点作为起始方向(通常称之为后视方向)，跑尺员在后视点竖立觇标，观测者精确照准后视点后将水平度盘读数设置为 0°00′00″，这项工作称为定向。

绘图员将测图板安置在测站点旁，做好准备，负责记录和计算数据，并展绘碎部点。

7.4.3.2　立尺，观测

跑尺员将视距尺（水准尺）竖立在地物或地貌特征点上，观测员依次观测出全部观测量。若距离测量采用视距测量方式，这些观测量包括：水平度盘读数，即为水平角 β；竖盘读数 L（一般只观测盘左位置），用于计算竖直角 α；上、中、下三丝读数，中丝读数 v 即为觇标高，上下丝读数差为尺间隔 l。

7.4.3.3　记录、计算，展绘碎部点

绘图员将观测数据记录在相应的表格内，并完成相应的计算工作，主要的计算任务是按视距测量原理计算测站点至碎部点的水平距离及碎部点的高程，一般采用可编程计算器事先编写程序，野外直接输入观测数据，计算器自动计算并显示结果。然后根据观测及计算数据，进行碎部点展绘。

展绘碎部点的方法如下：用小针将量角器的圆心固定在已展绘在图纸上的测站控制点处，按观测水平角定出碎部点所在方向线，再按测图比例尺沿该方向线自测站点截取距离 $d = D/M$，即得碎部点位置，如图 7-12 所示。

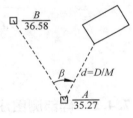

图 7-12　碎部点的展绘

三棱比例尺是测量、换算图纸比例尺度的主要工具，如图 7-13 所示。若有三棱比例尺，则利用三棱比例尺直接截取实地水平距离，不需要换算图上距离 d。由于三棱比例尺有若干种比例尺换算关系，使用时应根据实际情况进行选择。

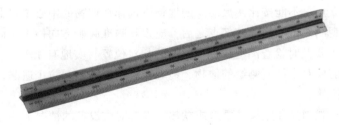

图 7-13　三棱比例尺

7.4.4　地物、地貌勾绘

展绘好碎部点后，一般应立即对照实地情况及草图，用规定的符号在图纸上描绘出地物、地貌的位置及形态，并按要求配置注记。地物、地貌勾绘的基本依据是地形图图式。

7.4.4.1　地物勾绘

《国家基本比例尺地图图式（第 1 部分）：1:500、1:1 000、1:2 000 地形图图式》（GB/T 20257.1—2007）上规定了各种地物符号的式样，绘图者应严格遵照绘制。如房屋轮廓用直线相连，而道路、河流的弯曲部分则逐点连成光滑曲线，以及注意线条的相应宽度。

7.4.4.2　地貌勾绘

大比例地形图上主要用等高线表示地貌。根据等高线表示地貌的原理，勾绘等高线的方法

如下：首先，根据实测地貌特征点连接地性线，通常山脊线以实线连接，山谷线以虚线连接。然后，在地性线上相邻碎部点之间目估内插高程为等高距整倍数的点，即等高线通过点，把高程相等的相邻点按规定的等高线线型连接成光滑曲线，这种方法通常称为目估法内插等高线，如图 7-14 所示。一般规定等高线的高程中误差在平地应不大于基本等高距的 1/3、丘陵为 2/3、山地为 1。

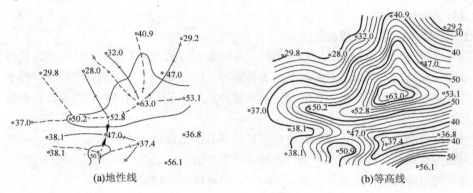

图 7-14　地貌勾绘——目估法内插等高线

7.4.5　碎部测图注意事项

①在施测碎部时，跑尺员要合理准确地选择碎部点。边测边观察，合理地选择观测顺序，每个测站上有次序、有计划的跑尺。凡能按比例尺缩绘的地物，应在地物边界或轮廓的拐角点、方向变换点上立尺；不能按比例尺缩绘的地物应选择在地物的中心位置上立尺。

②在测站上每观测一定数量的碎部点之后，应重新瞄准起始方向检查定向，误差一般不应超过 4′。观测过程中要及时检查图上碎部点之间的相对位置与实地有无矛盾，所描绘图形与实地是否一致，迁站前要对本站所测绘的地物、地貌全面检查一遍，防止遗漏，注意与相邻测站所绘地物、地貌的衔接。

③碎部测图时，观测员和跑尺员要形成默契，没有对讲设备的情况下要充分利用手势、旗语、摆动标尺等事先约定的方式进行联络。跑尺员在跑尺过程中，要注意观察地形特征，调查地理名称等，以便图上描绘和注记。

④在测图的过程中，"测得快，绘得慢"是测与绘在时间进度上的主要矛盾。在野外边测边绘的方法一般称为测绘法。当绘图工作无法赶上测量进度时，可以采用测记法，即在野外先把测量数据记录下来，并绘制草图，然后在室内完成碎部点的展绘及地物、地貌的勾绘工作。

⑤为避免测漏或重复测量，测站间一般以天然或人工地物边界作为分界线，如道路、围墙、河流、山脊线等。对于分界线上的地物、地貌必须在相邻的两个测站上分别测定，以作检核。

⑥经纬仪法测绘地形图中，距离测量采用视距测量方法，水平距离与高程的计算通常采用可编程计算器计算。为了简化计算，提高工作效率，可使觇标高 v 与仪器高 i 相等或相差整米数，对于不需要测定高程的碎部点，也可以考虑采用钢（皮）尺量距。

7.4.6 地形图拼接、整饰和检查

7.4.6.1 地形图拼接

地形图是分幅实测的，为了保证相邻图幅的相互拼接，一般要求每幅图四边均应测绘至图廓外 5 mm，跨图幅地物测绘完其主要特征点。

白纸测图时需要将图边摹绘于透明纸上，一般每幅图仅描绘东、南 2 个图边，即接图边。图纸采用聚酯薄膜进行测图时，利用其透明性，不必再描绘图边。

相邻图幅拼接的目的是检查或消除因测量和绘图引起的相邻图幅的接图误差，接图的地物中误差应小于地物的测绘中误差的 $2\sqrt{2}$ 倍，等高线的接图误差不大于等高线高程中误差的 $2\sqrt{2}$ 倍。例如，若一般地物的测绘中误差要求小于 0.8 mm，则接图的地物中误差应小于 $2 \times \sqrt{2} \times 0.8 \approx 2.2$ mm；在等高距为 1 m 的平坦地区，等高线中误差为 1/3 m，则接图的最大容许误差为 $2 \times \sqrt{2} \times 0.333 \approx 0.9$ m。接边符合要求后，取地物、地貌符号的平均位置加以改正。对于超限的部分，应通过外业检查解决。

7.4.6.2 地形图整饰与清绘

对于野外用铅笔描绘的原图，要擦除多余的线条，使图面整洁，并按地形图图式规定的符号进行着墨描绘，标注注记，称为地形图的整饰与清绘。清绘时，线条粗细、注记的字体与大小等均应依照地形图图式的规定。

图廓外的整饰包括外图廓线、坐标网、经纬度、图名图号等。

图廓内的清绘可按下列顺序：内图廓、坐标格网；控制点、地形点符号及高程注记；独立地物及各种名称、数字的绘注；居民地等建筑物；各种线路、水系等；植被与土质；等高线及各种地貌符号等。

7.4.6.3 地形图检查

地形图测绘是十分细致而复杂的工作，为保证成图的质量，作业人员必须具有高度的责任感和科学严谨的工作态度，始终遵守"步步有检核"的测绘工作基本原则，建立完善的检查制度。首先，自检是保证测绘质量的重要环节，测绘人员要经常检查自己的操作程序、作业方法及各种测绘成果。测图结束后应对地形图进行全面检查，包括室内检查、野外巡视检查及野外仪器检查等，对于错测(绘)、漏测(绘)的地物地貌要及时进行修测、补测或重测。自检确保质量合格后，提交送审和出图。

7.5 数字测图

传统的图解法测图是利用测量仪器对地球表面局部区域内的各种地物、地貌特征点的空间位置进行测定，并以一定的比例尺按图式符号将其绘制在图纸上。通常称这种在图纸上直接绘图的工作方式为白纸测图。在测图过程中，观测数据的精度由于刺点、绘图及图纸伸缩变形等因素的影响会有较大的降低，而且工序多、劳动强度大、质量管理难。特别在当今的信息时代，纸质地形图已难以承载更多的图形信息，图纸更新也非常不便，难以适应信息时代经济建

设的需要。

随着计算机技术和测绘科技的发展，数字化测图已取代传统的图解法测图。数字测图具有测图自动化程度高、图形精度高、数字化成果便于成果的管理与更新等优点，是地理信息系统（GIS）的重要信息源。

广义的数字测图包括野外数字测图（地面数字测图）、航空摄影测量数字测图、纸质地形图的数字化等。本节主要介绍数字测图的基本概念和野外数字测图（地面数字测图）方法，简要介绍航空摄影测量数字测图和纸质地形图数字化的方法。

7.5.1　数字测图的有关概念

7.5.1.1　数字地图与电子地图

数字地图是指以数字形式储存在计算机存储介质上的地图。电子地图是以数字地图为数据基础、以计算机系统为处理平台、在屏幕上实时显示的地图，是屏幕地图及支持其显示的地图软件的总称。电子地图是数字地图的符号化输出，二者没有本质区别，非学术领域一般不作区分。

电子地图可实时地显示各种信息，具有漫游、动画、开窗、缩放、增删、修改、编辑等功能，还可进行各种量算、数据分析及图形输出打印，便于人们使用。随着多媒体技术的发展，利用多媒体技术可建立、储存和传送电子地图，并能以声、像多功能显示，极大地丰富了地图的表示内容，全方位、多角度地介绍与地理环境相关的各种信息，使地图更加富有表现力，称之为多媒体地图。

7.5.1.2　数字地图的数据存储结构

数字地图在计算机中的主要以图形和图像两种形式存储，数据结构分为矢量数据结构、栅格数据结构及矢量栅格一体化数据结构。图形文件对应于矢量数据结构，图像文件对应于栅格数据结构。

（1）图形与矢量数据

矢量数据是用点、线、面及其(X, Y)坐标构建点、线、面等具体空间要素的数据模型。

图形文件一般以矢量数据格式存储，是指由外部轮廓线条构成的矢量图，即由计算机绘制的直线、圆、矩形、曲线、图表等。

矢量数据格式（图形）的优点是数据结构紧凑、冗余度低，图形显示质量好，描述对象可任意缩放而不会失真。

（2）图像与栅格数据

图像是由扫描仪、摄像机等输入设备捕捉实际的画面产生的数字图像，是由像素点阵构成的位图，其数据格式是栅格数据，即按网格单元的行与列排列、具有不同灰度或颜色的阵列数据。

栅格数据结构的优点是数据结构简单，有利于空间分析和地理现象的模拟，成本低廉。

7.5.1.3　数字地图中的"4D"产品

所谓数字地图中的"4D"产品是通过一系列地理信息系统分析处理而得到的数字地面模型（DTM）的4种基本类型，包括数字线划地图（DLG）、数字正射影像图（DOM）、数字高程模型

(DEM)和数字栅格地图(DRG)等数字地图产品。

数字地面模型(Digital Terrain Model，DTM)，是表示地面起伏形态和地表景观的一系列离散点或规则点的坐标数值集合的总称。DTM 中每一个离散点坐标(x, y, z)对应一定的地形属性，地理空间数据的空间特征、属性特征和时间特征相互关联。DTM 作为对地形特征点空间分布及关联信息的一种数字表达形式，现已广泛应用于测绘、地质、水利、工程规划设计、水文气象、农林业等众多学科领域。

(1)数字线划地图(DLG)

数字线划地图(Digital Line Graphic，DLG)，是以矢量方式表示并以矢量数据结构存储的数字地图。数字线划地图是地形图上现有核心要素信息的矢量格式数据集，内容包括行政界线、地名、水系及水利设施工程、交通网和地图数学基础(如高斯坐标系和地理坐标系等)。数字线划地图是满足地理信息分析要求的数据结构，可视为带有智能的数据集，不但含有几何数据，还有社会人文信息。

(2)数字正射影像图(DOM)

数字正射影像图(Digital Orthophoto Map，DOM)，是利用数字高程模型对扫描处理的数字化的航空像片或遥感影像(单色/彩色)，经逐个像元进行投影差改正，再按影像镶嵌，根据图幅范围剪裁生成的影像数据。数字正射影像图信息丰富直观，具有良好的可判读性和可量测性，从中可直接提取自然地理和社会经济信息。

(3)数字高程模型(DEM)

数字高程模型(Digital Elevation Model，DEM)，是描述地表起伏形态特征的空间数据模型，由地面规则格网点的高程值构成的矩阵，形成栅格结构数据集。数字高程模型(DEM)是数字地面模型(DTM)的特殊形式，即将高程信息当成地形属性信息。

(4)数字栅格地图(DRG)

数字栅格地图(Digital Raster Graphic，DRG)，是将模拟地形图经数字化扫描及计算机处理的栅格形式的图形数据。每幅扫描图像经几何纠正和色彩校正，使每幅图像的色彩基本一致；同时进行了数据压缩处理，有效使用存储空间。数字栅格地图在内容、几何精度和色彩上与纸质地形图基本保持一致。

7.5.2 数字测图的作业模式及其基本流程

数字测图是基于数字测图系统来实现。数字测图系统是以计算机为核心，外连输入、输出的硬件和软件设备，对地形空间数据进行采集、输入、处理、绘图、存贮、输出和管理的测绘系统。数字测图系统由一系列硬件和软件组成。用于野外数据采集的硬件设备有全站仪、GPS 接收机等；用于室内输入的设备有数字化仪、扫描仪、解析测图仪等；用于室内输出的设备有磁盘、显示器、打印机、数控绘图仪等。数字测图的软件是数字测图系统的关键，一款功能比较完善的数字测图系统软件，应集数据采集、数据处理(包括图形数据的处理、属性数据及其他数据格式的处理)、图形编辑与修改、成果输出与管理于一体，且通用性强、稳定性好，并提供与其他软件进行数据转换的接口。目前，国内市场上技术比较成熟的数字测图软件主要有南方测绘仪器有限公司的"数字化地形地籍成图系统 CASS"系列、北京威远图的 SV300 系列、广州开思的 SCS 系列以及一些 GIS 软件的数字测图子系统等。

根据数据获取的方式方法不同，数字测图系统可分为基于现有地形图的数字成图系统、基于影像的航空摄影数字测图系统以及全野外数字测图（地面数字测图）系统，即 3 种不同的作业模式，但其基本流程都包括数据采集、数据处理、图形输出 3 个基本阶段。

7.5.2.1 基于现有地形图的数字成图系统

已有的纸质地形图是十分宝贵的地理信息资源，通过地图数字化可以将其转化成数字地形图。其基本系统构成及作业流程如图 7-15 所示。

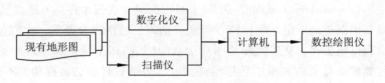

图 7-15 基于现有地形图的数字测图系统

7.5.2.2 基于影像的航空摄影数字测图系统

航空摄影数字测图系统是以航空像片或卫星影像作为数据来源，即利用摄影测量与遥感获得测区的影像并构成立体像对，在解析测图仪上采集地形特征点并自动传输到计算机中或直接用数字摄影测量系统进行数据采集，经过软件进行数据处理，自动生成数字地形图，并由数控绘图仪进行绘图输出。其基本系统构成如图 7-16 所示。

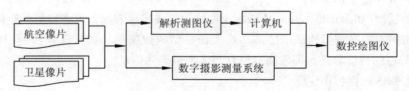

图 7-16 基于影像的航空摄影数字测图系统

7.5.2.3 地面数字测图系统

地面数字测图（亦称野外数字测图）系统是利用全站仪或 GPS RTK（实时差分 GPS）接收机在野外直接采集有关地图信息并将其传输到便携式计算机中，经过测图软件进行数据处理形成地图数据文件，最后由数控绘图仪输出地形图。其基本系统构成如图 7-17 所示。

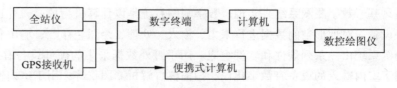

图 7-17 地面数字测图系统

大比例尺地形图是各部门进行规划、设计、施工、管理、科研和教学的基本依据之一，在工程等各领域有着广泛地应用。野外数字测图技术主要用于测绘大比例尺数字地形图、数字地籍图、数字房产图、数字管线图等。

由于软件设计者的思路不同，使用的设备不同，因此地面数字测图有不同的作业模式。总体来讲，可区分为数字测记式模式（简称测记式）和电子平板测绘模式（简称电子平板）两大作业模式。

数字测记式模式就是用全站仪（或其他测量仪器）在野外测量地形特征点的点位，用电子手簿（或内存储器）记录测点的几何信息及其属性信息，到室内将测量数据传输到计算机，经人机交互编辑成图。测记式外业设备轻便，操作简单，野外作业时间短。由于是"盲式"作业，对于较复杂的地形，通常要绘制草图。

电子平板测绘模式就是全站仪+便携机+相应测图软件实施的外业测图的模式。这种模式将便携机的屏幕模拟测板在野外直接测图，可及时发现并纠正测量错误，外业工作完成，地形图成果同步完成，实现了内外一体化。

从实际作业来看，地面数字测图的作业模式是多种多样的。不同软件支持不同的作业模式，一种软件也可支持多种测图模式。由于用户的设备不同，作业习惯不同，目前我国地面数字测图作业模式大致有如下几种。

(1) 全站仪测记模式

该作业模式为大多数数字测图软件所支持，也是目前生产单位运用最多的一种作业模式。它是用全站仪在野外通过测量获得地形特征点的坐标和高程，并自动记录这些数据，同时绘制草图描述测点的几何信息和属性信息；然后到室内将测量数据传输到计算机，通过数字成图软件编辑成图。全站仪测记模式的优点是自动化程度较高，可以较大地提高外业工作的效率，内业成图比较方便简单。绘制草图在这种作业模式中很重要。由于全站仪采集的只是测定的平面坐标和高程，虽然在计算机中可以确定其点位，但若不知道这些点的属性和连接关系，在室内成图就相当困难。因此，在野外就必须绘制草图，用以描述点的属性和连接关系，并注意在测量过程中使草图上标注的点号和全站仪里记录的点号一致。如果草图画得不正确，则会给后期的图形编辑工作带来极大困难。

(2) 全站仪编码模式

该作业模式与全站仪测记模式基本相同，不同之处在于不绘制草图，而是在记录观测数据的同时用代码表示测点的属性和连接关系。在室内成图时根据点的代码和测量员的记忆来编辑图形。其中，代码的输入涉及软件的数据编码问题。目前国内开发的软件一般都是根据各自的需要、作业习惯、仪器设备及数据处理方法等设计自己的数据编码方案，还没有形成固定的标准。数据编码从结构和输入方法上区分，主要有全要素编码、简编码、块结构编码和二维编码。这些编码方法都具有一定的优点和科学性，但问题是在测绘生产工作中运用不大方便。为解决这个问题，有些生产单位是在野外采集数据时输入最简单代码，在室内用计算机展出所测点的点位及代码，并绘出到图纸上，然后再到实地进行调绘勾图，最后在室内根据所勾的草图编辑成图。

(3) GPS RTK 测记式测图模式

该作业模式是运用 GPS 实时动态载波相位差分技术，实地测定地形点的三维坐标，并自动记录定位信息。用 GPS RTK 采集数据的最大优点是不需要测站（控制点）和碎部点（待测点）之间通视，且移动站（用于采集碎部点）与基准站（控制点）的距离在 15 km 以内可达厘米级测量精度。目前移动站的设备已高度集成,接收机、天线、电池与对中杆集于一体重量仅几千克,野外采集数据很方便。采集数据时,在移动站绘制草图或记录绘图信息,供内业绘图使用。在非居民区的空旷区域地形测图中,GPS RTK 采集数据的效率比全站仪高。

(4) 测站电子平板模式

该作业模式将装有测图软件的便携机直接与全站仪相连,把全站仪测定的碎部点实时地展绘在计算机屏幕(模拟测板)上,用软件的绘图功能边测边绘。这种模式是在现场完成绝大部分测图工作,因此有效地避免了误测和漏测。另外,在测图时观念上也不需大的改变,很容易被老作业员接受。该法除对设备要求较高外,便携机不适应野外作业环境(如供电时间短,液晶屏幕看不清,怕灰尘、风沙)是主要的缺陷。该法也需要使用对讲机加强测站与立镜点之间的联系。电子平板主要用于房屋密集的城镇地区的测图工作。

(5) 镜站遥控电子平板模式

该模式由持便携式电脑的作业员在跑点现场指挥立镜员跑点,并发出指令遥控驱动全站仪观测(自动跟踪或人工照准),观测结果通过无线传输到便携机,并在屏幕上自动展点。作业员根据展点即测即绘,现场成图。镜站指挥测站,能够"走到、看到、绘到",不易漏测;能够同步地"测、量、绘、注",以提高成图质量。这种作业模式将现代化通信手段与电子平板结合起来,从根本上改变了传统的测图作业概念。镜站遥控电子平板作业模式可形成单人测图系统,只要一名测绘员在镜站立对中杆,遥控测站上带伺服马达的全站仪瞄准镜站反光镜,并将测站上测得的三维坐标用无线电输入电子平板仪,自动展点和注记高程,绘图员迅速实时地把展点的空间关系在电子平板仪上描述(表示)出来。这种作业模式测绘准确,效率高,代表未来的野外测图发展方向。但该测图模式需高档便携机及带伺服马达的全站仪,设备较贵。

7.5.3 全站仪野外数据采集

全站仪野外数据采集是目前地面数字测图中较为常用的方法。全站仪野外数据采集碎部点坐标的基本原理类似于传统测绘方法,是采用极坐标法和三角高程测量。

野外数据采集仅采集碎部点的位置是不能满足计算机自动成图要求的,还必须将地物点的连接关系和地物属性信息记录下来。全站仪野外数据采集模式是用全站仪在野外测量地形特征点的点位,用电子手簿(或内存储器)记录测点的定位信息,用草图或简码记录其他绘图信息,到室内将测量数据传输到计算机,经人机交互编辑成图。

全站仪野外数据采集分为无码作业和有码作业,有码作业需要现场输入野外操作码,无码作业现场不需要输入数据编码,而用草图记录绘图信息,绘草图人员在镜站把所测点的属性及连接关系在草图上反映出来,以供内业处理、图形编辑时使用。

7.5.3.1 草图法

(1) 草图法概述

如图 7-18 所示,草图法作业模式就是在全站仪采集数据的同时,绘制观测草图,记录所测地物的形状并注记测点顺序号,内业将观测数据输入至计算机,在测图软件的支持下,对照观测草图进行测点连线及图形编辑。此作业法通常需要一个有较强业务能力的人绘制观测草图,野外采集数据的特点是速度快、效率高。

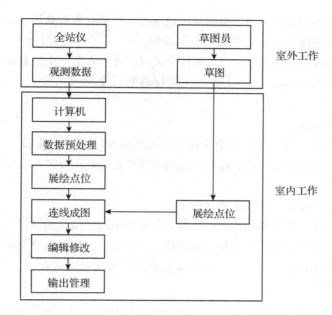

图 7-18　草图法工作流程图

（2）草图法野外数据采集步骤

在用草图法进行野外数据采集之前，应做好充分的准备工作。主要包括两个方面：一是仪器工具的准备；二是图根点成果资料的准备。

仪器工具方面的准备通常包括：全站仪、三脚架、棱镜、对中杆、备用电池、充电器、数据线、钢尺（或皮尺）、小钢卷尺（量仪器高用）、记录用具、对讲机、测伞等。同时对全站仪的内存进行检查，确认有足够的内存空间，如果内存不够则需要删除一些无用的文件。若全部文件无用，可将内存初始化。

图根点成果资料的准备主要是备齐所要测绘范围内的图根点的坐标（X，Y，H）成果表，必要时也可先将图根点的坐标成果输到全站仪中，需要时调用即可。

根据全站仪数字测图的特点，一个作业小组一般需要 3～4 人，其中，观测员 1 人，跑尺员 1～2 人，领尺员 1 人。领尺员是作业小组的核心，负责野外绘制草图和室内成图，要对测区地形十分熟悉。

全站仪草图法测图时野外数据采集的步骤可归纳如下：

①在高等级控制点或图根点上安置全站仪，完成仪器的对中和整平，量取仪器高。

②全站仪开机，完成照明设置、气象改正、加常数改正、乘常数改正、棱镜常数设置、角度和距离测量模式设置等。

③进入全站仪的数据采集菜单，输入数据文件名。

④进入测站点数据输入子菜单，输入测站点的坐标（或从已有数据文件中调用），输入仪器高。

⑤进入后视点数据输入子菜单，输入后视点坐标或方位角（或从已有数据文件中调用），并在作为后视点的已知图根点上立棱镜进行定向。

⑥进入前视点坐标测量子菜单，将已知图根点当作碎部点重新测量，与其已知坐标值进行检核，确认不大于允许值后，方可开始测量碎部点。

⑦领尺员指挥跑尺员跑棱镜，观测员操作全站仪，并输入第一个立镜点的点号，按键进行测量，以采集碎部点的坐标，第一点数据测量保存后，全站仪屏幕自动显示下一立镜点的点号。

⑧依次测量其他碎部点。

⑨领尺员绘制草图，直到本测站全部碎部点测量完毕。在一个测站上所有的碎部点测完后，要找一个已知点重测进行检核，以检查施测过程中是否存在误操作、仪器碰动或故障等原因造成的错误。

⑩全站仪搬到下一站，再重复上述过程。

野外数据采集，由于测站离测点可以比较远，观测员与立镜员或领尺员之间的联系离不开对讲机，测站与测点两处作业人员必须时时联络。观测完毕，观测员要及时将测点点号告知领尺员或记录员，使草图标注的点号或记录手簿上的点号与仪器观测点号一致。若两者不一致，应查找原因，及时更正。

在野外采集时，能测到的点要尽量测，实在测不到的点可利用皮尺或钢尺量距，将丈量结果记录在草图上；室内用交互编辑方法成图或利用电子手簿的测、量、算功能，尽可能多地测量碎部点，以满足内业绘图需要。

在进行地貌采点时，可以用一站多镜的方法进行。一般在地性线上要有足够密度的点，特征点也要尽量测到。例如，在山沟底测一排点，也应该在山坡边再测一排点，这样生成的等高线才真实。测量陡坎时，最好坎上坎下同时测点或准确记录坎高，这样生成的等高线才没有问题。在其他地形变化不大的地方，可以适当放宽采点密度。

（3）草图绘制

目前大多数数字测图系统在野外进行数据采集时，都要求绘制较详细的草图。如果测区有相近比例尺的地图，则可利用旧图或影像图并适当放大复制，裁成合适的大小（如 A4 幅面）作为工作草图。在这种情况下，作业员可先进行测区调查，对照实地将变化的地物反映在草图上，同时标出控制点的位置，这种工作草图也可以起到工作计划图的作用。

在没有合适的地图可作为工作草图的情况下，应在数据采集时绘制工作草图。如图 7-19 所示，图为某测区在测站 1、2、3 上施测的部分点。工作草图应绘制地物的相关位置、地貌的地性线、点号、丈量距离记录、地理名称和说明注记等。草图可按地物的相互关系分块绘制，也可按测站绘制，地物密集处可绘制局部放大图。草图上点号标注应清楚正确，并与全站仪内存中记录的点号建立起一一对应的关系。

①绘图前的准备　在草图法大比例尺数字测图过程中，草图绘制是一项很重要的工作。在外业每天测量的碎部点很多，凭测量人员的记忆是不能够完成内业成图的，所以必须在测绘过程中正确地绘制草图。

绘制草图时的准备工作主要有两个方面：一是绘图工具的准备，如铅笔、橡皮、记录板、直尺等；二是纸张的准备，如果测区内有旧的地形图（平面图）的蓝晒图或复印图，或者有航片放大的影像图，就可将它们作为工作底图。

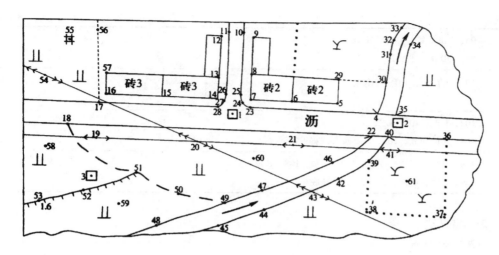

图 7-19 野外数据采集草图

②绘图方法 进入测区后,领尺员首先对测站周围的地形、地物分布情况大概看一遍,认清方向,绘制含有主要地物、地貌的工作草图(若在原有的旧图上标明会更准确),为便于观测,在草图上标明所测碎部点的位置及点号。

草图法是一种"无码作业"的方式,在测量一个碎部点时,不用在电子手簿或全站仪里输入地物编码,其属性信息和位置信息主要是在草图上用直观的方式表示出来。所以在跑尺员跑尺时,绘制草图的人员要标注出所测的是什么地物(属性信息)及记下所测的点号(位置信息)。在测量过程中,绘制草图的人员要和全站仪操作人员随时联系,使草图上标注的点号和全站仪里记录的点号一致。草图的绘制要遵循清晰、易读,相对位置准确,比例一致的原则。

当然,数字测图过程的草图绘制也不是一成不变的,可以根据自己的习惯和理解绘图。不必拘泥于某种形式,只要能够保证正确地完成内业成图即可。对于有丰富作业经验的领尺员,可以将绘制草图改为用记录本记录绘图信息,这将大大地方便作业。采用表7-4的记录形式,可以较全面准确地反映采集点的属性、方向、方位、连接关系和是否参与建模等信息。表7-4中,F、L、D、P(代码可以随意编)分别表示一般房角点、道路点、电杆、坡坎点,GD、DD分别表示高压、低压电线杆,$H=0$表示该点不参与建模。记录时,一栋房屋的点尽量记录在一行,连续观测的线形地物尽量记录在一行。

表 7-4 草图记录表

86, F 东南, 87, F 东北, 98, F 西南, $H=0$
88, F 西南, 89, F 东南, 90, F 角
91, F 东南, 宽 8 m
92, #
93, GD 东—西, $R=0.2$ m
94, L 南, 95, L 南, $H=0$

(续)

96，L 北，97，L 北，H = 0 99，DD 南—北，R = 0.12 m	
100，L 南西，101，L 南东	
102，L 西，103，L 东 104，F 简西北，105，F 简西南，宽 7.8 m	
106，P 顶，西南—东北，107，P 顶，108，P 顶 109，P 底，西南—东北，110，P 底	

7.5.3.2 编码法

(1) 数据编码概述

为了实现自动绘图，编码法往往需要在现场输入数据编码。这种用来表示地物属性和连接关系等信息的有一定规则的符号串称为数据编码。数据编码要考虑的问题很多，如要满足计算机成图的需要，野外输入要简单、易记，便于成果资料的管理与开发。编码设计得好坏会直接影响外业数据采集的难易、效率和质量，而且对后续地形(地籍)资料的交换、管理、使用和建立地理信息资料库都会产生很大的影响。

数据编码的基本内容包括：地物要素编码(或称地物特征码、地物属性码、地物代码)、连接关系码(或称连接点号、连接序号、连接线型)、面状地物填充码等。数字测图系统内的数据编码一般在 6~11 位，有的全部用数字表示，有的用数字、字符混合表示。

《大比例尺地形图机助制图规范》(GB 14912—1994)规定，野外数据采集编码的总形式为"地形码 + 信息码"。地形码是表示地形图要素的代码。地形码可采用《1:500，1:1 000，1:2 000地形图要素分类与代码》(GB 14804—1993)标准中相应的代码，也可采用汉语拼音速写码、键盘菜单以及混合编码等。当采用非标准编码形式时，经计算机处理后，要转换为符合GB 14804—1993 规定的地形图要素的代码。按照 GB 14804—1993，地形图要素分为 9 个大类：测量控制点、居民地与垣栅、工矿建(构)筑物及其他设施、交通及附属设施、管线及附属设施、水系及附属设施、境界、地貌和植被与土质。地形图要素代码由 4 位数字码组成，从左到右，第 1 位是大类码，用 1~9 表示，第 2 位是小类码，第 3、4 位分别是一、二级代码。由于国标推出比较晚，目前使用的测图系统仍然采用以前各自设计的编码方案，如果要转换为 GB 14804—1993 规定的编码则通过转换程序进行编码转换。

信息码用于表示某一地形要素测点与测点之间的连接关系。随着数据采集的方式不同，其信息编码的方法各不相同。无论采用何种信息编码，都应遵循有利于计算机对所采集的数据进行处理和尽量减少中间文件的原则。

目前测绘行业使用的数字测图系统的数据编码方案较多，从结构和输入方式上区分，主要有全要素编码、简编码、块结构编码和二维编码。CASS 软件是目前国内数字测图主流成图软件，下面重点介绍野外数据采集 CASS 简编码方案。

(2) CASS 简编码方案

简编码就是在野外作业时仅输入简单的提示性编码，经内业识别自动转换为程序内部码。CASS 系统的有码作业是一个典型的简编码输入方案，其野外操作码（也称简码或简编码）具体可区分为类别码、关系码和独立符号码3种，每种只由1~3字符组成。其形式简单、规律性强，无须特别记忆，并能同时采集测点的地物要素和拓扑关系码。它也能够适应多人跑尺（镜）、交叉观测不同地物等复杂情况。

①类别码 类别码（也称为地物代码）见表7-5，是按一定的规律设计的，不需要特别记忆，有1~3位，第一位是英文字母，大小写等价，后面是范围为0~99的数字。如代码F0，F1，F2，……，F6分别表示坚固房、普通房、一般房屋……简易房，F取"房"字的汉语拼音首字母，0~6表示房屋类型由"主"到"次"。另外，K0表示直折线型的陡坎，U0表示曲线型的陡坎；X1表示直折线型内部道路，Q1表示曲线型内部道路。由U、Q的外形很容易想象到曲线。类别码后面可跟参数，如野外操作码不到3位，与参数间应有连接符"-"，如有3位，后面可紧跟参数，参数包括下面几种：控制点的点名，房屋的层数，陡坎的坎高等，如Y012.5表示以该点为圆心，半径为12.5 m的圆。

表7-5 类别码符号及含义

类 型	符号及定义
坎类（曲）	K（U）+数（0-陡坎，1-加固陡坎，2-斜坡，3-加固斜坡，4-垄，5-陡崖，6-干沟）
线类（曲）	X（Q）+数（0-实线，1-内部道路，2-小路，3-大车路，4-建筑公路，5-地类界，6-乡．镇界，7-县．县级市界，8-地区．地级市界，9-省界线）
桓栅类	W+数（0，1-宽为0.5米的围墙，2-栅栏，3-铁丝网，4-篱笆，5-活树篱笆，6-不依比例围墙，不拟合，7-不依比例围墙，拟合）
铁路类	T+数（0-标准铁路（大比例尺），1-标（小），2-窄轨铁路（大），3-窄（小），4-轻轨铁路（大），5-轻（小），6-缆车道（大），7-缆车道（小），8-架空索道，9-过河电缆）
电力线类	D+数（0-电线塔，1-高压线，2-低压线，3-通讯线）
房屋类	F+数（0-坚固房，1-普通房，2-一般房屋，3-建筑中房，4-破坏房，5-棚房，6-简单房）
管线类	G+数（0-架空（大），1-架空（小），2-地面上的，3-地下的，4-有管堤的）
植被土质	拟合边界：B-数（0-旱地，1-水稻，2-菜地，3-天然草地，4-有林地，5-行树，6-狭长灌木林，7-盐碱地，8-沙地，9-花圃）
	不拟合边界：H-数（同上）
圆形物	Y+数（0半径，1-直径两端点，2-圆周三点）
平行体	P+（X(0-9)，Q(0-9)，K(0-6)，U(0-6)…）
控制点	C+数（0-图根点，1-埋石图根点，2-导线点，3-小三角点，4-三角点，5-土堆上的三角点，6-土堆上的小三角点，7-天文点，8-水准点，9-界址点）

②关系码 关系码（也称为连接关系码），共有4种符号："+"、"-"、"A$"和"p"，与数字配合来描述测点间的连接关系。其中，"+"表示连接线依测点顺序进行，"-"表示连接

线依测点相反顺序进行连接,"p"表示绘平行体,"A $"表示断点识别符(表7-6)。

表7-6 连接关系码的符号及含义

符 号	含 义
+	本点与上一点相连,连线依测点顺序进行
-	本点与下一点相连,连线依测点顺序相反方向进行
n +	本点与上 n 点相连,连线依测点顺序进行
n -	本点与下 n 点相连,连线依测点顺序相反方向进行
p	本点与上一点所在地物平行
np	本点与上 n 点所在地物平行
+ A $	断点标识符,本点与上点连
- A $	断点标识符,本点与下点连

③独立符号码 对于只有一个定位点的独立地物,用 A××表示(表7-7),如 A14 表示水井,A70 表示路灯等。

表7-7 部分独立地物(点状地物)编码及符号含义

符号类别	编码及符号名称				
水系设施	A00 水文站	A01 停泊场	A02 航行灯塔	A03 航行灯桩	A04 航行灯船
	A05 左航行浮标	A06 右航行浮标	A07 系船浮筒	A08 急流	A09 过江管线标
	A10 信号标	A11 露出的沉船	A12 淹没的沉船	A13 泉	A14 水井
土质	A15 石堆				
居民地	A16 学校	A17 肥气池	A18 卫生所	A19 地上窑洞	A20 电视发射塔
	A21 地下窑洞	A22 窑	A23 蒙古包		
管线设施	A24 上水检修井	A25 下水雨水检修井	A26 圆形污水篦子	A27 下水暗井	A28 煤气天然气检修井
	A29 热力检修井	A30 电信入孔	A31 电信手孔	A32 电力检修井	A33 工业、石油检修井
	A34 液体气体储存设备	A35 不明用途检修井	A36 消火栓	A37 阀门	A38 水龙头
	A39 长形污水篦子				

(续)

符号类别	编码及符号名称				
电力设施	A40 变电室	A41 无线电杆、塔	A42 电杆		
军事设施	A43 旧碉堡	A44 雷达站			
道路设施	A45 里程碑	A46 坡度表	A47 路标	A48 汽车站	A49 臂板信号机
独立树	A50 阔叶独立树	A51 针叶独立树	A52 果树独立树	A53 椰子独立树	
工矿设施	A54 烟囱	A55 露天设备	A56 地磅	A57 起重机	A58 探井
	A59 钻孔	A60 石油、天然气井	A61 盐井	A62 废弃的小矿井	A63 废弃的平硐洞口
	A64 废弃的竖井井口	A65 开采的小矿井	A66 开采的平硐洞口	A67 开采的竖井井口	
公共设施	A68 加油站	A69 气象站	A70 路灯	A71 照射灯	A72 喷水池
	A73 垃圾台	A74 旗杆	A75 亭	A76 岗亭、岗楼	A77 钟楼、鼓楼、城楼
	A78 水塔	A79 水塔烟囱	A80 环保监测点	A81 粮仓	A82 风车
	A83 水磨房、水车	A84 避雷针	A85 抽水机站	A86 地下建筑物天窗	
宗教设施	A87 纪念像碑	A88 碑、柱、墩	A89 塑像	A90 庙宇	A91 土地庙
	A92 教堂	A93 清真寺	A94 敖包、经堆	A95 宝塔、经塔	A96 假石山
	A97 塔形建筑物	A98 独立坟	A99 坟地		

(3) CASS 简编码作业

使用简编码作业采集数据时，现场对照实地输入野外操作码(也可以自己定义野外操作码，内业编辑索引文件)，如图 7-20 所示，点号旁的括号内容为每个采集点输入的操作码。

对于 CASS 的简编码作业，其操作码的具体使用规则如下：

①对于地物的第一点，操作码=地物代码。

②连续观测某一地物时，操作码为"＋"或"－"。

③交叉观测不同地物时，操作码为"n＋"或"n－"。

④观测平行体时，操作码为"p"或"np"。对于带齿牙线的坎类符号，将会自动识别是堤还是沟。若上点或跳过 n 个点后的点所在的符号不为坎类或线类，系统将会自动搜索已测过的坎类或线类符号的点，还可在加测其他地物点之后，测平行体的对面点。

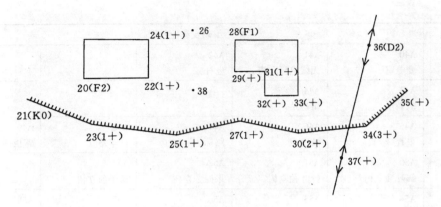

图 7-20 简编码输入

⑤若要对同一点赋予两类代码信息，应重测一次或重新生成一个点，分别赋予不同的代码。

7.5.4 地面数字测图的内业

本节以南方 CASS 9.0 为例，介绍数字测图内业的工作内容和方法。

7.5.4.1 CASS 9.0 软件操作界面

CASS 地形地籍成图软件是我国南方测绘仪器有限公司开发的基于 AutoCAD 平台的数字测图系统，具有完备的数据采集、数据处理、图形生成、图形编辑、图形输出等功能，能方便灵活地完成数字测图工作，广泛用于地形地籍成图、工程测量、GIS 空间数据建库等领域。CASS 9.0 是 CASS 软件的最新升级版本，由一张软件光盘和一个硬件加密狗组成。CASS 9.0 的安装应该在完成 AutoCAD 的安装并运行一次后进行。如图 7-21 所示，为 CASS 9.0 的操作界面。

7.5.4.2 数据传输与参数设置

数据传输的功能是完成电子手簿或全站仪与计算机之间的数据相互传输。为了实现电子手簿或全站仪与计算机之间的正常通讯，数据传输前要对全站仪、电子手簿、计算机进行参数设置，使其保持一致。若全站仪存储为 SD 卡，可以通过 USB 连接，直接拷贝数据，有些全站仪的数据格式需要转换，如索佳 SET1X，可查看仪器说明书。全站仪（或 GPS RTK 接收机）到计算机的数据传输步骤如下：

（1）硬件连接

选择正确的数据线和端口将全站仪与计算机进行连接，查看仪器的相关通信参数，打开计算机进入 CASS 9.0 系统。

（2）通讯参数设置

执行 CASS 9.0"数据"下拉菜单的"读取全站仪数据"命令，在弹出的对话框中（图 7-22）选择相应型号的仪器（如南方 NTS–320），选择通讯参数（通信端口、波特率、校验位、数据位、停止位），使其与全站仪内部通信参数保持一致，选择文件保存位置、输入文件名，并选中"联机"选项。

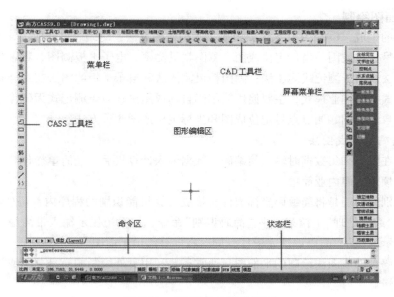

图 7-21　CASS 9.0 操作界面

(3) 数据传输

单击图 7-22 中的"转换"按钮即弹出对话框，如图 7-23 所示，按对话框提示按顺序操作，命令区便逐行显示点位坐标信息，直至通信结束。CASS 9.0 中坐标数据文件以 *.DAT 格式存储，每一行为一个碎部点坐标，其格式为：

1 点点名, 1 点编码, 1 点 Y(东) 坐标, 1 点 X(北) 坐标, 1 点高程

……

N 点点名, N 点编码, N 点 Y(东) 坐标, N 点 X(北) 坐标, N 点高程

图 7-22　全站仪数据内存转换对话框　　图 7-23　计算机等待全站仪信号提示

7.5.4.3 平面图绘制

对于图形的生成，CASS 9.0系统共提供了7种成图方法：简编码自动成图、编码引导自动成图、测点点号定位成图、坐标定位成图、测图精灵测图、电子平板测图、数字化仪成图，其中前4种成图法适用于测记式测图法；测图精灵测图法和电子平板测图法在野外直接绘出平面图。对于测记式有码作业模式，主要使用简编码自动成图法；对于测记式无码作业模式，主要使用编码引导自动成图、测点点号定位成图和坐标定位成图3种方法。

（1）简编码自动成图法

该方法是在野外采集数据时输入简编码，数据输入计算机后，经简单操作自动成图。该法野外作业较为烦琐，但内业简单。

简编码识别的功能是将简编码坐标文件转换成计算机能识别的程序内部码（又称绘图码），操作时，执行"绘图处理"下拉菜单中"简码识别"命令，按系统提示输入带简编码的坐标数据文件名，当提示区显示"简码识别完毕！"，同时在屏幕绘出平面图。

利用简编码自动成图法绘制的平面图，通常还要利用野外绘制的简易草图或记录，进行图形的修改和编辑。

（2）编码引导自动成图法

该法成图时，需编辑生成一个"编码引导文件"。编码引导文件是一个包含了地物编码、地物的连接点号和连接顺序的文本文件，它是根据草图在室内由人工编辑而成的。将编码引导文件和坐标数据文件合并，系统自动生成一个包含地物全部信息的简编码坐标数据文件，利用简编码坐标数据文件即可自动成图。

① 编辑编码引导文件 在绘图之前应编辑一个编码引导文件，该文件的主文件名一般取与坐标数据文件相同的文件名，后缀一般用"YD"，以区别其他文件项。编写引导文件时，要求每一行只能表示一个地物，如一幢房屋、一条道路、一个控制点。每一行的第一个数据为地物代码，以后按照地物各点的连接顺序依次输入各顺序点点号，格式为：代码，点号1，点号2，…，点号n。同一行的各个数据之间必须用逗号","隔开。表示地物代码的字母要大写。图7-24所示为野外绘制的草图，对应的编码引导文件如下：

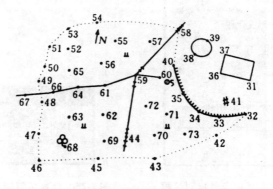

图7-24 野外绘制草图

D1,58,59,44
U0,40,35,34,33,32
Y1,38,39
D3,60,59,61,64,66,67
F2,31,36,37
H0,32,42,43,45,46,47,48,49,50,51,53,54,58,40
A50,68
A14,41
C0,5

② 编码引导 "编码引导"功能是自动将野外采集的无码坐标数据文件和前面编辑好的编码引导文件合并,系统自动生成带简编码的坐标数据文件。由编码引导文件得到的简编码坐标数据文件在形式上与野外采集的简编码坐标数据文件相同,但其实质有所不同,该文件每一行最前面的数字仅仅是顺序号,而不是点号。前者各个点已经经过重新排序,把同一地物点均放在一块,变成一个地物一个地物存放,很有规律,其实质是把引导文件和坐标数据文件合二为一,包含了各个地物的全部信息。后者各个坐标是按采集时的观测顺序进行记录,同一地物点不一定放在一块,多个地物点可能相互混杂,其每行最前面的数字表示该点点号。

编码引导具体操作如下:

执行"绘图处理"下拉菜单中"编码引导"命令,再根据对话框提示,依次输入编码引导文件名和坐标数据文件名,系统按照这两个文件自动生成图形,同时命令行提示"引导完毕!"。

(3) 测点点号定位成图法

① 展点 "展点"是把坐标数据文件中的各个碎部点点位及其相应属性(如点号、代码或高程等)显示在屏幕上。此时应展野外测点点号。

在"绘图处理"下拉菜单中选择"野外测点点号"项,系统提示"输入要展出的坐标数据文件名"(如 D:\SURVEY\CXT.DAT)。选中文件后单击"打开",则数据文件中所有点以注记点号形式展现在屏幕上。展点前,命令行窗口将要求输入测图比例尺,输入比例尺分母后回车即可。

② 选择"测点点号"屏幕菜单 在屏幕右侧的一级菜单"定位方式"中选取"测点点号",系统将弹出一个对话窗,提示选择点号对应的坐标数据文件名(依然是 D:\SURVEY\CXT.DAT)。选中外业所测的坐标数据文件并单击"打开"后,系统将所有数据读入内存,以便依照点号寻找点位。此时命令行显示:

读点完成! 共读入 189 个点

③ 绘平面图 屏幕菜单将所有地物要素分为 11 类,如文字注记、控制点、地籍信息、居民地等,此时即可按照其分类分别绘制各种地物。

(4) 坐标定位成图法

坐标定位成图法操作类似于测点点号定位成图法。所不同的是,绘图时点位的获取不是通过输入点号而是利用"捕捉"功能直接在屏幕上捕捉所展的点,故该法较测点点号定位成图法更方便。其具体的操作步骤如下:

①展点。

②选择"坐标定位"屏幕菜单 操作同测点点号法定位成图。

③绘制平面图 绘图之前要设置捕捉方式，有几种方法可以设置。如选择"工具"下拉菜单中"物体捕捉模式"的"节点"，以"节点"方式捕捉展绘的碎部点，也可以用鼠标右键点击状态栏上面的"对象捕捉"进行设置，取消与开启捕捉功能可以直接按键盘"F3"进行切换。绘图方法同"测点点号定位法成图"。

需要指出的是，上述绘图方法一般并不单独使用，而是相互配合使用。

7.5.4.4 等高线绘制与编辑

完整表示地表形状的地形图，包括准确的地物位置和地表起伏。地形图中，地形起伏通常是用等高线来表示的。常规的平板测图中，等高线由手工描绘，虽然比较光滑，但精度较低。而在数字测图系统中，等高线由计算机自动绘制，不仅光滑而且精度较高。数字地形图绘制，通常在绘制平面图的基础上，再绘制等高线。

绘制等高线的基本步骤：① 建立数字地面模型(构建三角网)；② 修改三角网；③绘制等高线；④等高线注记与修剪。

7.5.4.5 地物地貌的编辑与整饰输出

CASS 系统提供了用于绘图和注记的"工具"、编辑修改图形的"编辑"和编辑地物的"地物编辑"等下拉菜单，对地物和地貌符号进行注记和编辑。完整的图形要素编辑完成后，进行图幅的整饰与输出。

(1) 图形分幅与图幅整饰

① 图形分幅 图形分幅前，首先应了解图形数据文件中的最小坐标和最大坐标。同时应注意 CASS 9.0 下信息栏显示的坐标为 Y 坐标(东方向)、X 坐标(北方向)。

执行"绘图处理 \ 批量分幅"命令，命令行提示：

请选择图幅尺寸：(1)50 * 50 (2)50 * 40 <1>：按要求选择，直接回车默认选(1)。

请输入分幅图目录名：输入分幅图存放的目录名，回车，如输入 d: \ SURVEY \ dlgs \ 。

输入测区一角；在图形左下角点击左键。

输入测区另一角；在图形右上角点击左键。

此时，在所设目录下就生成了各个分幅图，自动以各个分幅图的左下角的东坐标和北坐标结合起来命名，例如，"31.00 - 53.00""31.00 - 53.50"等。如果未输入分幅图目录名时直接回车，则各个分幅图自动保存在安装 CASS 9.0 的驱动器的根目录下。

② 图幅整饰 打开各分幅图形，并执行"文件 \ 加入 CASS 9.0 环境"命令。选择"绘图处理 \ 标准图幅"项，显示对话框，如图 7-25 所示。输入图幅的图名、邻近图名、测量员、绘图员、检查员，在左下角坐标的"东""北"栏内输入相应坐标，例如，"53000，31000"(最好拾取)。"删除图框外实体"若打勾则可删除图框外实体，最后单击"确定"按扭即完成图幅整饰。

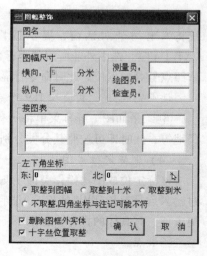

图 7-25 图幅整饰对话框

图廓外的单位名称、成图时间、地形图图式和坐标系统、高程基准等可以在加框前统一定制，即在"CASS 9.0 参数设置\图框设置"对话框中依实际情况填写，也可以直接打开图框文件，如打开"CASS 9.0 \ BLOCKS \ AC50TK. DWG"文件，利用"工具"菜单的"文字"项的"写文字""编辑文字"等功能，依实际情况编辑修改图框图形中的文字，不改名存盘，即可得到统一定制的图框。

（2）绘图输出

地形图绘制完成后，利用绘图仪、打印机等设备输出。执行"文件\绘图输出"，在二级菜单里可完成相关打印设置，并打印出图。

本章小结

本章在阐述地形图相关概念、基础知识的基础上，重点介绍了大比例尺地形图的传统测绘方法及全站仪野外数字测图方法。

（1）比例尺、比例尺精度的概念以及参考意义。
（2）大比例尺地形图图式，地物和地貌的表示方法。
（3）大比例尺地形图的传统测绘方法。
（4）大比例尺地形图的数字测图方法。
（5）地形图测绘的工作要点及注意事项等。

思考题七

（1）"地形图上两点间的距离与相应的地面上两点间的距离之比即为比例尺"，是否正确？为什么？
（2）何谓比例尺精度？在实际应用中有何参考价值？
（3）地物、地貌在地形图上是怎样表示的？与日常所见的地图进行对比分析有何异同？
（4）简述数字测图方法的野外操作步骤。
（5）数字测图方法较传统的图解法测图有哪些优点？
（6）简述利用南方测绘仪器公司开发的 CASS 软件绘制地形图的基本过程。

第8章 地形图的基本知识

　　地形图的基本知识包括地形图相关概念、地形图的分类与用途、地形图的数学法则、地形图的符号与注记、地形图的分幅与编号、地形图的判读等知识内容。

　　本章首先介绍几种常见的地图，随后重点介绍地形图的分类与用途及我国国家基本比例尺地形图、地形图的分幅与编号方法、地形图的读图方法与程序等内容，为后续章节地形图应用做准备。

8.1 常见地图简介

地图是依据一定的数学法则，使用制图语言通过制图综合，在一定的载体上表达地球（或其他天体）上各种事物的空间分布、联系及其发展变化状态的图形。因制图的技术手段、信息表达取舍、应用目的不同，地图产品有不同表现形式。

8.1.1 平面图与地形图

地球表面高低起伏，形态各异。为满足科学研究和各项工程建设的需要，将地面上的点位和各种物体沿铅垂线方向投影到同一水平面上，然后相似地将这水平面上的图形按一定的比例和规定符号缩绘成图，这样制成的图形称为平面图。平面图只反映地物确切的位置、大小和相互间的距离，不反映地表形态的地势变化。按照一定的比例尺，表示地面上的地物与地貌的正射投影图，这种地图称为地形图。地形图不仅表示地面上各种物体的位置、形状和大小，而且还用特定的符号把地面高低起伏的形态表示出来。

8.1.2 地理图与专题图

地理图又称为一览图，它的内容概括程度较高，是以反映地理要素基本分布规律为主的一种普通地图。专题图又称特种地图，着重表示一种或数种自然要素或社会经济现象的地图。专题地图按内容性质分类：自然地图、社会经济（人文）地图和其他专题地图；按内容结构形式分类：分布图、区划图、类型图、趋势图、统计图等。

8.1.3 数字地图与电子地图

数字地图是指以数字形式表达地图要素、储存在计算机存储介质上的地图。电子地图是以数字地图为数据基础、以计算机系统为处理平台、在屏幕上实时显示的地图，是屏幕地图及支持其显示的地图软件的总称。电子地图是数字地图的符号化输出与展示，二者没有本质区别，非学术领域一般不作区分。电子地图技术是集地理信息系统技术、数字制图技术、多媒体技术和虚拟现实技术等多项现代技术为一体的综合技术。电子地图是一种以可视化的数字地图为背景，用文本、照片、图表、声音、动画、视频等多媒体为表现手段展示城市、企业、旅游景点等区域综合面貌的现代信息产品，它可以存贮于计算机外存，以只读光盘、网络等形式传播，以桌面计算机或触摸屏计算机等形式提供大众使用。由于电子地图产品结合了数字制图技术的可视化功能、数据查询与分析功能以及多媒体技术和虚拟现实技术的信息表现手段，加上现代电子传播技术的作用，它一出现就赢得了社会的广泛关注。

8.1.4 影像图

利用遥感手段获得地表影像，在影像上进行平面位置几何纠正和影像增强，再绘制详细的地理要素，这种处理后的影像称为影像图。根据遥感平台不同，影像图分为航空影像图和卫星影像图。航空影像图也称正射影像图，它同时具有地图几何精度和影像特征的图像。

8.2 地形图分类与用途

8.2.1 地形图分类与用途

在我国，地形图是指根据国家制定的规范图式测制或编绘，具有统一的大地控制基础、投影及分幅编号，内容详细完备的大、中比例尺普通地图。按地形图的比例尺，一般分为大比例尺地形图、中比例尺地形图和小比例尺地形图三类，地形图的比例尺越大，反映地表的自然地理及社会经济要素就越详尽，各种不同比例尺的地形图有着不同的用途。

不同比例尺的地形图，几何精度和内容的详细程度有很大的区别，一般需要根据用图目的选择合适的比例尺地形图。地形图的比例尺主要有 1:500、1:1 000、直至 1:100 万等，一般分为大、中、小比例尺地形图，不同教材中划分标准有所差异，本书将 1:5 000~1:500 比例尺地形图称为大比例尺地形图，1:10 万~1:1 万比例尺地形图称为中比例尺地形图，1:100 万~1:20 万比例尺地形图称为小比例尺地形图。

8.2.1.1 大比例尺地形图

其中 1:5 000 是国家基本比例尺地形图，其他的多是工程用大比例尺地形图，大比例尺地形图都是采用地面测图和航空测图等实测成图，尤其是 1:2 000~1:500 地形图大多根据工程需要实时地面测图，现势性较好。大比例尺地形图精度最高，内容最丰富，主要用于小范围内详细研究和评价地形，城市、乡镇、农村、矿山建设的规划、设计，林班调查，地籍调查，大比例尺的地质测量和普查，水电等工程的勘察、规划、设计，科学研究，国防建设的特殊需要，以及可作为编制更小比例尺地形图或专题地图的基础资料。

8.2.1.2 中比例尺地形图

1:1 万和 1:5 万地形图用图较广，1:2.5 万比例尺地形图除了少数发达地区曾测制外，多以 1:5 万比例尺地形图替代，均采用航测成图，多用于重点工程的规划设计和布局，以及地质、水文等自然资源的普查或综合调查。1:10 万比例尺地形图已基本覆盖我国全部领土，除了西部山区主要是采用直接航测成图之外，其他地区多用 1:5 万比例尺航测地形图编制而成，主要用作编制 1:25 万~1:50 万比例尺地形图、地理图和专题图的基本资料。中比例尺地形图主要用于一定范围内较详细研究和评价地形，供国民经济各部门勘察、规划、设计、科学研究、教学等使用；也是军队的战术用图，供军队现地勘察、训练、图上作业、编写兵要、国防工程的规划和设计等军事活动使用。

8.2.1.3 小比例尺地形图

国家测绘局于 1984 年正式公告将 1:25 万比例尺地形图代替 1:20 万比例尺地形图，列入国家基本比例尺地形图。1:25 万比例尺地形图主要反映制图区域较为宏观的自然地理和社会人文状况，适于较大范围的工程建设和总体规划，也可作为编制 1:100 万地形图的基本资料。新版 1:50 万比例尺地形图是空军司令部根据新编的 1:10 万比例尺地形图编绘而成，在工程建设上是满足大范围的工程建设的规划和设计，在军事上用于战略部署和提供战区地形情况，还可以作为专题地图的工作底图。1:100 万比例尺地形图概括程度比较高，只能反映制图区域最主要的地理要素特征，可以从宏观上提供国家的自然条件和资源分布等基本情况，既是编制更小比例尺地理图的基本资料，也是制作小比例尺专题地图的工作底图。

需要指出的是，上述大、中、小比例尺地形图的划分并没有严格的界限，不同的部门、不同的应用领域，划分标准不尽相同。

8.2.2 国家基本比例尺地形图系列

在我国，1:100万、1:50万、1:25万(原来是1:20万)、1:10万、1:5万、1:2.5万、1:1万和1:5 000八种比例尺的地形图由指定的国家机构或部门统一测制或编制，具有统一的大地控制基础，采用统一的分幅编号系统，称为国家基本比例尺地形图。其中，1:100万的地形图采用正轴等角圆锥投影，编绘方法成图，1:50万~1:5 000比例尺的地形图均采用高斯—克吕格投影(1:50万~1:2.5万的采用6°分带，1:1万、1:5 000采用3°分带)，编绘方法或航空摄影测量方法成图。另外，1:500、1:1 000、1:2 000大比例尺地形图主要用于小范围内精确研究、评价地形，可供勘察、规划、设计和施工等工作使用，其平面控制采用高斯—克吕格投影，按3°分带计算平面直角坐标。当对控制网有特殊要求时，采用任意经线作为中央子午线的独立坐标系统，投影面亦为当地的高程参考面。

8.3 地形图分幅和编号

为了编制、保存和使用地图的方便，必须对地形图进行统一的分幅和编号。分幅是指用图廓线分割制图区域，图廓线圈定的范围为单独图幅，图幅之间沿图廓线拼接。地形图的分幅通常有矩形分幅和梯形分幅两种形式。分幅的地形图必须对每个单独图幅进行编号，图幅编号应该具有系统性、逻辑性和不重复性。

8.3.1 梯形分幅和编号

梯形分幅法是按经纬线进行分幅，我国国家基本比例尺地形图的分幅和编号，采用梯形分幅和编号方法，1993年07月01日开始实施的国家标准《国家基本比例尺地形图分幅和编号》(GB/T 13989—1992)规定了国家基本比例尺地形图的分幅、编号及编号应用的公式，适用于1:100万~1:5 000地形图的分幅和编号。

8.3.1.1 地形图分幅

我国基本比例尺地形图均以1:100万地形图为基础，按规定的经差和纬差划分图幅。

1:100万地形图的分幅采用国际1:100万地图分幅标准，每幅1:100万地形图的图幅范围是经差6°、纬差4°；纬度60°~76°为经差12°、纬差4°；纬度76°~88°为经差24°、纬差4°。在我国范围内没有纬度60°以上的需要合幅的图幅。

每幅1:100万地形图划分为2行2列，共4幅1:50万地形图，每幅1:50万地形图的图幅范围是经差3°、纬差2°。

每幅1:100万地形图划分为4行4列，共16幅1:25万地形图，每幅1:25万地形图的图幅范围是经差1°30′、纬差1°。

每幅 1∶100 万地形图划分为 12 行 12 列，共 144 幅 1∶10 万地形图，每幅 1∶10 万地形图的图幅范围是经差 30′、纬差 20′。

每幅 1∶100 万地形图划分为 24 行 24 列，共 576 幅 1∶5 万地形图，每幅 1∶5 万地形图的图幅范围是经差 15′、纬差 10′。

每幅 1∶100 万地形图划分为 48 行 48 列，共 2 304 幅 1∶2.5 万地形图，每幅 1∶2.5 万地形图的图幅范围是经差 7′30″、纬差 5′。

每幅 1∶100 万地形图划分为 96 行 96 列，共 9 216 幅 1∶1 万地形图，每幅 1∶1 万地形图的图幅范围是经差 3′45″、纬差 2′30″。

每幅 1∶100 万地形图划分为 192 行 192 列，共 36 864 幅 1∶5 000 地形图，每幅 1∶5 000 地形图的图幅范围是经差 1′52.5″、纬差 1′15″。

各比例尺地形图的经纬差、行列数和图幅数成简单的倍数关系（表 8-1）。

表 8-1　地形图的分幅关系表

比例尺		1∶100 万	1∶50 万	1∶25 万	1∶10 万	1∶5 万	1∶2.5 万	1∶1 万	1∶5 000
图幅范围	经差	6°	3°	1°30′	30′	15′	7′30″	3′45″	1′52.5″
	纬差	4°	2°	1°	20′	10′	5′	2′30″	1′15″
行列数量	行数	1	2	4	12	24	48	96	192
	列数	1	2	4	12	24	48	96	192
图幅数量关系		1	4	16	144	576	2 304	9 216	36 864
			1	4	36	144	576	2 304	9 216
				1	9	36	144	576	2 304
					1	4	16	64	256
						1	4	16	64
							1	4	16
								1	4

8.3.1.2　地形图编号

（1）1∶100 万地形图编号

1∶100 万地形图的编号采用国际 1∶100 万地图编号标准。从赤道起算，每纬差 4°为一行，至南、北纬 88°各分为 22 行，依次用大写英文字母（字符码）A，B，C，…，V 表示其相应行号；从 180°经线起算，自西向东每经差 6°为一列，全球分为 60 列，依次用阿拉伯数字（数字码）1，2，3，…，60 表示其相应列号。由经线和纬线所围成的每一个梯形小格为一幅 1∶100 万地形图，如图 8-1 所示。它们的编号由该图所在的行号与列号组合而成，如图 8-2 所示，为 1∶100 万地形图的图幅编号构成。

已知图幅内某点或图幅西南图廓点的经度 λ、纬度 φ，可按下式计算其所在 1∶100 万地形图的图幅编号：

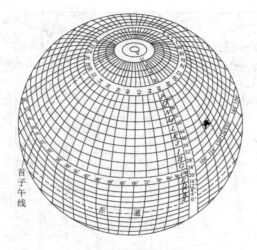

图 8-1　1:100 万地形图分幅编号

图 8-2　1:100 万地形图图幅编号构成

$$\begin{cases} a = \left[\dfrac{\varphi}{4°}\right] + 1 \\ b = \left[\dfrac{\lambda}{6°}\right] + 31 \end{cases} \tag{8-1}$$

式中　[　]——商取最小整数；
　　　a——1:100 万地形图图幅行号（字符码）所对应的数字码；
　　　b——1:100 万地形图图幅列号（数字码）。

【例 8-1】　首都北京所在地某点的经度为东经 116°28′00″，纬度为北纬 39°54′00″，其所在 1:100 万地形图的图幅编号为 J50；合肥某地的经度为东经 117°16′00″，纬度为北纬 31°53′00″，其所在 1:100 万地形图的图幅编号为 H50。

我国地处东半球赤道以北，图幅范围在经度 72°~138°、纬度 0°~56°，包括行号为 A，B，C，…，N 的 14 行，列号为 43，44，45，…，53 的 11 列，如图 8-3 所示。

（2）1:50 万~1:5 000 地形图编号

1:50 万~1:5 000 地形图的图幅编号均以 1:100 万地形图编号为基础，采用行列编号方法（图 8-4）。即将 1:100 万地形图按所含各比例尺地形图的经差和纬差划分成若干行和列（图幅关系见表 8-1），横行从上到下、纵列从左到右按顺序分别用三位阿拉伯数字（数字码）表示，不足三位者前面补零，取行号在前、列号在后的排列形式标记；各比例尺地形图分别采用不同的字符作为其比例尺的代码（表 8-2）；1:50 万~1:5 000 地形图的图号均由其所在 1:100 万地形图的图号、比例尺代码和各图幅的行列号共十位代码组成，如图 8-5 所示。

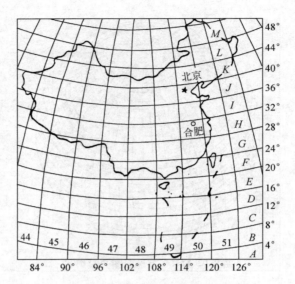

图 8-3 我国 1:100 万地形图分幅编号

表 8-2 1:50 万~1:5 000 比例尺代码

比例尺	1:50 万	1:25 万	1:10 万	1:5 万	1:2.5 万	1:1 万	1:5 000
比例尺代码	B	C	D	E	F	G	H

已知图幅内某点或图幅西南图廓点的经度 λ、纬度 φ，可按下式计算所求比例尺地形图（1:50 万~1:5 000）在 1:100 万地形图图号后的行号和列号：

$$\begin{cases} c = 4°/\Delta\varphi - \left[\left(\dfrac{\varphi}{4°} \right) / \Delta\varphi \right] \\ d = \left[\left(\dfrac{\lambda}{6°} \right) / \Delta\lambda \right] + 1 \end{cases} \tag{8-2}$$

式中　[ ]——商取整；

　　　( )——商取余；

　　　c——所求比例尺地形图在 1:100 万地形图图号后的行号；

　　　d——所求比例尺地形图在 1:100 万地形图图号后的列号；

　　　$\Delta\lambda$——所求比例尺地形图分幅的经差；

　　　$\Delta\varphi$——所求比例尺地形图分幅的纬差。

【例 8-2】　某点的经度为东经 114°33′45″，纬度为北纬 39°22′30″，按式（8-1）及式（8-2）计算得该点所在 1:50 万地形图的编号为 J50B001001，所在 1:25 万地形图的编号为 J50C001001，所在 1:10 万地形图的编号为 J50D002002，所在 1:5 万地形图的编号为 J50E004003，所在 1:2.5 万地形图的编号为 J50F008005，所在 1:1 万地形图的编号为 J50G015010，所在 1:5 000 地形图的编号为 J50H030019。

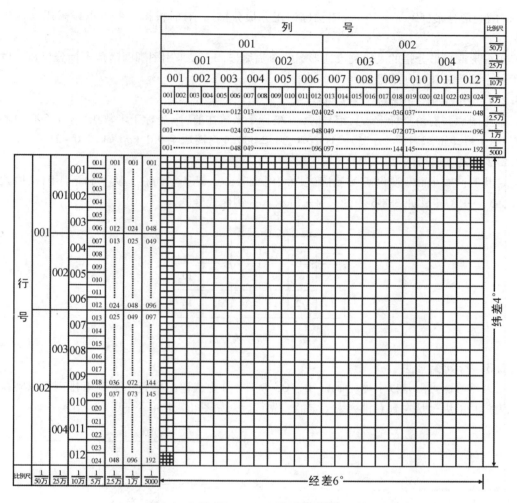

图 8-4　1∶50 万~1∶5 000 地形图图幅行列号

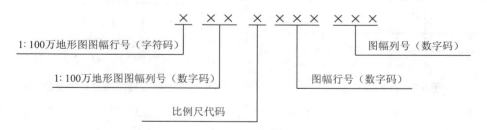

图 8-5　1∶50 万~1∶5 000 地形图图幅编号构成

8.3.2　矩形分幅和编号

《国家基本比例尺地图图式　第 1 部分：1∶500　1∶1 000　1∶2 000 地形图图式》(GB/T 20257.1—2017)中规定，1∶500、1∶1 000、1∶2 000 地形图一般采用 50 cm×50 cm 或 50 cm×

40 cm 的矩形分幅(50 cm×50 cm 图幅也称正方形分幅),有时根据需要也可以采用其他规格分幅。

正方形或矩形分幅的大比例尺地形图的图幅编号,一般采用图廓西南角坐标公里数,也可选用顺序编号法和行列编号法。

8.3.2.1 图廓西南角坐标千米数编号法

采用图廓西南角坐标千米数编号时,x 坐标千米数在前,y 坐标千米数在后。1∶500 地形图取至 0.01 km(如 10.40～27.75),1∶1 000、1∶2 000 地形图取至 0.1 km(如 10.0～21.0)。

8.3.2.2 顺序编号法

带状测区或小面积测区可按测区统一顺序编号,一般从左到右,从上到下用阿拉伯数字 1,2,3,… 编定,如图 8-6 中的××—8(××为测区代号)。

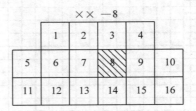

图 8-6 顺序编号法

8.3.2.3 行列编号法

行列编号法一般是以字母(如 A,B,C,D,…)为代码的横行由上到下排列,以阿拉伯数字为代号的纵列从左到右排列来编定的。先行后列如图 8-7 中的 A—4。

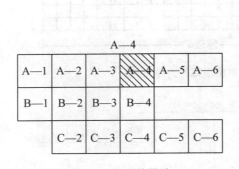

图 8-7 行列编号法

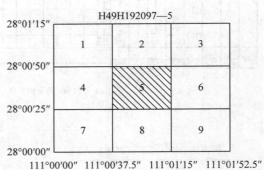

图 8-8 1∶2 000 地形图按经差纬差分幅编号

另外,1∶2 000 地形图也常以 1∶5 000 地形图为基础,按经差 37.5″、纬差 25″进行分幅,划分为 3 行 3 列,按从左到右、从上到下顺序编图幅顺序号 1,2,3,4,5,6,7,8,9。这样,每幅 1∶2 000 地形图的编号即为其所在 1∶5 000 地形图图幅编号后加短线连接图幅顺序号,如图 8-8 中的 H49H192097—5。

8.4 地形图的构成要素

构成地图的基本内容,称为地图要素。它包括数学要素、地理要素(或称图形要素)和整饰要素(或称辅助要素),所以又通称为地图的"三要素"。下面从这三个方面介绍地形图的构成要素。

8.4.1 数学要素

数学要素是指构成地图的数学基础。主要包括地图投影、地图比例尺、地图定向三个方面。地形图上的数学要素主要表现在坐标系统、投影方式、比例尺、控制点、坐标网、分幅编号等方面。这些内容是决定地形图图幅范围、位置,以及控制其他内容的基础。它保证地形图的精确性,作为在图上量取点位、高程、长度、面积的可靠依据,在大范围内保证多幅图的拼接使用。地形图的数学要素对军事和经济建设都是不可缺少的内容。

(1) 地形图的投影方式与坐标系统

我国国家基本比例尺地形图系列的地形图除 1:100 万采用正轴等角圆锥投影外,1:50 万~1:5 000 比例尺的地形图均采用高斯—克吕格投影(1:50 万~1:2.5 万的采用 6°分带,1:1 万、1:5 000 采用 3°分带)。

国家基本比例尺地形图系列的坐标系统先后有 1954 年北京坐标系、1980 西安坐标系和 2000 国家大地坐标系(CGCS2000),高程系统有 1956 黄海高程系及 1985 国家高程基准。

对于 1:500、1:1 000、1:2 000 大比例尺地形图,其平面控制采用高斯—克吕格投影,按 3°分带计算平面直角坐标。当对控制网有特殊要求时,采用任意经线作为中央子午线的独立坐标系统,投影面亦为当地的高程参考面。

(2) 地理坐标网和直角坐标网

为了制作和使用地图的方便,高斯—克吕格投影的地图上绘有两种坐标网:地理坐标网(经纬网)和直角坐标网。

在我国,1:1 万~1:10 万地形图上,经纬线只以图廓的形式表现,经纬度数值注记在内图廓的四角,在内外图廓间,绘有黑白相间或仅用短线表示经差、纬差 1′的分度带,需要时将对应点相连接,就构成很密的经纬网。在 1:25 万~1:100 万地形图上,直接绘出经纬网,有时还绘有供加密经纬网的加密分割线。纬度注记在东西内外图廓间,经度注记在南北内外图廓间。

直角坐标网只表示在大于或等于 1:10 万的地形图上,它是一组互相垂直的平行直线。是建立在投影带上的高斯—克吕格平面直角坐标网,简称方里网。在相同比例尺地形图上,相邻方里网的间隔相等,且均为整千米数,其密度随比例尺的不同而异。

(3) 邻带方里网

邻带方里网是在投影带边缘的图幅上绘制的相邻投影带的坐标网。我国的基本比例尺地形图系采用高斯—克吕格投影,是按经线分带的等角横切椭圆柱投影。位于投影带边缘的两相邻图幅,按带分别计算坐标值,两图上的坐标网不能相互拼接,故影响地图的使用。为此,规定每投影带的西边缘经差 30′以内的图幅,以及东边缘经差 7.5′(1:25 万)、15′(1:5 万)以内各图幅，除绘有本带坐标网外，需在外图廓上加绘邻带坐标网短线，以构成邻带坐标网。

(4) 图廓

一幅地形图的范围线称为图廓线，分为内图廓线和外图廓线。内图廓，是地图的实际范围线；外图廓，是地图整饰的范围线；分图廓，绘在内、外图廓之间并与之配合用以标绘经纬网的分度线，以及标注经纬线与方里网注记及界端注记等。

8.4.2 地理要素

地理要素是地图的地理内容，包括表示地球表面自然形态所包含的要素，如地貌、水系、植被和土壤等自然地理要素；与人类在生产活动中改造自然界所形成的社会经济要素，如居民地、道路网、通信设备、工农业设施、经济文化和行政标志等。

我国现行地形图图式(GB/T 20257.1—2017)上将各种地理要素分为测量控制点、水系、居民地及设施、交通、管线、境界、地貌、植被与土质及注记九大部分，图式规定了各种地理要素的符号的样式、规格、颜色和整饰标准，是测制和使用地形图的基本依据。各种地理要素的表示方法请参阅地形图图式。

8.4.3 整饰要素

整饰要素也称辅助要素，主要指便于读图和用图的一些内容，如图名、图号、接图表、图例和地图资料说明，以及图内各种文字、数字注记等。

(1) 图名、图号、接图表

每幅地形图都应标注图名，通常以图幅内最著名的地名、厂矿企业或村庄的名称作为图名。图名一般标注在地形图北图廓外上方中央。图号即为该幅地形图的图幅编号，是按本章8.3节中的方法进行的编号，图号一般注记在图名下方。图名图号下方有时候也加注行政区划。

为了说明本幅图与相邻图幅之间的关系，便于索取相邻图幅，在图幅左上角列出相邻图幅图名，斜线部分表示本图位置，称为接图表。图名、图号、接图表的样式如图8-9所示。

(2) 说明资料

地形图的说明资料主要包括测(绘)图单位与日期、出版单位与日期、坐标系统和高程系统、密级与图式版本、基本等高距等，各说明资料注记位置如图8-9所示。

(3) 量图图解

为了便于读图及使用在图上进行某些量测而在图廓外设置的各种图解，称为量图图解。如直线比例尺、坡度尺、三北方向图、图例等，量图图解的设置位置如图8-9所示。

① 直线比例尺　直线比例尺绘制于数字比例尺下方，如图8-9所示。利用直线比例尺可以在图上直接量测出两点间直线水平距离。

② 坡度尺　坡度尺是用于根据地形图上等高线的平距，确定相应的地面坡度或其逆过程的一种图解曲线尺。它是以等高线间的平距 d 与高差 h、相应的地面坡度角 α 或地面坡度 i、地图的比例尺分母 M 之间的函数关系为基础制作而成。

坡度是衡量地表单元陡缓的程度的量，坡度的表示方法有百分比法、度数法、密位法和分

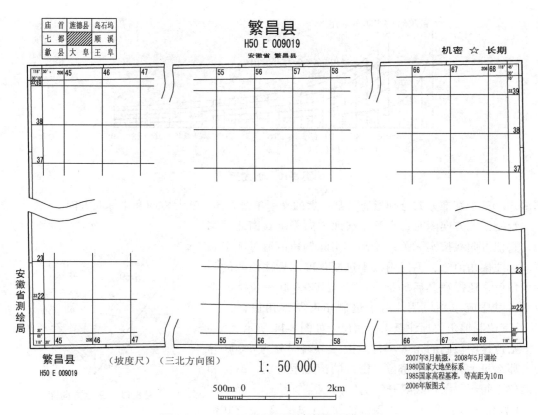

图 8-9　1:50 000 地形图图廓整饰要素示例

数法四种，其中以百分比法和度数法较为常用。

使用百分比法表示坡度时，坡度（也称做坡比）值 i 的计算公式为

$$i = \frac{h}{D} \times 100\% = \frac{h}{d \cdot M} \times 100\% \tag{8-3}$$

使用度数法表示坡度时，坡度角 α 的计算公式为

$$\alpha = \arctan\left(\frac{h}{D}\right) = \arctan\left(\frac{h}{d \cdot M}\right) \tag{8-4}$$

坡度尺就是按照上述函数关系制作而成的。坡度尺通常由甲、乙两个曲线尺叠合组成：甲尺用于量取相邻两条等高线（首曲线）间的地面坡度（或坡度角）或进行逆量取；乙尺用于量取相邻六条等高线（计曲线）间的地面坡度（或坡度角）或进行逆量取，如图 8-10 所示。根据地形图上等高线的平距确定相应的地面坡度时，先量取等高线间的平距，再在坡度尺上找出纵线高与此平距相等的纵线位置，所注的百分比（或角度），即为此等高线间的实地坡度。亦可仿此根据给定的地面坡度，确定与此坡度相应的地面位置，用坡度尺在地形图上进行线路工程（如公路、铁路、渠道等）的初步选线，即此种操作的实际应用。

③ 三北方向图　在中、小比例尺地形图上，通常绘有地图中央一点的三个基准方向之间的关系称为三北方向图。三北方向图主要用于地形图的定向，根据地形图的不同位置，会有不

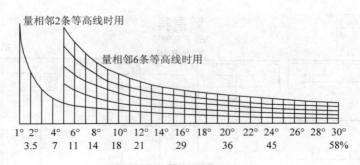

图 8-10 坡度尺

同形式。三个基准方向分别指通过某一点的真子午线方向、磁北方向和坐标北方向。

绘制三北方向图时，真子午线北方向需垂直南北图廓线，其他方向线按实际关系绘制，实际偏角值通过注记表明。标注偏角值时，不仅用六十进制角度制标注图幅的各种偏角值，还需在其后的括号内标注其 6 000 密位制的密位数，以适应军事应用。六十进制角度制偏角值标注至"′"，密位制偏角值标注至 1 个密位。如图 8-11 所示。

密位是密位制的角度单位。把一个圆周分为 6 000 等份，那么每个等份是一密位。密位的记法很特别，高位和低两位之间用一条短线隔开，例如：

1 密位写作：0 – 01；312 密位写作：3 – 12；3 000 密位写作 30 – 00。

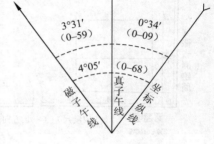

图 8-11 三北方向图

由于一个圆周（360°）等于 6 000 密位，所以 1 密位等于 0.06°。把密位换算为角度，乘以 0.06 即可。而把角度换算为密位，则应该除以 0.06。如图 8-11 中的子午线收敛角为 0°34′，化为密位为 $\frac{34}{60} \div 0.06 \approx 9$ 密位。

④ 图例　图例是地图上所用符号和色彩所表示特征的释义和说明。图例通常配置在地图的边缘或拐角处，有些地图集还有图例专页，是识别地图内容的重要工具。读图之前，先把图例中的地图符号和注记的意义弄清楚，对于正确理解地图内容就方便多了。可以这样说，图例是读图的"钥匙"。

图例内容由地图主题及其表现形式和表示方法决定。但其本身应内容完整，结构严谨；符号和颜色的含义要明确，命名应科学、简练、通俗，便于理解和记忆。图例的编排要合乎逻辑。在地形图、普通地图上，编排次序一般为居民地、交通、境界、水系、地貌、植被土质、独立地物等。在专题地图上，应先主后次，先排第一层平面，然后安排第二、三层平面的内容。类型图、区划图等图例排列应根据一定的分类体系和分级顺序。表示自然要素质量特征的，一般先安排地带性，后安排非地带性类型，水平地带类型一般从北到南按顺序排列，垂直地带类型从高到低排列。凡反映时代年龄和发育程度的地图均由新到老、由发育不成熟到成熟顺序排列。表示数量分级的图例，一般由小到大、由低到高顺序排列。当制图对象严格按两种指标划分类型时，图例如用表格式排列组合，更能直观地体现其分类原则和指标。

8.5 地形图的识图

8.5.1 地形图识图概述

如前所述，各种不同比例尺的地形图在国民经济建设、国防建设及科学研究等各领域有着广泛的用途。地图的分析与应用过程可分为地图阅读、地图分析和地图解译三个阶段，地图阅读是地形图应用的重要组成部分。地形图的阅读，即在读图者的头脑中建立起地形图所反映的实地客观事物的图景，充分地理解地图传递的信息，发挥地图的潜能，是地形图应用的第一步。

地形图的读图的程序和方法，取决于读图的性质、任务和要求。一般性读图主要是从图上获得"是什么，在哪里"，通常用语言文字描述。专业性的读图要结合专业要求，运用各种分析方法，探索和揭示所需各种信息的分布、联系和演变的时空规律，服务于专业领域的应用和研究。

8.5.2 地形图识图的一般方法和程序

(1) 确定用图性质和目的，选择合适比例尺的地形图

各种不同比例尺的地形图反映地表的自然地理及社会经济要素的详尽程度不同，用途也就有所不同。一般来讲，小比例尺地形图用于大范围内进行宏观评价和研究地理信息；中比例尺地形图主要用于一定范围内较详细研究和评价地形；而大比例尺地形图主要用于小范围内详细研究和评价地形，如城乡规划、农林调查、各种工程的勘察、规划设计等。用图者首先应该根据自己用图的性质和目的，需要从图上获取哪些信息，服务于什么应用领域，然后选择比例尺适当、现势性好的地形图及该区域的其他相关资料。

(2) 阅读图件的基本信息

这里所说的地形图图件的基本信息主要包括地形图的图名、图号、接图表及成图日期、坐标系统等各种说明资料等，结合其他资料，了解地形图的现势性、工作区域的基本概况等。

(3) 地物及地貌的判读

地物地貌的判读是地形图读图的主要内容。如前所述，图例是识别地图内容的重要工具，是读图的"钥匙"，所以读图一般从了解图例入手，在读图过程中也要随时参照图例。

图例仅仅是按一定逻辑结构编辑的典型地物地貌符号和色彩所表示特征的释义和说明，全面、正确的地形图读图的主要依据还是地形图图式。读图前首先应熟悉地形图图式，熟悉常用的地物、地貌符号及典型地物、地貌的表示方法。不论哪一种地物、地貌符号，无外乎包括符号的形状、尺寸、方向、明度、密度、结构、颜色、位置等基本视觉变量，地图上常采用不同的符号描述方法来区分各种制图对象的定位、形状、空间结构、数量关系等基本特征。如在色彩方面，水系及其注记一般采用蓝色，植被为绿色，地貌为棕色等。读图者只有掌握了制图的符号规律，才能正确的获取地图所表达的信息。

对于地物的判读，应主要掌握地物的位置、形状、质量数量特征及空间关系等。熟记各种地物的符号、色彩、注记等信息的特点和规律，是识别地形图，进而利用地形图研究各种问题的基础。地物判读的主要内容包括居民地、道路与水系、植被与土质、独立地物、控制点、管线及附属设施、境界线等。

对于地貌的判读应在掌握等高线表示地貌原理及等高线的分类与特性的基础上，能够根据等高线正确地判读地形特征。掌握典型地貌的等高线特点及特殊地貌的表示方法是地貌判读的基础。

通过对地形图上各种地理现象的判读、分析、研究，就可以对地形图所反映区域的基本情况有全面的掌握。地形图读图的技能有赖于读图者的知识结构和用图经验，在掌握地形图知识的基础上，结合自己的应用领域加强训练，是提高地形图读图技能的基本方法。

总而言之，对于各类科学研究及工程技术人员来说，地形图的读图应该做到：室内读图达到"图在胸中装，未到知概况"、野外实地读图达到"人在地上走，图在心中移"的境界。

本章小结

掌握好地形图的基本知识，是正确、高效使用地形图的基础。本章在第 7 章的基础上，着重介绍我国地形图的分类与用途及我国的国家基本比例尺地形图、地形图的分幅与编号方法、地形图的读图方法与程序等内容，为后续章节中的地形图应用做准备。在资源、环境、土壤、生态、农林渔牧、能源水利、土地管理等领域，地形图是重要的基础资料，是规划整理、保护利用、决策分析的重要依据和工具。对于农林类专业各学科来讲，掌握地形图基本知识，是具备地形图应用能力的前提。

思考题八

(1) 我国的国家基本比例尺地形图系列包括哪些？各有什么用途？
(2) 地形图的分幅编号有哪几种？新旧编号系统之间存在怎样的内在联系，如何相互转换？
(3) 地形图分幅编号遵循怎样的原则？如何根据其规律性查找相邻图幅？
(4) 地形图的基本要素包括哪些？
(5) 地形图在自己的专业领域有哪些应用？
(6) 叙述地形图读图的一般程序和方法。
(7) 我国的国家基本比例尺地形图系列采用的是什么投影类型？

第9章 地形图的应用

地形图是国民经济建设、国防建设和科学研究中不可或缺的重要基础资料,应用十分广泛,地形图应用也是测绘工作人员应该掌握的一项基本技能。

本章主要介绍地形图一般应用、工程建设中的应用、野外应用、面积量测、地形图修测等内容和方法,要求重点掌握图上点位坐标、高程,直线距离、方位和坡度以及图形面积的量算方法,掌握地形图实地定向、定位、调绘填图以及地形图修测的方法和技能。

9.1 地形图应用概述

国家基本比例尺地形图和工程用大比例尺地形图是国民经济建设、国防建设和科学研究中不可或缺的重要资料，是编制各种小比例尺普通地图、专题地图和地图集的基础资料。我国地形图采用横轴等角椭圆柱高斯分带投影，角度（形状）没有变形，长度和面积变形也非常小，在一般地图量测中投影变形误差可以忽略不计。地形图遵循一定的数学法则，保证了地形图具有可量性和可比性，从而用图者可以根据需要，借助一些常规的量测工具直接从地形图上获取相关信息。地形图以较大比例尺居多，能精确表示各种地物的坐标位置、相互关系和与地面实物之间的比例关系，还能传递各种地理要素的质量和数量特征。

9.2 地形图一般应用

9.2.1 确定点的平面位置

需要在纸质地形图上获取某点位坐标信息时，可以借助地图上的坐标格网和直尺等量测工具。需要从图上量取大量点位坐标信息时，早期可以利用手扶跟踪式数字化仪在纸质地图上直接获取点位坐标；现在一般是扫描纸质地图得到栅格地图，利用南方 CASS 或 MapInfo 等相关软件先进行坐标系统匹配或配准，实现屏幕坐标系统与地图坐标系统相转换，再直接拾取相应点的位置。如今是数字地图时代，可以直接在软件中量取某点坐标。下面主要介绍如何从纸质地形图中量测某点坐标。

（1）点的平面直角坐标

在大比例尺地形图上，都绘有坐标格网或坐标十字线的坐标系统。如图 9-1 所示。若要从图上量取 A 点坐标，可先过 A 点作坐标格网的平行线，分别与格网线交于 m、n 和 p、q，再用直尺量取 mA 和 pA 的长度，则 A 点的坐标如式(9-1)所示。

$$\begin{cases} X_A = X_0 + mA \cdot M \\ Y_A = Y_0 + pA \cdot M \end{cases} \tag{9-1}$$

式中 X_0，Y_0——该点西南角十字线交点的坐标；

M——比例尺分母。

为了检核或减小因图纸伸缩而引起的量测误差，则同时还需量出 mn 和 pq 的长度，这时 A 点坐标应按(9-2)式计算。

$$\begin{cases} X_A = X_0 + \dfrac{mA}{mn} \cdot l \cdot M \\ Y_A = Y_0 + \dfrac{pA}{pq} \cdot l \cdot M \end{cases} \tag{9-2}$$

式中 l——坐标格网的理论边长（一般为 10 cm）；

M——比例尺分母。

(2) 点的地理坐标

若需获得某点的地理坐标 (λ, φ)，可以根据上述方法，通过图廓的经纬度注记和分度带来量取。

9.2.2 确定点的高程

欲在地形图上确定某点高程，可根据等高线或地面高程注记来确定。待求点一般有 3 种情况：①所求点正好在等高线上，如图 9-1 中 A 点，则 A 点的高程就等于该等高线的高程 80 m；②所求点在两条等高线之间，则通过该点作一条直线，相交于相邻等高线。如图 9-1 中 B 点，过 B 点作直线与相邻等高线交于 e、f 两点，分别量取 eB 和 ef 的长度，则 B 点高程按式（9-3）求解；③在未绘有等高线的区域，某点的高程可以根据附近注记有高程的地形点按距离加权求均值进行内插求得。

$$H_B = H_e + \frac{eB}{ef} \cdot h \tag{9-3}$$

式中　H_e——e 点所在等高线高程；
　　　h——等高距。

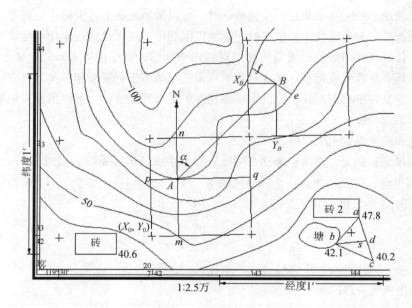

图 9-1　点位坐标、高程、水平距离和方位角的量测

9.2.3 确定两点间距离

(1) 求两点的水平距离

如图 9-1 所示，欲量取 AB 间的水平距离，可用图解法和解析法求取。

①图解法　在地形图上用卡规卡出 AB 的图上距离和图示比例尺进行比对，可得到其水平

距离；或用直尺量取 AB 的图上距离 d_{AB}，再乘以比例尺分母 M 换算出相应的实地水平距离 D_{AB}，如式(9-4)；或直接用三棱比例尺量取直线长度。若是数字地形图，可利用软件中距离查询工具直接获得直线距离信息。

$$D_{AB} = d_{AB} \cdot M \tag{9-4}$$

②解析法　按(9-2)式，先求出 A、B 两点的坐标 (X_A, Y_A)、(X_B, Y_B)，再按式(9-5)可计算出 AB 两点间的水平距离 D_{AB}，该距离已消除了图纸伸缩的影响。

$$D_{AB} = \sqrt{(X_B - X_A)^2 + (Y_B - Y_A)^2} \tag{9-5}$$

（2）求曲线的水平距离

两点间若为曲线，可将曲线分解为一段段的直线段，分别量测其长度再累加即为曲线长度。若在电子地图上，可以利用软件中距离查询工具来量测，也是同样道理量取其长度。曲线量测一般是用曲线计，曲线计是量测曲线的专门仪器，它由测轮、字盘、指针和把柄四个部分组成。当测轮沿着曲线转动时，指针靠齿轮的机械传动而沿着字盘转动，指针在字盘上所指示的分划数，即表示测轮沿被量取曲线所转动的距离，为了方便，字盘上通常注有几种比例尺的距离划分，以适应被量图幅比例尺的需要。为提高精度，可反复测量几次，取平均值，作为该曲线的长度。若距离量测精度要求不高时，也可以利用一条弹性不大的棉线，沿曲线敷设，在始终点作好标志，再拉直棉线用直尺量测两点间长度。

（3）求地面点的倾斜距离

通常情况下，量测两点之间距离是指水平距离，当需要两点间的倾斜距离即地表距离时，可按上述方式先量测两点的水平距离 D，再根据两点间的坡度角 α，即可计算其倾斜距离

$$S = D/\cos\alpha$$

9.2.4　确定地面坡度

量测时，先量取两点间的水平距离 D 和两点之间的高差 h，就可算出高差 h 和水平距离 D 的比值，即坡度 i。坡度有不同的表示方式，如式(9-6)、式(9-7)、式(9-8)所示。

①坡度率(i)：　　　　　　　　$i = h/D$ (9-6)

②坡度百分率($i\%$)或坡度千分率：$i\% = h/D \times 100\%$ (9-7)

③坡度角(α)：　　　　　　　$\alpha = \arctan(h/D)$ (9-8)

在中小比例尺地形图上，若两点位于等高线上，可利用图纸上的坡度尺，如图9-2所示，量测2~6条相邻等高线间任意方向的坡度。方法是量取两点间的直线距离，根据两点间等高线数量，将该距离和坡度尺上相应条数等高线的距离进行比对，直接读取最相近距离下方相应

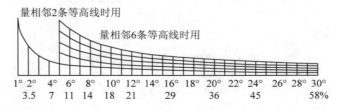

图9-2　坡度尺

的坡度角。若两点间距离超过6条等高线时，需要分段量测。

9.2.5 确定直线方向

①图解法　如图9-1所示，欲求AB边方位角α_{AB}，可先过A点作北方向线N，若精度要求不高时，可在地形图上直接用量角器量测α_{AB}。若是电子地图，可利用软件的量角工具，如AutoCAD中"标注"工具条中"角度"工具来量取α_{AB}。

②解析法　按(9-2)式，先求出A、B两点的坐标(X_A, Y_A)、(X_B, Y_B)，再用式(9-9)计算出AB的坐标方位角α_{AB}，计算时要注意判断α_{AB}的象限。当已知两点坐标，或直线较长，或两点在不同图幅中时，比较适合使用解析法。

$$\alpha_{AB} = \arctan \frac{Y_B - Y_A}{X_B - X_A} \tag{9-9}$$

9.2.6 绘制纵断面图

在进行铁路、公路、隧道和管线等线路工程设计时，为了概预算工程量和坡度控制，需要根据地形图绘制纵横断面图，更直观量化地掌握线路的纵横起伏情况。

假设设计线路从A到B，如图9-3(a)所示，在地形图上作直线AB，与各等高线分别相交，各交点的高程即为相应等高线的高程。

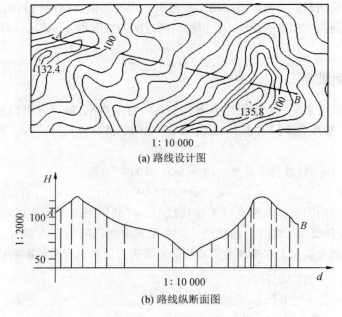

图9-3　根据地形图绘制纵断面图

如图9-3(b)所示，在毫米方格纸或白纸上作相互垂直的坐标轴，横轴表示水平距离d，纵轴表示高程H，为了突出表现地形起伏情况，原点坐标的选取要尽量使断面图在图幅中间，高程比例尺一般为水平距离比例尺的10~20倍。在地形图上量取各交点之间水平距离，按横轴比例尺将各交点转绘在横轴上，接着作各点的垂线，根据各点高程按纵轴比例尺截取相应的长度，然后用平滑的曲线连接这些点，即得到线路 AB 方向的纵断面图。

专业绘制地形图的软件，大多带有绘制断面图的程序，如南方绘图软件 CASS，在电子地形图上利用软件工具条中绘制断面图的程序，拾取数字地形图上设计线路的两端点，即可显示断面图，便捷、精度高。

9.2.7 利用地形图平整土地

在建筑设计和施工过程中都要涉及到场地的平整，进行土石方工程量的预决算。若要将某一区域平整为设计高程的平地，并满足填、挖土方量平衡的要求。首先测绘该区域现状地形图，再在透明纸如聚酯薄膜上绘好方格网蒙在需要平整的区域或直接在地形图上打好方格网，如图 9-4 所示。绘制方格网时综合考虑地形的复杂程度、地形图比例尺的大小和精度要求来拟定方格的边长，一般方格的边长取实地的 10 m、20 m 或 50 m 等。利用第 9 章 9.2 节中确定点位高程的方法求得各方格网顶点的高程注在相应顶点右上方，如图 9-4 中的 72.5、74.6 等。接着按照填挖平衡的原则计算设计高程，根据各顶点高程设计值计算各顶点填、挖高度，再近似计算各方格网填、挖土方量，最后按各个方格汇总的填、挖土方量。

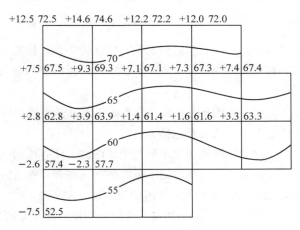

图 9-4 利用地形图平整土地

很多工程建设中，土地平整的设计面并不是水平面，而是根据地形设计成有一定坡度的倾斜面或台阶面，同样根据土方量最少和填、挖基本平衡的原则或特殊要求，确定不同位置的设计高程和斜面的坡度，从而根据设计高程和斜面坡度绘制倾斜面的设计等高线图。然后在地形图上绘制方格网，采用内插法，根据倾斜面的设计等高线图求得各方格网顶点的设计高程，根据原有等高线图求得各方格网顶点的地面高程，再根据方格网计算填、挖土方量，只是后者更复杂，如台阶式地面要分块计算等。

在专业数字地形图成图软件中，如南方绘图软件 CASS，利用数字地形图根据需要可生成数字地形模型、等高线、横断面和方格网，再选择相应的土方量计算方式，设置场地平整的设计高程，从而计算土方量。

本部分仅简要介绍地形图在土地平整中土石方计算方面的应用，请参阅第 11 章第 11.1 节了解具体计算过程和方法。

9.3 地形图在野外调查中的应用

9.3.1 准备工作

利用地形图在野外进行林业资源普查、土地利用现状调查等科研生产活动时，就必须掌握在野外实地使用地形图的基本技能。野外用图主要是对照实地进行定向、定位和读图、填图等，其中地形图的野外定向、定位是使用地形图的基本技能。

野外调查之前，首先要根据调查的目的和调查内容，收集相应区域的地形图资料，选择合适比例尺的地形图，如森林资源二类调查一般选择1:1万比例尺的地形图。其次要准备野外应用需要的基本量测工具和制图工具，如罗盘仪、直尺等。再者要具备地形图识读和应用的能力，通过一定的专业训练，能识别地形图上的符号及其相互关系，能利用仪器设备进行地形图的定向定位和勾绘调查区域在图上的相应范围线。

9.3.2 地形图定向

地形图实地定向就是旋转地形图的摆向与实地方位保持一致，使图上地物符号与地面上相应的物体以及它们之间的相互关系保持一一对应，从而便于读图和标定目标点。

（1）利用罗盘定向

在野外，常用罗盘来定向，如图 9-5 所示，为了避免磁针受干扰，使用时应远离铁轨、高压线等地物。利用罗盘仪定向的方法主要包括：

①根据磁子午线定向　国家标准比例尺地形图南北图廓上注有磁南、磁北，两点的连线即为磁子午线。定向时将罗盘的南北方向线与磁子午线平行或重合，然后慢慢旋转地形图，使磁针北端对准度盘上 0°分划线，此时地形图的方向即与实地方向一致。

②根据真子午线定向　定向时将罗盘上的南北方向线与地形图上东西内图廓线平行或重合，依据"三北"方向图的磁偏角角值转动地图，使磁针偏角与磁偏角大小相等，则地形图定向完成。

③根据坐标纵线定向　将罗盘南北方向线与坐标纵线（公里网格纵线）平行或重合，依据"三北"方向图的磁坐偏角值转动地图，使磁针北端偏角等于磁坐偏角值，则地形图定向完成。

（2）利用直长地物定向

利用地面上线状地物（如铁路、公路、河岸线等）来标定地图，先在地图上找到这些地物符号的位置，并对照两侧地形使其与实地概略相符；再转动地图，使地图上地物符号与实地线状地物的方向一致，地形图即可定向。

（3）利用明显地形点标定

先确定站立点在图上的位置，再选定远方 2~3 个在实地和图上都能确定的明显地形点（如高大建筑物、山顶、独立物等），将直尺边切于图上的站立点和其中 1 个地形点上，转动地图，通过直尺边照准实地明显地形点，利用其他地形点进行检核，地图即被定向。

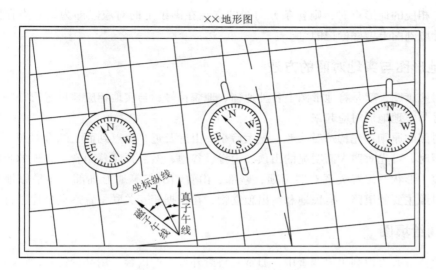

图 9-5 利用罗盘进行地形图定向

9.3.3 确定站立点在图上的位置

实地使用地形图时,首先是标定地图方向,其次还需要确定站立点在图纸上的位置,才能利用目标点与站立点的相对关系在图纸上标定目标点。

(1) 利用明显地形点

当站立点在明显的地形点上或其附近时,在图上找出该地形点所对应的符号,根据站立点与明显地形点之间的相互关系即可确定站立点在图上的位置。

(2) 利用截线法

站立点在线状地物(如道路、堤岸等)上时,可采用截线法确定站立点。标定地图方向后,在线状地物一侧选择图上和实地都有的一个明显的地形点,可以在图上相应的地形点上插上细针,利用直尺边切于该地形点(或细针)上,转动直尺瞄准实地相应地形点,并沿直尺边向后划直线,该直线与线状地物的交点即为站立点。

(3) 利用后方交会法

当站立点处或附近没有明显地形点时,可采用后方交会法。先标定地图,在远方找到两个或两个以上实地和图上都有的明显地形点,可在图上相应的位置插上细针,利用直尺边分别切于两个或两个以上该地形符号的主点(或细针)上,并转动直尺另一端,瞄准所对应的实地地物,瞄准后沿直尺边向后划方向线,两个或两个以上方向线的交点即为站立点在图上位置。

(4) 利用透明纸后方交会法

如果为了避免在图纸上直接画线,又需要精确标定站立点时,可用透明纸交会法。先选择图上和实地都有的三个或三个以上明显的地形点,将透明纸固定在图板上,在大致中间的位置插上细针,再用直尺紧靠细针,不动图板,转动直尺依次瞄准选定的地形点,并划方向线,并在各方向线的末端注记该地形点的名称。然后取下透明纸蒙在图上,移动透明纸使每条方向线都通过图上相应的地形点时，则各条方向线的交点在图纸上的对应点即为站立点在图上的位置，用细针刺到图上做好标记即可。

9.3.4 地形图与实地对照的方法

实地对照读图，就是将地形图上各种地物、地貌符号，与实地相应地形进行一一对照，把图上的符号与实地地形对应起来。

地形对照的原则：先特殊后一般，先大后小，由远及近，由点到面，综合对照。在山地和丘陵地对照时，可先对照大而明显的山顶、山脊、谷地，然后再顺着山脊、谷地的走向，根据方向、距离、形状及位置关系对照山顶、鞍部、山脊、山谷等地形细部。在平原地形区对照时，可先对照主要的道路、居民地和突出独立物，在根据相互关联位置逐点分片进行对照。

9.3.5 调绘填图

在林业资源或土地利用等调查中，通常要将野外调查的内容，用某种符号（如文字、颜色、网纹等）标绘在图上，称为野外填图。野外填图时，要求标绘内容清晰易读、位置准确、符号简明、字体端正、图面整洁、配置合理。

(1) 准备工作

根据调查研究的目标，确定需要填图的内容及相应内容指标的表示方式，并确定填图的精度要求，即最小图斑的面积。野外调查前，在室内确定填图区域的范围，利用最新地形图了解填图区域的概况，设计好调查计划和填图的路线，准备好野外填图仪器、工具和必要的防护措施。

(2) 填图的方法和步骤

在野外，利用前述的方法，对地形图进行定向和标定站立点的位置，根据站立点和目标点的相互关系，在站立点上利用标绘地形点的各种方法，标绘目标点的位置，再根据设计好的表示方式进行加绘符号。如果是线状目标，先标定线路上转折点在图上的位置，再连线后加绘符号；如果是面状目标，先标定面状轮廓上转折点在图上的位置，连接转折点勾绘出轮廓图形再加绘符号。

当目标较远或不易到达时，可在附近两个站立点上利用前方交会法标绘目标。两个站立点的连线和站立点与目标点之间的连线夹角应控制在 30°~150°。先在图上标定第一个站立点的位置（可插上细针），用直尺边切于该点（或细针）上，向目标瞄准并沿尺边向前划方向线。在第二站立点上用同样方法也划出方向线，两方向线的交点就是目标的图上位置，再加绘相应的符号即可。

(3) 图面整饰

当外业填绘工作完成后，转入室内内业处理，先将野外工作成果转绘到新的图幅上，按规定的符号（颜色、网纹、文字等）绘制调查的内容，并制作图例对符号加以说明。其中图面的配置和整饰是一个很重要的环节，直接影响到成果的表达效果。图面配置就是图面内容的安排，对调绘区域加绘图廓、注记图名及相关文字说明时要考虑到整个图面的整体感，力求搭配得当、整体统一、视觉平衡、协调美观。

内业处理部分，若是先将野外成果图通过扫描获得栅格图像，再利用专业软件来操作就更加便捷。如在 MapInfo 中，先调出栅格成果图进行配准，按照要表示的内容建立多个新图层，根据底图，利用工具条，在不同图层中先描绘目标，再加绘符号。全部绘制结束后，对图面进行配置和整饰，即得到相应的电子专题地图，最后是打印输出。ArcCAD 及其他专业软件是目前调绘填图内业处理的主要方式。

9.4 面积测量

面积测量是工程建设中一项基本测量工作，可以通过地面实测或在地形图上量测。利用地形图量测面积，是地形图应用中一项非常重要的内容和技能，如规划区域面积量算、汇水面积量算、纵横断面面积量算、农业建设中的耕地面积量算以及林业资源调查中的林班面积量算等。利用地形图量测面积，有解析法、图解法、求积仪法、屏幕数字化法等。

9.4.1 解析法

解析法，即坐标法，是根据图上任意多边形的顶点坐标来计算实地水平面积的一种方法，其量测精度取决于顶点坐标的量测精度。多边形的顶点坐标可按本章第 9.1 节的方法直接求测，若将地形图通过扫描、定位、矢量化，然后利用专业应用软件（如 Mapinfo、ArcGIS、南方 CASS 等）来进行求测，其原理也是解析法。

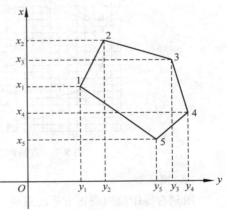

图 9-6　坐标解析法

如图 9-6 所示，1、2、3、4、5 为 P 多边形的顶点，各点坐标已测定，则多边形面积可由多个梯形面积相加或相减得到，即：

$$P = \frac{1}{2}(x_1 + x_2)(y_2 - y_1) + \frac{1}{2}(x_2 + x_3)(y_3 - y_2)$$
$$- \frac{1}{2}(x_3 + x_4)(y_3 - y_4) - \frac{1}{2}(x_4 + x_1)(y_4 - y_1)$$

将上式加以整理，得

$$P = \frac{1}{2}[x_1(y_2 - y_4) + x_2(y_3 - y_1) + x_3(y_4 - y_2) + x_4(y_1 - y_3)]$$
$$= \frac{1}{2}[y_1(x_4 - x_2) + y_2(x_1 - x_3) + y_3(x_2 - x_4) + y_4(x_3 - x_1)] \tag{9-10}$$

将式(9-10)推广至任意 n 边形，则可以写出坐标解析法计算面积的通用式(9-11)。

$$P = \frac{1}{2}\sum_{i=1}^{n} x_i(y_{i+1} - y_{i-1}) = \frac{1}{2}\sum_{i=1}^{n} y_i(x_{i-1} - x_{i+1}) \tag{9-11}$$

式(9-11)中，当 $i = 1$ 时，$i - 1 = n$；当 $i = n$ 时，$i + 1 = 1$，适用于顺时针编号的多边形。多边形点号若按逆时针方向顺序编号，计算结果求绝对值。

9.4.2 图解法

(1) 方格网法

该方法常用于较小面积的曲线状图形，如图 9-7 所示。为测定不规则图斑面积 P，将标准透明方格纸或手绘聚酯薄膜方格网覆盖到图形 P 上面，通过数方格数和图纸比例尺求出图形面积和实地面积。具体方法：先数出图形 P 内的整方格数 N，然后数出边缘上不完整的方格数，经凑整为 n，由此求得图形包含的方格总数为 $N+n$ 个。则图形 P 所代表的实地水平面积如式 (9-12)。该方法的精度取决于方格网绘制质量、方格的大小和方格凑整的质量。

$$P = (N+n) \cdot s \cdot M^2 \tag{9-12}$$

式中　s——每个小方格的图形面积；
　　　M——图形比例尺分母。

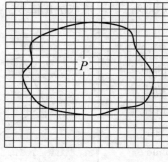 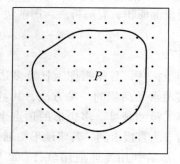

图 9-7　方格网法　　　图 9-8　网点法

(2) 网点法

用刻有等距排列成正方形的点的透明纸或聚酯薄膜蒙在不规则图形上，如图 9-8 所示。先数图形内的点数 N，再数轮廓线接触的点数 n，则图形实际面积如式 (9-13)。

$$P = \left(N + \frac{n}{2}\right) \cdot s \cdot M^2 \tag{9-13}$$

式中　s——每点所代表的图形面积；
　　　M——图形比例尺分母。

(3) 平行线法

先在透明纸或聚酯薄膜上画出间隔相等的平行线，将其覆盖在图形上，则待测图形被平行线分割成若干近似等高三角形和梯形，如图 9-9 所示。分别量测图形截割的各平行线长度分别为 l_1, l_2, $\cdots$, l_n，三角形和梯形的高 h 为平行线间距，则不规则图形面积为式 (9-14)。

$$P = \frac{1}{2}[l_1 + (l_1 + l_2) + \cdots + (l_{n-1} + l_n) + l_n]$$

$$= h \sum_{i=1}^{n} l_i \tag{9-14}$$

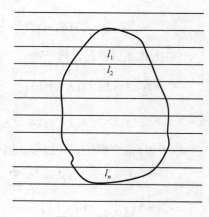

图 9-9　平行线法

(4)几何图形法

几何图形法是将待测的不规则图形分成若干个简单规则的几何图形如三角形、梯形、长方形等,用直尺量出各个图形的面积计算元素,然后根据几何图形标准公式计算面积,各图形面积之和即为待测图形的总面积。

9.4.3 求积仪法

求积仪是专门用于图形面积量算的仪器,可分为机械求积仪和电子求积仪两大类。由于求积仪在实际工作中应用越来越少,故以简要介绍电子求积仪为主。

(1)机械求积仪

机械式求积仪主要由极臂、航臂、读数机件三部分组成。如图 9-10 所示,极臂的长度是固定的,其一端有一重锤,重锤下端有一短针,使用时借以刺入图纸起固定作用,称为极点。另一端有一圆头短柄,插入极臂的接合孔内,把两臂结合起来,可以活动。航臂也称描图臂,其一端有一航针,旁边附有手柄及支柱,使用时,手持手柄,使航针沿图形轮廓绕形。另一端装有一套读数机件,可在航臂上滑动,以此调节航臂长度。读数机件如图 9-10 所示,由读数盘、测轮,游标三部分组成。当描图臂(航臂)绕图形轮廓线移动的时候,测轮随之转动,测轮转动一周,读数圆盘转过一格,转到终点时,在读数盘上读取面积读数。

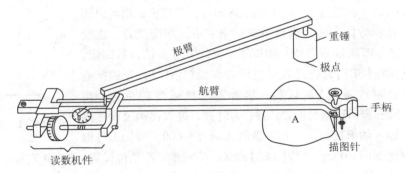

图 9-10 机械求积仪

(2)电子求积仪

①电子求积仪,也称数字求积仪。电子求积仪与机械求积仪相比,它的功能更多,面积测定范围更大,精度更高,使用更简便。电子求积仪有定极式和动极式两种,使用较多的是动极式求积仪。

以日产 X – PLAN 360C Ⅱ型电子求积仪为例。X – PLAN 360C Ⅱ型电子求积仪主要由电源开关(操纵杆固定控制器)、描迹杆、描迹镜、高摩擦性测定轮、LCD 液晶显示屏、操作键配置盘和小型打印机构成,各部件的许多功能键和指示装置,如图 9-11 所示。

②面积量测方法 现有一个由直线和曲线组成的不规则图形,比例尺为 1:1 000,如图 9-12,利用 X – PLAN 360C Ⅱ求测面积。具体操作步骤如下:

第一步,开启电源,同时松开操纵杆固定控制器,使描迹杆转动灵活;第二步,测试准备。将图纸水平固定在图板或台面上,把测定轮置于图板中适当位置,描迹镜大致放在图形中

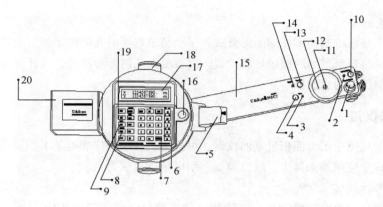

图9-11　X-PLAN 360CⅡ型电子求积仪

1. START/POINT键　2. 连续式操作显示灯　3. 圆弧式操作显示灯　4. 圆弧式操作选定键
5. 电源开关(操纵杆固定控制器)　6. 四则混算键/功能键　7. 标注指示键　8. +∑(累加)
9. +M(累加储存)　10. 连续式操作选定键　11. 描迹对准点　12. 描迹镜　13. 误操作取消键
14. 操作可能显示灯　15. 描迹操纵杆　16. 显示对比度调整　17. 液晶显示屏(16位数×2行)
18. 高摩擦性测定轮　19. 操作键配置盘　20. 小型打印机 16b(有自动检知功能)

央，然后沿图形边线绕转2~3周，以检验移动是否平滑，并判断是否超出求积仪的最大测量范围(上下方向38 cm)，若超出，则可以调整测定轮的位置和方向，使之满足要求；第三步，功能设置。连续按【SET】键，进入面积量测功能【AREA】，按【YES】确认；第四步，单位设置。连续按【SET】键，进入单位设置界面【UNIT】，先选择适当的单位制(公制或英制)确认后，接着再选择适当的单位，按【YES】确认；第五步，比例尺设置。按【SET】键，进入比例尺设置界面【SCALE】，输入图形比例尺。先输横向比例尺1 000，按【YES】确认，再输纵向比例尺1 000，再按【YES】确认；第六步，小数位设置。按【SET】键，进入小数位设置界面【D.P】，输入2，则最终测量结果将保留两位小数；第七步，面积测量。设置完毕，开始进行面积测量操作。把描迹镜对准点移到起点A，并按【S/P】键(开始/定点)，屏幕显示0.00，提示可以开始测量。把描迹镜对准点移至B点，按【S/P】键；描迹镜对准点移至C点，因为点C和点D之间是曲线，在C点按【CON】以连续模式跟踪曲线，这时连续式操作显示灯将呈现红色，用描迹镜对准点准确跟踪C至D点之间的曲线。到了D点，因为DA之间是直线，在D点按【CON】，返回点方式，指示灯熄灭，把对准点移至终点A按[S/P]键，这时会发出两声鸣笛，测量自动完成，显示屏上显示的数据也被锁定，不再发生变化，显示数据即为图形所代表的实地面积。

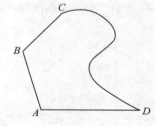

图9-12　测量区域

③面积量测精度及注意事项　X-PLAN 360CⅡ电子求积仪适于量取各种形状的图形面积，量测快速准确，标称精度可达万分之一。为了提高面积量测精度，操作中应注意以下几点：

第一，图纸和台面是否平整、光滑，以保证测定轮自由转动；图纸是否稳定不动，以保证始终点不会发生位移；第二，描迹时，起点应选在测定轮转动较慢的特征点上，易于识别和返回；第三，描迹时，描迹镜对准点要严格沿图形边线行进，避免跑线，牵引力量要均匀平拉，不要提起和下压；第四，对于大图斑，如果超出求积仪最大测量范围，可以分成多块分别测定。

9.4.4 屏幕数字化法

获取纸质地形图的图形面积还可采用地图数字化的方法，先将地形图数字化，可得到不同区域的图斑，利用软件提供的面积查询工具，即可得到该图斑的面积。地图数字化方法按采用不同的数字化仪分为手扶跟踪地图数字化和扫描屏幕数字化。这里仅介绍常用的屏幕数字化法。

地图扫描屏幕数字化，是利用扫描仪将地图扫描成由像元灰度值组成的栅格数据，在软件的支持下，采用人机交互与自动跟踪相结合的方法将栅格数据矢量化，以完成地图屏幕数字化。

支持地图矢量化的软件有很多，常见的有 ArcGIS、MapInfo、MicroStation、南方 CASS 等。下面以在 MapInfo 中进行地图矢量化的过程作简单的介绍，具体操作步骤可参考相关书籍。

①打开 MapInfo 软件，调入扫描后的栅格图像，选择四个内图廓点或分布均匀的已知控制点进行图像配准，输入图上坐标(Y, X)，实现图上高斯平面直角坐标系和屏幕坐标系的转换，选择合适的投影类型和单位；②按地图要素建立图层，定义字段，并选择字符类型和长度；③选择相应图层，开始数字化。数字化公共边时可利用"snap"功能和借助"shift"按钮来捕捉和跟踪；④数字化完地图相应图斑后，双击该图斑，即可显示该图斑的实地面积。

9.4.5 确定斜坡面积

若要计算地表斜面积，就是要考虑到地表的坡度。假设需要量测的区域坡度均匀，根据本章 9.2 节中介绍坡度的量测方法，沿地表的坡度方向，量取该方向上任意两点间的坡度 α，即为该地表的坡度；又根据本章 9.4 节中介绍地形图上面积的量测方法，可获得该区域的水平面积 S，则该区域的地表斜面积可按公式(9-15)计算。

$$S' = \frac{S}{\cos}\alpha \tag{9-15}$$

式中 S'——地表斜面积；
S——水平面积。

测区坡度不均匀时，若坡度起伏不大，可以量测多处坡度取平均值，据此近似计算地表斜面积。当坡度起伏较大时，可以按坡度的大小将量测区域进行分块，分区域计算各块的斜面积，再统计总面积，可提高量测的精度。

9.5 地形图修测

9.5.1 概述

各种比例尺地形图都有时效性，只能反映测图时的地物、地貌状况，随着时间推移和工农业建设，地形在不断发生变化，大比例尺地形图更新速度更快，为了保证地形图的现势性，需要进行修测。地形图修测就是在已有地形图基础上，将局部地物、地貌发生改变的地方进行重测替换，以及根据新图式更换地物符号。一般来讲，地形图修测主要包括以下内容：

①重测替换局部地区已经发生改变的各种地物符号和地貌符号。如拆迁改建的房屋、道路以及新开挖的山体等。

②测定新增的地物位置，用最新的图式符号表示。如新建校园的房屋、道路、及各种管线设施等。

③对于位置、界线未变但性质发生改变的地物，则去掉原来的符号，用新地物符号代替，同时修改相应的文字注记。如稻田变成果园、荒地变成苗圃等。

9.5.2 地形图修测方法

（1）准备工作

①准备工作　将要修测的地形原图，复制到白纸或聚酯薄膜上，得到二底图，如果是数字化图，则可以直接输出，作为工作底图。对于工作底图，首先应进行图廓线、方格网的检查，其误差不超过 ±0.3 mm 时，方可使用。

②实地踏勘　携带工作底图到测区进行实地踏勘，首先了解测区地形变化情况，对于已经不存在的地物应在图上画上"×"号。其次是寻找地形图上原有的控制点，如等级控制点、水准点、导线点和图根点等，并调查核实点位是否发生变动，经核实后，在工作底图上标明点位，作上明显记号，这些点是修测时将加以利用的控制点。然后核查测区内未发生变化的突出地物目标，如大型建筑物的屋角、独立树、高压电杆、道路交叉点等。通过反复确认核查，作上记号，也可作为修测时的控制点用。但利用明显地物点作为控制点，必须注意地物符号的定点位置。比例符号的轮廓线就是物体位置，而非比例符号的定位点，一般是图形的几何中心或底部中心。

（2）修测方法

如果修测区域有数字原图，则修测时采用数字测图方法，布设控制点和图根点，利用测距经纬仪、全站仪或者 GPS – RTK 技术直接测定变化了的地物、地貌三维坐标信息来更新原图。修测时，首先考虑利用原图已有控制点，使修测坐标与原有坐标保持一致；如有困难，也可以采用独立坐标系统，这时，除测定变化的地形外，还至少要测定两个或两个以上未发生变化的突出地物目标，使修测坐标与原图坐标建立联系，以便地形图的拼接。下面介绍几种基于有数字原图的修测方法：

①距离交会法　测量新增地物时，可利用附近 2~3 个固定旧地物点，分别量出新旧地物点间的实地水平距离，然后按原图比例尺换算成图上距离进行交会，定出新增地物位置。如图9-13 所示，交线夹角以 30°~150° 为宜，最好用三个点进行交会和检查，如受条件限制，只能用二个点交会，还需用其他办法进行校核，如在图上量出新增地物长度 D_{12}，看是否与实测长度相符，其允许误差为图上的 0.6 mm。

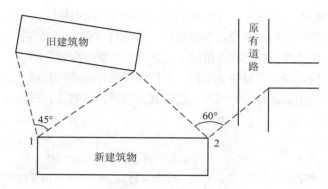

图 9-13 距离交会法

②支距法 利用距离交会法测定新地物时,交角太大或太小,距离太远,都会产生较大的作图误差。当新旧地物距离较近,可以量算法。如图 9-14 所示,新增水渠,可利用已有道路应用支距量算法测定。在实地,分别量出水渠特征点 A、B、C(端点或转变点)到已有道路的垂距 $A1$、$B2$ 及 $C3$;然后再量出道路交叉点 O 至三个垂足点的距离 $O1$、$O2$ 和 $O3$。在图上,自道路交叉点 O 按 $O1$、$O2$ 和 $O3$ 的图上距离沿道路定出 1、2、3 三点,然后分别过 1、2、3 作道路的垂线,按 $A1$、$B2$ 及 $C3$ 的图上距离定出 A、B、C 点,便可得到新增水渠位置。

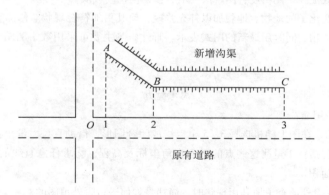

图 9-14 支距法

③自由设站法 当直接利用明显旧地物点测定新地物有困难,或者新增地物较多时,需要在新地物附近选择合适位置作为测站来进行测量,并把测站位置标定在图上,即自由设站法。

若是利用经纬仪进行测图,自由设站法中确定测站点的位置的方法有距离交会法、经纬仪后方交会法、前方交会法等。经纬仪后方交会法是在测站 A 用经纬仪瞄准三个明显旧地物点,如图 9-15 所示,测出夹角 α、β;接着在透明纸上任定一点 A 作为顶点,根据 α 及 β 角用量角器画出三条方向线,再将透明纸蒙在旧图上,使各方向通过相应的地物,确定 A 点的图上位置;定出 A 点

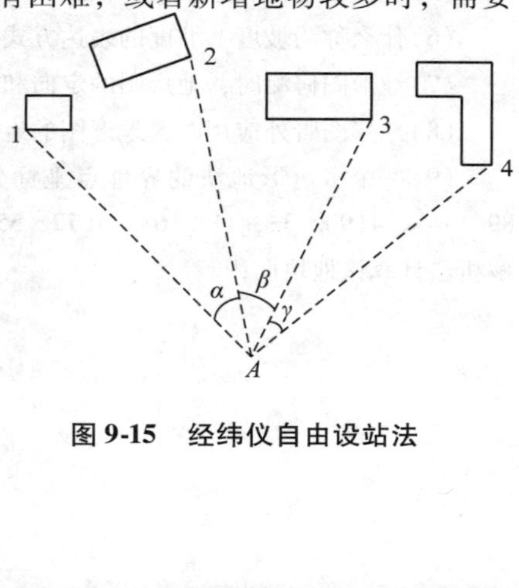

图 9-15 经纬仪自由设站法

后，在图上量出 A3 与 A4 的夹角 γ，与实测角度进行比较，利用第四个地物点进行检核。

现在常用全站仪中内置的自由设站程序模块，进行自由设站。先在图纸上量测出 3 个或 3 个以上明显旧地物点的三维坐标；在合适地方选择测站位置，架设全站仪，选择自由设站程序模块，根据提示分别输入两个旧地物点坐标，并同时照准目标进行测量，仪器即可解算出测站点坐标；利用解算出的坐标进行设置测站，观测其他明显旧地物点，进行坐标数据比对，检验测量精度。

本章小结

不同比例尺的地形图在工程建设、国防建设、城市规划以及科学研究中发挥着重要作用，利用地形图可方便地求测任一点位的坐标、高程，任一直线的距离、方位和坡度。利用地形图还可以设计等坡线、选择确定最短路线，绘制某一线路方向的纵断面图，计算土石方量等。

地形图的野外应用技能主要是实地定向、定位，在此基础上再进行调绘填图等工作。定向可利用罗盘、线状地物、明显地形点进行，根据实际灵活选用；确立站立点位置（定位）主要依据明显地形地物点，或者采用侧方交会、后方交会法。

面积量算是地形图应用的一项最重要内容之一。主要方法有坐标解析法、图解法、求积仪法、控制法。坐标解析法具有最高精度，如果结合现代计算机技术，其优势更加明显；当利用求积仪量测时，最好采用控制法，可有效提高量测精度；图解法灵活方便，但精度较低。

地形图修测是将变化了的地物、地貌加以补充修改，使其更加符合现状。修测重点是删除已不存在的地物，测定新增的地物，同时用最新的图式表示。野外修测主要可采用数字测图法、距离交会法、支距量算法和设站法。

思考题九

（1）地形图有哪些用途？

（2）找一幅地形图，在图上随机选择 3~5 个点组成闭合图形，借助直尺、量角器等工具，练习地形图的室内应用，主要包括：①量测这些点的平面直角坐标及高程；②求任意直线的坐标方位角和坡度；③求该多边形的实地面积。

（3）利用地形图在野外调查土地利用现状时，简述是如何进行野外填图的？

（4）地形图面积量算的方法主要有哪些？各有什么优缺点？各适用于什么场合？

（5）机械求积仪和电子求积仪主要由哪几个部分组成？操作时应注意什么问题？

（6）什么称为坡度？坡度的表达方式有哪些？

（7）地形图修测时，地形图的定向和定位是基本的工作，分别阐述其方法有哪些？

（8）地形图野外应用时，地形图的定向和定位是基本的工作，分别阐述其方法有哪些？

（9）一个多边形地块的界址点坐标分别为 1(52.03，33.67)、2(76.55，55.63)、3(120.42，89.74)、4(90.33，115.68)、5(72.55，80.72)、6(56.02，50.88)。请根据各界址坐标采用坐标解析法计算该地块面积。

第 10 章 园林工程施工测量

施工测量是园林工程测量的任务之一。

本章主要内容包括：施工放样的基本要求，施工放样的基本工作，测设点位的基本方法，施工控制测量方法，园林建筑物、水体、园路、堆山、树木定位等测设的基本方法，地下管道工程测量内容和方法。

10.1 概述

把图纸上设计好的建筑物或构筑物的位置，利用测量仪器和辅助工具在地面上标定出来，这项工作称为施工放样，也称为测设。

10.1.1 施工放样原则

为确保施工放样的精度，施工放样必须遵循"由整体到局部""先控制后细部"的原则。因此，在施工放样之前，应在建筑场地上建立平面和高程控制网。根据施工控制网，首先测设建筑物的主轴线，以此控制建筑物的整体位置，然后再根据主轴线测设建筑物各细部轴线和细部点的位置。

10.1.2 施工放样特点

施工放样的精度一般比测图的精度要求高，特别是测设细部的精度高于测设建筑物整体位置的精度。例如，测设水闸中心线（主轴线）的误差不应大于 1 cm，而闸门相对于中心线的误差则不能超过 3 mm。因为对于中小型工程，测设主轴线如有误差，仅使建筑物整体偏移一微小位置。但当主轴线确定后，以此为依据测设建筑物细部时，必须保证各细部的相对位置准确，否则达不到设计要求，可能造成建筑物不能安全使用。

施工放样的精度还与建筑物的大小、结构形式和建筑物材料等因素有关。例如，钢筋混凝土工程的施工放样精度要比土石方工程要求高，而金属结构物的安装放样精度要求更高。在施工放样时，应根据不同的放样对象，选用不同的测量仪器和测设方法，以保证施工放样的精度。

施工放样易受其他工种施工的干扰。施工放样时要与其他工种密切配合，要根据工程施工的进展情况，及时进行各种放样工作，提供施工依据。同时要注意保护测量标志，随时进行检查，防止受到破坏，否则发生错误将影响工程施工和工程质量，甚至造成不可挽回的经济损失。

10.1.3 园林工程施工测量的任务

广义的园林工程是指园林建筑设施与室外工程，包括山水工程、道路桥梁工程、假山置石工程、园林建筑设施工程等。其中，山水工程主要指园林中改造地形、模山范水、创造优美环境和园林意境的工程，如堆山叠石、建造人工湖、驳岸、跌水、喷泉以及理水工程等。道路桥梁工程主要指园林中的主园路、次园路、游步道、园桥及汀步石等。园林建筑设施工程包括游憩设施（亭、廊、榭、舫、厅、堂、楼、阁、栏杆、雕塑等）、服务设施（餐厅、酒吧、茶室、接待室、售票房等）、公共设施（电话、通信、导游牌、路标、停车场、供电及照明、饮水站、厕所等）、管理设施（大门、围墙、办公室、变电室等）。

园林工程施工测量的任务是按照图纸设计的要求，把园林建筑物与室外工程的平面位置和标高测设到地面上，主要包括园林建筑物测设、园林工程（园路、水体、堆山）测设、树林种植定位放样和园林地下工程施工测量等。

10.1.4 施工坐标与测量坐标的换算

对于大中型建筑场地，为了便于设计和施工，经常采用以主要建筑物的主轴线为坐标轴，建立施工坐标系，所建立的施工坐标系与测量坐标系并不一致。因此，在测设之前，应将施工控制网的主点施工坐标换算成测量坐标。如图 10-1 所示，将建筑施工坐标换算为测量坐标，按式（10-1）计算。

$$\left.\begin{array}{l} x_p = x_0 + x'_p\cos\alpha - y'_p\sin\alpha \\ y_p = y_0 + x'_p\sin\alpha + y'_p\cos\alpha \end{array}\right\} \quad (10\text{-}1)$$

式中 x_p, y_p —— P 点在测量坐标系内的坐标；

x'_p, y'_p —— P 点在施工坐标系内的坐标；

x_0, y_0 —— 施工坐标原点在测量坐标系的坐标；

α —— 测量坐标轴与施工坐标轴间的夹角。

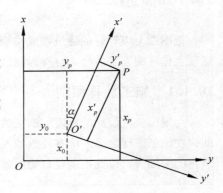

图 10-1 坐标变换

主点的施工坐标，一般由设计单位提供，也可以在设计的总平面图上用图解法求得。对于同一建筑区，其 x_0, y_0, α 的数值一般是个常数。

10.2 施工放样的基本工作

施工放样的基本工作主要包括水平角度测设、水平距离测设和高程测设。

10.2.1 水平角测设

水平角测设就是在地面上确定一方向，使该方向与已知方向所夹的水平角等于给定的水平角度。

10.2.1.1 一般测设方法

设地面上已有 OA 方向，如图 10-2 所示，在 O 点测设第二方向 OB，使 $\angle AOB = \beta$。测设时，将经纬仪安置于 O 点上，首先用盘左位置照准 A 点，且配置水平度盘为 $0°00'\times\times''$，旋转照准部使度盘读数为 $\beta + 0°00'\times\times''$，在视线方向上定出 B' 点，然后倒转望远镜变为盘右位置，同法在地面上定出 B'' 点，取 B' 和 B'' 的中点 B，则 $\angle AOB$ 即为要测设的 β 角。这种方法称为正倒镜分中法。

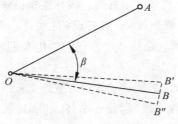

图 10-2 水平角放样的一般方法

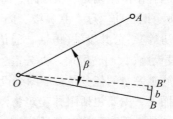

图 10-3 水平角放样的精确方法

10.2.1.2 精确测设方法

当水平角测设的精度要求较高时,可采用垂线改正法。如图 10-3 所示,在 O 点安置经纬仪,先按一般方法测设出 β 角,在地面上定出 B' 点,然后对 $\angle AOB'$ 进行多测回观测(一般测四个测回),取平均值得 β_1,则改正值为 $\Delta\beta = \beta_1 - \beta$,即可根据和 OB' 和 $\Delta\beta$ 的长度,计算出垂直改正距离 b,如式(10-2),由 B' 开始作 OB' 的垂线,在垂线方向上量取 b 确定出 B 点,$\angle AOB$ 即为欲测设的。

$$b = OB' \cdot \tan \Delta\beta = OB' \cdot \frac{\Delta\beta''}{\rho} \tag{10-2}$$

【例 10-1】 欲放样 $\angle AOB = 50°$,先按一般方法放样 $\angle AOB'$,然后在 O 点安置经纬仪,对 $\angle AOB'$ 进行 4 个测回的观测,其平均值为 $49°59'48''$,设 $OB = 100$ m,试计算垂线改正值 b。

解:$\Delta\beta = 49°59'48'' - 50° = -12''$

$$b = 100 \times \frac{12''}{206265''} = 0.006 \text{ m}$$

所以,在 B' 点上沿垂线方向向外量 6 mm 即可得到 B 点。

10.2.2 水平距离测设

水平距离测设是从地面上已知点开始,沿已知方向标出另一点的位置,使两点间的水平距离等于已知距离。

10.2.2.1 一般测设方法

当测设场地较平整、距离不太长时,可用钢尺从已知点开始,根据给定的距离,沿已知方向确定直线终点,打下木桩,在桩顶作出标记。为了校核应返测一次,取其平均值。以其平均值为准,在原方向线的木桩上向内或向外改动并做出标记,作为直线的终点。

10.2.2.2 精确测设方法

当测设场地高差起伏较大、距离又较长时,可采用测距仪(或全站仪)配合钢尺"逐点趋近法"进行放样。方法是将测距仪安置于地面上已知点,照准给定方向,指挥棱镜安放于确定的方向线上,先测出距离值 D',并得出改正值 $\Delta D = D' - D$,当 ΔD 较大时,可根据 ΔD 的符号和大小移动棱镜,直至 $\Delta D < 20$ cm,此时用钢尺沿确定方向从安放棱镜点丈量 ΔD,得到放样点位,将棱镜移至该点,再测出距离值,并计算改正值,直到满足精度要求为止。

10.2.3 高程测设

高程测设就是放样出地面上确定点位的高程,使其高程等于设计高程值。

10.2.3.1 高程放样

把设计高程放样到已知点位上,是根据附近的水准点用水准测量的方法,在已知点位上标出设计高程的位置。方法是将水准仪安置于水准点和放样高程的点位之间,观测水准点上水准尺的读数 a,计算出视线高 $H_i = H_{BM} + a$,利用视线高和设计高程计算出放样点位水准尺的放样数据 $b = H_i - H_{设}$,然后在放样点位上竖立水准尺,通过上下移动,使其水准尺读数等于 b,此时水准尺底端位置即为设计高程位置。

【例 10-2】 如图 10-4 所示，设水准点 M 的高程为 109.520 m，欲测设 N 点的高程为 109.800 m，安置水准仪于 M、N 之间，后视 M 点上的水准尺读数 $a = 1.544$ m，计算视线高 H_i 和在 N 点上水准尺应该读数 b。

解：$H_i = H_{BM} + a = 109.520$ m $+ 1.544$ m $= 111.064$ m
$b = H_i - H_设 = 111.064$ m $- 109.800$ m $= 1.264$ m

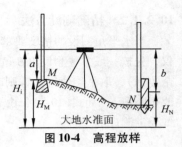

图 10-4 高程放样

10.2.3.2 高程传递放样

高程放样中，有时放样点与已知水准点的高差特别大，这时需先把高程传递到坑底或高处的临时水准点上，这种工作称为高程的传递，然后再用临时水准点进行放样。

如图 10-5 所示，设 A 为地面上的已知水准点，欲将高程传递到坑底的临时水准点 P 上，先在基坑边埋设一吊杆，上面悬挂钢尺并使零点向下，在钢尺下部挂一个 1~2 kg 的重锤。观测时用两架性能相同的水准仪，一架安置在地面上，读取 A 点上的后视读数和钢尺上的前视读数；另一架水准仪安置在坑底部，读取钢尺上的后视读数和 P 点水准尺上的前视读数，则 P 点高程如式(10-3)。若把低处高程传递到高处，则可以用同样的方法进行测设。

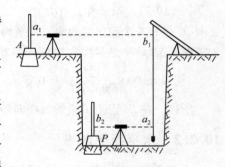

图 10-5 高程传递放样

$$H_P = H_A + (a_1 - b_1) + (a_2 - b_2) \tag{10-3}$$

10.3 测设点位的基本方法

测设点的平面位置是距离放样和水平角放样的联合应用，应根据控制网的布设形式和控制点的分布、建筑物的类型、地形情况、以及仪器设备等，选用方便合适的测设方法。常用的测设方法有直角坐标法、极坐标法、角度交会法、距离交会法等。

10.3.1 直角坐标法

10.3.1.1 适用情形

在建设施工中，当施工场地已布设了矩形控制网时，采用直角坐标法放样点位比较方便；当建筑物主轴线已经放样出来，细部点位的放样可以采用直角坐标法测设，从而保证细部点间的放样精度较高。

10.3.1.2 放样数据计算

如图 10-6 所示，设 A、B、C、D 为控制点，P 为欲放样点，直角坐标法的放样数据即为 P 点相对于控制网点 B 的坐标增量。其计算公式为式(10-4)。

$$\left.\begin{array}{l}\Delta X = X_P - X_B \\ \Delta Y = Y_P - Y_B\end{array}\right\} \tag{10-4}$$

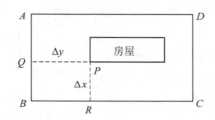

图 10-6 直角坐标法

10.3.1.3 放样步骤

实地放样时先在 B 点安置经纬仪,瞄准 A 点,在此方向上自 B 点放样距离得点 Q；再在 Q 点安置经纬仪,瞄准 A(或 B)点,放样直角方向线,在此方向上再放样距离,即得到 P 点的位置。实际放样时,若距离不长,直角方向线也可以采用勾股定理得到。

10.3.2 极坐标法

10.3.2.1 适用情形

控制点与被放样点间应通视良好,当采用钢尺量距时,施工场地应便于量距。随着测距仪和全站仪的广泛应用,建筑物主轴线的放样多采用极坐标法。

10.3.2.2 放样数据计算

如图 10-7 所示,设 A 和 B 为控制点,P 为欲放样点,极坐标法放样数据即为水平角 β 和水平距离 d,可由坐标反算方法求出,其计算公式为式(10-5)。

$$\left.\begin{array}{l} \beta = \alpha_{BP} - \alpha_{BA} \\ d = \sqrt{(x_P - x_B)^2 + (y_P - y_B)^2} \end{array}\right\} \quad (10\text{-}5)$$

式中 α_{BP},α_{BA}——直线 BP 和 BA 的坐标方位角。

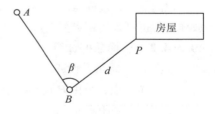

图 10-7 极坐标法

10.3.2.3 放样步骤

实地放样时,在 B 点安置经纬仪瞄准 A 点,先放样出水平角 β,在此方向上自 B 点放样距离 d 即可得点 P。若采用全站仪放样,则不需计算出水平角和水平距离值,只需将控制点和被放样点的坐标置入全站仪中,按全站仪放样的操作方法放样出 P 点。

10.3.3 角度交会法

10.3.3.1 适用情形

控制点与被放样点间通视良好,但量距困难的情况下宜采用角度交会法。为了保证放样点的精度,交会角不应小于 30°和大于 150°。因为角度交会实际操作繁琐,随着测距仪和全站仪的广泛应用,角度交会法逐渐被淘汰。

10.3.3.2 放样数据计算

如图 10-8 所示,设 A、B、C 为控制点,P 为放样点,角度交会法放样 P 点,可由夹角 γ_1 和 γ_2 来确定。为了校核和提高放样精度再用第三个方向进行交会,放样数据即为水平角 β_1、

β_2 和 β_3。放样数据可由坐标反算求出，其计算公式为式(10-6)。

$$\left.\begin{aligned}\beta_1 &= \alpha_{AB} - \alpha_{AP} \\ \beta_2 &= \alpha_{BP} - \alpha_{BA} \\ \beta_3 &= \alpha_{CP} - \alpha_{CB}\end{aligned}\right\} \quad (10\text{-}6)$$

式中 α——各直线的坐标方位角。

10.3.3.3 放样步骤

实地放样时，在控制点 A、B、C 上各安置一架经纬仪，依次以 B、A、B 为起点，分别放样水平角 β_1、β_2 和 β_3，由观测者指挥，在其方向交点位置打上大木桩即放样出 P 点。

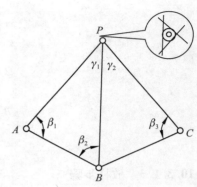

图 10-8　角度交会法

理论上三条方向线应该交于一点，但由于测量误差的影响，如图 10-8 所示，而形成一个示误三角形，当误差在允许范围内，可取示误三角形内切圆的圆心作为 P 点的位置。实践表明，选择较理想的交会角 γ（70°~110°），用两个方向交会定点，精度高于用三个方向出现示误三角形取其内切圆的圆心，第三个方向只起校核作用。

10.3.4　距离交会法

10.3.4.1　适用情形

控制点与被放样点间距不大，且量距方便的情况适用。有时根据已有建筑物的特征点进行放样时，也可采用距离交会法。

10.3.4.2　放样数据计算

如图 10-9 所示，设 A、B 为控制点，P 为欲放样点，采用距离交会法放样 P 点，可由 P 点到控制点 A 和 B 的水平距离来确定。放样数据即为水平距离 d_1 和 d_2，其计算公式为式(10-7)。

$$\left.\begin{aligned}d_1 &= \sqrt{(x_P - x_A)^2 + (y_P - y_A)^2} \\ d_2 &= \sqrt{(x_P - x_B)^2 + (y_P - y_B)^2}\end{aligned}\right\} \quad (10\text{-}7)$$

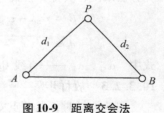

图 10-9　距离交会法

10.3.4.3　放样步骤

实地放样时，以控制点 A 和 B 为圆心，分别以 d_1 和 d_2 为半径画圆弧，其交点即为 P 点的位置。

综上所述，不同的测设点位方法，适应于不同的情况，实际放样时应根据测设场地等情况，选择适宜的放样方法，便利操作并保证放样精度。

在实际工作中，由于全站仪和测距仪等新技术的逐步应用，放样点位的方法也在不断更新。当采用测距仪或全站仪放样时，一般先采用极坐标法放样出建筑物主轴线，建筑物细部点的放样则采用直角坐标法。

10.4 建筑场地的施工控制测量

根据施工放样的原则,在建筑场地内应先进行施工控制测量,建立满足工程施工放样需要的控制网即施工控制网。施工控制网可以利用原有的测图控制网。如果原有测图控制网的控制点在分布、密度和精度上难以满足施工测量放样的要求,或者原测图控制点多数已被破坏,则应在施工测量之前,在建筑场地上重新建立施工控制网,以满足施工放样的精度要求。

施工控制网又分为平面控制网和高程控制网。对于面积不大、地势平坦的建筑场地,平面控制网可采用导线和建筑基线;对于大中型的建筑区通常采用建筑方格网(专门的施工控制网)。

10.4.1 平面施工控制网

10.4.1.1 建筑基线

在地势较平坦、面积不大的建筑场地上,布设一条或几条基准线,作为施工测量的平面控制,称为建筑基线。建筑基线的布设,应根据建筑物的分布、场地的地形和原有测量控制点的情况而定。基线应靠近主要建筑物,并与其轴线平行,以便采用直角坐标法进行放样。通常建筑基线可以布设成如图 10-10 所示形式:三点直线形;三点直角形;四点丁字形;五点十字形。

为了便于检查建筑基线点位有无变动,要求其基线点数不得少于三个。相邻基线点要相互通视,边长一般为 100~200 m,点位应不易受施工破坏,便于保存。将设计的建筑基线测设到建筑场地上,可根据建筑场地已有的控制点,采用极坐标法或角度交会法测设。测设前应将建筑基线点的施工坐标换算为测量坐标,再反算出测设数据,然后再进行实地测设工作。

如图 10-11 所示,根据控制点 P、Q,可采用极坐标法测设出 A、O、B 三个建筑基线点。然后将经纬仪安置于 O 点,观测 $\angle AOB$,要求观测角值与 90°之差应小于 10″。再用钢尺丈量 OA、OB 两段的长度,其测量值与设计长度比较,相对误差应小于 1/2 000,否则应进行必要的调整。

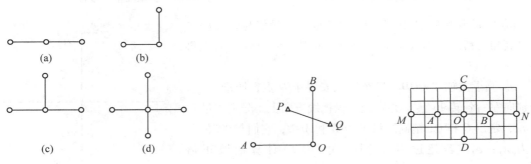

图 10-10 建筑基线　　图 10-11 建筑基线测设　　图 10-12 建筑方格网主轴线

10.4.1.2 建筑方格网

在大中型的建筑场地上,建筑工业厂房时,通常建立由正方形或矩形格网组成的施工控制网，称为建筑方格网。布设建筑方格网是根据建筑设计总平面图上各建筑物、构筑物及道路和各种管线的位置，结合施工场地的实际情况，选定方格网的主轴线。如图10-12所示，图中 MON 和 COD，即为方格网的主轴线，它是建立建筑方格网的基础。

(1) 布设建筑方格网的基本要求

① 应清理布网场地，便于量距。

② 方格网的主轴线应位于厂区的中部，且与总平面图上的主要建筑物轴线平行。

③ 方格网的边长一般为 100~200 m，相邻方格网点之间应通视良好。

④ 方格网点应埋设坚固标石，便于长期保存。

⑤ 方格网的交角与理论值之差不应大于 10″。

⑥ 方格网边长的相对精度不应低于 1/10 000。

(2) 方格网主轴线的测设

① 根据已有测量控制点计算测设数据，如图 10-13 所示，将主轴线上的 AOB 的设计施工坐标换算为测量坐标，然后再反算测设数据。其中 β_1，β_2，β_3 和 d_1，d_2，d_3 为测设数据；E_1，E_2，E_3 为测量控制点。

② 测设主轴线 AOB，如图 10-14 所示，根据 E_1，E_2，E_3 测量控制点，用极坐标法初步定出 A'，O'，B' 点，$A'O'$ 和 $B'O'$ 的长度分别为 a，b，然后安置经纬仪于 O' 点，测出 β 角。如果它与 180°之差大于 10″，可按图 10-14 中箭头所示方向移动 A'，O'，B' 点。其移动量为 δ：

$$\delta = \frac{a \cdot b}{\rho''(a+b)}\left(90° - \frac{\beta}{2}\right) \tag{10-8}$$

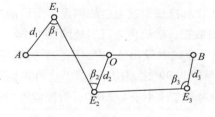

图 10-13 方格网主轴线放样

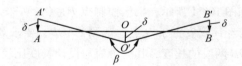

图 10-14 横轴线精确放样

③ 丈量调整后的 AO 和 BO 的长度，丈量值与设计值之差，其相对精度应不大于 1/10 000，否则，在 AOB 方向上再移动 A，B 点。

④ 测设主轴线 COD，将经纬仪安置于 O 点，照准 A 点，分别向左右各转 90°度，并在经纬仪视线方向上，分别丈量 L_1 和 L_2，定出 C 和 D，精确测量出 AOB 和 AOD，它们与 90°的差值为 ε_1，ε_2，若超过 10″，则按式 (10-9) 计算出改正值 Δ_1，Δ_2。

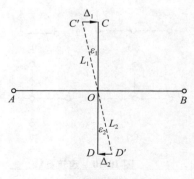

图 10-15 纵轴线精确放样

$$\left.\begin{array}{l}\Delta_1 = L_1 \dfrac{\varepsilon''_1}{\rho''} \\ \Delta_2 = L_2 \dfrac{\varepsilon''_2}{\rho''}\end{array}\right\} \tag{10-9}$$

如图 10-15 所示，将 C' 和 D' 点分别沿垂直于 OC'，OD' 方向移动 Δ_1 和 Δ_2 得 C、D 点，并丈量 CO、DO 的长度，与 L_1 和 L_2 比较，以资检核。

(3) 方格网测设

① 从主轴线交点 O 起，分别沿纵横轴线，用精密测设距离的方法，依次测设各方格网的边长，定出主轴线上各方格网点的位置，如图 10-12 所示。

② 将两架经纬仪分别安置在位于纵横主轴线上的各方格网点上，精确测设 90°角，交会不在主轴线上的各方格网点，并埋设标石。

③ 将经纬仪分别安置现在所交会出的方格网点上，检查各方格网的交角，其角值与 90°之差不应大于 10″。

④ 用钢尺精确丈量相邻两方格网的边长，其长与设计长度之差应满足设计的精度要求。

10.4.2 高程控制

建筑基线的桩点或建筑方格网点可以作为施工场地的高程控制点，也可在施工现场测设专用水准点。水准点的密度要大些，使其与建筑物的距离只需安置一次仪器就可测出需要测设的高程。设置的水准点可按四等水准测量的要求施测，并且与国家高程控制点连测，以便使高程与国家高程系统一起来。

为了施工放样的方便，在每栋较大的建筑物附近，还需测设 ±0 水准点，其位置多选在较稳定的建筑物的墙上或柱的侧面，用红漆画成上边为水平线的三角形(▼)形状。

10.5 园林建筑物的测设

园林建筑物包括亭、廊、水榭、办公室、休息室、花架、公园大门、餐厅、茶室等建筑物。测设的任务是按照设计要求，把建筑物的平面位置和标高测设到地面上，以便施工。

10.5.1 准备工作

在施工测量之前，应做好以下准备工作：

(1) 熟悉设计图纸

设计图纸是施工测量的依据。在测设前应从设计图纸上了解施工的建筑物与相临地物的相互关系，以及建筑物的尺寸和施工的要求等，对各设计图纸的尺寸应仔细核对，以免出现差错。

(2) 现场踏勘

目的是为了解现场的地物、地貌和原有测量控制点的分布情况，并调查与施工测量有关的问题。对建筑物地上的平面控制点、水准点要进行检核，获得正确的测量起始数据和点位。

(3) 制订测设方案

根据设计要求、定位条件、现场地形和施工方案等因素制订施工放样方案，即确定适宜的放样方法。

(4) 准备测设数据

除了计算必要的放样数据外，还须从图纸上查取房屋内部的平面尺寸和高程数据。园林建筑物放线所依据的设计图纸有总平面图、建筑平面图、基础平面图、基础详图（即基础大样图）、立面图和剖面图等。

10.5.2 园林建筑物的定位

建筑物的定位是把建筑物外廓的轴线交点测设在地面上，然后再根据这些点进行细部测设。一般可根据现有地物、道路中心线和建筑方格网测设。

10.5.2.1 利用现有地物定位

在设计总平面图上往往给出拟建建筑物与现有建筑物或道路中心线的位置关系数据，可以依据这些关系数据进行主轴线测设。

(1) 利用现有建筑物定位

如图10-16所示，在总平面图上给出拟建办公室与已建温室两墙的外缘间距为10 m，两建筑物互相平行，主轴线 $QM = PN = 15$ m，$QP = MN = 10$ m。定位时，首先延长温室东、西墙的外边线，量一等距离 d 得 A、B 两点，将经纬仪安置在 A 点上，瞄准 B 点，并从 B 沿 AB 方向量出 $d_1 = 10.25$ m 得 C 点（因办公室外墙为三七墙，轴线偏里，离外墙皮 25 cm），再继续量 15 m 得 D 点，然后将经纬仪分别安置 C、D 两点上，后视 A 点并左转 90°沿视线量出距离 d'（$d' = d + 0.250$ m）得 M、Q 两点，再继续量出 10.00 m 得 N、P 两点。M、N、P、Q 四点即为办公室外廓定位轴线的交点。最后，检查 NP 的距离是否等于 15 m，∠MNP 和 ∠NPQ 是否等于 90°，距离相对误差应小于 1/2 000，角度误差应小于 1′。各轴线交点测设后，打上木桩并钉一小钉表示其点位。

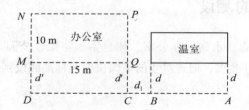

图 10-16 利用现有建筑物定位

(2) 利用道路中心线定位

如图10-17所示，拟建建筑物的主轴线平行于道路中心线。测设时先找出路中心线 MN，根据设计数据 d_1、d_2 按照距离放样方法确定出 P、Q 点，然后按角度放样方法在路中心线 P、Q 点作垂线 PC、QB，再按设计的距离，在地面上截取相应长度，便得主轴线 AB 和 CD。

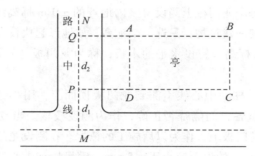

图 10-17 利用道路中心线定位

此外还可利用其他明显地物点(如电杆、独立树)采用距离交会法进行园林建筑物定位。

10.5.2.2 根据建筑方格网定位

在园林施工现场上,若已建立建筑方格网或建筑基线,可根据建筑物各角点的设计坐标,采用直角坐标法来测设主轴线。

10.5.2.3 根据控制点定位

在园林施工现场上,若已建立施工控制网,根据给定建筑物主轴线点的设计坐标,可采用极坐标法或角度交会法进行放样。

10.5.3 园林建筑物的测设

在园林建筑物的主轴线测设之后,就可详细测设建筑物各轴线交点的位置,并用木桩(桩顶钉小钉)标定出来,称为中心桩。再根据中心桩的位置和基础平面图标明的尺寸测出基槽边界线。

施工挖槽时,轴线交点中心桩将被挖掉,所以在挖槽前要把各轴线延长到槽外,并做标志,作为挖槽后各阶段施工中恢复轴线的依据。延长轴线的做法有龙门板和轴线控制桩两种。

10.5.3.1 龙门板测设

龙门板适合小型的园林建筑物测设。如图 10-18 所示,在建筑物四角和隔墙两端基槽外 1~2 m 处,设置与其平行的大木桩,称为龙门桩。龙门桩要钉得牢固、竖直,桩面与基槽平行。

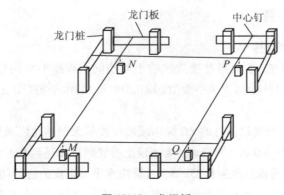

图 10-18 龙门板

根据场内水准点，在每个龙门桩上测设出室内地坪的±0 m标高线，也可测设比±0 m高或低一定数值的标高线。同一建筑物，只选一个标高，如地形起伏较大选用两个标高时，一定要标注清楚。沿桩上±0 m标高线钉设水平的木板，称为龙门板，使其上缘正好为±0 m，并用水准仪校核。

用经纬仪或线绳将墙或柱的中心线引测到龙门板顶面上，用小钉做标志（称为中心钉）。并用钢尺沿龙门板顶面实量各钉间隔是否正确，作为测设校核。当校对无误后，以中心钉为准，将墙宽、基础宽标在龙门板上，作为以后施工的依据。在测设龙门板和中心钉时，龙门板高程的限差为±5 mm，中心钉的误差应小于±5 mm。钢尺检查中心钉之间的距离，其精度应达到1/2 000~1/5 000。

10.5.3.2 轴线控制桩测设

轴线控制桩设置在基槽外基础轴线的延长线上，作为开槽后各施工阶段确立轴线位置的依据。轴线控制桩离基槽外边线的距离根据施工场地的条件而定。如附近有已建的建筑物，也可将轴线投设在建筑物的墙面上，用红油漆做上标志。

测设轴线控制桩，如图10-19所示，在各轴线的延长线上打两个木桩，桩顶钉上小钉表示轴线的方向。为了保证控制桩的精度，施工中将控制桩与定位桩一起测设；有时可先测设控制桩，再测设定位桩。

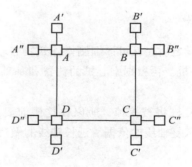

图10-19 轴线桩

10.5.4 基础施工测量

10.5.4.1 基槽（或基坑）抄平

施工中，基槽（或基坑）是根据基槽灰线破土开挖的，当挖土快到槽底设计标高时，应在基槽壁上测设离基槽底设计标高为某一整数（如0.500 m）的水平桩（俗称平桩），如图10-20所示，用以控制基槽深度。

基槽内水平桩常根据现场已测好的±0标志或经过校核无误的龙门板顶标高测设。例如，槽底标高为−1.600 m，即比±0低1.600 m，为测设比槽底的标高还高0.500 m的水平桩，首先引用龙门板顶标高±0测得后视读数为0.835 m，计算出水平桩上皮的应读前视读数为1.935 m。立尺于槽壁，并上下移动，当水准仪视线中丝读数为1.935 m时即可沿尺底钉出水平桩。槽底就在距此水平桩往下0.5 m处。

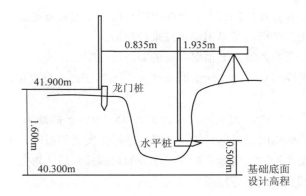

图 10-20 水平桩测设

施工时，常在槽壁每隔 3~4 m 处设一水平桩，有时还根据需要，沿水平桩上皮在槽壁上弹出水平墨线，作为控制槽底高程的依据。

10.5.4.2 垫层中线的测设

在基础垫层打好后，根据龙门板上的轴线钉（或轴线控制桩），用经纬仪或用拉绳挂锤球的方法，把轴线测设到垫层上，并用墨线弹出墙中心线和基础边线，以便砌筑基础。由于整个墙身砌筑物以此线为准，所以要严格校核后方可进行砌筑施工。

10.5.4.3 基础标高的控制

房屋基础墙（±0 以下的砖墙）的高度是利用基础皮数杆（亦称"皮数尺"）控制的。基础皮数杆是一根木制的杆子，在杆上事先按照设计尺寸，将砖、灰缝厚度画出线条，并标明 ±0 和防潮层的标高位置。立皮数杆时，可先在立杆处打一木桩，用水准仪在木桩侧面定出一条高于垫层标高某一数值（如 10 cm）的水平线，然后将皮数杆高度与其相同的一条线与木桩上的水平线对齐，并用大铁钉把皮数杆与木桩钉在一起，作为基础墙的标高依据。

基础施工结束后，应检查基础面的标高是否符合设计要求（也可检查防潮层）。方法是用水准仪测出基础面上若干点的高程，与设计高程进行比较，允许误差为 ±10 mm。

10.5.5 墙体施工测量

10.5.5.1 墙体定位

根据轴线控制桩，或者龙门板上的轴线和墙边线标志，用经纬仪或用拉细线绳挂锤球的方法将轴线投测到基础面或防潮层上，然后用墨线弹出墙中线和墙边线。检查外墙轴线交角是否等于 90°，符合要求后，把墙轴线延伸并画在外墙基础上，作为向上投测轴线的依据。同时，在外墙基础立面上画出门、窗和其他洞口的边线。

10.5.5.2 墙体各部位标高控制

在砌墙体时，先在基础上根据定位桩（或龙门板上的轴线）弹出墙的边线和门洞的位置，并在内墙的转角处树立皮数杆，每隔 10~15 m 立一根。在立杆时，要用水准仪测定皮数杆的标高，使皮数杆的 ±0 标高与房屋的室内地坪标高相吻合。

当墙的边线在基础上弹出以后，就可根据墙的边线和皮数杆砌墙。在皮数杆上每一皮砖和灰缝的厚度都要标出,并且在皮数杆上还要画出窗台面、窗过梁及梁板面等的位置和标高。在砌墙时,窗台面和楼板面的标高都是用皮数杆来控制的。

当墙砌到窗台时,要在外墙面上根据房屋的轴线量出窗的位置,以便砌墙时预留窗洞的位置。一般在设计图上的窗口尺寸比实际窗的尺寸大 2 cm,因此,只要按设计图上的窗洞尺寸砌墙即可。

当墙砌到窗台时,要在内墙面上高出室内地坪 15~30 cm 的地方用水准仪测出一条标高线,并用墨线在内墙面的周围弹出标高线的位置。这样在安装楼板时,可以用这条标高线来检查楼板底面的标高。使底层的墙面标高都等于楼板的底面标高后,再安装楼板。同时,标高线还可以作为室内地坪和安装门窗等标高位置的依据。

楼板安装好后,二层楼的墙体轴线是根据底层的轴线,用锤球先引测到底层的墙面上,然后再用锤球引测到二层楼面上。在砌二层楼的墙时,要重新在二层楼的墙角处立皮数杆,皮数杆上的楼面标高位置要与楼面的标高一致,这时可以把水准仪放在楼板面上进行检查。同样,当墙砌到二层楼的窗台时,要用水准仪在二层楼的墙面上测定出一条高二层楼面 15~30 cm 的标高线,以控制二层楼面的标高。

10.5.5.3 墙的竖直度控制

墙的竖直度用托线板(图 10-21)进行校正,把托线板的侧面紧靠墙面,看托线板上的锤线是否与板的墨线对准,如果有偏差,可以校正砖的位置。

图 10-21 托线板

10.5.6 不规则图形的园林建筑测设

在园林建筑中,为了适应地形或考虑造园艺术性,有的亭、廊、水榭的平面形状往往设计为不规则的图形和不规则的轴线,有时建筑物还修建在山坡或水边。由于受地形限制,其位置不能随意摆布。这种园林建筑的定位过程分为初步定位和细部测设。

10.5.6.1 初步定位

假设某一荷花亭设计在湖边,半靠水面,半靠岸边。定位时,根据总平面图先由附近控制点或明显地物点,在实地初步定出亭子的中心点 P 和一主轴线 PA,然后把设计的平面图固定在小平板仪的图板上,在 P 点安置小平板仪,对中、整平,以 PA 方向线进行定向,然后把测斜照准仪直尺一端对准图上 P 点,移动另一端对准设计图轮廓特征点(如 C 点),沿瞄准方向,在地上量取从 P 点到 C 点的实地距离,定出特征点的实地位置。用同样方法把亭子轮廓的其他主要几个特征点测设到地面上,然后观察一下亭子的总体位置是否合适,有无偏于水面或地面。如认为不合适,则重新调整 P 点和 PA 轴线,重新测设主要的轮廓点。如果认为合适,然后开始细部测设。

10.5.6.2 细部测设

如果亭子是正六角形、正方形、圆形、扇形、八角形等规则的几何图形,测设时可以用钢尺(或皮尺)按几何作图的方法在地面上标定。

亭子的附属部分(看台、花台)的测设,当精度要求不高时,可以采取上述初步定位方法,将平面图粘在小平板仪图板上,安置在已知 O 点,对中、整平。用主轴线定向,并通过其他已测设点作方向检查，当检查无误后，用上述定一方向量一段距离的方法测设看台及花台轴线上各特征点，然后用绳子连接各特征后，注有尺寸部分如看台，用钢尺实量一下，如果与图上设计长度不符，适当调整使之符合设计长度，最后撒上灰线，标明各轴线位置。

当亭子附属部分测设要求精度较高时，先在图上打方格，在实地根据主轴线打出同样方格，然后按方格测设轴线各特征点。

10.6 园林主要工程测设

园路、公园水体、堆山和平整场地的放线是根据竖向设计图测设的。

10.6.1 园路测设

公园道路分为主园路和次园路两种。主园路能通机动车，要求比较高。次园路一般是人行道。主园路的测设可参照城市道路或公路的测设方法。

次园路的测设精度要求较低。园路放线时，把路中心线的交叉点、拐弯点的位置测设到地面上，定点距离不能过长，地形变化不大地段一般以 10～20 m 测设一点，圆弧地段还要加密。在定好的点位上打一木桩，写上编号，然后用水准仪施测路中线各点原地面高程，作适当调整，求出各点填挖高并写在桩上。施工时，根据路中心点和图上设计路宽，在地面画出路边线，如与实际地形不合适，可适当修改。

测设园路用小平板仪比较方便，也可根据控制点或明显地物点用直角坐标法或极坐标法进行。圆弧如有设计半径，在地面先放出圆心，然后在地面上用皮尺画圆弧，撒上灰线。

10.6.2 公园水体测设

挖湖、修渠的测设可利用仪器测设，也可采用格网法测设。

10.6.2.1 仪器测设

根据湖泊、水渠的外形轮廓曲线上的拐点与控制点的相对关系，用仪器将它们测设到地面上，并钉上木桩，然后用较长的绳索把这些点用圆滑的曲线连接起来，即得湖地的轮廓线，然后用白灰撒上标记。

湖中等高线的位置也可用上述方法测设，每隔 3～5 m 钉一木桩，并用水准仪按测设高程的方法，将要挖深度标在木桩上，以作为掌握深度的依据。也可以在湖中适当位置打上几个木桩，标明挖深，便可施工。施工时木桩处暂时留一土墩，以便掌握挖深，待施工完毕，最后把土墩去掉。

为了施工方便，还用边坡样板来控制边坡坡度。如果用推土机施工，定出湖边线和边坡样板就可动工，开挖快到设计深度时，用水准仪检查挖深，然后继续开挖，直至达到设计深度。

10.6.2.2 格网法测设

如图 10-22 所示，首先将放样的湖面在图上画上方格网，将图上方

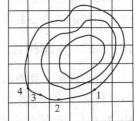

图 10-22 格网法测设水体

格网按比例尺放大到实地上,根据图上湖泊(或水渠)外轮廓线各点在格网中的相对位置数据,在地面方格网中,按直角坐标法找出相应的点位,如1,2,3,4…等曲线转折点,再用长麻绳依图上形状将各相邻点依次连成圆滑的曲线,然后顺着曲线撒上白灰,做好标记。

若湖面较大,可分成几段或十几段,用长30~50 m的麻绳来分段连接曲线。

10.6.3 堆山测设

测设堆山或微地形等高线平面位置时,等高线标高可用竹杆表示。

如图10-23所示,从最低的等高线开始,在等高线的轮廓线上,每隔3~6 m插一根长竹杆。利用已知水准点的高程测设出设计等高线的高度,标在竹杆上,作为堆山时控制堆高的依据,然后进行填土堆山工作。在第一层的高度上继续以同法测设第二层的高度,堆放第二层、第三层直至山顶。

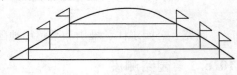

图10-23 堆山高度标记

当土山小于5 m时,可把各层标高均标在一根长竹杆上,不同层的标高位置用不同颜色表示,便可施工。

如果用机械堆土,只要标出堆山的边界线,司机参考堆山设计模型就可堆土,等堆到一定高度后,测量人员用水准仪检查标高,不符合设计的地方,用人工加以修整,使之达到设计要求。

10.6.4 平整场地测设

平整场地测设一般用方格法,先在设计图上按要求打好方格(一般取实地边长20 m,按比例换算),放线时将图上方格测设到地面上,打上木桩,并在每个木桩上写上编号、填挖高度,便可施工。在平整场地施工过程中,要求测量人员用水准仪定期检查标高,指导施工进程。

10.7 园林树木种植定点放样

种植设计是园林设计的详细设计内容之一。种植设计图包括设计平面表现图、种植平面图、详图以及必要的施工图解和说明。种植施工前需要定点放样,但不必像建筑或道路施工那样准确。放样时,首先应选定一些点或线作为依据,然后将种植平面上的网格或截距放样到地面上,并依次确定乔灌木的种植穴和草本、地被物的种植范围线。

10.7.1 公园树木种植放线

树木种植方式有两种:一种是单株种植,每株树中心位置可在图纸上明确表示出来;另一种是只在图上标明范围而无固定单株位置的树丛。

10.7.1.1 平板仪定点

若在施工区域已建立控制点,且范围较大时,可采用平板仪定点。首先,将设计图纸粘在小平板上,设A、K为控制点,B为待放样点,在A点安置小平板仪,对中整平,用AK直线进行定向;然后,将照准仪直尺边紧贴 AB 直线,将图上尺寸按比例换算成实地距离,在视线方向上用皮尺量(或钢尺)距定出 B 点位置,并打木桩,写明树种。

对于树丛的放样,首先,在其范围的边界上找出一些拐弯点,按照上述方法分别测设到地面上,然后,用长绳将范围界线按设计形状在地面上标出,撒上白灰线,并将树种名称、株数写在木桩上,钉在范围线内。对于花坛,先放中心点(线),然后根据设计尺寸和形状,在地面上用皮尺作几何图画出边界线即可。

10.7.1.2 格网法

格网法适用于施工范围大,地势较平坦的场地。首先,在设计图画出距离相等方格(20 m×20 m),量出定植点或树木范围线相对方格的位置关系数据;然后,在现场放样出网格线,再按相应的方格找出定植点或树木范围线的位置,钉上木桩或撒上灰线标明。

10.7.1.3 距离交会法

交会法适用于施工范围小,已具有明显参照地物的场地。放样时,根据两个建筑物(或固定地物)与待放样点的水平距离,用距离交会出树木边界线点或单株树的位置。

10.7.1.4 支距法

支距法简便易行,在园林施工中经常使用。它是根据树木中心点至道路中线或路边线的垂直距离,用皮尺进行放线。

10.7.2 规则园林种植放线

常有两种定植法:矩形法和菱形法。

10.7.2.1 矩形法

包括正方形、长方形、带状(宽窄行)等栽植方式。如图 10-24 所示,其放样步骤如下:

①首先在小区一边 AB 的两端分别作垂线 BC、AD,使小区的两对边线保持平行;

②在小区的两对边线上按设计的行距标记号,注意第一行距 AB 边只要半个行距。

③在测绳上按栽植的株距做好记号,将测绳沿两对边平行移动,按测绳上的记号插木棍或撒石灰标定定植点,每移动一次,即可确定一行定植点。

如果小区较大,可在小区的中间定出一行或几行定植点,然后拉绳的两端依次定点。

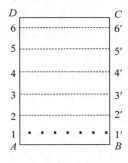

图 10-24 方形定植点测设

按标定的定植点位置挖穴后栽植,栽植时,最好在小区四周设立标杆,并在两头有人瞄准,保证栽后成行。

10.7.2.2 菱形法

如图 10-25 所示,定植点为菱形的测设方法与定植点为方形的测设方法相同。其中,行距①-②、②-③、…和①'-②'、②'-③'、…的距离为等边三角形的高,也就是设计的株距乘以 sin60°,即 0.866×株距。而测绳上的株距记号按 1/2 株距做记号。确定植点时,奇数行按奇数株距定点,偶数行按偶数株距定点。即第 1 行定 1、3、5…,第 2 行定 2、4、6…,依此类推。在测绳上做记号时，可以用两种不同颜色的布条，一种为奇数株距，栓在2、4、6…等处。一行依一种颜色布条定点，另一行则依另一种颜色布条定点。

10.7.3 行道树定植放线

道路两侧的行道树，要求栽植的位置准确、株距相等。一般是按道路设计断面定点。在有路边的道路上，以路边为依据进行定植点放线。无路边则应找出道路中线，并以此为定点的依据，用皮尺定出行距，大约每10株钉一木桩，做好控制标记。每10株与路另一侧的10株要一一对应，经检核后，最后用白灰标定出每个单株的位置。

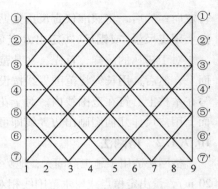

图 10-25　菱形定植点测设

10.8　园林地下管道施工测量

公园地下管道工程主要包括给水、排水、热力和其他管道等。在管道工程建设中，测量工作的主要内容包括：一是为设计提供管道线路纵横断面图资料，对于大中型管道工程还要提供线路带状地形图资料；二是按设计要求将管道位置敷设于实地。管道施工测量的主要任务，就是根据设计要求，结合工程的施工进度情况，为施工测设各种标志，为施工人员随时提供中心线方向和标高位置。

为确保工程进度和工程质量，首先，根据规划设计图纸确定管道中线的位置并给出定位的数据，即管道的起点、转向点及终点的坐标和高程。然后将图纸上所设计的管道中线进行实地测设标定，作为施工的依据。

施工前，要收集管道测设所需要的管道平面图、断面图、附属构筑物图以及有关资料，熟悉和核对设计图纸，了解测设精度要求和工程进度安排，深入施工现场熟悉地形，找出中心线上各桩点的位置。若在设计阶段地面上标定的中线位置就是施工时所需要的中线位置，且各桩点完好，则仅需校核一次，不重新测设。若有部分桩点丢损或施工的中线位置有所变动，则应根据设计资料重新恢复旧点或按改线资料测设新点。

为了在施工过程中便于引测高程，应根据设计阶段布设的水准点，在管道中心线附近采用水准测量方法每隔约150 m增设临时水准点。

10.8.1　园林地下管道放线测设

地下管道工程放线包括测设施工控制桩和槽口放线。

10.8.1.1　测设施工控制桩

在施工时，中线上的各桩将被挖掉，应在不受施工干扰、便于引测和保存地方测设施工控制桩，用以恢复中线；测设地物位置控制桩，用以恢复管道附属构筑物的位置，如图10-26所示。

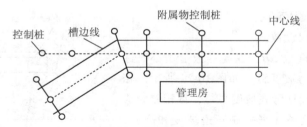

图 10-26　测设施工控制桩

中线控制桩的位置，一般是测设在管道起止点及各转点处中心线的延长线上，附属构筑物控制桩则测设在管道中线的垂直线上。

10.8.1.2　槽口放线

管道中线控制桩定出后，就可根据管径大小、埋设深度以及土质情况，决定开槽宽度，并在地面上钉上边桩，然后沿开挖边线撒出灰线，作为开挖的界线。如图 10-27 所示，若横断面上坡度比较平缓，开挖宽度可用公式（10-10）计算。

$$B = b + 2mh \quad (10\text{-}10)$$

式中　b——槽底宽度；
　　　h——中线上的挖土深度；
　　　m——管槽放坡系数。

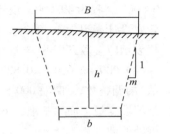

图 10-27　槽口放线

若横断面上坡度不均匀，挖土深度较大且槽边坡不一致时，应根据实际横断面情况和设计坡度进行计算，确定开槽宽度。

10.8.2　园林地下管道施工测量

管道的埋设要按照设计的管道路中线和坡度进行，因此施工中应设置施工测量标志，以使管道埋设符合设计要求。在开挖管槽前，应设置控制管道中心位置和高程的测量标志，通常采用两种方法：坡度板法和平行轴腰桩法。

10.8.2.1　坡度板法

管槽开挖时，沿中线每隔 10～20 m 以及检查井处应设置一块坡度板，如图 10-28 所示。中线测设时，根据中线控制桩，用经纬仪将管道中线投测到坡度板上，并钉一小钉标定其位置，此钉称中线钉。各龙门板中线钉的连线标明了管道的中线方向。在连线上挂锤球，可将中线投测到管槽内，以控制管道中线。

地下管道要求有一定的坡度。为了控制管槽开挖深度，应根据附近的水准点，用水准仪测出各坡度板顶的高程。根据管道设计坡度，计算出该处管道的设计高程，则坡度板顶与管道设计高程之差就是从坡度板顶向下开挖的深度，通称为下反数。下反数往往不是一个整数，并且各坡度板的下反数都不一致，施工、检查很不方便，因此，为使下反数成为一个整数 c，必须计算出每一坡度板顶向上或向下量的调整数 ΔH。计算公式为式（10-11）。

$$\Delta H = b_{\text{实}} - (H_i - H_{\text{管底}} - c) \quad (10\text{-}11)$$

式中　H_i——视线高；

$H_{管底}$——管底设计高程；

$b_{实}$——实际立尺读数。

根据计算出的调整数 ΔH，在高程板上用小钉标定其位置，该小钉称为坡度钉，如图10-28所示。相邻坡度钉的连线即与设计管底坡度平行，且相差为选定的下反数 c。利用这条线来控制管道坡度和高程，便可随时检查槽底是否挖到设计高程。

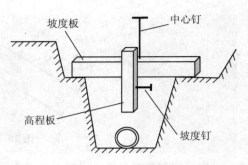

图10-28 坡度板法

设置坡度钉通常使用水准测量的方法。如表10-1所见，先将利用水准仪测出的各坡度板顶高程列入表第6栏内，根据第1栏和设计坡度计算出各坡度板处的管底设计高程，列入表第4栏内，如 $0+000$ 高程为 49.000，设计坡度 $i = -3‰$，$0+000$ 至 $0+010$ 之间距离为 10 m，则 $0+010$ 的管底设计高程为 $49.000 + 10i = 48.970$ m。同理可以计算出其他各测点处的管底设计高程。第7栏表示应读数，即 $b_{应}$ = 视线高 − (管底设计高程 + 下反数)，如 $0+000$ 桩的应读数为：$51.822 - (49.000 + 2.000) = 0.822$ m，其余类推。第8栏是每个坡度板顶向下量(负数)或向上量(正数)的调整数，如 $0+000$ 桩的调整数为 $\Delta H = 0.752 - 0.822 = -0.070$ m。因此，以 $0+000$ 桩处的坡度板上面为基准，下降 0.070 m 即得坡度钉的位置，钉一小钉作为标记。同理设置其他桩处的坡度钉。

高程板上的坡度钉是控制高程的标志，所以坡度钉钉好后，应重新进行水准测量，检查是否有误。施工中容易碰到坡度板，尤其在雨后，坡度板可能有下沉现象，因此还要定期进行检查。

表10-1 坡度钉测设手薄

工程名称：××煤气管道			设计坡度 −3‰		水准点高程 BM0 = 50.465 m		
测点(板号)	后视	视线高 H_i	管底设计工程	坡度钉下反数 c	坡度板实读数	坡度钉应读数	改正数 ΔH(m)
1	2	3	4	5	6	7	8 = 6 − 7
BM0	1.357	51.822					
0+000			49.000	2.000	0.752	0.822	−0.070
0+010			48.970	2.000	0.800	0.852	−0.052
0+020			48.940	2.000	0.792	0.882	−0.090
…			…	…	…	…	…

10.8.2.2 平行轴腰桩法

当管径较小，地面坡度大，精度要求不高时，可采用平行轴腰桩法来控制管道中线和高程，其测设方法如下：

(1) 测设平行轴线桩

开工之前，在管道中线的一侧或两侧于管槽开挖线以外，测设一排距中线的距离为 a 的平行轴线桩。其桩的间距一般为 20 m 左右，检查井的井位也相应地在平行轴线上设桩，如

图 10-29 所示。管道定位时，以平行轴线桩控制管道中线的位置。

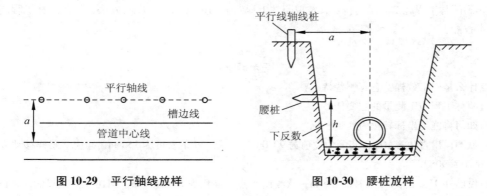

图 10-29 平行轴线放样　　　　图 10-30 腰桩放样

（2）测设腰桩

当管道开挖到一定深度时，在槽壁上打一排与平行轴线桩相对应的横桩，称为腰桩。如图 10-30 所示，腰桩距设计槽底的高度一般为 1 m 左右。在腰桩上钉一小钉，并用水准仪引测各腰桩上小钉的高程，小钉的高程减去管底设计高程即为腰桩下反数 h，施工时以小钉和下反数 h 来控制下挖深度。

由于上述方法计算出的各腰桩的下反数不一致，施工时比较麻烦，容易出错。为了施工方便，有时先确定一个整分米数的下反数 h_0，在求出各腰桩的下反数后，从腰桩的小钉向下或向上量取该腰桩的下反数 h 与 h_0 的差数，再打一个桩，并钉上小钉。这些桩上小钉的下反数均为统一的 h_0，这样在施工量取下反数时不易出错。

本章小结

本章主要介绍了施工放样的基本知识、建筑场地的施工控制测量、园林工程施工测量的基本测设方法。施工放样与测图相比，既有相同点也有差异性。施工放样的基本工作包括水平角、距离放样、高程放样，实际工作应灵活选择适宜的放样方法。施工控制测量分为平面控制测量和高程控制测量。平面控制测量可以采用原有测图控制网，也可以采用建筑基线和建筑方格网；高程控制测量一般采用四等水准测量方法。测设点位的基本方法有直角坐标法、极坐标法、距离交会法和角度交会法等。

园林建筑物主要包括亭、廊、水榭、办公室、休息室、花架、公园大门、餐厅、茶室等建筑物。园林建筑物的位置通常利用已有建筑物、道路中心线、建筑方格网或控制点进行定位，园林建筑物的测设一般采用龙门板法。园林工程测设主要包括园路测设、公园水体测设、堆山测设和平整场地的放线。园林树木种植定位精度要求不高，一般采用平板仪法、格网法、距离交会法进行定位；规则的树木种植定位一般采用矩形法和菱形法。

公园地下管道工程主要包括给水、排水、热力和其他管道等。地下管道工程测量主要包括地下管道位置放线和施工测量，地下管道位置放线工作包括测设施工控制桩和槽口放线。管道的埋设要按照设计的管道路中线和坡度进行，在开挖管槽前，应设置控制管道中心位置和高程的测量标志，通常采用坡度板法和平行轴腰桩法。

园林工程施工测量具有行业特点。因此，本章内容要求学生重点掌握以下方面：

①掌握施工放样的概念、特点，与测图工作的差异性。

②掌握水平角、水平距离、高程测设和测设点位的基本方法，并能灵活运用。

③熟悉园林工程施工测量的特点，掌握园林工程施工测量的工作程序和方法，具备园林工程施工测量的基本技能。

思考题十

(1)什么是施工放样？它有哪些特点？

(2)园林工程施工测量的主要任务？

(3)如何将施工坐标转化为测量坐标？

(4)欲测设出直角∠AOB，实测角度值为90°00′30″，如OB的长度为150 m，问应该怎样移动B点才能使∠AOB为90°？

(5)设已知M点的高程为150.236 m，欲测设N点的高程为149.456 m，问在N点立尺的前视读数应为多少？

(6)测设点位的基本方法有那几种？各在什么情况下适用？

(7)已知控制点M、N，其中M点的坐标为(16.22，84.71)，$\alpha_{MN}=300°04′$，欲采用极坐标法放样A(40.34，83.00)点，试计算将仪器安置于M点，后视N点的放样数据。

(8)建筑基线有那几种布设形式？如何测设？

(9)建筑方格网如何测设？

(10)园林工程施工测量之前应做哪些准备工作？

(11)简述园林建筑物定位的方法。

(12)如何进行园林建筑物的测设？其方法有哪些？

(13)园林建筑物基础施工测量包括哪些内容？如何进行基础施工测量？

(14)如何进行不规则园林建筑的测设？

(15)如何进行园林水体、堆山的施工放线？

(16)园林树木种植放线主要有哪些方法？

(17)简述设置坡度钉的测设方法。

(18)简述设置腰桩的测设方法。

第 11 章　土地资源测量

　　加强耕地保护，实施中低产田改造，开发可利用的土地资源是实现经济可持续发展的物质基础。如破旧砖窑地、施工场地遗弃地、高低不平的耕地等，均需经过土地平整，扩大耕地面积，改良土壤，使其成为保水、保肥的良田。退耕还林后的坡耕地，可以通过小流域综合治理，修筑梯田，保持水土，进一步开发山区土地资源，发展山地果园和多种经营。

　　土地整理是开发土地资源，使土地增值、农业增效、农民增收的主要措施。本章详细介绍平原地区土地平整测量、山地果园修筑梯田平整方法以及梯田设计、梯田定线、梯田修筑和土方计算。详细论述土地整理的含义、任务和作用，土地整理工程规划设计方法、程序、要求和注意事项，介绍果园桑园放样测量的主要方法和步骤。

11.1 平原地区土地平整测量

11.1.1 地块合并测算

如图 11-1 所示，有四块不等高的平台阶地，现为了适应机耕要求合并成一块大田。

设四块的面积为 $S_i(i=1\sim4)$，高程为 H_i，可用水准仪测出，其高程可用假定高程或引测附近水准点而获得。若田面比较平坦，可只测地段中间有代表性的一点，若田面有较均匀的坡度，可在田块两端各测一点取平均值，作为本田块的高程。田块合并后的大块田高程为 H_m，为满足土方填挖平衡，H_m 可按下式求出

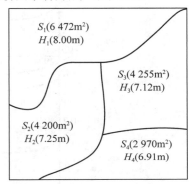

图 11-1 地块合并测量

$$H_m = \frac{S_1H_1 + S_2H_2 + S_3H_3 + S_4H_4}{S_1 + S_2 + S_3 + S_4} = \frac{\sum S_i \cdot H_i}{\sum S_i} \quad (11\text{-}1)$$

设四块田的填（挖）高度为 $H_m - H_i$，于是各个田块填（挖）土方量为 $V_i = S_i(H_m - H_i)$。根据填挖土方量平衡原则得

$$\sum V_i = 0, \sum S_i(H_m - H_i) = 0$$

由式(11-1)可见，为了满足土方平衡条件，平整后的田面高程并不是各块田面高程的简单算术平均值，而是其加权平均值。

平整后的田面高程平均高程 H_m 计算出来后，即可逐个算出各块田的填高或挖深尺寸，作为施工的依据。

11.1.2 用方格法平整土地

根据平整场地的要求不同，可以把场地平整成水平或有一定坡度的地面，场地平整中最常用的方法是方格网法。

(1) 平整成水平面

①高程测量　利用水准仪或者全站仪测量出拟平整场地内的特征点高程，利用成图软件按照一定比例绘制出场地内等高线图形。

②绘制方格网　方格大小根据地形复杂程度、地形图比例尺以及要求的精度而定。一般方格的边长为 10 m 或 20 m。如图 11-2 所示，图中方格为 10 m×10 m。各方格顶点号注于方格网点的左下角，如图中的 A_1，A_2，…，E_3，E_4 等。横坐标用阿拉伯数码自左到右递增，纵坐标用大写字母顺序自下(上)而上(下)递增。

③求各方格顶点的地面高程　根据地形图上的等高线，用内插法求出各方格顶点的地面高程，并注于方格点的右上角，如图 11-2 所示。

④计算设计高程　分别求出各方格四个顶点的平均值，即各方格的平均高程。然后，将各方格的平均高程求和并除以方格数 n，即得到设计高程 H_0，选取图 11-2 中的一部分来说明。如

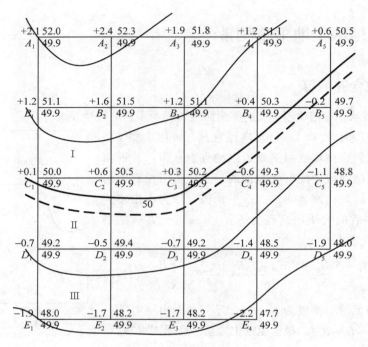

图 11-2 方格网

图 11-3 所示,桩号(即各方格顶点号)C_2、C_5、D_5、E_4、E_2 各点为角点,C_3、C_4、E_3、D_2 各点为边点,D_3 为中间点,D_4 为拐点。各方格点参加计算的次数分别为:角点(k 只有一个方格使用)高程一次;边点(两个方格共用)高程两次;拐点(三个方格共用)高程三次;中间点(四个方格共用)高程四次。

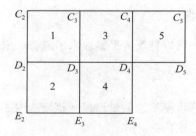

图 11-3 边、角、中、拐点

则地面设计高程为:

$$H_0 = (\sum H_角 + 2\sum H_边 + 3\sum H_拐 + 4\sum H_中)/4n \tag{11-2}$$

根据图 11-2 中的数据和公式(11-2)计算得到地面设计高程为 49.9 m,并注于方格顶点的右下角,如图 11-2 所示。

⑤ 确定方格顶点的填、挖高度 各方格顶点地面高程与设计高程之差,为该点的填、挖高度,即:$h = H_地 - H_0$。h 为"+"表示挖深,为"-"表示填高。并将 h 值标注于相应方格顶点左

上角。

⑥确定填挖边界线　根据设计高程 $H_0 = 49.9$ m，在地形图上用内插法绘出 49.9 m 等高线。该线就是填、挖边界线，用虚线表示，如图 11-2 所示。

⑦计算填、挖土方量　有两种情况：一种是整个方格全填或全挖方，如图 11-2 中的方格 Ⅰ、Ⅲ；另一种既有挖方，又有填方的方格，如图 11-2 中的方格 Ⅱ。现以图 11-2 中的方格 Ⅰ、Ⅱ、Ⅲ为例，说明每个方格土方量的计算方法。

方格 Ⅰ 为全挖方：$V_{Ⅰ挖} = (1.2 + 1.6 + 0.1 + 0.6) \times A_{Ⅰ挖}/4$

方格 Ⅱ 既有挖方又有填方：$V_{Ⅱ挖} = (0.1 + 0.6 + 0 + 0) \times A_{Ⅱ挖}/4$

$$V_{Ⅱ填} = (0 + 0 - 0.7 - 0.5) \times A_{Ⅱ填}/4$$

方格 Ⅲ 全为填方：$V_{Ⅲ填} = (-0.7 - 0.5 - 1.9 - 1.7) \times A_{Ⅲ填}/4$

其中，$A_{Ⅰ挖}$、$A_{Ⅱ挖}$、$A_{Ⅱ填}$、$A_{Ⅲ填}$ 为各方格填、挖面积。

同理，可计算出其他方格的填、挖土方量，最后将各方格的填、挖土方量累加，即得总的填、挖土方量。

（2）平整成有一定坡度的地面

一般场地按地形现状平整成一个或几个有一定坡度的倾斜平面。横向坡度一般为零，如有坡度以不超过纵坡（水流方向）的一半为宜。纵横坡度一般不宜超过 1/200，否则会造成水土流失，具体步骤如下：

①绘制方格网并求方格顶点的地面高程　与将场地平整成水平地面方法相同，绘制方格网，并将各方格顶点的地面高程注于图上，如图 11-4 所示，图中方格边长为 20 m。

②计算各方格顶点的设计高程　根据填、挖土方量基本平衡的原则，按与将场地平整成水平地面计算设计高程相同的方法，计算场地几何形重心点 G 的高程，并作为平均高程。用图中的数据计算得重心 G 的高程为 $H_G = 80.26$ m。重心点及平均高程确定以后，根据方格点间距和设计坡度，自重心点起沿方格方向，向四周推算各方格顶点的设计高程 H_0。以图 11-4 中的数据为例，南北两方格点间的设计高差 $= 20$ m $\times 2\% = 0.4$ m，东西两方格点间的设计高差 $= 20$ m $\times 1.5\% = 0.3$ m。则

B_3 点的设计高程 $= 80.26$ m $+ (0.4$ m $\div 2) = 80.46$ m；

A_3 点的设计高程 $= 80.46$ m $+ 0.4$ m $= 80.86$ m；

C_3 点的设计高程 $= 80.26$ m $- (0.4$ m $\div 2) = 80.06$ m；

D_3 点的设计高程 $= 80.06$ m $- 0.4$ m $= 79.66$ m。

同理可推算得其他方格顶点的设计高程，并将高程注于方格顶点的右下角。

推算高程时应进行以下两项检核：第一，从一个角点起沿边界逐点推算一周后到起点，设计高程应闭合；第二，对角线各点设计高程的差值应完全一致。

③计算方格顶点的填、挖高度　按 $h = H_地 - H_0$ 推算各方格顶点的填、挖高度并注于相应点的左上角。

④计算填、挖土石方量　根据方格顶点的填、挖高度及方格面积，分别计算各方格内的填挖方量及整个场地总的填、挖方量，计算方法与平整成水平面时的方法相同。

在实际操作过程中，如果没有地形图，可以按照：首先，在方格网各交点设桩，测定其高

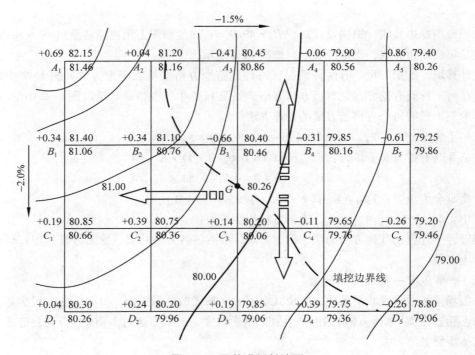

图 11-4 平整成倾斜地面

程；其次，根据土方平衡(或设计)的方格网各交点高程，计算该方格点与设计高程的差值；最后，绘制土方开挖、回填高差控制表，以此为依据进行土方施工。

11.2 山地修筑梯田平整测量

11.2.1 梯田规划设计

我国目前有约 $2\,700 \times 10^4$ hm² 耕地，作为土地的后备资源。坡耕地虽然有通风良好，光照充分的优越条件，但是坡面上耕作不仅农事操作费事，管理也是相当不便。坡耕地还存在水、土、肥容易流失，难以使用机耕和灌溉，单位面积的产量较低等问题。这些坡耕地，常常是开垦不久，由于暴雨和地面水的冲刷，原来就很贫薄的土层被冲得愈来愈浅，最后无法种植作物，因此，国家实施退耕还林工程后，在山区把坡耕地改造成梯田，可以保持水土、促进农作物的高产，发展林果业。梯田应规划在 25°以下的坡地上。25°以上的坡地原则上应退耕还林还草，发展多种经营。梯田规划要因地制宜地实行山、水、园、林、路、电统筹兼顾。为了耕作方便能灌能排，应使梯田集中，连条，连片。如开垦区内已修建了一些梯田，应尽量使它与新开垦的梯田连接起来。不论山坡坡度大小，均不得毁林开荒造田，梯田形状如图 11-5 所示。

一般来说，坡度在 3°以上，梯田应按照原有地形的等高线布置。在整个耕作区内，要上下左右兼顾，采用大弯就势、小弯取直；仪器测量，圆滑调线；尽量不留地边；不硬拉直线，不强调等宽；规划测量从山上到山下，施工由山下到山上。坡度在 3°以下，或者坡度虽然较陡，

图 11-5　梯田图形

如在 5°以下，但坡度均匀，坡面开阔，可以规划成长方形田块，以便机耕和排灌。

水平梯田包括田面宽度、田坎高和田坎侧坡三个要素。如图 11-6 所示，田面宽度就是梯田内边缘至外边缘的宽度，也就是种植果树和管理作物时，人、畜、机械通行的有效宽度。田坎高又称梯壁高度，就是每一级水平梯田的高度。田坎侧坡就是梯田田坎的边坡。根据边坡处于田坎外边缘和内边缘的不同位置，田坎侧坡分为田坝外侧坡和田坝内侧坡。水平梯田的设计，就是要决定梯田的田面宽度、田坎高和田坎侧坡。

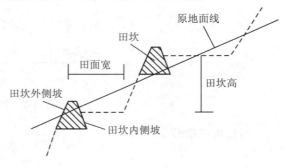

图 11-6　梯田结构

11.2.1.1　测量地面坡度

耕作区地面坡度的大小，是梯田设计的主要依据之一。因此，在梯田设计之前，要将各个耕作区的地面坡度测量出来。

耕作区的地面坡度测量，可根据经过规划的地形图测定。测定的方法，一是根据耕作区坡面的水平距离和高差计算；二是根据坡面上方和下方的等高线，用坡度尺量取坡度。这两种方法已在第 8 章讲述，也可以用罗盘仪或经纬仪在实地测量。

11.2.1.2　确定水平梯田规格

确定水平梯田的规格就是确定田面宽度、田坎高、田坎侧坡和斜坡长等数据。一定的地面坡度，田面越宽耕作越方便。但田坎越高，梯田就越不稳定，而且开垦时的土方量越多，侧坡占地面积也越多。若田面越窄，田坎则越低，梯田应越稳定安全，而且开垦时土方量越少，侧坡占地面积也少，但耕作不方便。因此，要确定梯田的田面宽，应分析主次矛盾，分析具体情况，综合考虑。一般来说，原地面坡度较陡时，田面窄些；坡度较缓，田面宽些。就果树栽植来说，梯田田面的宽度以最窄不小于种植一行果树为宜。

梯田田坎高与田面宽度、原地面坡度有密切关系。当原地面坡度一定时，田面越宽则梯田田坎越高；反之，田面越窄则梯田田坎越低，田坎的高低对梯田的稳固安全关系很大。田坎太高，不但梯田修筑困难，费时费工而且梯田容易崩塌。一般用泥土修建的田坎高度在0.9～1.8 m为宜。

梯田外侧坡坡度的大小与田坎处的土质、田坎的高低有直接的关系。土质黏着力越小或田坎越高，田坎外侧坡应越缓。田坎高度在3 m以下的外侧坡一般可选用45°～80°，田坎内侧坡一般可采用45°～60°。

田面宽度、田坎高、田坎侧坡和地面坡度是互相关联的。现将其关系式推导如下：如图11-7所示，设地面坡度为α，田坎外侧坡为β，田面宽度B，田坎高H。A、D两点为原地面坡度线上开垦梯田时不挖不填的点，也是两个田坎边坡线的中点。过A点作水平线，过D点作铅垂线，两线交于C，设$AD = L$，L为每级梯田的斜坡长度；又$CD = H$。

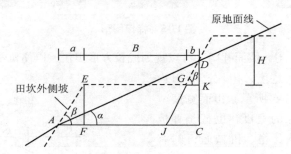

图 11-7　梯田横断面

由直角三角形ACD得

$$\sin \alpha = \frac{H}{L} \text{ 或 } L = \frac{H}{\sin \alpha} \tag{11-3}$$

$$\arctan \alpha = \frac{AC}{CD} = \frac{AC}{H}$$

延长DG线交AC于J

则

$$\arctan \alpha = \frac{AJ + CJ}{H}$$

在直角三角形CDJ中 $CJ = CD \times \cot \beta = H \times \cot \beta$

因为 $AJ = EG = B$

所以 $\cot \alpha = \dfrac{B \times H \times \cot \beta}{H}$

$$H = \frac{B}{(\cot \alpha - \cot \beta)} \tag{11-4}$$

为了掌握梯田的有效面积，还要计算田坎(梯壁)占地的百分数，可用下列公式计算

$$\text{田坎占地}\% = \frac{\text{田坎外侧宽度}}{\text{梯田田面宽度} + \text{田坎外侧坡宽}} \times 100\% = \frac{2b}{B + 2b} \times 100\% \tag{11-5}$$

式中　b——田坎外侧宽度的一半，$b = \dfrac{H}{2} \times \cot \beta$(图11-7)。

根据公式(11-3)、(11-4)，如已知原地面坡度 α，田坎外侧坡度 β，田面宽度 B，可计算田坎高 H，斜坡长 L。同样已知 α、β、H 也可计算出 B 及 L。为了简化计算，可在水平梯田设计时参考使用水平梯田规格关系图。

绘制水平梯田规格关系图的方法很简便，如图 11-8 所示，按实际角度在方格纸的右下部分画地面坡度线，在左上部画田坎外侧坡的坡度线，以各坡度线的交点 O 为直角坐标的原点，然后画出纵横坐标轴。纵坐标轴上的数值代表田坎高度，横坐标轴上的数值代表水平梯田总宽（即梯田面宽 B 与外侧坡宽度 b 之和）。使用此图时，比例可任意选用，只要纵横比例相同即可。

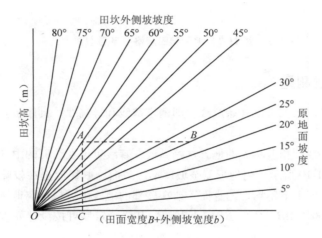

图 11-8　水平梯田规格关系图

如已知地面坡度 α，又根据耕作区的土质等情况已决定出田坎外侧坡坡度 β，并根据需要确定了梯田的田面宽度 B，有了 α、β、B 三个数据就可利用图 11-8 求得田坎高等其他数据。

【例 11-1】 已测得耕作区地面坡度为 25°，设计梯田面宽度 2 m，田坎外侧坡坡度为 65°。求每一级梯田的田坎高、每一级梯田开垦前在山坡上的斜距、田坎外侧坡宽。

解：按一定比例在直尺或三角板边线上定出梯田面宽度为 2 m 的长度，若用 1∶50 的比例，在直尺或三角板边线上的相应长度则为 4 cm，把直尺或三角板上这一长度在图 11-8 中的田坎外侧坡线和原地面坡度线之间作上下平行移动，使这一长度的起点在田坎外侧坡坡度 65°的直线上，终点在原地面坡度 25°的直线上，并力求直尺或三角板的边缘水平，相应梯田面宽度的水平线段即为 AB 直线。此时，按相同的 1∶50 比例，量取 A 点或 B 点的纵坐标值得 1.2 m，就是田坎高。量取 OB 的距离得 2.85 m，就是每级梯田开垦前在山坡上的斜距。量取 OC 的距离得 0.56 m，就是田坎外侧坡的宽度。

如图 11-8 所示，也可以根据田坎高、原地面坡度和田坎外侧坡坡度，反求出梯田田面宽度。

水平梯田规格关系图的原理就是这样的：如图 11-9 所示，把原来的地面坡度线向下平行移动，移动的距离是在铅垂方向上移动田坎高的一半，使移动后的地面坡度线 MN 通过水平梯田田坎脚 O，利用三角形 AOB 以同样的比例尺量 AB、AC、OB、OC 就可分别求出 B、H、L、b。

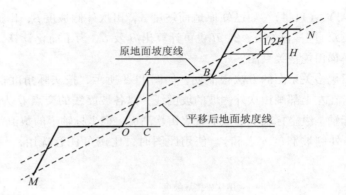

图 11-9 水平梯田规格关系原理图

11.2.2 梯田定线测量

梯田规划设计好以后就可以开始放线,即测定基线和等高线。具体步骤如下:

(1)测定基线

在耕作区内地面坡度相差不大的地方选好基线,基线可设在坡面的中部以便从基线向两侧测定等高线,如图 11-10 所示,当地形复杂坡度不一致时,基线应选在较陡的地方以保证最窄处田面不过窄,在坡度上下不均匀的直面上或在鞍部的地区则可根据实地情况选设折基线,如图 11-11 所示,分区选择 AB、CD、EF 三条基线。基线确定后可按设计要求定出地埂等高线的基点。

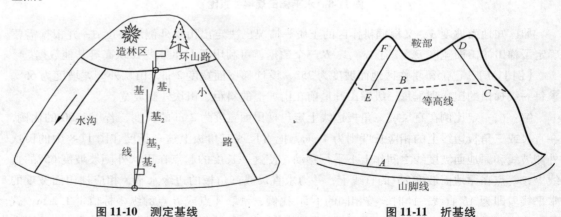

图 11-10 测定基线　　　　　图 11-11 折基线

如图 11-10 所示,基线的顶端与环山大道相连,下端指向山脚。在基线首末端插上标杆以便丈量基线。根据设计的每级梯田总宽,从基线上端开始向下端用水平丈量的方法丈量,定出每级梯田的总宽,或根据已定出的斜坡距离 L,用斜量法丈量梯田总宽,梯田面总宽的两端点就是基线点。在基点打桩并编号。基线从上往下依次丈量时,遇到突然高起的或突然低下的特殊地面时,基点可略向左右移动,使其地面能代表四周地面的高程。若耕作区面积大,坡度变化复杂,用梯田田面总宽测定基线难以解决问题时,也可用梯田田坎高来测定基线,强调等高但宽度不等，可以较快地圆满解决问题。

（2）测定等高线

测定等高线就是分别按各基点（基$_1$，基$_2$，…）的地面高程测出每一耕作区坡地上等高的地面点，将它连起来成为一条等高线。测定等高线一般利用水准仪来进行，步骤如下：

①已测定基$_1$，基$_2$，…等基点后，在适当的地方安置水准仪，如图11-12所示，转动望远镜，观测立于基点上的标尺读数，如基$_1$点上标尺读数为0.84 m。

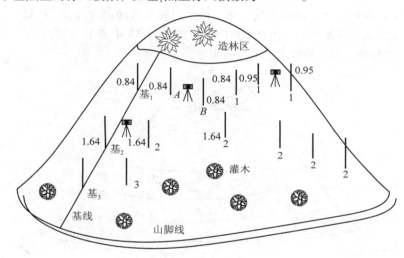

图11-12　测量等高线

②移动标尺到距离基点10~15 m的A点处。标尺移动的距离应根据地形的具体情况而定，但要便于以后调整等高线和施工。标尺立在A点处，如水准仪上的读数仍为0.84 m则说明A点与基$_1$点的高程是相同的，此时在立尺点上打木桩或用石灰作标记并编号。若所立的标尺读数比0.84 m小，则立尺点高于基$_1$，观察员指挥持尺员把标尺向山坡下方移动。否则，持尺员应把标尺往山坡上方移动，直至标尺读数0.84 m处缚上一红色丝带作标志。观察员不必读出0.84 m，只要指挥标尺上、下移动，直至使望远镜中丝能对准标志即可。这样测点速度可大大提高。

③再次移动标尺到相距A点10~15 m处的B处，同样测出等高点B，并编号。依次测出其他等高点直到转点为止。

④若用5 m塔尺测量，一个测站可以观测3~4个基点的等高线，只要使各个点与其相应基点的读数相同即可。例如，基$_2$的读数为1.64 m，则该等高线的各等高点读数都是1.64 m即可。

⑤当标尺离仪器的距离较远读数有困难时，可将仪器搬到适当位置，安置仪器后立尺于各个等高线的转点处（即各等高线最末的立尺点处），读数标尺上读数，例如，基$_1$的等高线搬站后转点上的读数为0.95 m，则用0.95 m来测设其他的等高线点，直到另一转点为止。转点上的前、后视读数应格外小心，不能读错以免影响全局。

⑥用上述方法，从上到下测定整个耕作区所有基点的等高线的等高点。

等高线的测设也可用水准器或其他简易仪器来进行，其步骤基本与上述方法相同。

(3) 调整和取舍等高线

按照上述方法测出的等高线,因有些等高点受局部地形的影响失去了代表性,使等高线过于弯曲形成一条折线而不是一条圆滑曲线,为了尽量使田面等宽,保证梯壁圆滑饱满,应调整等高点,调整等高点的原则是大弯就势、小弯取直,通常是把局部凸出的等高点向上移,凹处向下移,使梯田田坎不至于突然过于弯曲。但应特别注意把等高点下移小弯取直的田坎施工时必须加固,否则,容易在此处崩塌。根据等高线的性质,在陡坡处等高线可能较密,使开垦的梯田面变得过窄,如宽度小于梯田合成一级。第二、第三级梯田开垦至 CD 处。若坡度较缓,两相邻等高线距离超过两基点的距离之 1 倍以上,如图 11-13 中 B 处,可内插一条等高线,在 EF 以后分成二级梯田,但一般情况以不加密为好。

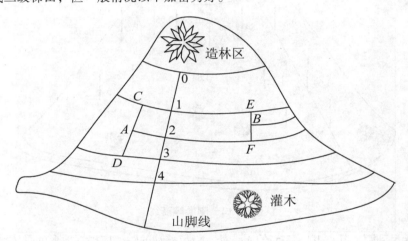

图 11-13 等高线的取舍

(4) 标定梯田开挖线

调整后的等高线点,可连成圆滑饱满的曲线。这些调整后的曲线就是梯田开挖线。标定等高线的方法,是以小绳子沿梯田开挖线拉成圆滑的曲线,按绳子的位置上撒上石灰或锄成一条小土沟。作为梯田田坎外侧坡的中点连线,也就是上挖下填的分界线。根据这条梯田开挖线即可进行施工。

(5) 梯田土方计算

开垦梯田施工前,应计算土方量以方便施工和合理安排劳动力。开垦梯田一般是半填半挖的,而且填挖方应基本相等。因此,每级梯田的土方量就是这一级梯田的挖方(填方)量,也就是挖方断面三角形的面积乘以这一级梯田的长度。

用公式表示为:

$$V = \frac{1}{2}\left(\frac{1}{2}B \cdot \frac{1}{2}H\right) \cdot L = \frac{1}{8}B \cdot H \cdot L \tag{11-6}$$

式中 V——梯田挖方量(m^3);

L——每级梯田长度(m);

B——梯田的田面宽(m);

H——梯田田坎高(m)。

由式(11-6)得每 666.7 m² 梯田的挖方量

$$V = \frac{1}{8} \cdot B \cdot H \cdot L \cdot \frac{666.7}{B \cdot L} = 83.3H \tag{11-7}$$

依式(11-7),可预算成表格,以备计算时查用(表11-1)。

表 11-1　梯田土方量查对表

田坎高(m)	0.5	0.8	1.0	1.2	1.5	1.8	2.0	2.5	3.0
梯田每 666.7 m² 土方量(m³)	42	67	83	100	125	150	167	208	250

11.2.3　水平梯田施工

水平梯田的施工必须达到既可使梯级等高度,防止水土流失,又可使梯壁牢靠稳固,防止梯田崩塌,而且还要尽量利用全部表土,把表土层全部放置到耕作层以创造良好的土壤条件。

11.3　果园桑园放样测量

11.3.1　平原地区建园放样

平原地区建园放样测量,主要内容有作业区、防护林带、道路、排灌渠道、建筑用地等,主要界线按设计图在实地测设出来,并进一步在各小区内测定果树定植点位。有关渠道及公路测量可参阅本书第12章和第13章;小区内进行土地平整可参阅本章11.1节,这里不再重述。本节仅就场内主要界限及小区定植点放样的具体做法分述如下。

11.3.1.1　主要界线放样

中小型果园放样的数据,通常是靠图解法获得。即在设计图上量出测图时建立的控制点或明显的地物点(如道路交叉点、建筑物边角点等)与设计点、线之间的角度和距离。

放样方法可根据仪器设备及现场情况灵活选用下列方法:

一是,用钢尺直接量距或用距离交会点的办法;

二是,用全站仪极坐标法放样。

现举例将有关放样方法分述如下:如图11-14所示,图中规划在东河西边一大片河滩地造田建园,拟分6个作业区。图中有明显的地物点A(农场东南角公路交叉点)、F(村庄边大车道与公路交叉点),现要在实地将六个作业区放样。

(1)用钢尺量距交会法放样

首先,在图11-14中量出 AB、BC、CD、DE、EF 点间的距离。然后,在实地找出 AB 点,逐段量出相应的距离,即可定出 B、C、D、E 点。然后便可用距离交会法。例如,欲测设 BB' 方向线,可在图上量 a、b、c 三边的实际长度,在实地便可交会出 BB' 的方向线。

由于短边交会延长直线产生误差会大些,所以在实际工作中,交会边尽量长些为好。同

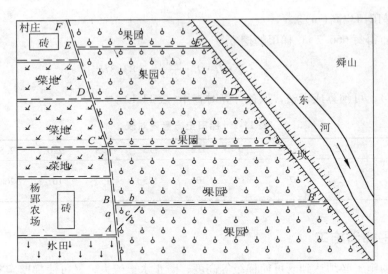

图 11-14 果园界线测量

时,尽可能多设置一些供校核的条件。

(2)用全站仪极坐标法进行放样

在设计图上用图解法求算出设计坐标值。把全站仪安置在 A 点上,后视 B 点,分别输入 B、B'、C、C'、D、D'、E、E'、F 等点的图解坐标,用全站仪放样功能即可测设出各点的实地位置。

在平原地区建园放样,由于测设数据均是采用图解法获得,是一种不甚严密的放样方法,若发现桩位与实地不符合,可作适当调整。

11.3.1.2 树木(果树)种植点放样

果树定植点的测设,就是在各作业区内,按设计的株行距,在实地把点位标定出来。常见的有定植点为矩形和菱形两种图形。

(1)矩形法种植点放样

如图 11-15 所示,$ABCD$ 为一建园区的边界,其放样步骤为:

① 以 $A'B'$ 为基线按半个株行距 A 点(地边第一个定植点)的位置,量 AB 使其平行于基线 $A'B'$,并使 AB 的长度为行距的整倍数,在 A 上安置全站仪放样出 AB 的垂线 AD,且 AD 也为株距的整倍数。

② 在 B 点上作 $BC \perp AB$,并使 $BC = AD$,定出 C 点。为了防止错误,可在实地量出 CD 长度,看是否等于 AB 的长度。

③ 在 AD、BC 线上量出等于若干倍于株距的尺段(一般以接近百米测绳长度为宜),得 E、F、G、H 各点。

④ 在 AB、EF、GH 等线上按设计的行距量出 1、2、3、4、…和 1′、2′、3′、4′、…等点。

⑤ 在 1-1′、2-2′、3-3′、…连线上按株距定出各栽植点,撒上白灰为记号。为了提高工作效率,在测绳上可按株距扎上红布条,就能较快地定出种植点的位置,用白灰做上记号。

（2）菱形法种植点放样

如图 11-16 所示，放样步骤①~③同前。第④步是按半个行距定出 1、2、3、4、…和 1′、2′、3′、4′、…等点。第⑤步是连 1－1′、2－2′、3－3′、…等直线，奇数行的第一个点应从半个株距起，按株距定各种植点，偶数行则从 AB 算起按株距定出各种植点。

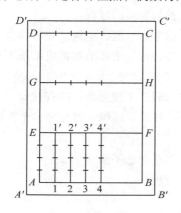

图 11-15　矩形法种植点放样

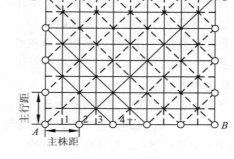

图 11-16　菱形法种植点放样

上述两种方法测设种植点，若地块不大，园区边界线已确定的情况下，也可采用视线交会花杆定点的方法进行放样。

11.3.2　山丘地区建园放样

山丘地区建园放样测量，就是把规划设计好的环山渠道、道路、防护林、耕作区和梯田等项目，通过相应的测量方法，标定到实地上的工作。可参考第 12 章渠道测量和盘山渠道测量、第 13 章林区公路测量以及第 10 章园林工程测量中讲述的有关方法进行。

11.4　土地整理工程与测量

我国开展现代意义的土地整理较晚，对土地整理概念的定义不同学者表述也不同。按照《中华人民共和国土地管理法》（2004 修正）第四十一条第一款的规定，我国土地整理可理解为按照土地利用总体规划，对田、水、路、林、村综合整治，以提高耕地质量，增加有效耕地面积，改善农业生产条件和生态环境的活动。这里对土地整理的解释实际是农地整理的概念。

虽然各种定义的文字表述各不相同，但内涵基本一致，即都将土地整理按对象不同分为农地整理和非农地整理，土地整理的目标都是为调整土地利用关系，提高土地利用效率，实现土地资源的重新合理配置，促进经济社会的持续发展。

11.4.1　土地整理工程概述

（1）土地整理的特点

①技术性　从土地整理工作程序来看，每一个环节都包含许多技术性因素。如项目区的选

择、项目的实施、监管和竣工验收等涉及到诸多的具体工程施工技术。因此，如果没有一定的技术作支撑，土地整理就难以顺利实施。

②动态性　由于土地整理的最终目的是为了协调人地关系、调整土地利用结构、提高土地利用效率，所以随着时间的推移，随着土地利用情况和社会经济状况的变化，土地整理的具体内容与任务也会各不相同，土地整理本身有一个不断完善与发展的过程。

③系统性　土地整理的对象土地本身就是一个很大的生态系统，土地整理工程从项目区的踏勘—可行性研究—规划设计—项目实施、监管和验收等，每一个环节都构成系统不可分割的重要部分，各个环节又相互影响、相互制约。

④综合性　土地整理需要综合运用土地规划、农田水利、工程预算、工程建筑、计算机技术等各学科知识。涉及土地、农业、林业、水利、交通、气象、环保、财政等多个部门。

(2) 土地整理的意义

①有利于增加耕地面积，提高耕地质量，实现耕地总量动态平衡；

②有利于土地利用总体规划的实施，全面加强土地管理；

③有利于农业增产增收，促进农场经济的发展；

④有利于农场精神文明建设和农场社会经济的全面发展。

11.4.2　土地整理测量

土地整理测量是开展土地整理可行性研究、规划设计、工程预算和施工放样等环节的一项基础性工作。土地整理测量在广义上是指为获取、加工和表达土地整理工作体系各个环节所需的空间信息的内外业总称。狭义上是指通过野外实地测量，借助一定的测量仪器和成图系统，最终生产出满足项目规划设计、预算和施工的测绘产品(主要是勘测定界图)的一项技术工作。

(1) 土地整理测量要素

土地整理测量要素主要包括：

①路、沟、渠和水工建筑物，测定其深度、宽度、顶和底的高程，标注水流方向，宽度大于 1 m 或小于 1 m 但对农业生产起到重要作用的都要测量；

②电力、通信等基础设施；

③图斑内的房屋及其他地物；

④水塘、水库等水源地，标注常年水位线及其高程；

⑤地貌按 1 m 或 2 m 基本等高距绘制等高线，40 m 左右一个高程点，0.5 m 的陡坎要测量出。对于平原地区高程精度要求更高，路、沟、渠附近的高程点满足纵横断面图的绘制要求；

⑥地类界：按土地利用分类测量地类界线，地类界线应封闭；

⑦项目区以外与项目区生产相关的地物，如道路、水源地等，一般要求距离项目区权属线以外 30 m 区域内测量相关的地物、地貌；

⑧项目区权属界线；

⑨其他要素。

(2) 土地整理测量相关要求

①勘测定界图要求　土地整理测量的主要成果是勘测定界图，勘测定界图的比例尺一般最

小要达到1:2 000，对地形较复杂的地区比例尺要达到1:500。勘测定界图除了要包括地形图的内容外，还要按照土地利用情况进行土地分类，并注记分类面积(m^2)；绘制项目区权属线并注记项目区面积(m^2)，最后形成勘测定界图、土地利用分类面积表和勘测定界报告书。

②控制网要求　控制网包括首级控制网和图根控制网。

首级控制网：一般采用静态 GPS 或全站仪来完成，采用点连式或边连式的布网形式。平面坐标系统采用1980西安坐标系统或2000国家坐标系统，高程系统常采用1985国家高程基准或1956黄海高程系统。首级 GPS 控制网相邻点间基线长度精度要达到国家 GPS 测量规范 E 级标准，固定误差≤10 mm，比例误差系数≤20；GPS 测量大地高差的精度可在 E 级标准基础上放宽1倍执行。首级 GPS 控制网点数≥2个，并埋设固定标志和做好相应的点记，以便长期保存。高程控制一般采用曲面拟合方法。

图根控制网：图根控制点可以采用 RTK 来完成，用首级控制点作点校正求解四参数或七参数，利用局部参数进行区域 RTK 作业，如果区域比较大，高差大，可以分区域选择校正点。图根控制对每个点至少有一个点与之通视，而且分布应均匀。既方便碎部测量的开展又保证了精度的均匀，导线基本技术要求见表11-2 至表11-5。

表 11-2　二级导线布设要求

等级	边数	总长(km)	平均边长(m)	相邻边长之比
二级	12	3.6	300	不大于1:3

表 11-3　二级导线边长观测要求

等级	仪器	测回数	一测回读数差(mm)	单程测回差(mm)	往返较差(mm)
二级	全站仪	2	5	7	$2(a+b \cdot D)$

注：a 仪器固定误差(mm)；b 仪器比例误差(mm)；D 测距长度(km)。

表 11-4　平差后附合导线的精度要求

等级	测角中误差(″)	方位角闭合差(″)	导线全长相对闭合差	最弱点位中误差(cm)
二级	8	$±16n^{1/2}$	1/10 000	5

注：n 测站数。

表 11-5　图根导线观测技术要求

导线类型	仪器测角精度(″)	水平角测回数	边长测回数	角度闭合差(″)	导线全长相对闭合差	最弱点位中误差(cm)
附合导线	2 或 5	1	1	$±60n^{1/2}$	1/2 000	5
之导线	2 或 5	2	2			5

③权属调查及地类测量和统计要求

权属调查：一般按1:500或更大比例尺测图时，可以待测量结束后再作调查，但1:2 000

或更小比例尺测图时必须进行实测,才能准确无误地绘制出来。对界址点一般采取 RTK 的方法进行测量,最终形成界址点成果表。

地类测量和统计:测量各个地类图斑的位置、大小并在图上标识各图斑的范围、编号、类别,图斑之间进行无缝连接。地类采用最新的土地利用现状分类表(GB/T 21010—2017)。在此基础上,以村为单位统计各类土地面积,形成汇总表。

(3) 土地整理测量注意事项

①土地权属界线的测量　土地权属界线包括村,农、林、牧、渔场界,居民点外的厂矿、机关团体、学校等企业事业单位的土地所有权界和使用权界。因为在划定土地整理区时一般是不打破行政管辖界线的,可以保证比较清楚和明确的土地权属关系,这样既可以避免权属纠纷,又可以准确测算整理后不同权属单位的土地面积和新增耕地面积,对整理后不同权属单位的确权、登记、颁发土地权属证书意义重大。所以在测区内的权属界线测绘是土地整理测量的重点工作,为清楚准确测出这类界线,在测量时应当结合土地权属调查时的成果(详查和更新调查)进行测绘,当实地已经发生了改变,与土地调查成果图件的权属界线不能对应,或者是不够清楚、不能肯定确定时,由县自然资源管理部门根据县级以上人民政府(或民政部门)、法院裁定的境界和土地权属界线、或土地权属界相邻的双方签订的权属核定书,组织县(市)有关部门、当地政府人员以及土地权属界的相关者到实地进行共同指界,按共同指定的界线详细准确测定,确保这类界线的测绘质量,这也是土地整理测量图件质量保证的重要指标。在一些国家级土地整理项目测量地形图上经常发现这种情况,就是地形地貌测得很详细、很清楚,图面也很整洁,但是土地的权属界线却没有测绘,尤其是村界没有一个界址点、线是实测出来的,对一般的按 1:500 或更大比例尺测图时,测量结束后再作调查,大多数情况下是可行的,但作为 1:2 000 或更小比例尺测图时却行不通,必须进行实测,才能准确无误地绘制出来。

②项目区范围内的水系测量　水系包括池塘、河、溪以及一般的田间小沟渠。在测量这类线状地物时,要严格按照规程的要求,准确无误地进行测绘,同时要把这些地物的深度测量出来,要求一定的距离测出一个深度数值,对这些地物不管在土地整理项目规划中是改造还是填土整平,这些深度数值都不可缺或,在土地整理工程规划、预算、施工过程中要用到这些数值,这是保证土地整理项目规划、预算的准确度、可信度和可行性的重要条件。从土地整理这个角度来说,水是土地整理规划中要求比较严格的一项指标,即使是干旱地区以水稻为主要农作物的都要求灌溉设计保证率在 70% 以上,除在项目区内的水系应当准确无误地测出来外,如果从项目区外引水不是太远的话,最好能作个相对准确的定位,并作相应的标注,这是保证土地整理项目规划可行的重要方面,测图时要重视。

③依照土地利用总体规划,有侧重、有取舍地进行测绘　土地整理规划是在土地利用总体规划基础上的专项规划,必须符合土地利用总体规划,同时还要综合考虑到城镇规划、村庄规划以及其他专项规划。像居民点、工矿用地、机关学校等建设用地的,只要测绘出其地类界线,能求出其地类面积便可,不必要对每一建筑物、构筑物进行详细的测量。在土地利用总体规划图上,每个村庄和集镇的周围都有明确的规划用途为建设用地的范围界线,对此范围内的地形、地物、地貌可以简单测绘,重点在路、沟渠、电力电信等设施的测绘。对此范围处的地类界线及独立地物和田埂等线状地物,按照国家对土地整理项目规划图的比例要求(一般为

1:2 000)，依照规范进行必要的取舍。

④保证地形图的图面清楚整洁、美观而完整 使土地整理项目的规划设计图更有完整性，应当做到以下几点：

从测区范围上说：一定要比项目范围大，一般情况下要求测量到项目界线外 30 m 至 50 m，而不能仅仅测到项目范围界线上，因为土地整理项目范围外的附近，一些与土地整理项目相关的情况，也必须有相对清楚的交待。

测区范围内相应地物的表示方法：地类、植被均按照实地范围测注，田埂可进行一定程度的取舍，较小的田块不再区分；居民点地类界外分散房屋逐个测绘；独立地物按相应图式符号表示；各种输电线路只标出方向，不连线；道路、桥涵均按实际宽度测绘；水沟、河流按实地宽度测绘，测注水面高程；鱼塘、虾塘按上沿轮廓测绘，并注记养殖物名称的缩写。其他均按"规范"要求执行。

⑤保证以实测地形图为基础 从土地整理项目土地利用现状图、土地整理项目规划设计图到面积量算的图斑图，都要用实测的地形图为基础，为便于使用、保存、携带和提高工作效率，最好能够按以下的地形图编绘方法：尽量使用目前该地区现有图件的坐标系统、高程系统和图式；当图幅的宽度不超过一般绘图仪的打印宽度 1 m 时，可以采用整体图幅，不进行分幅；采用 AutoCAD 软件为平台开发的专业成图软件进行成图；当测区的面积较大，分为多个作业组进行作业时，各作业组依照野外绘制的草图，根据仪器生成的与草图相对应的编号，按照相应的图式符号在电脑上绘制出正式的地形图。作业组之间对地物的表示方法、图式符号运用、字体大小、注记、电子图的分层、颜色等均应进行统一。

土地整理测量相对于地籍测量或者一般的地形图测绘来说，精度要求低一点，但是在土地整理测量工作中应当注意和重视的问题也不少，这是由于土地整理测量本身有其自身的特点和要求，我们在土地整理测量工作中要认真细致，土地整理测量成果质量才有保证，土地整理项目的规划设计才有正确的基础图形，才能保证土地整理项目的规划、论证预算、审批和工程实施等工作顺利实施。

(4) 土地整理测量方法

土地开发整理规划基础图件是 1:1 万土地利用现状图，这些基础图件可以充分利用整合，土地整理项目基础图件比例尺要求为 1:500～1:2 000。尽管摄影测量与遥感的方法已经能获得 1 m 以内的平面精度，但满足不了土地整理测量的高程精度要求，所以一般应通过野外实测获取相关比例尺的基础图件。土地整理测量作为测量工作的一种，其测量基本原则仍然是"先控制后碎部""从高级到低级""先整体后局部"。勘测定界图测量方法和要求可以参考第 7 章地形图测绘的有关内容。

现阶段土地整理测绘施测依据和要求只能暂时参照相应地形测量、土地利用现状调查技术规程、农田水利施工图和土地利用现状图等要求进行。实践证明基于 RTK–GPS 的内外业一体化数字成图方法是土地整理测量的一种行之有效的方法。

11.5 土方量计算

11.5.1 利用地形图平整土地

在建筑设计和施工过程中都要涉及到场地的平整,进行土石方工程量的预决算。若要将某一区域平整为设计高程的平地,并满足填、挖土方量平衡的要求。首先,测绘该区域现状地形图,然后,在透明纸如聚酯薄膜上绘好方格网蒙在需要平整的区域或直接在地形图上打好方格网,如图11-17所示。绘制方格网时综合考虑地形的复杂程度、地形图比例尺的大小和精度要求来拟定方格的边长,一般方格的

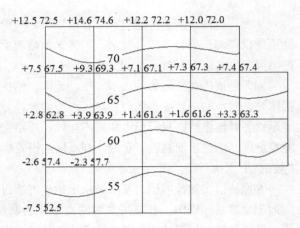

图11-17 利用地形图平整土地

边长取实地的 10 m、20 m 或 50 m 等。利用第 9 章 9.2 节中确定点位高程的方法求得各方格网顶点的高程注在相应顶点右上方,如图 11-17 所示的 72.5、74.6 等。接着按照填挖平衡的原则计算设计高程,根据各顶点高程设计值计算各顶点填、挖高度,再近似计算各方格网填、挖土方量,最后按各个方格汇总的填、挖土方量。

很多工程建设中,土地平整的设计面并不是水平面,而是根据地形设计成有一定坡度的倾斜面或台阶面,同样根据土方量最少和填、挖基本平衡的原则或特殊要求,确定不同位置的设计高程和斜面的坡度,从而根据设计高程和斜面坡度绘制倾斜面的设计等高线图。然后在地形图上绘制方格网,采用内插法,根据倾斜面的设计等高线图求得各方格网顶点的设计高程,根据原有等高线图求得各方格网顶点的地面高程,再根据方格网计算填、挖土方量,只是后者更复杂,如台阶式地面要分块计算等。

在专业数字地图成图软件中,如南方绘图软件 CASS,利用数字地形图根据需要可生成数字地形模型、等高线、横断面和方格网,再选择相应的土方量计算方式,设置场地平整的设计高程,非常准确便捷地计算土方量。

11.5.2 渠道土方计算

为了使渠道断面符合设计要求,渠道工程必须在地面上挖深或填高,同时为了编制渠道工程的经费预算,需要计算渠道开挖和填筑的土石方数量,所填挖的体积以 m^3 为单位,称为土方或土方量。其计算方法常采用断面线法(张正禄,2009)。

如图 11-18 所示,先分别算出相邻两中心桩应挖(或填)的横断面面积,取其平均值,再乘以两断面间的距离,即得两中心桩之间的土方量,即公式 11-8 所示。

$$V = \frac{1}{2}(A_1 + A_2)D \tag{11-8}$$

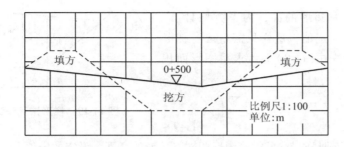

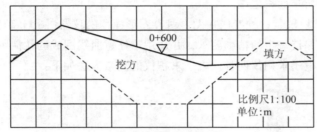

图 11-18 断面线法计算土方量

式中 V——两中心桩间的土方量(挖方或填方)(m^3);

A_1、A_2——两中心桩应挖或填的总横断面面积(m^2);

D——两中心桩间的距离(m)。

采用该法计算土方时,可按以下步骤进行。

(1) 确定断面挖、填范围

确定挖填范围的方法是在各横断面图上套绘渠道设计横断面。套绘时,先在透明纸上画出渠道设计横断面,其比例尺与横断面图的比例尺相同,然后根据中心桩挖深或填高数转绘到横断面图上(图 11-18)。欲在该图上套绘设计断面,则先从纵断面图上查得 0+600 桩号应挖深 2.06 m,再在该断面图的中心桩处向下按比例量取 2.06 m,得到渠底的中心位置,然后将绘有设计横断面的透明纸覆盖在横断面图上,透明纸上的渠底中点对准图上相应点,渠底线平行于方格横线,用针刺或压痕的方法将设计断面的轮廓点转到图纸上,连接各点即将设计横断面套绘在横断面图上。这样,根据套绘在一起的地面线和设计断面线就能表示出应挖或应填范围。

由于计算机比较普及,可以采用成图软件,将相对应里程的横断面图与设计图直接套绘,方便快捷,为填方或挖方横断面面积的计算打下了基础。

(2) 计算断面的挖、填面积

计算挖、填面积的方法很多,通常采用的包括:

① 方格法 方格法是将欲测图形分成若干个小方格,计算图形范围内的方格总数,然后乘以每方格所代表的面积,从而求得图形面积。计算时,分别按挖、填范围数出该范围内完整的方格数目,再将不完整的方格用目估法拼凑成完整的方格数,求得总方格数,从而求出该断面的填方或挖方面积。

② 梯形法 梯形法是将欲测图形分成若干等高的梯形,然后按梯形面积的计算公式进行量测和计算,求得图形面积。如图 11-19 所示,将中间挖方图形划分为若干个梯形,其中 l_i 为

梯形的中线长，h 为梯形的高，为了方便计算，常将梯形的高采用一定值，这样只需量取各梯形的中线长并相加，按式（11-9）即可求得图形面积 A，即

$$A = h(l_1 + l_2 + \cdots + l_n) = h\sum l_i \quad (11\text{-}9)$$

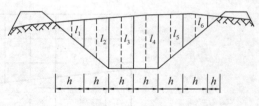

图 11-19　梯形法面积计算示意图

采用梯形法进行划分，有可能使图形两端三角形的高不为设定的定值，这时则应将其单独估算面积，然后加到所求面积之中。

③ 求积仪法　求积仪是一种专门在图上量算图形面积的仪器（图 11-20）。其特点是操作简便，量算速度快，能保持一定的精度要求，并适用于任意曲线围成的几何图形的面积量算。求积仪有机械求积仪和电子求积仪两种。电子求积仪的测量方法如下：

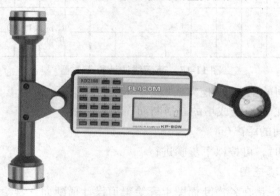

图 11-20　求积仪

将图纸水平固定在图板上，把跟踪放大镜放在图形中央，并使动极轴与跟踪臂成 90°。然后打开电源，用"【UNIT－1】"和"【UNIT－2】"两功能键选择好单位，用"【SCALE】"键输入图的比例尺，并按"【R－S】"键，确认后，即可在欲测图形中心的左边周线上标明一个记号，作为量测的起始点。最后按"【START】"键，蜂鸣器发出响声，显示零，用跟踪放大镜中心准确地沿着图形的边界线顺时针移动一周后，回到起点，其显示值即为图形的实地面积。为了提高精度，对同一面积要重复测量三次以上，取其均值。

当然，还有其他面积求算的方法，如坐标法、图解法、平行线法等。随着各种软件的开发和应用，求算面积也变得更为简单、快捷，精度也更高，具体可参阅相关文献资料。

（3）计算土方

根据相邻中心桩的设计面积及两断面间的距离，按式（11-9）计算出相邻横断面间的挖方或填方。土方计算使用"渠道土方计算表"（表 11-6）逐项填写和计算。计算时，先从纵断面图上查取各中心桩的填挖数量及各桩横断面图上量算的填、挖面积填入表中，然后求得两中心桩之间的土方数量。

当相邻两断面既有填方又有挖方时，应分别计算填方量和挖方量。如果相邻两横断的中心桩为一挖一填，则中间必有一个不挖不填的点，称为零点，即纵断面图上地面线渠底设计线的

交点，可以从图上量得，也可按比例关系求得。由于零点系指渠底中心线上为不挖不填，而该点处横断面的填方面积和挖方面积不一定都为零，故还应到实地补测该点处的横断面，然后再计算有关相邻两断面间的土方量，以提高土方计算的精度。最后将某段渠道的所有填方量加到一起即为总填方量，所有挖方量加到一起即为总挖方量。总填方量和总挖方量即为该项工程的总土方量。

表 11-6　渠道土方计算表

桩号	地面高程(m)	渠底设计高程(m)	填(m)	挖(m)	断面面积(m²) 填	断面面积(m²) 挖	平均断面面积(m²) 填	平均断面面积(m²) 挖	距离(m)	土方量(m³) 填	土方量(m³) 挖
0+000	72.05	72.5	0.45		13.82	0	8.32	1.01	70	582.4	70.7
0+070	73.18	72.43		0.75	2.81	2.01	3.48	1.8	30	104.4	54
0+100	72.91	72.4		0.51	4.15	1.58	8.63	0.79	100	863	79
0+200	72.17	72.3	0.13		13.11	0	13.08	0	50	654	0
0+250	72.13	72.25	0.12		13.05	0	12.23	0	50	611.5	0
0+300	72.11	72.2	0.09		11.38	0	8.32	0.63	50	416	31.5
0+350	73.97	72.15		1.82	5.25	1.25	5.18	1.18	50	259	59
0+400	73.14	72.1	1.04		5.1	1.1	6.08	1.21	100	608	121
0+500	72.12	72	0.12		7.06	1.32					
总计										4 098.3	415.2

11.5.3　土石方计算

一般情况下，计算土石方量，需先计算横断面面积，横断面的面积以 m² 为单位，取小数后一位，土石方的体积以 m³ 为单位，取至整数。横断面面积计算详见第 9 章地形图应用。

路基土石方计算工作量较大，加之路基填挖变化的不规则性，要精确计算土石方体积是十分困难的。在工程上通常采用近似计算。即假定相邻断面间为一棱柱体，则其体积为：

$$V = (A_1 + A_2)\frac{L}{2} \qquad (11\text{-}10)$$

式中　V——体积，即土石方数量(m³)；

　　　A_1，A_2——为相邻两断面的面积(m²)；

　　　L——相邻断面之间的距离(m)。

此种方法称为平均断面法，如图 11-21 所示。用平均断面法计算土石方体积简便、实用，是公路上常采用的方法。但其精度较差，只有当 A_1、A_2 相差不大时才较准确。当 A_1、A_2 相差较大时，则按棱台体公式计算更为接近，其公式如下，即

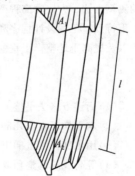

图 11-21　断面法土石方计算

$$V = \frac{1}{3}(A_1 + A_2)L\left(1 + \frac{\sqrt{m}}{1+m}\right) \qquad (11\text{-}11)$$

式中 m——A_1/A_2，其中 $A_1 < A_2$。

第二种的方法精度较高，应尽量采用，特别适用计算机计算。

用上述方法计算的土石方体积中，是包含了路面体积的。若所设计的纵断面有填有挖基本平衡，则填方断面中多计算的路面面积与挖方断面中少计算的路面面积相互抵消，其总体积与实施体积相差不大。但若路基是以填方为主或以挖方为主，则最好是在计算断面面积时将路面部分计入。也就是填方要扣除、挖方要增加路面所占的那一部分面积。特别是路面厚度较大时更不能忽略。

计算路基土石方数量时，应扣除大、中桥及隧道所占路线长度的体积；桥头引道的土石方，可视需要全部或部分列入桥梁工程项目中，但应注意不要遗漏或重复；小桥涵所占的体积一般可不扣除。

路基工程中的挖方按天然密实方体积计算，填方按压实后的体积计算，各级公路各类土石方与天然密实方换算系数见表11-7，土石方调配时注意换算。

表11-7 路基土石方换算系数

公路等级	土石类别				
	土方				石方
	松土	普通土	硬土	运输	
二级及二级以上公路	1.23	1.16	1.09	1.19	0.92
三、四级公路	1.1	1.05	1.00	1.08	0.84

本章小结

在土地资源开发过程中，始终离不开测量工作。土地资源测量主要包括平原地区土地平整测量、山地修筑梯田平整测量、建园放样测量和土地整理工程测量。本章通过介绍土地平整中田块合并平整测量的测算方法、方格网高程测量方法和土方量计算方法、平原地区和丘陵地区的建园放样测量、土地整理工程特点、工程设计程序和土地整理工程测量方法、步骤、要求等内容，对开发土地资源、合理利用土地以及提高土地整理工程的经济效益、社会效益和生态效益等提供技术支持。

思考题十一

(1) 简述方格法平整土地为一定高程的水平面的方法步骤及计算过程。
(2) 水平梯田由哪几部分组成？简述坡改梯田测量的步骤。
(3) 用水准仪测量梯田等高线，下一测站的后视读数应与前一测站的前视读数相等吗？
(4) 等高线的调整和取舍应注意哪些问题？
(5) 简述树木(果树)种植点放样的主要方法和步骤。
(6) 简述土地整理工程设计的主要程序。
(7) 简述土地整理测量工作的测量要素、测量方法和注意问题。
(8) 如何利用地形图平整土地？
(9) 渠道土方量是如何计算的？

第 12 章 渠道测量

渠道是农田水利基本建设的重要内容之一，分灌溉渠道和排水渠道两类。无论兴修灌溉渠道还是排水渠道，都必须进行测量，为设计施工提供依据。

在渠道勘测、设计和施工中所进行的测量工作，称为渠道测量。主要内容包括：踏勘选线、中线测量、纵横断面测量、土(石)方量计算和施工断面放样等。渠道测量的内容和方法与一般道路测量基本相同，都是沿着选定的路线方向进行，因此属于线路测量的范畴。

12.1 渠道选线及中线测量

12.1.1 渠道选线

渠道选线的任务,就是要在地面上选定渠道的合理路线,标定渠道中心线的位置。渠线的选择直接关系到工程效益和修建费用的大小,一般应考虑有尽可能多的土地能实现自流灌排,且开挖和填筑的土石方量和所需修建的附属建筑物要少,并要求中小型渠道的布置与土地规划相结合,做到田、渠、林、路协调布置,为采用先进农业技术和农田园田化创造条件,同时还要考虑渠道沿线有较好的地质条件,少占良田,以减少修建费用。这条中线应符合下列要求:

①渠道中线尽量选择直线。
②要避免修建过多的水工建筑物(如渡槽、倒虹吸等),应尽量少占耕地,以减少工程费用和经济损失。
③沿线应有较好的地质条件,尽量避开地质灾害常发地段。
④在山丘地区应尽量避免填方,以保证渠道边坡的稳定性。
⑤用于引水灌溉的渠道应选在地势较高的地带,以便自流灌溉;用于排水的渠道应尽量选在地势较低的地方,以便排除积水。

具体选线的方法步骤:如果兴建的渠道较长,或规模较大,一般应经过踏勘选线、室内选线、外业选线等步骤;对于灌区面积较小、路线不长的渠道,可以根据已有资料和具体选线要求,直接在实地进行踏勘选线。

12.1.1.1 踏勘选线

踏勘前,最好先在比例尺为1:10万~1:1万的地形图上初选几条渠线方案,然后依次对所经地带进行实地踏勘,了解和搜集有关资料(如土壤、地质、水文、施工条件等),并对渠线某些控制性的点(如渠首、沿线沟谷、跨河点等)进行简单测量,了解其相对位置和高程,以便分析比较,选定最佳渠线。

12.1.1.2 室内选线

室内选线就是在图上进行选线,即在适合的地形图上选定渠道中心线的平面位置,并在图上标出渠道转折点到附近明显地物点的距离和方向(由图上量得)。如果该地区没有适用的地形图,则应根据踏勘时确定的渠道线路,测绘沿线宽100~200 m的带状地形图,其比例尺一般为1:5 000或1:1万。

在山区、丘陵地区选线时,为了确保渠道的稳定,应力求挖方。因此,环山渠道应先在图上根据等高线和渠道纵坡初选渠线,并结合选线的其他要求在图上做必要的修改,在图上定出渠线位置。

12.1.1.3 外业选线

外业选线就是将室内所选渠道中心线标定于实地,其任务包括:标出渠道的起点、转折点和终点。外业选线还要根据实地情况,对图上所选渠道中心线作进一步分析研究和补充修改,使之完善。实地选线时,一般应借助仪器选定各转折点的位置。平原地区的选线比较简单,一般要求尽量选成直线，只有在必须绕过居民区、厂矿区或其他重要地区时才需要转弯。山丘地区的渠道一般盘山而走，依着山势随弯就弯，但要控制渠线的高程位置，以保证符合引水高程和设计坡度的要求，为此，需要根据已知水准点来进行探测确定。对于较长的渠道线，为避免高程误差累积过大，最好每隔 2~3 km 与已知水准点校核一次。如果选线精度要求较高，可用水准仪测定有关点的高程，以便准确测定渠线位置。

渠道中线选定后，应在起点、各转折点和终点用大木桩或水泥桩在地面上标定其位置，并绘略图注明桩点与附近固定地物之间的位置和距离，以便日后寻找。

12.1.2 渠道控制测量

渠道控制测量包括渠道的平面控制测量和高程控制测量。渠道平面控制宜用中心导线的形式布设，高程测量宜沿中心线导线点进行。设计阶段，应在施工区外适当留设水准点。为便于恢复已测量过的路线和满足施工放样的需要，均应在中心导线上及其附近埋设一定数量的标石。平面和高程控制的埋石点宜共用，并利用中心导线的转折点和公里桩。埋石点的间距见表 12-1。渠道中心线上未埋石的转折点、公里桩、圆曲线的起终点，均应埋设大木桩。

表 12-1 平高控制埋石点的间距

阶段		平面控制点	高程控制点
规划阶段		每隔 3~5 km 埋设 2 个标石	应连测平面控制点的埋石点
设计阶段	线路上	每隔 5 km 埋设 3 个标石	每隔 1~3 km 埋设 2 个标石
	主要建筑物处	每处埋设 2 个标石	每处埋设 2 个标石

中心线导线点的编号可用里程加控制点号的方法。不在渠道中心线的点，仅编控制点点号，不加里程。转折点的编号应为 TP1、TP2、TP3、……TPn。也可按总干渠、干渠、分干渠、支渠、分支渠等分类分项编号。中心线导线点的点位中误差和高程中误差见表 12-2。中心线导线点的平面位置和高程以及纵断面里程的施测可一次完成，中心线导线点宜用 GPS 或全站仪导线施测，但其高程需用水准仪施测，并组成附合或闭合水准路线，当路线不长（15 km 以内）时，也可组成往返观测的支水准路线。水准点的高程一般用四等水准测量的方法施测（大型渠道应采用二等水准测量）。

12.1.3 中线测量

中线测量的任务主要是根据选线所定的起点、转折点及终点，通过量距测角把渠道中心线的平面位置在地面上用一系列的木桩标定出来。在渠道线路初步选定后，接着就要在实地标出渠道中心线，并在实地打桩。为了便于计算渠道长度及绘图施工，必须从渠道起点开始，沿着渠道方向丈量渠道长度，每隔 20 m、30 m、50 m 或 100 m 打一标桩（一般山地丘陵地区桩距 20 m 或 30 m，平地桩距 50 m 或 100 m），称为里程桩。在两里程桩间地形坡度有明显的变化点或经过河、沟、坑、路以及需要构筑水利工程（涵洞、水泵房等）的地方，都应打桩，称为加桩。加桩一般埋设在下述位置上，并用木桩在地面上标定：

①中心线与横断面的交点;
②中心线上地形有明显变化的地点;
③圆曲线桩;
④拟建的建筑物中心位置;
⑤中心线与河、渠、堤、沟的交点;
⑥中心线穿过已建闸、坝、桥、涵处;
⑦中心线与道路的交点;
⑧中心线上及其两侧(横断面施工范围内)的居民地、工矿企业建筑物处;
⑨开阔平地与山地或峡谷分界处;
⑩设计断面变化的过渡段两端。

上述加桩一律按里程编号,每个点既要测出里程,又要测出桩顶高和地面高。加桩和部分整数桩可与中心导线一同测定,也可先测中心导线后测设加桩。其里程可用电磁波测距仪、钢尺测定;高程可用图根级附合水准(少数点亦可用间视法施测)、GPS拟合高程或光电测距三角高程测定,其测量中误差应符合表12-2中的规定。

表12-2 中心线导线点、中心线桩及横断面的测量精度

点的类别	对邻近图根点的点位中误差(m)		对邻近基本高程控制点的高程中误差(m)
	平地、丘陵地	山地、高山地	平地、丘陵地、山地、高山地
中心线导线点或中心线桩	±2.0		±0.1
横断面点	对中心线桩平面位置中误差		±0.3
	±1.5	±2.0	

标桩可用直径5 cm、长30 cm左右的木桩,打入地下,露出地面5~10 cm;桩头一侧削平朝向渠道起点,以便于注记。在标定渠线的同时,应丈量出各标桩至起点的水平距离,用红铅笔或油漆记在桩头上或面向起点的桩侧面,作为桩号。注记时,在距离的公里数和米数之间写"+"号,如距离起点3 150 m的标桩应写作3+150,如图12-1所示,起点桩号应写成0+000。渠道较长时,还要在丈量距离时,绘出渠线草图(图12-2),作为设计渠道时参考。

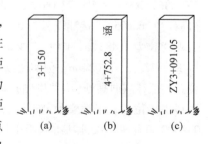

图12-1 里程桩示意图

绘制草图,不必像绘地形图那样细致,可以把整个渠线用一条直线表示,在线上用小黑点表示里程桩的位置,点旁写上桩号。遇到转弯处,用箭头指出转向角方向,写上转角度数,以便用圆曲线相连接。圆曲线的设置可参考规范的要求(表12-3)。沿线的主要地形、建筑物,目测画下来,能显示出其特征即可,并记下地质情况、地下水位等资料,以便绘制纵断面图和给设计施工安排提供参考。

表 12-3　圆曲线测设项目

折线交角	测设项目
<6°	不测设曲线，不计算曲线长度
6°~12°	测设曲线的起点、中点、终点，计算曲线长度
>12°	$L \leq 100$ m 时，测设起点、中点、终点，计算曲线长度 $L > 100$ m 时，按 50 m 间距测设曲线桩，计算曲线长度

注：1. L 为曲线长度(m)；
　　2. 当规划阶段需测设圆曲线时，应由规划、测量人员根据外业情况共同商定。

当渠道的里程桩和加桩标定完成后，即可进行渠道的中线测量。渠道中线测量就是渠道纵断面水准测量，其任务是测量渠道中线上各里程桩及加桩的高程，为绘制纵断面图、计算渠道上各点的填、挖深度提供数据。

在山区进行环山渠道的中线测量时，为使渠道以挖方为主，将山外侧渠堤顶的一部分设计在地面以下(图 12-3)，此时一般要用水准仪探测中心桩的位置。首先根据渠首引水口高程，渠底比降、里程和渠深(渠底设计水深加超高)计算堤顶高程，而后用水准测量探测该高程的地面点。

例如，渠首引水口的渠底高程为 74.81 m，渠底比降为 1/2 000，渠深为 2.5 m，则 0+500 的堤顶高程为 74.81 − 500×1/2 000 + 2.5 = 77.06 m，如图 12-4 所示，由 BM1，(高程为 76.605 m)接测里程为 0+500 的地面点 P 时，测得后视读数为 1.482 m，则 P 点上立尺的读数应为 76.605 + 1.482 − 77.06 = 1.027 m，但实测读数为 1.785 m，说明 P 点位置偏低，应向高处(山坡里侧)移至读数恰为 1.027 m 时，既得堤顶位置，根据实地地形情况，向里移一段距离(小于等于渠堤到中心线的距离)，钉下 0+500 里程桩。按此法继续沿山坡接测延伸渠线即可。

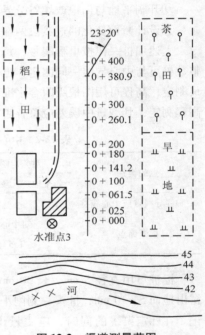

图 12-2　渠道测量草图

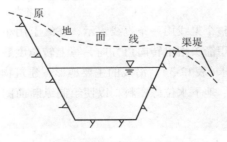

图 12-3　环山渠道断面图

图 12-4　环山渠道中心桩探测示意图

应用 RTK 技术进行渠道中线测量，基本作业方法包括：在路线控制点上架设 GPS 接收机作为基准站，流动站测设路线点位并进行打桩作业。根据所设计的路线参数，利用路线计算程序和 GPS 配套的电子手簿计算路线中桩的设计坐标。在流动站的测设操作下，只要输入要测设的参考点号，然后按解算键，显示屏可及时显示当前杆位和到设计桩位的方向与距离，移动杆位，当屏幕显示杆位与设计点位重合时，在杆位处打桩写号即可。这样逐桩进行，可快速在地面上测设中桩并测得中桩高程，并且每个点的测设都是独立完成的，不会产生累计误差。

12.2 渠道纵断面测量

渠道纵断面测量的任务，是测出中心线上各里程桩和加桩的地面高程，了解纵向地面高低的情况，并绘出纵断面图，其工作包括外业和内业。

12.2.1 纵断面测量外业

渠道纵断面测量是以渠道沿线事先布设的三、四等水准点为依据，按五等水准测量的要求从一个水准点开始引测，测出一段渠线上各中心桩的地面高程后，附和到下一个水准点进行校核，其闭合差不得超过 $\pm 10\sqrt{n}$ mm（n 为测站数）。如图 12-5 所示，从 BM_1（高程为 76.605 m）引测高程，依次对 0+000，0+100，…进行观测，由于这些桩相距不远，按渠道测量的精度要求，在一个测站上读取后视读数后，可连续观测几个前视点（水准尺距仪器最远不得超过 150 m），然后转至下一站继续观测。这样计算高程时采用"视线高法"较为方便。其观测与记录及计算步骤如下。

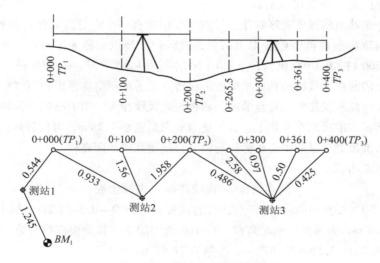

图 12-5 纵断面测量示意图

(1) 读取后视读数，并算出视线高程

$$视线高程 = 后视点高程 + 后视读数 \qquad (12-1)$$

如图 12-5 所示，在第 1 站上架设水准仪，后视 BM_1，读数为 1.245，则视线高程为

76.605 m + 1.245 m = 77.850 m(表 12-4)。

表 12-4 纵断面水准测量记录

测站	测点	后视读数(m)	视线高(m)	前视读数(m) 中间点	前视读数(m) 转点	高程(m)	备注
1	BM_1	1.245	77.850			76.605	已知高程
	0+000(TP_1)	0.933	78.239		0.544	77.306	
2	100			1.56		76.68	
	200(TP_2)	0.486	76.767		1.958	76.281	
3	265.5			2.58		74.19	
	300			0.97		75.80	
	361			0.50		76.27	
	400(TP_3)				0.425	76.342	
…	…	…	…	…	…	…	…
7	0+800(TP_6)	0.848	75.790		1.121	74.942	
	BM_2				1.324	74.466	已知高程为74.451
	∑	8.896			11.035		
计算检核(m)				8.896 − 11.305 = −2.139 74.466 − 76.605 = −2.139			

(2) 观测前视点并分别记录前视读数

由于在一个测站上前视要观测好几个桩点,其中仅有一个点是起着传递高程作用的转点,而其余各点只需读出前视读数就能得出高程,为区别于转点,称为中间点。如图 12-5 所示,0+000 桩、0+200 桩、0+400 桩为转点,0+100 桩、0+265.5 桩、0+300 桩、0+361 桩为中间点。中间点上的前视读数精确到厘米即可,而转点上的观测精度将影响到以后各点,要求读至毫米,同时还应注意仪器到两转点的前、后视距离大致相等。用中心桩作为转点,要置尺垫于桩一侧的地面,水准尺立在尺垫上,若尺垫与地面高差小于 2 cm,可代替地面高程。观测中间点时,可将水准尺立于紧靠中心桩旁的地面,直接测算得地面高程。

(3) 计算测点高程

$$测点高程 = 视线高程 - 前视读数 \tag{12-2}$$

例如,表 12-4 中,0+000 作为转点,它的高程 = 77.850 − 0.544(第一站的视线高程 − 前视读数) = 77.306 m,为该桩的地面高程。0+100 为中间点,其地面高程为第二站的视线高程减前视读数 = 78.239 − 1.56 = 76.679 m,凑整为 77.68 m。

(4) 计算校核和观测校核

当经过数站(如表 12-4 中为 7 站)观测后,附和到另一水准点 BM_2(高程已知),以检核这段渠线测量成果是否符合要求。为此,先要按下式检查各测点的高程计算是否有误,即

$$\sum 后视读数 - \sum 转点前视读数 = BM_2 \text{的高程} - BM_1 \text{的高程} \tag{12-3}$$

例如，表12-4 中 $\sum 后 - \sum 前$（转点）与终点高程（计算值）减去起点高程均为 -2.139 m，说明计算无误。但 BM_2 的已知高程为 74.451 m，而测得的高程是 74.466 m，则此段渠线的纵断面测量误差为 74.466 - 74.451 = +15 mm，此段共设 7 个测站，允许误差为 $\pm 10\sqrt{7} \approx 26$ mm，观测误差小于允许误差，成果符合要求。由于各桩点的地面高程在绘制纵断面图时仅需精确至 cm，其高程闭合差可不进行调整。

12.2.2 纵断面测量新方法

由于渠道纵断面测量要求精度较低（五等水准），故可以利用全站仪按照三角测量的方法进行纵断面测量。测量时，应采用高一级的水准点联测一定数量的控制点，作为三角高程的起闭条件，三角高程的视距不能太大。

随着科学技术的不断发展，测绘技术手段也在日新月异的提高，特别是高精度的 GPS 实时差分定位的 RTK 技术，在当前测绘行业中占有越来越重要的地位，应用也日益的广泛。利用 RTK 进行纵断面测量，首先选择架设基准站，求得转换参数，将参数输入到移动站的手簿中，到另一个已知点进行校核，以防止粗差的存在。在所有的准备工作完成之后，将断面端点和转折点的坐标，输入到手簿中，利用线放样的功能进行施测，在施测的时候，手簿界面上显示该点偏离方向线的距离和断面桩号及此点的精度，使所测的断面点均在一条直线上，当精度达到需要的精度的时候进行保存，保存的每一个断面点均具有三维坐标和断面桩号。在外业结束后，将记录的坐标和桩号，用成图软件支持的格式传输至计算机中，进行数字化成图。

12.2.3 渠道纵断面图的绘制

渠道纵断面测量间距及绘制纵断面的比例尺见表 12-5 和表 12-6。渠道纵断面图通常绘在毫米方格纸上，纵轴表示高程，横轴表示距离。绘图时，先在纵断面图的里程横行内，按比例尺定出各里程桩和加桩的位置，并注上桩号，再将实测的里程桩和加桩的高程记入地面高程栏，并按高程比例尺在相应的纵向线上标定出来，为了节省纸张和便于阅读，图上的高程可不从零开始，而从一合适的数值起绘。根据各桩点的里程和高程在图上标出的点连成折线，即为渠道纵向的地面线，如图 12-6 所示。再根据设计的渠首高程和渠道比降绘出渠底设计线。至于各桩点的渠底设计高程，则是根据起点（0 +000）的渠底设计高程、渠道比降和离起点的距离计算求得，如 0 +000 的渠底设计高程为 74.81 米，设计坡度为下降 1:2 000，则 0 +100 的渠底设计高程应为 74.81 - 1/2 000 × 100 = 74.76 m，注在图下"渠底高程"一行的相应点处，然后根据各桩点的地面高程和渠底高程，即可算出各点的挖深或填高数，分别填在图中相应位置。

表 12-5 纵横断面测量间距表

阶段	横断面间距(m)		纵断面点间距(m)	
	平地	丘陵地、山地	平地	丘陵地、山地
规划	200 ~ 1 000	100 ~ 500	基本点距同左，特殊部位应加点	
设计	100 ~ 200	50 ~ 100		

表 12-6　纵断面图制图比例尺

阶段	水平比例尺	竖直比例尺	
		平地	丘陵地、山地
规划	1:10 000 ~ 1:50 000	1:50 ~ 1:200	1:100 ~ 1:500
设计	1:5 000 ~ 1:25 000		

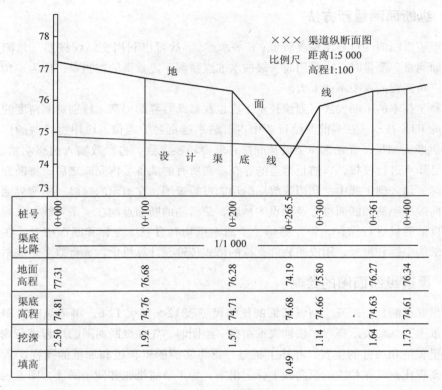

图 12-6　渠道纵断面

12.3　渠道横断面的测量

垂直于渠道中心线方向的断面为横断面。横断面测量是以里程桩和加桩为依据，测量中心线上里程桩和加桩处两侧地面高低起伏情况，从而绘出横断面图，以便计算填挖工程量及确定横向施工范围。其工作分为外业和内业。

12.3.1　横断面测量外业

在进行横断面测量时，以中心桩为起点测出横断面方向上相对于中心桩的地面坡度变化点间的距离和高差，就可以确定其点位和高程。横断面施测宽度视渠道大小、地形变化情况而异，一般约为渠道上口宽度的 2~3 倍，或者能在横断面上套绘出设计横断面为准，并留有余地。横断面测量要求精度较低，通常距离测至分米，高差测至厘米。其施测的方法步骤如下。

(1) 定横断面方向

在渠道中心桩(里程桩和加桩)上根据渠道中心线方向，用木质的十字直角器(图 12-7)、全站仪放样边桩或其他简便方法可定出垂直于中线的方向，此方向即为该点处的横断面方向。

(2) 测出坡度变化点间的距离和高差

首先，应在中心桩(里程桩和加桩)上，用十字架确定横断面方向，然后，以中心桩为依据向两边施测，顺着水流方向，中心桩的左侧为左横断面，中心桩的右侧为右横断面。其测量方法有多种，现介绍几种常用方法。

① 水准仪—皮尺法 此法适用于施测横断面较宽的平坦地区。在横断面方向附近安置水准仪，以中桩地面高程点为后视点，中桩两侧横断面方向地形特征点为前视点，分别测量地形特征点的高程，水准尺读数至 cm。用皮尺分别测量出地形特征点至中桩点的平距，量至 dm。测量记录格式见表 12-7，表中分左、右侧记录，以分式表示各测段的高差和平距。

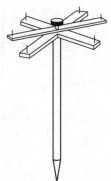

图 12-7 十字架

表 12-7 横断面测量记录表

$\dfrac{高差}{距离}$（左侧）				$\dfrac{中心桩里程}{高程}$	$\dfrac{高差}{距离}$（右侧）			
1.36	0.95	0.75	0.32	0+000	0.56	0.85	0.35	1.52
20.0	13.6	10.3	3.6	77.31	3.26	5.6	11.3	20.0

② 经纬仪视距法 将经纬仪安置在中桩上，照准横断面方向，量取仪器横轴至中桩地面的高度作为仪器高，用视距测量的方法测量出地形特征点与中桩的平距和高差。该法适用于地形困难、山坡陡峻路线的横断面测量。

③ 全站仪法 全站仪法的操作方法与经纬仪视距法相同，其区别在于使用光电测距的方法测量出地形特征点与中桩的平距和高差。在立棱镜困难的地区，可使用无棱镜测距全站仪。

④ 花杆皮尺法 将花杆立于测量点处，通过拉平皮尺测定其至桩点的水平距离以及两点间的高差，一般用于精度较低的测量中。

12.3.2 横断面图的绘制

渠道横断面图的绘制方法与绘制纵断面图基本相同，根据横断面测量得到的各点间的平距和高差，在方格纸上绘制，绘图时先注明桩号，标定中桩位置。由中桩位置开始，逐一将坡度变化点绘在图上，再用直线把相邻点连接起来，即为横断面的地面线，如图 12-8 所示。为了方便计算面积，横断面图上水平距离和高程一般采用相同的比例尺，常用的比例尺为 1:100 或 1:200。

如果有地形图资料，横断面的外业工作和内业均在室内进行，可以根据地形图资料利用专门的软件自动生成横断面图。如果没有地形图资料，可以用全站仪进行测量，然后输入计算机，由相关软件自动生成横断面。

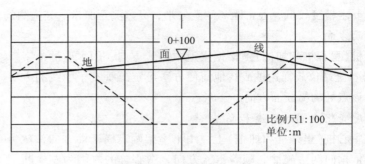

图 12-8 渠道横断面图

12.4 渠道土方计算

为了使渠道断面符合设计要求，渠道工程必须在地面上进行挖深或填高，同时为了编制渠道工程的经费预算，需要计算渠道开挖和填筑的土石方数量，所填挖的体积以 m³ 为单位，称为土方或土方量。其计算方法常采用断面线法。

如图 12-9 所示，先分别算出相邻两中心桩应挖（或填）的横断面面积，取其平均值，再乘以两断面间的距离，即得两中心桩之间的土方量，以公式表示为：

$$V = \frac{1}{2}(A_1 + A_2)D \tag{12-4}$$

式中　V——两中心桩间的土方量（挖方或填方）（m³）；

　　　A_1，A_2——两中心桩应挖或填的总横断面面积（m²）；

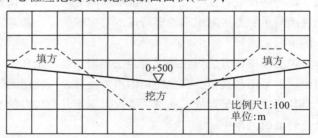

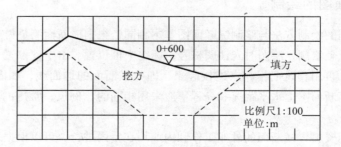

图 12-9 断面线法计算土方量

D——两中心桩间的距离(m)。

采用该法计算土方时,可按以下步骤进行。

(1) 确定断面挖、填范围

确定挖填范围的方法是在各横断面图上套绘渠道设计横断面。套绘时,先在透明纸上画出渠道设计横断面,其比例尺与横断面图的比例尺相同,然后根据中心桩挖深或填高数转绘到横断面图上,如图12-9所示。欲在该图上套绘设计断面,则先从纵断面图上查得0+600桩号应挖深2.06 m,再在该断面图的中心桩处向下按比例量取2.06 m,得到渠底的中心位置,然后将绘有设计横断面的透明纸覆盖在横断面图上,透明纸上的渠底中点对准图上相应点,渠底线平行于方格横线,用针刺或压痕的方法将设计断面的轮廓点转到图纸上,连接各点即将设计横断面套绘在横断面图上。这样,根据套绘在一起的地面线和设计断面线就能表示出应挖或应填范围

由于计算机比较普及,可以采用成图软件,将相对应里程的横断面图与设计图直接套绘,方便快捷,为填方或挖方横断面面积的计算打下了基础。

(2) 计算断面的挖、填面积

计算挖、填面积的方法很多,请详见第9章9.4节。下面主要介绍方格网法和梯形法。

① 方格法 方格法是将欲测图形分成若干个小方格,数出图形范围内的方格总数,然后乘以每方格所代表的面积,从而求得图形面积。计算时,分别按挖、填范围数出该范围内完整的方格数目,再将不完整的方格用目估拼凑成完整的方格数,求得总方格数,从而求出该断面的填方或挖方面积。

② 梯形法 梯形法是将欲测图形分成若干等高的梯形,然后按梯形面积的计算公式进行量测和计算,求得图形面积。如图12-10所示,将中间挖方图形划分为若干个梯形,其中l_i为梯形的中线长,h为梯形的高。为了方便计算,常将梯形的高采用一定值,这样只需量取各梯形的中线长并相加,按下式即可求得图形面积A,即

$$A = h(l_1 + l_2 + \cdots + l_n) = h\sum l_i \tag{12-5}$$

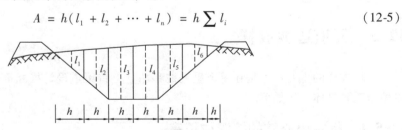

图 12-10 梯形法面积计算示意图

采用梯形法进行划分,有可能使图形两端三角形的高不为设定的定值,这时则应将其单独估算面积,然后加到所求面积中去。

(3) 计算土方

根据相邻中心桩的设计面积及两断面间的距离,按式(12-4)计算出相邻横断面间的挖方或填方。土方计算使用"渠道土方计算表"(表12-8)逐项填写和计算。计算时先从纵断面图上查取各中心桩的填挖数量及各桩横断面图上量算的填、挖面积填入表中,然后求得两中心桩之间

的土方数量。

当相邻两断面既有填方又有挖方时,应分别计算填方量和挖方量。如果相邻两横断的中心桩为一挖一填,则中间必有一个不挖不填的点,称为零点,即纵断面图上地面线渠底设计线的交点,可以从图上量得,也可按比例关系求得。由于零点系指渠底中心线上为不挖不填,而该点处横断面的填方面积和挖方面积不一定都为零,故还应到实地补测该点处的横断面,然后再算出有关相邻两断面间的土方量,以提高土方计算的精度。最后将某段渠道的所有填方量加到一起即为总填方量,所有挖方量加到一起即为总挖方量。总填方量和总挖方量即为该项工程的总土方量。

表 12-8 渠道土方计算表

桩号	地面高程 (m)	渠底设计高程 (m)	填(m)	挖(m)	断面面积(m^2) 填	断面面积(m^2) 挖	平均断面面积(m^2) 填	平均断面面积(m^2) 挖	距离 (m)	土方量(m^3) 填	土方量(m^3) 挖
0+000	72.05	72.5	0.45		13.82	0	8.32	1.01	70	582.4	70.7
0+070	73.18	72.43		0.75	2.81	2.01	3.48	1.8	30	104.4	54
0+100	72.91	72.4		0.51	4.15	1.58	8.63	0.79	100	863	79
0+200	72.17	72.3	0.13		13.11	0	13.08	0	50	654	0
0+250	72.13	72.25	0.12		13.05	0	12.23	0	50	611.5	0
0+300	72.11	72.2	0.09		11.38	0	8.32	0.63	50	416	31.5
0+350	73.97	72.15		1.82	5.25	1.25	5.18	1.18	50	259	59
0+400	73.14	72.1		1.04	5.1	1.1	6.08	1.21	100	608	121
0+500	72.12	72		0.12	7.06	1.32					
总计										4098.3	415.2

12.5 渠道边坡放样

边坡放样的主要任务是在每个里程桩和加桩上将渠道设计横断面按尺寸在实地标定出来,以便施工。具体工作如下。

12.5.1 标定中心桩的挖深或填高

从工程勘测开始,经过工程设计到开始施工这段时间内,往往会有一部分中线桩被碰动或丢失。为了保证线路中线位置的正确可靠,施工前应进行一次复核测量,并将已经碰动或丢失的中心桩、加桩恢复和校正好。然后根据纵断面图上所计算各中心桩的挖深或填高数,分别用红油漆写在各中心桩上。

12.5.2 渠道边坡桩的放样

为了指导渠道的开挖和填土,需要在实地标明开挖线和填土线。根据设计横断面与原地面线的相交情况,渠道的横断面形式一般有三种:图 12-11(a)为挖方断面,图 12-11(b)为填方断面,图 12-11(c)为挖填方断面。在挖方断面上需标出开挖线,填方断面上需标出填方的坡脚线,挖填方断面上既有开挖线也有填土线,这些挖、填线在每个断面处是用边坡桩标定的。所谓边坡桩,就是设计横断面线与原地面线交点的桩。在实地用木桩标定这些交点桩的工作称为边坡桩放样。

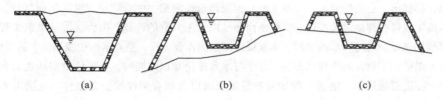

图 12-11　渠道横断面图

边坡桩的放样数据,该数据为各边坡桩到中心桩的水平距离,通常直接从横断面图上量取,如图 12-12 所示,从中心桩向左右两侧方向量取相应的数值,即可得到左右内外边桩(表 12-9)分别打下木桩,即为开挖界线的标志,连接各断面相应的边坡桩,洒上石灰,即为开挖线和填土线。

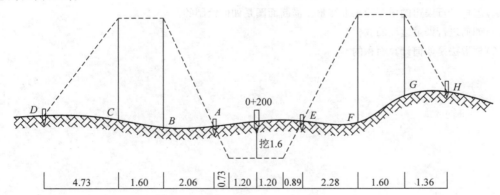

图 12-12　边坡桩放样示意图

表 12-9　渠道断面放样数据　　　　　　　　　　　　　　　　　　　　　(m)

桩号	地面高程	设计高程		中心桩		中心桩至边坡桩的距离			
		渠底	渠堤	填高	挖深	左外坡脚	左内边坡	右内边坡	右外边坡
0+000	77.31	74.81	77.31	…	2.50	7.38	2.78	4.40	
0+100	76.68	74.76	77.26	…	1.92	6.84	2.8	3.65	6.00
0+200	76.31	74.71	77.21	…	1.60	10.32	1.93	2.09	7.33
…	…	…	…	…	…	…	…	…	…

12.5.3　验收测量

为了保证渠道的修建质量,对于较大的渠道,在其修建过程中,对已完工的渠段应进行及时检测和验收测量。渠道的验收测量一般是用水准测量的方法检测渠底高程，有时还需检测渠堤的堤顶高程、边坡坡度等，以保证渠道按设计要求完工。

本章小结

由于国家对水利基础建设投入的增加，特别是南水北调工程的施工，渠道测量不管是从施工工艺上还是精度上，都提出了更高的要求。本章主要介绍渠道选线测量、中线测量、纵横断面测量、土方量的计算及渠道施工放样。详细讲述渠道的纵横断面测量以及土方量的计算，因为这也是渠道工程项目经费预算的重要数据来源。通过本章的学习，掌握渠道测量的作业流程，重点掌握中线测量、纵横断面测量、土方量计算及渠道施工放样的原理和方法。在学习本章理论知识的同时，更要注重实践能力和分析问题能力的培养。在渠道测量中，根据工程规模和精度要求以及现有的仪器设备条件，可选用适合的测量方法。

思考题十二

(1) 渠道选线的任务是什么？

(2) 中线测量的任务是什么？

(3) 纵断面测量如何实施？绘制纵断面图应注意哪些问题？

(4) 怎样进行渠道的横断面水准测量？横断面图是如何绘制的？

(5) 如何进行渠道边坡的放样？

(6) 梯形法是如何计算面积的？

第 13 章　林区公路测量

　　林区公路测量包括勘测设计阶段、施工阶段及运营管理阶段所进行的测量工作。

　　本章介绍勘测设计阶段和施工阶段所开展的林区公路勘测、路线中线测量、曲线测设以及路基设计和放样的基本内容。重点介绍中线测量方法、圆曲线、回头曲线和竖曲线的曲线设计、要素计算及放样方法、路基设计要求、放样方法以及注意事项等内容。

13.1 概述

按照工程建设的程序林区公路测量包括勘测设计阶段、施工阶段及运营管理阶段所进行的测量工作。勘测设计阶段的测量工作主要包括测绘地形图和纵、横断面图。取得这些资料的方法是：在所建立的控制测量的基础上进行地面数字化测绘地形图、纵横断面图或数字摄影测量成图。施工建设阶段的主要任务：按照设计要求准确的标定建(构)筑物各部分的平面位置和高程位置，作为施工和安全的依据。一般也要求先建立施工控制网，然后根据工程的要求进行各种测量工作。竣工后运营管理阶段的测量工作主要包括竣工测量以及为监视工程安全状况的变形观测与维修养护等测量工作。林区公路测量具体包括下列各项工作：

①收集规划设计区域各种比例尺地形图、平面图和断面图资料，收集沿线水文、地质以及控制点等有关资料。利用已有地形图，结合现场勘察，在中小比例尺图上确定规划线路走向，编制比较方案等方案研究。

②根据方案研究报告，在实地标出线路的基本走向，沿着基本走向进行控制测量(包括平面控制测量和高程控制测量)和带状地形图或平面图的测绘，称为初测。利用带状地形图进行初步设计，在带状地形图上确定线路中线直线段及其交点的位置，标明曲线的有关参数。

③根据初步设计，将线路中心线上的各类点位测设到实地，称为中线测量。线路中心线上的点包括线路的起止点、转折点、曲线主点和线路中心里程桩、加桩等。

④测绘线路的纵断面图。线路的中线测量和纵横断面的测量简称为定测，根据定测的结果进行线路的平面和竖向的设计。

⑤根据线路工程的详细设计进行施工测量。工程竣工后，对工程实体测绘竣工平面图和断面图。

13.2 勘测设计

13.2.1 林区线路勘测

线路踏勘是指对道路周边的经济、地理、地质、气候等客观条件和环境进行的现场调查、现场条件进行全面考察。林区公路线路勘测中的测量工作通常也分为初测和定测两阶段进行。

13.2.1.1 初测

初测是道路工程初步设计阶段的测量工作，它是根据初步提出的各个线路方案，对地形、地质及水文等进行较为详细地勘察与测量，以便进一步研究与比较，确定最佳的线路方案，作为定测的依据。

13.2.1.2 定测

定测的基本任务是将初测后的线路测设于实地实施，然后根据定测后的线路进行纵横断面测量，为公路的技术施工设计提供资料。

定测阶段的工作主要从以下几个方面进行：

(1) 放线

两阶段定测的放线工作主要是根据初步设计时纸上所定线路与导线的相对几何关系,应用直距法、拨角放线法或极坐标法,将纸上选定的线路放样到实地。在两交点的距离大于 500 m 或地形起伏较大的不便于中桩穿线的地段,应增设转点桩或方向桩。放线过程中应每隔一定距离与原测导线进行联测,取得统一的坐标与方位角,并减少误差的积累。在纸上定线与实际定线有明显出入时,应根据实际情况进行改善。

(2) 测角

采用测回法以一个测回观测右角,并推算出偏角。前后半测回的角值较差在 1′ 以内时取其平均值作为最后结果。水平角检测的允许误差或闭合差不得大于 $1'\sqrt{n}$。角度测量后应根据设计半径,计算出曲线元素,并放样出曲线的起点、中点及终点。

(3) 中线测量

以经纬仪定向,用钢卷尺或竹尺丈量距离。

(4) 水准测量

沿线每隔 1 km 设置水准基点。此外还要测定线路中桩高程,绘制线路的纵横断面。

(5) 横断面测量

应在线路所有中桩上进行横断面测量,每隔 15~20 m 测量,并按 1:200 的比例尺绘制横断面图。

(6) 地形测量

测绘工程构筑物处的大比例尺地形图。此外还应对踏勘阶段所测绘的地形图进行核对和修测,并将详细测的线路标绘在图上。

13.2.2 公路选线

公路选线是指在公路规划路线的起点、行经地点、终点之间,选定一条技术上可行,经济上合理,而又能符合使用要求的公路中心线的工作。

公路选线要综合考虑路线通过地区的地理位置、社会情况、自然条件和工程的难易,以及路线的性质、使用任务、等级和投资等因素,最后选出一条适宜的路线。选线的原则和要求如下:

①必须贯彻以营林和生态环境建设为基础的方针;

②路线应选在地质稳定的地区;

③正确运用技术标准,不轻易采用极限指标,充分运用地形地势,综合考虑平、纵、横三个方面的关系;

④考虑山、水、田、林、路的综合治理,并且占地少,拆迁少。

13.3 路线中线测量

13.3.1 转向角测定

在路线转角处,为了测设曲线,需要测定其转向角 β。通常采用测回法测定路线前进方向

的右角 β，计算偏角。所谓偏角，是指交点处后视线的延长线与前视线的夹角。以 α 表示。偏角有左右之分，如图 13-1 所示，位于延长线右侧的为右转角 $\alpha_{右}$；位于延长线左侧的为左转角 $\alpha_{左}$。左偏角或右偏角的角值计算 $\alpha_{右} = 180° - \beta$；$\alpha_{左} = \beta - 180°$。

用测回法观测转向角的方法具体如下（图 13-1）：

①在交点 JD_1 上安置仪器；

②用盘左瞄准后视点 ZD_1，读水平度盘 $\beta_{后1}$；

③倒转望远镜为盘右，瞄准前视点 JD_2 读数 $\beta_{前1}$，即完成上半测回，上半测回的转向角为：$\beta_1 = \beta_{前1} - \beta_{后1}$；将度盘配置到任一度数后，再用盘左瞄准前视点 JD_2 读数 $\beta_{前2}$。

④倒转望远镜为盘右，瞄准后视点 JD_1 读数 $\beta_{后2}$，即完成下半测回，下半测回的转向角为：$\beta_1 = \beta_{前2} - \beta_{后2}$；

⑤上下半测回的较差不超限，则求平均值得到转向角值。

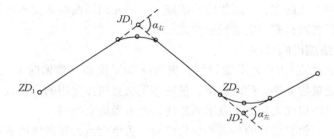

图 13-1 转向角测定

右角的测定，应使用精度不低于 J_6 级经纬仪，采用测回法观测一个测回，两个半测回所测角值相差的限差视公路等级而定，高速公路、一级公路限差为 ±20″以内，二级及二级以下公路限差为 ±60″以内。

13.3.2 里程桩设置

通过里程桩的设置可以标定中线位置，因此，里程桩又称中桩，表示该桩至路线起点的水平距离。例如，K7+814.19 表示该桩距路线起点的里程为 7 814.19 m。分为整桩和加桩。

①整桩 一般每隔 20 m 或 50 m 设一个。

②加桩 分为地形加桩、地物加桩、人工结构物加桩、工程地质加桩、曲线加桩和断链加桩（如改 K1+100 = K1+080，长链 20 m）。

里程桩的设置是在中线测量的基础上进行的，一般是边丈量边设置。丈量一般适用钢尺，低等级公路可用皮尺。

13.4 圆曲线测设

13.4.1 圆曲线测设

本节内容请参考教材(《测量学》第 5 版，程效军；《工程测量学》第 2 版，张正禄)的圆曲线测设。

13.4.2 困难地段曲线的测设

在公路工程施工中，一般常用切线支距法、偏角法或是极坐标法对圆曲线进行放样或测设。但由于受地物和地貌条件的限制，往往会遇到各种各样的障碍，使得圆曲线的测设不能按上述方法进行，必须因地制宜，采用相应的措施，下面介绍圆曲线虚交和视线受阻时的困难地段测设方法，对工程实践具有一定的指导意义。

13.4.2.1 虚交点法测设圆曲线

虚交是指路线的交点(JD)处不能设桩，更无法安置仪器，常见的虚交有交点落于河中、深谷下、峭壁上或建筑物上等，此时测角、量距都无法直接按常用的方法进行。有时交点虽可设桩和安置仪器，但因切线太长，交点远离曲线，也可做虚交处理。

在施工放样时，一般交点处的各项参数均已知。若该交点处圆曲线的各项参数已知，则可考虑该交点与相邻交点的关系。若与相邻交点距离较近，则可通过相邻交点测距确定圆曲线的主点，否则可以采用圆外基线法进行测设。

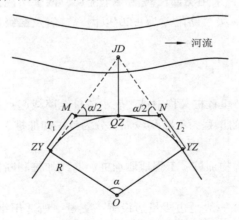

图 13-2 相邻交点测距

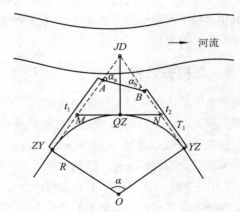

图 13-3 图外基线法测距

(1) 通过相邻交点测设

若条件方便，可通过相邻交点丈量出该圆曲线的圆直点(YZ)和直圆点(ZY)。测距时最好使用全站仪，若用钢尺丈量，则采用往返测，注意精度要符合要求。曲中点(QZ)可采用切线支距法、偏角法或极坐标法测设。若采用偏角法测设时视线受阻，可按图 13-2 计算，即

$$T_1 = R \tan \frac{\alpha}{4} \tag{13-1}$$

设由 ZY 和 YZ 点分别沿切线量出 T_1 得 M 点和 N 点，再由 M 点或 N 点沿 MN 或 NM 方向量出 T' 即得 QZ 点。

(2) 圆外基线法

若不宜根据相邻交点通过量距测设出 ZY 点或 YZ 点，则可采用圆外基线法。

如图 13-3 所示，在曲线外侧沿两切线方向各选择一辅助点 A 和 B，将经纬仪分别置在 AB 两点测算出 α_a 和 α_b，用钢尺往返丈量得到 AB 两点的距离，所测角和距离均满足规定的限差的要求。

由图 13-3 可知，在由辅助点 A、B 和虚交点 JD 构成的三角形中，应用边角的关系和正弦定理可得 JD 至点 A 的距离 a 和 JD 至 B 点的距离 b，如式(13-2)，即

$$\alpha = \alpha_a + \alpha_b \qquad a = AB \frac{\sin \alpha_b}{\sin \alpha} \qquad b = AB \frac{\sin \alpha_a}{\sin \alpha} \tag{13-2}$$

再由 a、b、T，计算辅助点 A、B 至曲线 ZY 点和 YZ 点的距离 t_1 和 t_2。根据 A 点和 B 点可测设出曲线的 ZY 点和 YZ 点。

曲线主点定出后，即可用切线支距法、偏角法或极坐标法进行曲线测设。

13.4.2.2 视线受阻

如果圆曲线测设采用偏角法放样，有时会遇到视线受阻，主要有望远镜视线受阻和量距时在量距线上有障碍物。

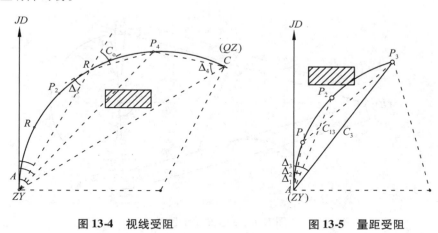

图 13-4 视线受阻 　　　图 13-5 量距受阻

(1) 视线受阻

如图 13-4 所示，欲从曲线起点 A 测设 P_4 点时，视线遇障碍。此时，可用下述两种方法解决：

①按对同一圆弧段两端的弦切角(即偏角)相等的原理测设　可将仪器搬至 P_3 点，以度盘读数 $0°00'00''$ 后视 A 点，倒镜，转动望远镜使度盘读数为 P_4 点的偏角值 Δ_4，则视线方向即为 P_3P_4 方向，由 P_3 点沿 P_3P_4 方向量出弦长 C_0 即可定出 P_4 点。此后仍用原数据按短弦偏角测设曲线上各点。

②按同一圆弧段的弦切角和圆周角相等的原理测设　当 P_3 点不便安置仪器时，则可把仪

器安置于曲线中点 C，以度盘读数 $0°00'00''$ 后视 A 点，转动照准部，使度盘读数为 P_4 点原来的偏角值 Δ_4，得 CP_4 方向，再由 P_3 点量出其相应的弦长 C_0，与视线相交，即得 P_4 点。同理，可使度盘读数依次为其他各点的原偏角值，使其视线与其相应的弦长相交可得其他各点。

（2）偏角法量距受阻

如图 13-5 所示，在曲线细部点 P_2、P_3 点间有障碍物，不能测设 P_2P_3 弦长。此时，可以改用长弦偏角法，测设 A 点至 P_3 点的距离 C_3；或改为测设 P_1P_3 间的距离 C_{13} 可用式（13-3）计算：

$$C_{13} = 2R\sin(\Delta_3 - \Delta_1) \tag{13-3}$$

综上所述，在公路工程施工和工程勘测时，遇到不能采用常规测设方法测设的情况，要根据工程实际的情况，灵活运用圆曲线参数和几何条件，采取合理可行的测设方法。

13.5 回头曲线测设

13.5.1 回头曲线的公式及测设

回头曲线是交点位于曲线内侧、偏角接近或大于 $180°$ 的曲线。对这样的线路，若按常规方法设计曲线，将使线路长度缩短，而对克服高差不利。若地形起伏较大，为了争取高度而展线时，可采用回头曲线。

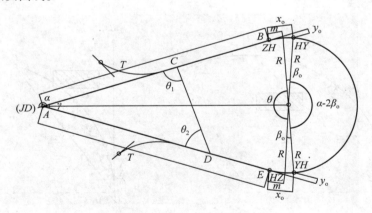

图 13-6 回头曲线的测设

常见的回头曲线是由直线、缓和曲线及圆曲线组成。其曲线要素的计算公式如下：

$$\begin{cases} \alpha = 360° - (\theta_1 + \theta_2) \\ T = (R + p)\tan\left(\dfrac{\theta_1 + \theta_2}{2}\right) - m \\ L = \dfrac{\pi P}{180°}(\alpha - 2\beta_0) + 2l \end{cases} \tag{13-4}$$

在回头曲线的偏角接近 $180°$ 时，交点 JD 不易在现场测得，曲线的起点 ZH 及终点 HZ 可按以下步骤测设（图 13-6）：

① 在曲线附近的直线上适当的位置各选定一副交点 C、D，并测量长度 CD 及角度 θ_1、θ_2；

②解△ACD求得AC、AD长度；

③副交点C至曲线起点ZH之距离h_i、副交点D至曲线终点HZ之距离DE＝T－AD，然后由C、D分别量出CB、DE的长度，即得ZH及HZ的位置。

但由于回头曲线的转向角很大，曲线很长，不易测设闭合。若不闭合而返工，则工作量较大。为了避免返工，在详细测设之前，应仔细检查各控制桩的位置是否准确；测角量距的精度要适当提高，或者采用分段测设的办法进行分段闭合。

13.5.2　立交回曲线

立交回曲线是一个半径为R的连接着立体交叉上、下两条直线段的圆曲线。该曲线位于不同的平面内，它由高度h_1均匀上升到高度h_2。

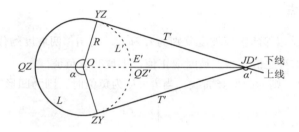

图13-7　立交回曲线

如图13-7所示，曲线的起点ZY与下线相连。曲线的终点YZ与上线连接。设计时应给定曲线半径；选线时实地打出交点JD′，并测定偏角α′。据α′及R即可求得相应的曲线（虚圆曲线）要素T′、L′及E′，从而获得立交圆曲线（实圆曲线）的要素：

$$\begin{cases} \alpha = 360° - \alpha' \\ L = 2\pi R = L' \\ E = 2R + E' \end{cases} \quad (13\text{-}5)$$

主要点的测设步骤如下：

①JD′上置镜，以下线方向定向。纵转望远镜，在方向线上量T′得ZY；

②同法照准上线方向后测设YZ；

③将仪器置于ZY（或YZ）上，以线路方向定向，测设直角，并量距离R得圆心O；

④O点置镜，检测α＝360－α′，无误后，设置α的平分线，并量取距离R得QZ。细部测设与一般圆曲线测设相同。

13.6　竖曲线设计

纵断面上相邻两条纵坡线相交的转折处，为了行车平顺用一段曲线来缓和，这条连接两纵坡线的曲线称竖曲线。

竖曲线的形状，通常采用平曲线或二次抛物线两种形式。在设计和计算上为方便一般采用二次抛物线形式。

纵断面上相邻两条纵坡线相交形成转坡点，其相交角用转坡角表示。当竖曲线转坡点在曲线上方时为凸形竖曲线，反之为凹形竖曲线，如图13-8所示。

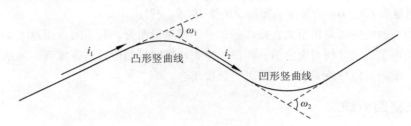

图13-8 竖曲线

13.6.1 竖曲线要素

如图13-9所示，设相邻两纵坡坡度分别为 i_1 和 i_2，则相邻两坡度的代数差即转坡角为 $\omega = i_1 - i_2$，其中 i_1、i_2 为本身之值，当上坡时取正值，下坡时取负值。

当 $i_1 - i_2$ 为正值时，则为凸形竖曲线。当 $i_1 - i_2$ 为负值时，则为凹形竖曲线。

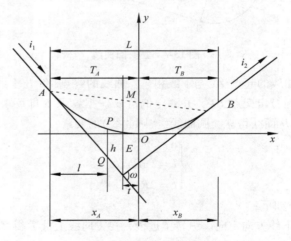

图13-9 竖曲线要素

13.6.1.1 竖曲线基本方程式

我国采用的是二次抛物线形作为竖曲线的常用形式。其基本方程式为：

$$x^2 = 2py \tag{13-6}$$

若取抛物线参数 P 为竖曲线的半径 R，则有：

$$x^2 = 2Ry \qquad y = \frac{x^2}{2R} \tag{13-7}$$

13.6.1.2 竖曲线要素计算公式

①切线上任意点与竖曲线间的竖距 h 通过推导可得

$$h = PQ = y_p - y_q = \frac{1}{2R}(x_A - l)^2 - (y_A - li_1) = \frac{l^2}{2R} \tag{13-8}$$

②竖曲线曲线长

$$L = R\omega \tag{13-9}$$

③竖曲线切线长

$$T = T_A = T_B \approx L/2 = \frac{R\omega}{2} \tag{13-10}$$

④竖曲线的外矢距

$$E = \frac{T^2}{2R} \tag{13-11}$$

⑤竖曲线上任意点至相应切线的距离

$$y = \frac{x^2}{2R} \tag{13-12}$$

式中，x——竖曲任意点至竖曲线起点(终点)的距离，(m)；

R——竖曲线的半径，(m)。

13.6.2 竖曲线的设计和计算

13.6.2.1 竖曲线设计

竖曲线设计，首先应确定合适的半径。在不过分增加工程量的情况下，宜选择较大的竖曲线半径；只有当地形限制或其他特殊困难时，才选用极限最小半径。

从视觉观点考虑，竖曲线半径通常选用表 13-1 所列一般最小值的 1.5~4.0 倍。

表 13-1 竖曲线半径一般最小值

设计速度 (km/h)	竖曲线半径(m)	
	凸形	凹形
120	20 000	12 000
100	16 000	10 000
80	12 000	8 000
60	9 000	6 000
40	3 000	2 000

相邻竖曲线衔接时应注意：

①同向竖曲线　特别是两同向凹形竖曲线间如果直线坡段不长，应合并为单曲线或复曲线形式的竖曲线，避免出现断背曲线。

②反向竖曲线　反向竖曲线间应设置一段直线坡段，直线坡段的长度一般不小于设计速度的 3 秒行程。

③竖曲线　设置应满足排水需要。

13.6.2.2 竖曲线计算

竖曲线计算的目的是确定设计纵坡上指定桩号的路基设计标高，其计算步骤如下：

①计算竖曲线的基本要素　竖曲线长 L；切线长 T；外距 E；

②计算竖曲线起终点的桩号

$$\left.\begin{array}{r}竖曲线起点的桩号 = 变坡点的桩号 - T \\ 竖曲线终点的桩号 = 变坡点的桩号 + T\end{array}\right\} \quad (13\text{-}13)$$

③计算竖曲线上任意点切线标高及改正值

$$\left.\begin{array}{r}切线标高 = 变坡点的标高 \pm (T - x) \times i \\ 改正值\ y = \dfrac{x^2}{2R}\end{array}\right\} \quad (13\text{-}14)$$

④计算竖曲线上任意点设计标高

$$\left.\begin{array}{r}某桩号在凸形竖曲线的设计标高 = 该桩号在切线上的设计标高 - y \\ 某桩号在凹形竖曲线的设计标高 = 该桩号在切线上的设计标高 + y\end{array}\right\} \quad (13\text{-}15)$$

13.7 路基设计与放样

13.7.1 路基的设计

一般路基通常是指在正常的地质与水文等条件下，路基填土(路堤)高度及开挖(路堑)深度不超过设计规范或技术手册规定的高度及深度的路基。路基设计的一般要求：路基的设计须根据路线平、纵、横设计的原则及原地面的情况进行布置，确定标高；为了确保路基的强度和稳定性，在路基的整体结构中还必须包括各项附属设施，其中有路基排水、路基防护与加固，以及与路基工程直接相关的其他设施，如弃土堆、取土坑、护坡道、碎落台、堆料坪及错车道等。

13.7.1.1 路基宽度

路基宽度是指行车道路面及其两侧路肩宽度之和。路基宽度包括行车道、路肩、中间带、变速车道、爬坡车道等宽度之和，一般可理解为土路肩外边缘之间的距离。路基宽度的确定须考虑占用土地及生态平衡问题，应尽可能少占农田、考虑填挖平衡以减少取土开挖、防止水土流失以维护生态平衡。

路基宽度根据设计交通量和公路等级而定。一般每个车道宽度为 3.50~3.75 m，路肩宽度每边 0.5~1.0 m，当非机动车比较集中时，可加宽至 1.0~3.0 m。例如，高速公路：

设计时速 80 km/h，车道数 4，路基宽 24.5 m。
设计时速 100 km/h，车道数 6，路基宽 35.0 m。
设计时速 120 km/h，车道数 8，路基宽 42.5 m。

13.7.1.2 路基高度

路基高度是指路堤的填筑高度和路堑的开挖深度，是路基设计标高和路中线原地面标高之差。

①中心高度　路基中心线处设计标高与原地面标高之差。
②边缘高度　填方坡角或挖方坡顶与路基边缘的相对高差。
③最小填土高度　路基填土所需的最小高度(路面设计中的规定)与土的类型有关。

13.7.1.3 路基边坡坡度

可用边坡高度 H 与边坡宽度 b 之比值表示，常取 $H=1$；通常用 $1:n$（路堑）或 $1:m$（路堤）表示其坡率，称为边坡坡率。

路基边坡坡度设计要求：

①路基边坡坡度的大小　影响路基的整体稳定性及土石方量和施工难易程度，一般路基的边坡坡度可根据多年工程实践经验和设计规范推荐的数值进行采用。

②路基边坡坡度影响因素　边坡土质、岩石性质、水文地质条件等自然因素和边坡高度。

13.7.1.4 路基压实

（1）分层压实

①路堤填土需分层压实；

②路堑天然顶面必要时应挖开后再分层压实；

③分层压实的路基顶面能防治水分干湿作用引起的自然沉陷和行车荷载反复作用产生的压密变形。

（2）压实标准

压实度是以应达到的干密度绝对值与标准击实法得到的最大干密度之比值的百分率表征。

①路基土压实标准按重型（12t~15t）、轻型（6t~8t）两种标准击实试验方法确定。

②我国《公路路基设计规范》JTGD 30-2004 针对各种不同情况提出不同的压实度标准。

13.7.1.5 路基附属设施

（1）取土坑

平坦地区可沿路两侧设置取土坑。

（2）弃土堆

废方一般选择路旁低洼地，就近弃堆。地面较陡时，弃土堆宜设在路基下方。

（3）护坡道

保护路基边坡稳定性的措施之一。

设置目的：加宽边坡横向距离，减小边坡平均坡度。

护坡道宽度 d：$h<3.0$ m 时，$d=1.0$ m；$h=3~6$ m 时，$d=2$ m；$h=6~12$ m 时，$d=2~4$ m。

设置位置：一般设在路基坡角处，边坡较高时亦可设在边坡上方及挖方边坡的变坡处。

（4）碎落台

设置目的：主要供零星土石块下落时临时堆积，以保护边沟不致阻塞，亦有护坡的作用。

设置宽度：一般为 1.0~1.5 m。

设置位置：土质或石质土的挖方边坡的坡角。

13.7.2 路基放样

道路工程施工中，尤其是深路堑、施工，为了保证线路各部结构符合设计和规范要求，更好地掌握和控制工程施工数量，技术人员需要不断地检查、监控线路中线和开挖（填筑）边线，内、外业工作量极大。道路工程线路平面总是由直线和曲线所组成。曲线按其半径的不同分为圆曲线和缓和曲线。我国道路工程大多采用螺旋线作为缓和曲线。

13.7.2.1 传统的路基边桩放样方法

由于测量仪器等的限制，以前放样路基边桩大多采用如下方法：首先，用切线支距法或偏角法等定出线路中线里程桩；其次，在每个里程桩上置镜拨其断面方向（即法线方向）放样出路基边桩；然后抄平、移桩。这种放样方法最大的弊病在于放样误差会不断累积，尤其是长大曲线，曲线的闭合差往往会很大，因此施工时不得不采用分段的方法进行测设。此外，工序繁琐，外业工作量大，需要人员多，而且对施工现场干扰很大。显然，这种路基边桩放样方法不但与现代施工"快而准"的要求很不相符，而且一定程度上制约了已广泛应用于施工现场的先进仪器设备，如影响全站仪等功能的发挥。

13.7.2.2 极坐标法路基边桩放样

随着全站仪、计算器、电子手簿、PDA等在施工现场的广泛应用，使得极坐标法放样的优越性得到了充分的体现，也为路基边桩放样方法的改进提供了前提条件。

路基边桩点是从线路中线点沿其横断面方向量取一定的距离得到的点位。在一定的坐标系中，线路中线点的坐标可以利用各种曲线坐标公式求得，路基边桩点与中线的距离可以根据路基设计资料计算，因此，只要能求出该坐标系中线路横断面方向的方位角，利用极坐标公式就可以求出路基边桩的坐标值(X, Y)，然后通过极坐标反算得到其与任意已知坐标点的位置关系（极角和极距），据此即可在任意点上直接放样出路基边桩的桩位。

极坐标法很大程度上减少了测量放样对现场施工的干扰，从内业精度上，极坐标法测设曲线的测设元素（极角和极距），对于在同一个测站上所测设的各点，除后视定向误差（即导线点本身的误差、仪器安置误差、后视瞄准误差等综合影响的反映）外，各测点拨角和量距误差都是独立的。也就是说，同一个测站所测设各点误差不积累、不传递，即点与点之间的误差是独立的。此外，极坐标法可以在导线点上直接放样线路中线点和路基边桩点，较之传统的放样方法减少了测设线路主要控制桩的误差、护桩的误差、恢复桩的误差、中桩测设误差等的影响。

本章小结

本章结合林区的实际情况，详细阐述了林区公路的测设等工作，能满足林区道路工程建设的需要等。
① 主要介绍林区公路的勘测、设计、公路选线、路线中线测量以及测设等内容。
② 主要介绍圆曲线测设、回头曲线测设、竖曲线设计以及公路路基的设计、施工、放样及注意事项。

思考题十三

(1) 林区公路测量的任务是什么？
(2) 林区公路的选线原则和要求是什么？
(3) 某山岭区二级公路，变坡点桩号为K3+030.00，高程为427.68，前坡为上坡，$i_1 = +5\%$，后坡为下坡，$i_2 = -4\%$，竖曲线半径$R = 2\,000$ m。试计算竖曲线诸要素以及桩号为K3+000.00和K3+100.00处的设计标高。

第 14 章　地籍测量

　　土地是人类赖以生存的物质基础和立足场所，是一切生产和一切存在的源泉。本章介绍了地籍、地籍管理、地籍测量的基本概念及其基本内容。重点介绍了地籍调查中的权属调查、宗地草图的绘制、地籍调查表的填写、权属界线的审核与处理、土地利用现状调查等；论述土地分等定级认定与评价、地籍控制测量、界址点测量、土地面积测量、房产测量等内容。

14.1 地籍与地籍管理

地籍测量是测绘学科的一个重要分支,它是以地籍调查为依据、以现代各项测量技术为手段,从控制测量到碎部测量,以采集、处理和表达各类土地及其附着物的位置、形状、大小、数量、质量、土地利用现状等地籍要素的定位特征为主要内容的一项政府行为的测绘工作,是土地登记和土地统计的前提和保证,是地籍管理极为重要的前期基础工作。

地籍测量根据施测对象的不同,可分为农村地籍测量和城镇地籍测量;根据施测任务和测量时间的不同,可分为初始地籍测量和变更地籍测量。地籍测量资料是建立地籍信息系统和土地管理信息系统的基础,其在土地资源规划和管理中发挥着极其重要的作用。

14.1.1 地籍

14.1.1.1 概念

一般认为,土地是指地球表层的陆地部分(包括内陆部分和沿海滩涂),也有学者认为不仅如此,它还包括地球特定区域的表面以及以上高度和以下一定深度范围内的土壤、岩石、大气、水文和植被所组成的自然资源综合体。地籍一词最早出自于拉丁文"caput"和"capitastrum",前者意为课税的对象,后者译为课税对象的登记或清册。地籍测量最早产生于古埃及,公元前2500年,古巴比伦人对尼罗河的周围洪水泛滥后的用地界标结合几何学进行测量。当时的地籍记载着土地所有者、土地形状、大小、权属和位置等内容。我国早在公元前21世纪大禹治水的时候就发明和使用了"准、绳、规、矩"等测量工具。《辞海》(1979年版)称地籍为"中国历代政府登记土地作为征收田赋根据的册籍"。现在认为,地籍是记载土地及其附着物的位置、类型、界址、数量、质量、权属、用途等基本状况的文件,即土地的簿籍与图册,简而言之,地籍就是土地的户口。因此,现代的地籍包括以下内容:

(1)课税对象的登记清册

记载土地所有者的姓名、地址及土地的面积、等级等内容,是课税对象的登记清册。

(2)土地登记簿册

土地登记簿册包括土地产权登记、土地分类面积统计和土地定级、地价评估等内容登记簿册。

(3)地籍图

地籍图是按照特定的投影方法、比例关系和专用符号把地籍要素及其相关的地物和地貌测绘在平面图纸上的图形,是地籍基础资料之一。

(4)地籍信息系统

地籍信息系统是一个在计算机和现代信息技术支持下,以宗地(或图斑)为核心实体,实现地籍信息的输入、储存、检索、编辑、统计、综合分析、辅助决策以及成果输出的信息系统,是土地信息系统中的一个专门管理地籍信息的系统。

前三项是地籍的本质内容,簿册记载着土地的各类属性,地籍图类似于户口簿上登记的像片,它记载着土地的外貌。地籍信息系统则是管理、更新地籍信息的现代化工具。由于地籍具有空间性、法律性、资料的准确性和连续性，所以地籍与地籍测量密不可分。如果没有地籍调查与测量，就谈不上地籍管理。

14.1.1.2 分类

(1)按照地籍的功能划分

①税收地籍　是资本主义国家早期建立的为课税服务的登记册簿。税收地籍是指仅为税收服务的地籍。

②产权地籍(亦称法律地籍)　是国家为维护土地私有权、鼓励土地交易、防止土地投机、保护土地买卖双方的权益而建立的土地产权登记簿册。

③多用途地籍(亦称现代地籍)　是税收地籍和产权地籍的进一步发展，其目的不仅是为课税和产权登记服务，更重要的是为各项土地利用和保护，为科学、全面的管理土地而提供信息和基础资料服务。随着科学技术的发展，现代地籍的内容正朝着技术、经济、法律等综合方向发展，其手段也被现代技术所代替。

(2)按照地籍的特点和任务划分

①初始地籍　是指在某一时期，对辖区内全部土地进行全面调查后，最初建立的图簿册，而不是指历史上的第一本簿册。

②经常地籍(亦称变更地籍)　是针对土地数量、质量、权属及其空间分布和利用、使用情况的变化，即以初始地籍为基础，进行修补和更新的地籍。

(3)按照城乡土地的不同特点划分

①城镇地籍　是指城市和建制镇的城区土地，以及独立于城镇以外的工矿企业、铁路、交通等用地。

②农村地籍　是指城镇郊区及农村集体所有制的土地，国有农场使用的国有土地和农村居民点用地等。

(4)按照地籍要求的精度不同划分

①图解地籍　是指建立在平板仪测图技术基础上的，其原始产品是大比例尺地籍图，采用图解的方法，可在图上直接计算坐标、距离和角度，但只能得到有限的图解精度。

②解析坐标地籍　野外直接利用全站仪、GPS或超站仪测量地籍要素的坐标，或者利用光电测距仪测出距离，利用电子经纬仪测出角度，然后根据解析公式计算坐标。

(5)按照地籍行政管理层次划分

①国家地籍　是指以集团土地所有权单位的和国有土地的一级土地使用权单位的土地为对象形成的地籍，主要服务于土地权属的国家统一管理。

②基层地籍　是指以集体土地使用者的土地和国有土地的二级使用者的土地为对象形成的地籍。

14.1.2 地籍管理

14.1.2.1 内容

地籍管理是地籍工作体系的总称，是国家为取得有关地籍资料和全面研究土地的权属、自然和经济状况而采取的以地籍调查与测量、土地登记、土地统计和土地评价以及地籍归档为主要内容的政府行为。地籍管理的核心是土地权属管理。

14.1.2.2 原则

我国在1986年9月设立了国家土地管理局(现为国土资源部),不仅统一管理全国的土地资源,而且现在实行垂直、直属管理,这样就加强了国家对土地资源的统一管理。

(1) 地籍管理必须按照国家规定的统一制度进行

地籍管理的具体内容均由国家统一规定,任何单位和个人都没有权利发布其规章制度。

(2) 保证地籍资料的连贯性和系统性

地籍管理的基本信息,应该是有关土地数量、质量、权属和土地利用现状等情况的连续记载资料。

(3) 保证地籍资料的可靠性和精确性

为了保证地籍资料的可靠性和精确性,在地籍调查与测量时,应该具有可靠的精度要求。

(4) 保证地籍资料的概括性和完整性

要保证全国地籍资料的概括性和完整性,同时保证地区间和地块间的地籍资料不出现间断和重、漏现象。

14.1.3 地籍测量在地籍管理中的作用

地籍测量是调查和测定土地及其附着物的位置、形状、大小、数量、质量、权属和利用现状等地籍要素的测绘工作。地籍测量与基础测绘和专业测量有着明显的不同,其本质的不同表现在凡涉及土地及其附着物的权利的测量都可视为地籍测量,具体表现如下:

14.1.3.1 政府行为

地籍测量是一项基础性的具有政府行为的测绘工作,是政府行使土地行政管理职能的具有法律意义的行政性技术行为。

14.1.3.2 精度较高

地籍测量为土地管理提供了精确、可靠的地理参考系统,具有较高的能满足地籍管理的精度要求。

14.1.3.3 法律特征

地籍测量具有勘验取证的法律特征。

14.1.3.4 技术标准

地籍测量的技术标准必须符合土地法律的要求。

14.1.3.5 现势性

地籍测量工作具有非常强的现势性,其更新没有固定的周期,当地籍要素变化后要及时地进行变更测量。

14.1.3.6 地籍测量的技术集成

地籍测量技术和方法是对当今测绘高新技术和方法的应用集成。

14.1.3.7 地籍成果

地籍测量要求有配套的成果资料,包括图、表、册、卡或地籍信息系统等成套的成果。

14.1.3.8 技术人员

从事地籍测量的技术人员应具有丰富的土地管理知识。地籍测量技术特点除需要按照国家标准测绘大比例尺地籍图外,还应在测量工作开始前进行地籍调查,取得不动产的地理、经济和法律等方面的信息,这些信息要求完整、系统,以图形、图表和文字等形式加以表示,并编辑成地籍簿册,它是地籍管理的基础资料,也是地籍测量资料的重要组成部分。地籍簿册和地籍图统称为地籍测量资料,是地籍测量的最终成果。

地籍测量虽然属于测绘科学范畴,但由于测绘的内容与应用涉及到法律、经济、管理和社会等领域,所以从事地籍测量及地籍管理的人员,必须学习和了解有关土地、经济、社会、法律等方面的知识,并在外业调查和施测过程中得到有关部门的合作与配合。

14.2 地籍调查

地籍调查是遵照国家的法律规定,对土地及其附着物的权属、数量、质量和利用现状等基本情况进行的调查。它既是一项政策性、法律性和社会性很强的基础工作,又是一项集科学性、实践性、统一性、严密性于一体的技术工作。地籍调查要符合国家土地、房地产和城市规划等有关法律的原则、符合实事求是的原则、符合地籍管理的原则、符合多用途的原则。以科学的地籍管理制度为基础,保证地籍的现势性与系统性、可靠性与精确性、概括性与完整性。

地籍调查包括土地权属调查、土地利用现状调查、土地等级调查、房产调查等。地籍调查工作程序包括准备工作、外业调查、内业工作和检查验收。

14.2.1 土地权属调查

14.2.1.1 土地权属

土地权属又称地权,是指土地所有权和土地使用权。土地所有权是指土地所有者在法律规定的范围内占有、使用和处置其土地,并从土地中获得合法收益的权利,是土地所有制在法律上的体现。土地所有权受到国家法律的保护。土地使用权是指依照法律对土地加以利用并从土地中获得合法收益的权利。土地使用权是从所有权中分类出来的,应受法律和所有权的约束。

14.2.1.2 土地权属调查的内容

权属界址线所封闭的独立权属地段称为宗地,它是权属调查的基本单位。土地权属调查是指调查人员以宗地为单位,对土地的权源、权利所占地界线、位置、数量、质量、用途以及四至关系等基本情况的调查。调查人员必须到现场实地调查,并且实地设立界址点界标,绘制宗地草图,填写地籍调查表,为地籍勘丈提供工作草图和依据。土地权属调查的主要内容包括:

①查清每一块宗地的位置、界址点、界址线和相邻的四至关系。

②查清每块宗地的所有权、使用权等权属关系。

③查清每块宗地的土地利用类型。

④查清每块宗地的面积、质量和等级等。其中,土地的权属状况是重点,其包含权属界址点、界址线和权属面积(宗地面积)。

14.2.1.3　土地权属调查的实施

土地权属调查成果具有法律效率，应由政府部门领导，土地部门具体负责实施。

(1) 调查工作准备

①收集已有的地籍图或者大比例尺地形图　如果没有上述图面资料，应按照街坊或者小区的现状绘制宗地关系及位置图，用其作为调查工作用图，以免重复和遗漏。

②设计调查计划和路线　要设计科学合理的调查计划和路线，明确调查的任务、范围、方法、时间、步骤、人员组织以及经费预算，然后组织专业队伍，进行技术培训和试点。

③编制地籍号　城镇地区的地籍编号通常是以行政区划的街道和宗地两级进行编号，如果街道下划分有街坊(地籍小区)，就采用街道、街坊和宗地三级编号，地籍编号统一自西向东，从北向南，用阿拉伯数字"1"开始编写顺序号。如6-(11)-18，表示××市××区第六号街道，第11号街坊，第18号宗地。地籍图上采用不同的字体和大小加以区分；而宗地号在图上宗地内以分数形式表示，分子为宗地编号，分母为地类号。如宗地编号为9/45就表示为第9号宗地，45表示医疗卫生用地。

农村地区的地籍编号是以乡(镇)、宗地和地块组成编号。其编号原则同上，如5-6-(7)就表示××省××县第5乡(镇)第6号宗地第7号地块。

通常这些地籍编号(尤其是前面两级)应在调查前编好，后面一级采用预编号，以免出错，并应填入相应的表册中，已备查询。

(2) 权属外业调查

①权属界线的认定　按照调查设计书进行分区、分片公告通知或邮递通知单，通知土地使用者按时到场指界。界线的认定必须由本宗地及相邻宗地使用者亲自到场共同认界。如果是单位使用的土地，须由单位的法人代表出席指界，并且出具身份证明和法人代表身份证明书；个人使用的土地，须由户主出席指界，并出具身份证明和户籍簿。法人代表或户主不能亲自出席指界的由委托代理人指界，并出具身份证明和委托书。两个以上土地使用者共同使用的宗地，应共同委托代表指界，并出具身份证明和委托书。

②设立界址标志　经过双方认定的界址，必须由双方指界人在地籍调查表上签字盖章；有争议的界址，调查现场不能确定时，应该按照《中华人民共和国土地管理法》相关的规定处理；在无争议的界址点上设立标记应该按照规定设置，一般来说有混凝土型、钢钉型和喷漆型三种界址界标，使用视具体情况而定。

(3) 地籍调查表的填写

地籍调查表的主要内容包括：本宗地籍号及所在的图幅号；土地坐落位置，权属性质，宗地四至；土地使用者名称；单位所有者性质及主管部门；法人代表或户主姓名、身份证、电话号码；委托代理人姓名、身份证明及电话号码；批准用途、实际用途及使用期限；界址调查记录；宗地草图；权属调查记事及调查员意见；地籍勘丈记录；地籍调查结果审核(表4-1)。地籍调查表的填写要求：必须做到图表与实地一致，各项目填写齐全，准确无误，字迹清晰整洁；填写各项目均不得涂改，同一项内容划改不得超过两次，全表不得超过两处，划改处应该加盖签章；每宗地填写一份，内容多的可加附页。地籍调查表结果与土地登记申请书填写不一致时，应该按照时间情况填写，并在说明栏中注明原因。

表 14-1 地籍调查表

初始、变更

土地使用者	名称					
	性质					
上级主管部门						
土地坐落						
法人代表或户主				代 理 人		
姓 名	身份证号码	电话号码	姓 名	身份证号码	电话号码	
土地权属性质						
预编地籍号			地 籍 号			
所在图幅号						

		界 址 标 示			
界址点号	界标种类	界址间距(m)	界址线类别	界址线位置	备注
	钢钉 / 水泥桩 / 石灰桩 / 喷涂		围墙 / 墙壁	内 / 中 / 外	

界址线		邻宗地		本宗地		日期
起点号	终点号	地籍号	指界人姓名	签章	指界人姓名	签章

界址调查员姓名	
宗地四至	

(续)

批准用途	实际用途	使用期限
共有使用权情况说明		

权属调查记事及调查员意见：

　　调查员签名　　　　　　　　　　　　　　　　　日期

地籍勘丈记录：

　　勘丈员签名　　　　　　　　　　　　　　　　　日期

地籍调查结果审核意见：

　　审核人签章　　　　　　　　　　　　　　　　　审核日期

填表说明：

1）封面

(1)编号：此宗地的正式地籍号，但区(县)编号可省去括号。

(2)区(县)××街道××号：此宗地使用者通讯地址。

(3)　年　月　日：现场权属调查时间。

2）地籍调查表

(1)初始、变更：若初始地籍调查时，在"变更"二字上划一"×"的斜杠，反之则在"初始"二字上划斜杠。

(2)土地使用者

①名称：单位全称(即该单位公章全称)、个人用地则填户主姓名。

②性质：全民单位、集体单位、股份制企业、外资企业、个体企业或个人等。

(3)上级主管部门：与单位有行政、资产等关系的上级主管部门；个人用地时此栏可以不填。

(4)土地坐落：此宗地的坐落。

(5)法人代表或户主：单位主要负责人(与"地籍调查法人代表身份证明书"一致)或户口簿上的户主。

(6)土地权属性质：国有土地使用权或集体土地建设用地使用权或集体土地所有权。国有土地使用权又分：划拨国有土地使用权、出让国有土地使用权、国家作价出资(入股)国有土地使用权、国家租赁国有土地使用权、国家授权经营国有土地使用权。

(7)预编地籍号、地籍号：预编地籍号是指在工作用图上预编此宗地的地籍号；地籍号是指通过调查正式确定的地籍号。

(8)所在图幅号：

①未破宗时，即为此宗地所在的图幅号。

②破宗时，应该包括此宗地各部门地块所在的图幅号。

(9)宗地四至：具体填写邻宗地的地籍号及四至情况或注"详见宗地草图"字样。

(10)批准用途、实际用途、使用期限：批准用途是指权属证明材料中批准的此宗地用途；实际用途是指现场调查核实的此宗地主要用途；使用期限是指权属证明材料中批准此地块使用的期限，如"20年"或"50年"等，没有规定期限的可以空此栏。

(11)共有使用权情况：指共用宗地时，使用者共同使用此宗地的情况。

(12)说明：说明初始地籍调查时，注记此宗地局部改变用途等；变更地籍调查时，注明原使用者、土地坐落、地籍号及变更的主要原因；宗地的权属来源证明材料的情况说明。

(13)界址种类、界址线类别及位置：根据现场调查结果，在相应位置处画"√"符号，也可在空栏处填写表中不具备的种类、类别等。

(14)界址调查员姓名：指所有参加界址调查的人员姓名。

(15)指界人签章：指界人姓名、签章，原则上不得空格，且指界人必须签字、盖章或按手印。

(16)权属调查员记事及调查员意见：

①现场核实申请书中有关栏目填写是否正确，不正确的作更正说明；

②界址有纠纷时，要记录纠纷原因（含双方各自认定的界址），并尽可能提出处理意见；

③指界手续履行等情况；

④界标设置、边长丈量等技术方法、手段；

⑤评定能否进入地籍测量阶段。

(17)地籍勘丈记事：

①勘丈前界标检查情况；

②根据需要，适当记录勘丈界址点及其他要素的技术方法、仪器；

③遇到的问题及处理的方法；

④尽可能提出遗留问题的处理意见。

(18)地籍调查结果审核意见：审核人对地籍调查结果进行全面审核，如无问题，即填写合格；如果发现调查结果有问题，应填写不合格，并指明错误所在及处理意见。审核人签章：审核

(4)宗地草图的绘制

宗地草图是描述宗地位置、界址点、界址线和相邻宗地与地物关系的实地记录，同时又是处理土地权属的原始资料，必须在调查现场绘制。

宗地草图的内容主要包括：对本宗地应是宗地号和门牌号，宗地使用者名称、宗地界址点、界址点号与界址线及其长度注记；相邻宗地号、门牌号和使用者名称或者相邻地物；界址点与临近地物的相关距离和条件距离的注记；确定宗地界址点位置、界址线方位所必须的或者其他需要的建筑物和构筑物；指北线、丈量者姓名、丈量日期。

宗地草图的绘制要求：图纸质量好，适宜长期保存。草图规格有32开、16开或8开，宗地过大的可分幅绘制；宗地草图应该按照概略比例尺，使用2H~4H铅笔绘制，线条均匀，字迹清楚，数字注记字头朝北向西书写；过密的部分可以移位放大绘出；应在实地绘制，不得涂改或复制数字注记，短距离($1\sqrt{n}200$ m)的长度应该用钢尺丈量，长距离可以利用测距仪或全站仪进行测定。

宗地草图的样图如图14-1所示（其中：点①~⑥为界址点编号，6、9、11为宗地号，(4)、(6)、(8)为门牌号）。宗地草图是权属调查阶段的图形记录，是作为宗地产权的原始资料要长期保存；它是以宗地为单元，对确定界址点及地物几何关系的数据进行实地勘测的原始记录；它是本宗地的地产权利人与毗邻的地产权利人对共同承认的产权界线、界址点间距离经现场勘

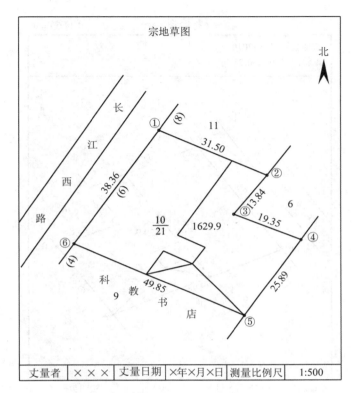

图 14-1 宗地草图

测后所必须具备的书面材料;它在图形上不要求正规比例尺,而只要求图形与实地相似,但是它所记录的内容和数据必须是准确的、真实的、可靠的;它是现场绘制的最原始的图面资料。

(5)宗地图的绘制

宗地图的内容比较简单,主要包括:

①图幅编号。以宗地所在基本地籍图的编号加上本宗地的地籍号作为宗地图编号;

②本宗地号、地类号、门牌号、面积及土地使用者、土地所有者名称;

③本宗地界址点号、点号(含与邻宗地共用的界址点)、界址线及界址边长;

④本宗地内建筑物、构筑物;

⑤邻宗地号、邻宗地界址线示意图、相邻的道路、街巷及名称;

⑥指北方向、比例尺、绘图员、审核员、绘图日期等。

与宗地草图要求实地勘丈不同,宗地图要求以基本地籍图为底图进行蒙绘或复制。宗地图指北方向与地籍图指北方向一致,宗地图图式与地籍图图式相同。宗地图一般有16开、8开或4开大小的图幅,如图14-2所示,宗地图界址点边长注记应齐全,尽量注记实量长度,如果没有实量边长,可以利用坐标反算。宗地过大或过小可调整比例尺,但比例尺需真实、准确。一般宗地图的比例尺在外图廓的正下方,指北线标在宗地图的右上角,绘图员、审核时间及测绘时间一般在图纸的下方注记。

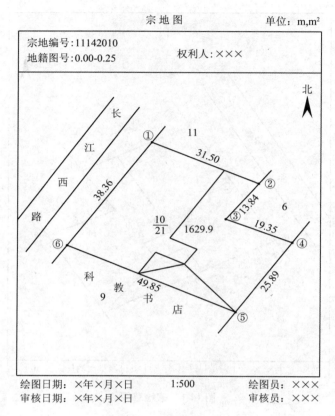

图 14-2 宗地图样图

(6) 权属界线的审核与处理

权属外业调查结束以后，要对其结果进行审核和调查处理。对使用国有土地的单位，要将实地标绘的界线与权源证明文件上记载的界线相对照，若两者一致，则可认为调查结束，否则需要查明原因并且视具体情况作进一步处理。对集体所有制土地，若其四邻对界线无异议并签字盖章，则调查结束。

对权属调查表中含有纠纷的界线，应由所在地政府出面协调，由双方当事人协商解决，若协商不成，调解无效时，则由人民政府负责处理，若双方人民政府仍然不能解决时，则由双方人民政府的上级机关解决。在争议未解决之前，任何一方不得单方面改变土地现状，不得破坏土地上的附着物。

(7) 权属调查后的成果资料

土地权属调查结束后，应该具备以下主要资料：

①权属调查技术设计书；

②地籍调查表与宗地草图；

③地籍勘丈原始记录；

④地籍调查技术总结报告。

上述资料需要进一步整理，以便进行归档和查询。

（8）变更调查

初始土地登记后，随着时间的推移、经济的发展，土地权属会频繁地发生变化。其变更的主要原因有：征用集体土地，划拨国有土地，转移土地使用权，继承土地使用权，承包集体或国有土地使用权，土地的分割和合并，土地权利人更名，城市改造拆迁，土地权属界线调整，已满足土地的其他权利的变更。

一般变更调查内容由变更登记申请的具体内容决定，其工作程序与初始权属调查基本相同，但是需要注意变更是否符合相关法律的各项规定。

14.2.2 土地利用现状调查

土地利用现状是反映土地当前做什么用，即土地利用类型，也是重要的地籍要素。目前，我国的土地利用现状分类是从生产管理出发，主要依据土地用途、经营特点、利用方式以及覆盖特征，采用逐层分级法，即从大类开始起，逐级细分，大类综合性大，划分标志较概括，小类范围小，标志较单一。通常采用两级分类法，并按顺序统一编码排列。应用时不能打乱其名称与编码，但可在两级类型下续分三级类、四级类等。

14.2.2.1 城镇土地利用现状分类

国家土地管理局（现为国土资源部）批准的《城镇地籍调查规程》中，应用了上述分类方法，将城镇土地利用现状划分为两级类型，即一级 10 类，二级 24 类，并统一编码排列。其分类方法见表 14-2。

表 14-2 城镇土地利用现状分类

一级		二级		一级		二级	
10	商业金融业用地	11	商业服务业	60	交通用地	61	铁路
		12	旅游业			62	民用机场
		13	金融保险业			63	港口码头
						64	其他交通
20	工业、仓储用地	21	工业	70	特殊用地	71	军事设施
		22	仓储			72	涉外
30	市政用地	31	市政公用设施			73	宗教
		32	绿化			74	监狱
40	公共建筑用地	41	文、体、娱	80	水域用地		
		42	机关、宣传	90	农用地	91	水田
		43	科研、设计			92	菜地
		44	教育			93	旱地
		45	医卫			94	园地
50	住宅用地			00	其他用地		

外业调查时，可按上述的分类与权属调查同时进行，并可利用该地区房屋普查中的有关资料。当同一权属单位内出现不同的权属分类时，应在调查用途和调查表中分别标记和说明。当一栋房屋楼上、楼下用途不同时，以第一层分类为准。若第一层有多种用途时，则以主要用途

为准。每一种分类的具体含义，参照《城镇地籍调查规程》执行。

14.2.2.2 土地利用现状分类

适用于全国范围内的土地利用现状调查的分类方法，其采用了有层次的等级续分法。2007年，第二次全国土地调查技术规程将土地利用现状统一按照二级分类划分，即一级12类，二级57类，并统一名称，统一编码排列与统一含义，见表14-3。

表14-3 土地利用现状分类

一级		二级		一级		二级	
01	耕地	011	水田	09	特殊用地	091	军事设施用地
		012	水浇地			092	使领馆用地
		013	旱地			093	监教场所用地
02	园地	021	果园			094	宗教用地
		022	茶园			095	殡葬用地
		023	其他园地	10	交通运输用地	101	铁路用地
03	林地	031	有林地			102	公路用地
		032	灌木林			103	街巷用地
		033	其他林地			104	农村道路
04	草地	041	天然牧草地			105	机场用地
		042	人工牧草地			106	港口码头用地
		043	其他草地			107	管道运输用地
05	商服用地	051	批发零售用地	11	水域及水利设施用地	111	河流水面
		052	住宿餐饮用地			112	湖泊水面
		053	商务金融用地			113	水库水面
		054	其他商服用地			114	坑塘水面
06	工况仓储用地	061	工业用地			115	沿海滩涂
		062	采矿用地			116	内陆滩涂
		063	仓储用地			117	沟渠
07	住宅用地	071	城镇住宅用地			118	水工建筑用地
		072	农村宅基地			119	冰川及永久积雪
08	公共管理与公共服务用地	081	机关团体用地	12	其他土地	121	空闲地
		082	新闻出版用地			122	设施农用地
		083	科教用地			123	田坎
		084	医卫慈善用地			124	盐碱地
		085	文体娱乐用地			125	沼泽地
		086	公共设施用地			126	沙地
		087	公园与绿地			127	裸地
		088	风景名胜设施用地				

本分类中的各类名称的含义，参照《土地利用现状调查技术规程》中的分类说明。外业调查时，必须首先调查土地权属界线，然后在同一宗地范围内，按照分类标准调查土地利用类型，调查结果填入地籍调查表，在调查用图上按照利用现状标绘分界线及沟、渠、路、田埂的宽度。对插花地（飞地）应在调查表和调查图上标绘清楚。

土地利用现状的分类调查，应充分利用该地区已有的近期土地利用现状调查资料及土地利用现状图，必要时，应该进行部分的补充调查。当土地利用现状类型发生变更时，应该及时地更新，以便进行统计和上报。

14.2.3 土地等级与土地税收

14.2.3.1 土地等级

土地等级是土地质量与价值的重要标志。土地等级调查通常要调查土地的自然地理要素和社会经济要素。自然地理要素的调查包含土壤、地形地貌、植被、气候等内容，社会经济要素包含土地利用现状、地理位置、交通条件、单位面积产量、城市设施、环境优劣等内容。我国的土地等级调查主要包含两类：城镇土地分等定级和农村土地分等定级。

（1）城镇土地分等定级

目前我国城镇土地分等定级采用"等"和"级"两个层次划分体系。城镇土地定级是采用多元素综合评定方法与级差收益测算法结合起来土地等级。多因素是指城镇的繁华程度、交通通达度、城市基础设施、城市社会服务设施、环境污染状况与自然条件以及人口状况等。

（2）农村土地分等定级

目前我国对农村土地分等定级也是采用"等"和"级"两个层次划分体系。但是，农村土地分等等级尚未正式开展，有些地区正在试点研究。

14.2.3.2 土地税收

土地税收是国家税收的一种，是国家以土地为征税对象，凭借政治权利，从土地权属者手中无偿地强制性取得部分土地收益的一种税收。我国现行的土地税收包括：农业税、耕地占用费和城镇土地使用税等。我国土地使用税由土地所在地的税务机关征收，土地管理机关应当向土地所在地的税务机关提供土地使用权属资料。我国的土地税收制度还很不完善，需要进一步改革，在合理利用和开发土地的基础上，要大力加强保护耕地和林地等。

14.2.4 土地划分与地籍编号

对土地进行划分和编号，不仅有利于土地规划、计划、统计和管理，而且便于搜集资料以及利用计算机建立地籍管理数据库等系统，实现快速检索、存储、修改与保管的目的。

14.2.4.1 土地划分

土地划分是指在地籍中进行划分土地管理范围与层次。根据我国国情，为了便于管理，土地的划分一般与行政管理系统相吻合。我国的土地主要分为城镇地区土地和农村地区土地。其中，城镇地区土地是按照各级行政区划的管理范围进行划分，城市可分为区和街道两级。当街道的管辖范围太大时，可在街道的区域内，根据线状地物，如道路、马路沟渠、或河道等为界，划分若干街坊；若镇较小无街道建制时，也可在区的管辖范围内，划分若干街坊。例如，对一个城市完整的划分就是××省××市××街道××街坊。农村地区的土地划分基本上按城镇的划分模式进行，其完整的划分应是××省××县××乡(镇)。

14.2.4.2 地籍编号

(1) 城镇地区地籍编号

一般以行政区划的街道和宗地两级进行编号,如果街道下划分有街坊,就采用街道、街坊和宗地三级编号,地籍编号应统一自西向东,从北到南,用阿拉伯数字"1"开始编顺序号。如5-(6)-18,就表示××市××区第5号街道、第6街坊、第18号宗地。地籍图上采用不同的字体和不同大小加以区分;而宗地号在图上宗地内以分数形式表示,分子为宗地编号,分母为地类号。

(2) 农村地区地籍编号

农村地区应以乡(镇)、宗地和地块组成编号。其原则同上,如3-7-(9)表示××省××县第3乡镇、第7号宗地、第5地块。

(3) 界址点编号

界址点是宗地权属界线上的拐点,通常在一个地籍区是相当多的,为了避免出错和便于管理,每个界址点都应该编号。根据《城镇地籍调查表规程》要求,界址点应该按照街坊或图幅统一编号。

14.3 地籍测量

14.3.1 地籍平面控制测量

地籍平面控制测量是地籍测量的基础,起着控制全局和限制测量误差传递与积累的作用,其原理同地形测图的平面控制测量原理基本相同。由于地籍平面控制网主要是为了开展初始地籍细部测量及日常地籍测量工作服务的,所以其控制点设置及密度应满足日常地籍管理的需要,控制点精度要满足测定界址点坐标精度要求,同时必须遵循分级布网、逐级控制的布设原则。

地籍平面控制网可分为地籍基本平面控制网和地籍控制网。基本平面控制网分为一、二、三、四等,在此基础上布设一、二级地籍控制网,以满足界址点测量和地籍变更测量需要。这些控制点可以作为图根控制测量的起闭点。地籍控制测量的方法包括:三角测量,三边测量(含边角测量),导线测量和GPS相对定位测量等。为了保证整个控制网的精度及界址点的测量精度,地籍平面控制测量必须保证一定的精度。《城镇地籍调查规程》中规定:四等网中最弱相邻点的相对点中误差不得超过±5cm;四等以下网中最弱点相对于起算点的点位中误差亦不得超过±5cm。国家测绘局1994年颁布、1995年2月1日实施的《地籍测绘规范》中亦规定:一、二、三、四等基本控制网下加密布测的一、二、三级地籍控制点相当于起算点的点位中误差不超过±5cm。

地籍平面控制点的密度应根据界址点的精度和密度以及地籍图测图比例尺和成图方法等因素确定,还应考虑地籍测量的特殊性,即满足地籍测量资料的更新和恢复界址点位置的需要。因此要求每幅图内要有一定数量的埋石点。如果旧城区巷道复杂,建筑物多而乱,界址点非常多,在这种情况下应该适当增加控制点的密度和数目,才能满足地籍测量的要求。

本节主要介绍地籍平面控制测量的原则和精度要求，地籍平面控制测量与地形测图的控制方法和算法基本相同，有关部分请参照第 6 章节中的相关控制测量内容。

14.3.2 界址点坐标测量

地籍勘丈是在地籍调查及地籍平面控制测量的基础上进行的，目的是勘丈每宗土地的权属界址点、线、位置、形状、数量等基本情况。界址点坐标是在某一特定的坐标系中利用测量手段获得的一组数据，即界址点地理位置的数学表达。界址点坐标是确定宗地地理位置的依据，是量算宗地面积的基础数据。界址点坐标对实地界址点起法律保护作用。一旦界址点被人为地或自然地移动或破坏，则可用已有的界址点坐标用放样的方法恢复界址点原来的位置。

14.3.2.1 界址点坐标的精度要求

界址点坐标的精度，可以根据测区土地经济价值和界址点的重要程度加以选择。由于我国地域辽阔、经济发展不平衡，对界址点坐标的精度要求不同，具体见表 14-4。

表 14-4 界址点精度要求

档次	界址点相对于临近控制点点位中误差（m）	适用范围
1	±0.05	城市繁华地区或街道外围及内部明显界址点
2	±0.10	城镇一般地区或大型工矿区及街道内部隐蔽界址点
3	±0.25	其他地区
4	±0.50	农村地区

针对某一具体地区，选用哪一级应由各地主管部门根据实地的实际情况和实际需要按地区或按地段划分，并在设计书和实施方案中加以规定。当在实地确认了界址点位置并埋设了界址点标志后，通常都要求实测界址点坐标。

14.3.2.2 界址点坐标的解析测量方法

（1）极坐标法

极坐标法是测算界址点坐标常用的一种方法。通常是在通视良好的地区，于测站上安置仪器，选已知方向作为固定方向，用经纬仪测出已知方向与界址点方向所夹的水平角 β，如图 14-3 所示，用钢尺或测距仪测量距离 D，按起算数据和观测数据计算界址点 P 的坐标。

已知 A、B 点的坐标为 (x_A, y_A)，(x_B, y_B)，通过坐标反算得到 AB 边的方位角 α_{AB}。具体解算见坐标正反算。这种方法一般用一个盘位测角和单程测距，若有错误难以发现，因此，测量时除认真仔细外，还必须用宗地草图上相应的界址边长进行校核，或用相关地物与相邻界址点间的距离校核或采用全站仪坐标测量方式直接测量。

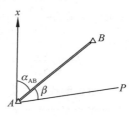

图 14-3 极坐标法

（2）交会法

交会法又分角度交会法和距离法。

①角度交会法　角度交会法是分别在两上测站上对同一界址点测量两个角度进行交会以确

定界址点的位置。如图14-4所示，A、B两点为已知点，其坐标为$A(x_A, y_A)$，$B(x_B, y_B)$，α、β为两个观测角，界址点P点的坐标计算公式如式(14-1)；

$$\begin{cases} x_p = \dfrac{x_A \cot \beta + x_B \cot \alpha + y_B - y_A}{\cot \alpha + \cot \beta} \\ y_p = \dfrac{y_A \cot \beta + y_B \cot \alpha + x_B - x_A}{\cot \alpha + \cot \beta} \end{cases} \tag{14-1}$$

根据图14-4所示，如果A、B互为定向，由经纬仪测角原理可知，在测站A上观测到的角度读数为$360° - \alpha$。在实际作业过程中，有时观测到的角度为如图14-5所示的α_0、β_0转换成α、β才能用上述公式计算出P点坐标，转换关系如式(14-2)

$$\begin{cases} \alpha = (\alpha_{AB} - \alpha_{AC}) + 360° - \alpha_0 \\ \beta = (\alpha_{BD} - \alpha_{BA}) + \beta_0 \end{cases} \tag{14-2}$$

式中 α_{AB}、α_{BD}、α_{BA}——已知方位角。

角度交会法一般适用于在测站上能看见界址点位置，但无法测出测点至界址点之间的距离。交会角$\angle APB$应在$30° \sim 150°$。并且最好使P点在$\overline{AB}$上的投影位置在A、B两点之间，这样其交会精度才有可靠的保证。A、B两测点可以是等级控制点或图根控制点。

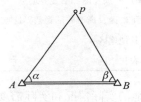
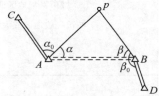
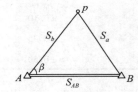

图14-4　角度交会法　　图14-5　角度交会实例　　图14-6　距离交会法

②距离交会法　距离确定出未知界址点的坐标的方法。如图14-6所示，已知交会法就是从两个已知点分别量出一个未知界址点的距离，从而$A(x_A, y_A)$，$B(x_B, y_B)$的计算公式如式(14-3)。

$$\begin{cases} x_p = x_A + L(x_B - x_A) + H(y_B - y_A) \\ y_p = y_A + L(y_B - y_A) + H(x_A - x_B) \end{cases} \tag{14-3}$$

式中　$L = \dfrac{S_b^2 + S_{AB}^2 - S_a^2}{2S_{AB}^2}$；

$H = \sqrt{\dfrac{S_a^2}{S_{AB}^2} - G^2}$，$G = \dfrac{S_a^2 + S_{AB}^2 - S_b^2}{2S_{AB}^2}$。

由于测设的各类控制点数量毕竟有限，因此可用这种方法来解析交会出一些在控制点上不能直接测量的界址点。A、B两已知点可能是控制点，也可能是已知的界址点或为辅助点。这种方法仍要求交会角$\angle APB$在$30° \sim 150°$，并且要求P点在AB上的投影位置在A、B两点之间。

以上两种交会法的图形顶点编号应按顺时针方向排列，即按A、P、B的顺序。进行交会时，应有检核条件，即对同一界址点应有两组交会图形，计算出两组坐标，并比较其差值，当两组坐标的差值在允许范围内,则取平均值作为最后界址点的坐标。或把求出的界址点坐标和邻近其他界址点坐标反算出的边长与实量长进行检核,其差值如在规范所允许的范围以内则可确定所求出的界址点坐标是正确的。实际工作中,由于城镇建筑物的遮挡,视野不开阔,多用两点交会法,而无三点交会作为检核,这时必须用宗地草图上的距离进行检核,以防出错。

（3）内外分点法

当未知界址点在两已知点的连线上时,则分别量测出两已知点至未知界址点的距离,从而确定出未知界址点的坐标,如图 14-7 所示,已知 $A(x_A, y_A)$，$B(x_B, y_B)$，观测距离 $S_b = \overline{AP}$，$S_a = \overline{BP}$，此时可用两种公式计算出未知界址点的 P 的坐标。

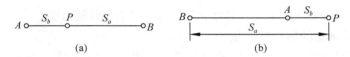

图 14-7　地籍铅笔原图法

(a)内分点　(b)外分点

①考察距离交会图形可知：当 $\beta = 0°$，$S_a < S_{AB}$ 时就得到内分点图形；当 $\beta = 180°$，$S_a > S_{AB}$ 时就得到外分点图形,内外分点坐标分式用(14-5)式计算。

从式(14-5)中可以看出,P 点坐标与 S_a 无关,但要求作业人员量出 S_a 以供检核之用。即 $S_{AB} = S_a - S_b$，从而发现观测错误或已知点 A、B 两点错误。

②P 点坐标还可以直接利用内外分点公式(14-4)进行计算。

$$\begin{cases} x_p = \dfrac{x_A + \lambda x_b}{1+\lambda} & \text{内分时 } \lambda = \dfrac{S_b}{S_a} \\ y_p = \dfrac{y_A + \lambda y_b}{1+\lambda} & \text{外分时 } \lambda = \dfrac{-S_b}{S_a} \end{cases} \qquad (14\text{-}4)$$

由于内外分点法是距离交会法的特例,距离交会法中的各项说明、解释和要求都适用于内外分点法。

（4）直角坐标法

直角坐标法又称截距法,通常以一导线边或其他控制线作为轴线,测出某界址点在轴离和至界址点的垂距,即可确定出界址点的位置。如图 14-8 所示,$A(x_A, y_A)$，$B(x_B, y_B)$ 为已知点,以 A 点作为起点,B 点作为终点,在 A、B 间放上一根测绳或卷尺作为投影轴线,然后,用设角器从界址点 P 引设垂线,定出 P 点的开足 P' 点,然后用鉴定过的钢尺量出 S_1 和 S_2，则 $P(x_p, y_p)$ 的计算公式见式(14-5)。

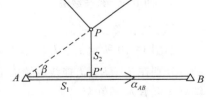

图 14-8　直角坐标法

$$\left.\begin{aligned}&S_{AP}=\sqrt{S_1^2+S_2^2}\\&\beta=\tan^{-1}\left(\frac{S_2}{S_1}\right)\\&\alpha_{AP}=\begin{cases}\alpha_{AB}-\beta P(\text{P，}B\text{ 顺时针排列时})\\\alpha_{AB}+\beta P(\text{P，}B\text{ 逆时针排列时})\end{cases}\\&\begin{cases}x_P=x_A+S_{AP}\cos\alpha_{AP}\\y_P=y_A+S_{AP}\sin\alpha_{AP}\end{cases}\end{aligned}\right\} \quad (14\text{-}5)$$

这种方法操作简单，使用的工具价格低廉，要求的技术也不高，所以使用的范围特别广泛。值得注意的是引设垂足 P' 点时操作要精细，确保 P 点坐标的精度。

14.3.2.3 隐蔽界址点的解析法测量

由于界址点不能随意选定，经常有些界址点处在相对隐蔽的位置，甚至处在不可到达的地方，同时界址点坐标的精度要求较高，这时可根据其他界址点坐标进行推算，也可适当测一些非界址点坐标，然后推算这些界址点坐标。解析法测量是能满足精度要求的测量方法，下面介绍几种常用的方法。

(1) 延长线法

如图 14-9 所示，J_1、J_2 为围墙拐角界址点。在已知点 K 上测定 J_1 的坐标，J_2 点与 K 不通视，则可在 J_1、J_2 连线的墙沿上选一能与 K 通视的 M 点，测定 M 点的坐标，并用钢尺量取 M 至 J_2 点的距离 d，然后运用方位角 α_{J_1M} 和距离 d 便可计算 J_2 点坐标。

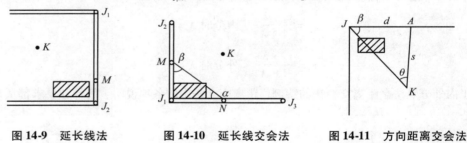

图 14-9　延长线法　　图 14-10　延长线交会法　　图 14-11　方向距离交会法

(2) 延长交会法

如图 14-10 所示 J_1、J_2、J_3 均为围墙拐角界址点，若 J_2、J_3 已测定，欲测不能到达的 J_1 点，则可分别在 J_2-J_1-J_3 连线的墙沿上选定能已知点 K 通视的 M、N 两点，并测定其坐标，然后解算 α 和 β 水平角为

$$\begin{cases}\alpha=\alpha_{NM}-\alpha_{J_3N}\\\beta=\alpha_{J_2M}-\alpha_{MN}\end{cases} \quad (14\text{-}6)$$

根据计算出的 α、β 角值代入式(14-1)计算 J 点的坐标。

采用上述两种方法应注意两点：①J_2、M、J_1 和 J_3、N、J_1 必须在实地判定其三点是在同一直线上；②延长的线段应小于原线段的 1/3。

(3) 方向距离交会法

如图 14-11 所示，测站点 K 点至围墙拐角界址点 J 的距离不能直接丈量，但可测得其方位角,这时可在围墙一侧上选定一个 A 点并丈量至 J 和 K 的距离 d 和 s。测设方向角 α_{KJ} 和 α_{KA},然后用式(14-7)计算 J 点的坐标。

$$\begin{cases} x_J = x_K + \dfrac{d \cdot \sin(180° - \theta - \beta)}{\sin \theta} \cos \alpha_{KJ} \\ y_J = y_K + \dfrac{d \cdot \sin(180° - \theta - \beta)}{\sin \theta} \sin \alpha_{KJ} \end{cases} \tag{14-7}$$

式中 $\theta = |\alpha_{KA} - \alpha_{KJ}|$,当 $|\alpha_{KA} - \alpha_{KJ}| > 180°$ 时,$\theta = 360° - |\alpha_{KJ} - \alpha_{KJ}|$,$\beta = \arcsin \dfrac{s \cdot \sin \theta}{d}$。

由于这种方法受围墙角和房屋的制约,图形的变化不大。正确性可由围墙的形状检核。

14.3.2.4 解析法测定界址点的实施

(1)准备工作

进行地籍测量工作时,除了做好组织准备、宣传动员等一般性的准备工作之外,还应充分做好界址点测定的准备工作。

①地籍调查表 界址点点位的确定一般是在进行权属调查时进行的。地籍调查表中详细地说明各宗地界址点的实地位置情况,并丈量大量的界址边长,草编宗地号,详细地绘有宗地草图。这些资料都是进行界址点测量所必需的。地籍测量前,首先要熟悉地籍调查的情况,并搞清楚地籍调查表中各栏内容的含义。

②界址点位置野外踏勘 踏勘时应由参加地籍调查的工作人员引导,实地查找界址点位置,了解各宗地用地范围,并在土地管理部门提供的蓝图上(最好是大比例尺)用红笔清晰地标记出界址点的位置和宗地的用地范围。如无参考图件,则要详细画好踏勘草图,对于面积较小的宗地,最好能在一张纸上连续地画上若干个相邻宗地用地情况,并充分注意界址点的共用情况。对于面积较大的宗地要认真地注记好四至关系和共用界址点情况。在画好的草图上标记出权属主的姓名和草编宗地号。在未定界线附近则可选择若干固定的地物点或埋设参考标志。测定时按界址点坐标的精度要求测定这些点的坐标值,待权属界线确定后,可据此来补测确认后的界址点坐标。这些辅助点也要在草图上标注。

③踏勘后的资料整理 主要是指草编界址点号和制作界址点观测及面积计算草图。进行地籍调查时,一般不知道各地籍调查区内的界址点数量,只知道每宗地有多少界址点,其界址点编号只在本宗地内进行。因此,在外籍调查区内统一编制野外界址点观测草图,并统一编上草编界址点号,在草图上注记出与地籍调查表中相一致的实量边长及草编的宗地号或权属主姓名,给外业观测记簿和内业计算带来方便。

④界址边长误差表 一般对界址点坐标的精度要求都比较高,在城镇的主要区域,要求相邻界址点的相对中误差要达到 5 cm,限差为 10 cm。界址边长误差表可以反应出界址点的观测精度,误差表的形式见表 14-5。

表 14-5 界址边长误差表

界址边号	实量边长（m）	反算边长（m）	图解边长（cm）	Δ_1（cm）	Δ_2（cm）	备注

注：界址边号由两个草编的界址点号组成，其形式如"×××-×××"；或由宗地草图上的界址点号构成，即"J××-J××"；Δ_1 = 实量边长 – 反算边长；Δ_2 = 实量边长 – 图解边长。

在误差表中，界址点观测之前应根据地籍调查表中宗地草图的丈量结果把各界址边的实量边长填入表中相应的栏目，界址点观测完毕，则把坐标反算边长和图解边长填入表中相应的栏目。

界址边长误差表给误差检验带来方便，使内外业的工作连接得清楚，在整个界址点测定过程中起到质量控制的作用。

（2）野外界址点测量的实施

界址点坐标的测量可以单独进行作业，也可以和地籍图测绘同时进行。应有专用界址点观测手簿。表 14-6 为极坐标法测量界址点坐标记录、计算表。

记簿时，界址点的观测序号直接用观测草图上的草编界址点号。观测用的仪器设备有 J_6 级经纬仪、钢尺、测距仪、全站型电子速测仪等，这些仪器设备都应进行严格的检验。

表 14-6 极坐标法测定界址点的坐标记录、计算表

街道_____ 街坊_____ 仪器_____ 观测者_____ 记录者_____ 计算者_____

类 别		点号	水平距离（m）	水平方向（° ′ ″）	方位角（° ′ ″）	x（m）	y（m）	备注
测站点	定向点	A_2	105.22	0 00 00	125 30 00			
点号：A_1 x = 438.887 y = 585.684	界址点	J_1	35.64	25 54 06	152 24 06	407.30	602.19	
		J_2	19.67	34 24 12	159 54 12	420.41	592.44	
		J_3	23.82	49 54 24	175 24 24	415.14	587.59	
		J_4	47.26	66 54 18	192 24 18	392.73	575.53	
		J_5	38.68	77 30 54	203 00 54	403.29	571.34	
		⋮						
		12	68.65	86 20 48	211 50 48	380.57	549.46	

注：1. 边长读至厘米，角度读至整秒，计算结果取至厘米；
　　2. 测量不同街坊内的界址点时，在该点号前冠以街坊号；
　　3. 测地物点时，在点号栏内注记不带 J 号，如"12"等，并注记在备注栏内。

测角时，经纬仪应尽可能地照准界址点的实际位置，方可读数。当使用钢尺量距时，其量距长度不能超过一个尺段，钢尺必须检定并对丈量结果进行尺长改正。

如使用光电测距仪或全站仪测距，则不仅可免去量距的工作，而且还可能隔站观测，免受距离长短的限制。用光电测距时，如果目标是一个有体积的单棱镜，由此会产生目标偏心的问题。偏心有两种情况，其一为横向偏心，如图 14-12(a) 所示，P 点为界址点的位置，p' 点为棱

镜中心的位置，A 为测站点，要使 $\overline{AP} = \overline{AP'}$，则在放置棱镜内必须使 P、P' 两点在以 A 点为圆心的圆弧上，在实际作业上达到要求并不难；其二为纵向偏心，如图 14-12(b)所示，P、P'、A 的含义同前，此时就要求在棱镜放置好之后，能读出 $\overline{PP'}$，用实际测出的距离加上或减去 $\overline{PP'}$，从而尽可能减少测距误差。这两种情况的发生往往都因为界址点 P 的位置是可以考虑使用反射片、小棱镜、无棱镜，补充完整。

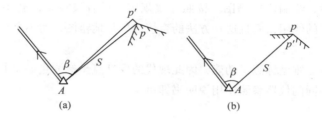

图 14-12　光电测距时的目标偏心
(a)横向偏心　(b)纵向偏心

(3) 野外观测成果的内业整理

界址点的外业观测工作结束后，应及时地计算出界址点坐标，并反算出相邻界址边长，填入界址点误差表中，计算出每条边的 Δ_1。Δ_1 的值超出限差，应按照坐标计算、野外勘丈、野外观测的顺序进行检查，发现错误，及时改正。当一个宗地的所有边长都在限差范围以内时才可以计算面积。

当一个地籍调查区内的所有界址点坐标(包括图解的界址点坐标)都经过检查合格后，按界址点的编号方法编号，并计算全部的宗地面积，然后把界址点坐标和面积填入标准的表格，并整理成册。

(4) 界址点成果

解析界址点成果的计算，应由两人分别独立进行对算。对算的较差小于 1 cm 时，取其平均值作为最后成果。在计算中距离取值至 1 mm，坐标值取至 1 cm。解析界址点成果有解析界址点成果表和解析界址点点位点号图两部分。成果见表 14-7。

表 14-7　解析界址点成果表

	界址点号	x (m)	y (m)	边长 (m)
街坊：三里庵	J_1	376.98	813.14	
	J_2	379.13	756.48	56.703
	J_3	382.89	756.63	3.763
单位：环保局	J_4	397.95	758.61	15.158
	J_5	428.25	774.07	34.013
	J_6	431.34	785.83	12.162
	J_7	376.98	813.14	60.829

解析界址点点位号图，一般利用地籍图复制，用红色小圈标绘出界址点点位，旁边注记点号。如果界址点坐标输入计算机，则可直接用绘图仪输出点位点号图。

(5) 图解法

图解法界址点坐标有两种方法，一种是在现直接进行地籍测量，把界址点和其他地籍要素的位置测绘于图上。如用平板仪、经纬仪等测绘地籍图，或者是用航空摄影测量的方法，经过实地调绘而测量地籍要素的平面位置，最后绘制成地籍图；另一种方法是用大于或等于地籍图比例尺的地形图，经过图纸变形误差的处理后，将实际勘丈的地籍要素展绘或装绘到地形图上，经过检验合格后，绘制成地籍图。按照完整规定，后者仅在条件暂不具备的个别地区使用，而且不能大面积的使用，而且这种方法的直接成果是地籍图，而不是界址点的坐标数据。

(6) 全站仪法

由于全站仪具有三维坐标测量功能，因此现代的界址点坐标测量显得非常精确和迅捷。具体的测量方法根据不同的仪器参照使用说明书即可。

14.4　地籍图测绘

地籍图就是对在土地表层自然空间中地籍所关心的各类要素的地理位置的描述，选用编排有序的标识符对其进行标识，是具有精密数学关系的一种图形，是地籍的基础资料之一。通过宗地标识符使地籍图与地籍数据和表册建立有序的对应关系。

一张地籍图，并不能表示出所有应该要表示或描述的地籍要素，只能直观地表达地物和地貌，而各类地物所具有的属性只能用标识符进行有限的表示，这些标识符与地籍数据和地籍簿册建立了一种有序的对应关系，从而使地籍资料有机地联系起来。

14.4.1　地籍图的分类

14.4.1.1　宗地草图

它是描述宗地位置、界址点线和相邻关系的实地记录，在地籍调查的同时实地绘制，是处理土地权属的基础资料。

14.4.1.2　分幅地籍图

它是地籍测量的基本成果之一，是按照规范、规定的要求，实施地籍测量的成果，一般按照矩形或正方形分幅。

14.4.1.3　宗地图

它一般以一宗地为单位绘制，是土地证书和宗地档案的附图。从分幅地籍图上蒙绘，按照宗地的大小确定绘图比例尺。

14.4.1.4　各类专题地籍图

一般有土地规划图、土地利用现状图等。

14.4.1.5　基本地籍图和专题地籍图的各种附图

如农村居民点地籍图、分户图，可利用于地籍方面的各种航片和影像地图。

14.4.2　地籍图基本内容

多用途的地籍图具有多种功能，因此地籍图测绘内容的选取非常重要。一般来说，地籍图上的内容基本上包含三类要素：地籍要素、地物要素和数学要素。

14.4.2.1 地籍要素

（1）各级行政界线

不同等级的行政境界相重合时只表示高级行政界线，境界线在拐弯处不得中断，应在转角处绘出界址点和界址线。

（2）街道与街坊界

街道是以行政建制区的街道办事处或镇的行政辖区为基础划分，街坊是根据实际情况由道路或河流等固定地物围成的包括一个或几个自然街坊或村镇所组成的地籍管理单元。

（3）宗地界址与界址线

当图上两个界址点间距小于 1 mm 时，以一个点的符号表示，但应正确表示界址线。当界址线与行政境界、街道界和街坊界重合时，应结合线状地物符号突出表示境界线，行政界线可以移位表示。

（4）地籍号注记

包括街道、街坊、宗地号和房屋栋号，应分别注记在所属范围内的适当位置，当被图幅分割时应分别进行注记。如果宗地太小，可移位进行注记。

（5）宗地坐落

由行政区名、街道名及门牌号码组成。门牌号除在街道首尾及拐弯处注记外，其余可跳号注记。

（6）土地利用类型分类代码

土地利用类型分类代码可按二类分类注记。

（7）土地使用单位

选择较大宗地注记其土地使用单位名称。当单位名称太长时，可注记通用名称。

（8）土地等级

对已完成土地定级估价的城镇，在地籍图上绘出土地分级界线并相应进行注

14.4.2.2 地物要素

（1）界标物

道路、围墙、房屋边界线以及各类垣栅等地物均应在地籍图进行表示。

（2）房屋及其附属设施

以房屋以外墙脚以上的外围轮廓为准，正确表示占地情况。

（3）建筑物、构筑物

工矿企业等露天构筑物、固定粮仓、公共设施、广场、空地等绘出用地范围界线，内置相应的符号。

（4）铁路、公路及其主要附属设施

铁路、公路及其主要附属设施如站台、桥梁、大的涵洞和隧道的入口应表示，铁路路轨比较密集时，可适当取舍。

（5）街道

区内街道两旁以宗地界址线为边线，路牙线可以取舍；城镇街巷均应表示。

(6)塔、亭、碑、像、楼

塔、亭、碑、像、楼等独立地物应择要表示，图上占地面积大于符号尺寸时应绘出用地范围线，内置相应符号或注记。公园里一般的塔、亭、碑等可不表示。

(7)电力线、通讯线

电力线、通讯线及一般架空管线不表示，但高压线及其塔位需要表示。

(8)地下管线、地下室

地下管线、地下室一般不表示，但大面积的地下商场、地下停车场及与他项权利有关的地下建筑需要绘制。

(9)植被

大面积绿化、街心公园、园地等应表示插入，零星植被、街旁行树、街心小绿地以及单位内小绿地等都不表示。

(10)水域及其附属设施

河流、水库及其主要附属设施如堤、坝应表示；地理名称应注记。

14.4.2.3 数学要素

①图廓线、坐标格网线的展绘以及坐标注记。

②埋石的各级控制点的展绘以及点名和点名注记。

③图廓外比例尺的注记。

14.4.3 地籍图测绘

地籍图测绘主要介绍分幅地籍图的测绘方法。地籍图一般可通过野外实测成图，也可利用摄影测量的方法或编绘法成图，这些都是比较常规的测绘成图方法。随着科学技术的发展，地籍图也可采用数字化成图(坐标法成图)方法，即将界址点、地物点的坐标输入计算机，通过软件处理后，由绘图仪绘出地籍图；也可利用附有自动记录装置的航测仪器从航片上或利用数字化仪从地形图上获得。下面将简要介绍几种成图方法。

14.4.3.1 野外实测成图

(1)野外成图的基本方法

野外实测成图一般包括测图前准备(图纸准备、坐标格网绘制、图廓点及控制点展绘)，测站点增设，细部点(地物点、界址点)测定，图边拼接，原图整饰，成图检查验收等工序。

细部点测定一般采用极坐标法。测绘地籍图时，通常先利用实测界址点展绘出宗地位置，再将宗地内外的地籍、地形要素用几何图形展绘出来，这样做可以减少错误发生。具体可采用三种方法实施。

①解析法 野外实测全部界址点，根据实测数据计算界址点的坐标。一般用解析交会法、极坐标法等方法进行实测。角度用不低于 J_6 级经纬仪实测，距离用钢尺和电磁波测距仪施测。以全部界址点的坐标和解析边长为基础，测出其他地籍、地形要素的平面位置，并依据宗地草图的有关数据校核合格后绘成地籍图。

②部分解析法 采用解析法测定街坊外围界址点和街坊内部明显界址点的坐标，再用图解法测定街坊内部宗地界址点及其他地籍、地形要素的平面位置。以街坊外廓控制内部宗地，在

解析法测出的界址点位基础上，展绘出街坊，再依照图解法测定宗地位置、形状，经宗地草图的有关数据检核后装绘街坊内部成地籍图。

③图解法　在特别困难的地区，无法用解析法和部分解析法成地籍图时，也可采用图解法成图。即利用图解法直接测定界址点和其他地籍、地形要素的平面位置，并根据宗地草图的有关数据检核后成地籍图，但成图角度必须满足要求。

(2) 原图的精度要求

通常地籍铅笔草图的角度包括绘制精度和原图的基本精度，现分别介绍如下：

①绘制精度　主要是指图上绘制的图廓线长度，对角线长度及图廓点、坐标格网点、控制点的展点精度。一般内图廓长度误差不得大于 ±0.2 mm，内图廓对角线误差不得大于 ±0.3 mm；图廓点、坐标格网点和控制点的展点误差不得超过 ±0.2 mm。

②原图的基本精度　主要是指铅笔草图上界址点、地物及其相关距离的精度。一般相邻界址点间距、界址点与临近地物点关系距离的中误差不大于 ±0.3 mm，依测量数据转绘的上述距离的误差不得大于图上 ±0.3 mm；宗地内外与界址边不相邻的地物点，不论采用何种方法测定，其点位中误差不得大于 ±0.5 mm，临近地物点间距中误差不大于图上 ±0.4 mm。

(3) 地物测绘的基本原则

地籍图一般只测地物的平面位置，不需测地物的高程。地物的取舍，除根据规定的比例尺和规范的要求外，必须首先根据地籍要素及权属管理方面的需要确定必须测量的地物，与地籍要素和权属无关的地物在地籍图上可不表示，对一些地物如房屋、道路、水系、地块的测绘还有特殊的要求。

房屋及其主要构筑物均应按实地轮廓进行测绘，房屋应以外墙屋角以上的外轮廓线为准；悬空建筑物如水上房屋、骑楼等，应按实地轮廓线测绘水平投影位置；地下铁路、隧道、人防工程的出入口，农村的窑洞等，均应测定其准确位置；在图上应加注房屋的层数和建筑结构，不同层数毗连的房屋，需绘出分层线。房屋的门牌号可根据需要进行标注。

道路包括铁路、公路、街道及人行道、大车路、乡村路、人行小路、内部道路等，均应测绘，并在图上注记路的宽度；铁路、公路除按规定图示表示外，还应标绘出征地界线。

水系包含海岸、滩途、河流、湖泊、水库、池塘、沟渠及主要设施等地物。水系的测绘，无特殊要求时以岸边为准。当河流两岸不规则时，在保证精度的前提下，可对不明显的小弯舍弃；对于在图上只能以单线表示的沟渠，可测定其中心位置，所有水系的流向和宽度均应在图上表示。

地块主要是按照土地利用类型的标准划分的。当地块弯曲较多时，可适当取舍。当线状地物的宽度变化较大时，还应分段测量其宽度。

(4) 图边测绘与拼接

为了保证相邻图幅的精确拼接，在测图时需要多测图廓线以外 5～10 cm 的宽度。地籍图接边差不超过规定点位中误差的 $2\sqrt{2}$ 倍，如果小于限差可以平均分配，超限时应重测。

(5) 原图整饰与清绘

外业测量得到的铅笔地籍草图一般存在图形不完整、简化符号较多，文字、数字不规整，注记布置不合理等内容，必须经过检查并进行修饰才能提高草图的质量。图面检查的内容主要

包括:

检查图幅的数学基础。检查边长和对角线；控制点的位置及控制点点号注记是否正确，有无漏注点号的情况。

检查行政区划界线、宗地界线、地块界线是否封闭。

对照宗地草图检查每宗地的界址点位置、界址点的个数、界址点的连接是否正确，界址线有无穿过房屋的现象。

检查宗地内房屋的形状、栋数是否正确，宗地外道路是否有始有终，宗地内外的水塘水涯线是否封闭。

检查各种地籍要素的注记是否齐整、完备，大小是否合适。

以上内容是在测图过程中容易出现的问题，应逐项检查加以解决，必要时要到现场核查。当图面检查完毕，就可以按照比例尺和相应的图式进行描绘。为了保证地籍要素不被其他次要要素所遮挡，地籍图一般按以下顺序进行清绘：

①绘制内图廓线。它是划定地籍图图幅的界线，在四角交接处各延长 12 mm；

②绘制控制点符号。描绘符号时，符号方向一般均应垂直于南图廓；

③绘制行政区划界线、界址点和界址线。绘界址点符号时，以宗地为基本单位，界址点之间要连成界址线，界址线不能在中间断开；

④绘制宗地内、外房屋及其构筑物；

⑤绘制独立地物、道路及其附属物。宗地内道路可不绘；

⑥绘制水系及其附属物；

⑦绘制其他地籍要素；

⑧书写注记。要注意字体的大小和位置；

⑨图廓整饰。内图廓内的要素全部整饰完毕后，再绘制外图廓线。然后再内图廓线外界端注记行政区划名称。书写图名、图号，绘制图幅接图表，书写地籍调查单位、地籍测绘单位，书写地籍图采用的坐标系、测图方法、规范版本、测图日期、测图比例尺、绘图员和检查员，书写地籍图的秘密等级等。

(6) 原图检查与验收

为了保证地籍图的质量，需要对地籍图执行质量检查制度。测量和绘图人员除了日常的检核外，在图幅完成后，需要对整个图面进行全面的自查和全面检查。检查的方法分室内检查、野外巡视检查和野外仪器检查。对检查中出现的错误要及时纠正，错误较多时要返工重测。测绘成果、测绘资料经全面检查认为符合要求后，即可予以验收，并按质量评定等级。技术检查的主要依据是技术设计书和测量技术规范，是对测绘成果的最后鉴定。

14.4.3.2 利用航空摄影测量方法成图

摄影测量方法已经广泛应用于地籍测量工作中。摄影测量已从传统的模拟法过渡到解析法并且向数字摄影测量方向发展。无论摄影测量处于何种发展阶段，其制作地籍图和其他图面资料的作业流程大致如图 14-13 所示。

另外，摄影测量在地籍测量中的应用主要体现在以下几个方面：

①用现代摄影测量方法测制多目的地籍图；

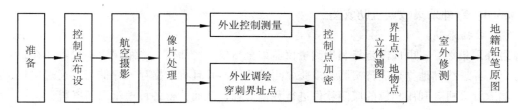

图 14-13　摄影测量地籍成图系统的流程图

②摄影测量应用于土地利用现状分类的调查和制作农村地籍图；

③用高精度摄影测量方法加密界址点坐标；

④用数字摄影测量系统作为地籍信息系统、土地信息系统和地理信息系统的数据采集站等。

对于摄影测量原理及在地籍测量中的应用，可参考王佩军和徐亚明编著的《摄影测量学》，在此不作赘述。

14.4.3.3　编绘法成图

为了满足对地籍资料的需要，可利用测区内现有的地形图、影像地图等编制地籍图。编绘法成图的精度，必须考虑所利用地形图的精度，即编绘法成图的界址点和地物点相对于临近地籍图根控制点的点位中误差及相邻界址点的间距中误差不得超过图上 ±0.6 mm。编绘法成图的作用程序如下：

（1）选用底图

选用符合地籍测量精度要求的地形图、影像图作为编绘底图，底图尽量选择与编绘法成图相同的比例尺。

（2）复制二底图

将底图复制成二底图，并且检查误差，只有符合精度要求时才能使用。

（3）调绘

在已有的地形图上进行外业调绘，对测区地物变化情况加以标注。

（4）补测

补测工作应在二底图上进行。补测时应充分利用测区内原有的测量控制点，当控制点密度不够时，可进行加密。

（5）转绘

外业调绘与补测工作结束后，将调绘结果转绘到二底图上，并且进行地籍要素的注记，然后进行必要的整饰，就制作成完整的工作底图。

（6）蒙绘

在工作底图上，采用薄膜蒙绘法绘制地籍图，舍弃等高线等地籍图上不需要的部分。蒙绘法所获得的薄膜图经清绘整饰后，就可制作成正式地籍图。

编绘法成图的精度取决于原图精度，因此，在选用地形图时，一定要仔细检查图面的精度，必要时要到现场检测。

14.4.3.4 野外采集数据机助成图

(1) 数据采集

野外采集数据机助成图是指利用测量仪器如全站仪、经纬仪、测距仪、钢尺等，在野外对界址点、界址线和地物点进行实测，以获取测量数据，并且将数据存入存储器，通过接口，将数据输入计算机，利用相应的成图软件进行数据处理，从而获得各种地籍图面资料。

(2) 编码

测定的编码问题是野外采集数据时的一个非常重要的问题。在野外采集数据时，在输入数据到存储器的同时，应该对每个点的属性进行记录并作相关说明。现在有很多软件可以直接进行野外草图的绘制，仪器可以自动存储数据，这为后期的编码和精确绘图提供了更大的方便。

14.5 数字地籍测量

14.5.1 数字地籍的主要内容

数字地籍测量是以计算机及现代测量仪器为核心，在外连输入输出设备及硬、软件的支持下，对各种地籍信息数据进行采集、输入、成图、输出、管理的地籍测量的方法。数字地籍测量是一个融地籍测量外业、内业于一体的综合性作业模式，是计算机技术用于地籍管理的必然结果。数字地籍测量的主要工作内容包括地籍图根控制测量、地籍调查成果的输入、地籍图测绘、界址点坐标测量。输出成果包括分幅地籍图、宗地图、界址点坐标表、各类面积汇总与统计表，如图 14-14 所示。

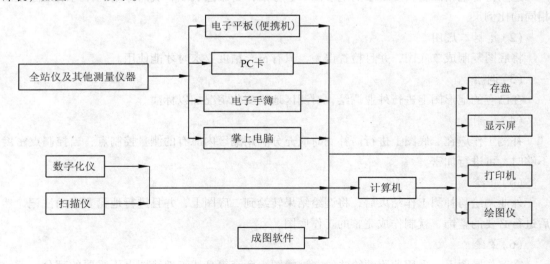

图 14-14 数字地籍体系图

14.5.2 数字地籍的作业模式和流程

14.5.2.1 野外数字地籍测量模式

(1) 全站仪 + 电子记录簿 + 成图软件

利用全站仪采集野外数据，电子记录手簿(如 PC – E500 等)记录数据，利用数据线和通讯软件将数据输入计算机，利用成图软件绘制地籍图。现在全站仪都有内存功能，能够自动记录数据。

(2) 全站仪 + 便携式计算机 + 成图软件

利用全站仪采集野外数据，便携式计算机记录数据，利用成图软件绘制地籍图。

(3) 全站仪 + 掌上电脑 + 成图软件

利用全站仪采集野外数据，掌上电脑记录数据，利用数据线和通讯软件将数据输入计算机，利用成图软件绘制地籍图。现在的全站仪带有 winCE 系统的功能，并且具有绘制草图功能的大屏幕显示器，操作方便、直观。

(4) GPS – RTK 接收机 + 成图软件

利用 GPS – RTK 采集野外数据，利用数据线和通讯软件将数据输入计算机，利用成图软件绘制地籍图。

14.5.2.2 数字摄影地籍测量模式

利用数字摄影和测量的手段，以航空相片为采集对象，应用计算机技术、数字摄影处理、影像匹配、模式识别、人工智能等综合方法，利用专业数字摄影软件处理数字影像数据，从而实现地籍图的测量与绘制。

14.5.2.3 模拟地籍图数字化测量模式

利用大幅面扫描仪或数字化仪对已有纸质地籍图或地形图进行数字化，采集地籍要素，将野外测量或已有界址点坐标输入计算机，将外业和内业数据进行叠加处理，从而获得各种专题地籍图和图表、清册等。

一般而言，数字地籍测量的模式主要是利用现代测量仪器野外采集数据，再利用绘图软件进行数据处理和加工，从而实现数字地籍测量。

14.5.3 数字地籍的流程和特点

14.5.3.1 作业流程

数字地籍的作业流程主要包括数据采集、数据预处理和数据输出三个部分，如图 14-15 所示。

14.5.3.2 特点

(1) 自动化程度高

数字地籍测量自动记录野外测量数据，自动解算、自动成图、绘图，并且提供可编辑的数字地图。数字地籍测量自动化程度高、效率高、劳动强度大大降低、出错几率小、图件精确、美观。

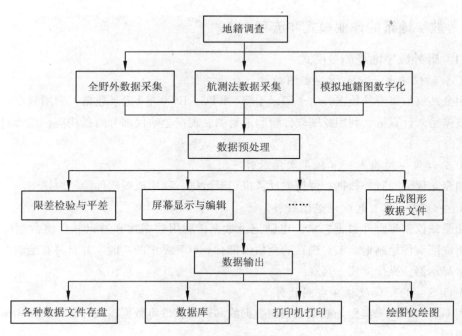

图 14-15　数字地籍的作业流程

（2）精度高

数字地籍测量在数据测量、记录、存储、处理、成图的全过程中，数据记录和传输完全是没有人工干扰而自动完成的，这样原始测量的数据精度就是数字地籍测量的精度。而现代的测绘仪器精度都比较高。

（3）现势性强

数字地籍测量可以解决纸质地籍图的及时更新问题。地籍管理者只需要将地籍变更信息输入地籍管理系统，就可以实现地籍相关信息的更新，从而实现地籍图的现势性和动态管理。

（4）整体性强

纸质地籍图一般以图幅为单元进行施测，而数字地籍测量则不受图幅限制。数字地籍的成果可靠性强、精度均匀一致、减少纸质地籍测量的图幅接边误差。

（5）适用性强

数字地籍是以数字的形式存储图形数据和属性数据，而且没有比例尺的限制。用户可以根据不同需求输出任意范围的地籍图和分幅图。数字地籍图可以进行任意的处理、传输和计算等，从而为土地信息系统提供适用性强的数据源。

随着现代测量仪器设备和软件等成本的不断下降，数字地籍最终将取代常规地籍测量，成为今后地籍测量的主要方法。

14.5.4 数字地籍的硬件环境

14.5.4.1 数字地籍测量系统硬件的组成

数字地籍测量系统是以计算机为核心,其硬件由计算机主机及其输出输入设备、数据采集设备、数据记录设备、成果输出设备组成。

14.5.4.2 数字地籍测量的硬件功能与使用

① 计算机硬件 计算机是数字地籍测量系统的核心。计算机的硬件由中央处理器(CPU)、存储器、输入输出设备组成。

② 数据采集设备 数字地籍测量的仪器设备由全站仪、GSP 接收机、扫描仪、数字化仪等组成。

③ 数据记录设备 数字地籍测量的记录设备由电子手簿、掌上电脑、微机等组成。

④ 成果输出设备 数字地籍的输出设备包括大幅面绘图仪、工程复印机、打印机等。

14.5.5 数字地籍的软件环境

14.5.5.1 数据采集功能

数字地籍测量的野外数据采集,由于采用电子手簿、全站仪、GPS 的内存自动记录、存储野外观测数据,从而改变过去野外现场测绘的作业模式,减轻工作强度,提高工作效率,同时使地籍测量的精度大大提高。

14.5.5.2 数据输入功能

数字地籍的输入功能是指其软件环境能够兼容不同格式的数据,包括全站仪、GPS 实测数据,以及数字化数据等。

14.5.5.3 编辑处理功能

数据编辑和处理是数字化地籍测量和成图软件系统中一个非常重要的环节。由于数字化地籍测量中数据类型涉及面广、信息代码复杂,数据采集方式和通讯方式多样,其坐标系统往往不一致,这对数据的应用和管理非常不利。因此,对数据进行加工处理,统一格式,统一坐标,形成结构合理,调用方便的分类数据文件,将是数字化地籍成图软件中不可缺少的组成部分。

14.5.5.4 数据管理功能

数字地籍的数据管理功能是指数字地籍软件能够对数据进行格式转换和管理,从而实现数据的共享。

14.5.5.5 图形整饰功能

数字地籍软件能够对图形进行编辑、处理和整饰,并且可以编辑、处理与国家规定相符的图幅。

14.5.5.6 数据的输出功能

绘制出清晰、准确的地籍图是数字地籍测量工作的主要目的之一,因此,图形输出软件也就成为数字化地籍软件中不可缺少的重要组成部分。界址点、界址线、地物和权属数据,经过数据处理后,可以直接利用绘图仪进行打印和任意图形的输出。

14.5.6 数字地籍测量的数据采集

14.5.6.1 测量内容

数字地籍测量是用于记录碎部点的坐标、编码、点号和连接信息的方法。用全站仪、GPS等仪器测量地籍要素的三维坐标、记录点的属性(地貌点、地物点、有什么特征等),点的连接关系,按照这个连接关系,可将相关的点连成一个地物。采用科学性和系统性、适用性和开放性、完整性和可扩展性的原则进行地籍信息的编码。

14.5.6.2 测量方法

除采用极坐标法外,还可以采用测图软件提供的丈量法进行碎部测量;碎部测量可以在图根控制测量后进行,也可以与图根控制测量同时进行。

14.5.6.3 图形分幅

碎部测量时不受图幅的限制,分幅由软件自动完成。

14.5.7 数据处理

14.5.7.1 数据预处理

对原始数据进行合理筛选和科学分类处理,检验外业观测值的完整性以及各项限差是否超限,最后对外业成果实施平差计算。

14.5.7.2 数据处理

① 地物 对数据文件作进一步处理,检验其地物信息编码的合法性和完整性,组成以地物号为序的新的数据文件,并对某些规则地物进行直角化处理。

② 界址点 对界址点数据文件作进一步处理,界址点测量的数据结构一般采用拓扑结构,界址点信息编码亦应按此结构的要求设计和输入。

14.5.7.3 图形编辑与输出

根据新组成的数据文件,生成全部绘图坐标,形成图形数据文件。

① 图形截幅 对所采集的数据按照标准图幅的大小或用户确定的图幅尺寸进行截取,这项工作称为图形截幅。

② 图形显示与编辑 数字地籍软件可以进行图形的显示、剪切、复制、删除等编辑功能。

③ 绘图仪自动绘图 数字地籍软件能够自动地输出到打印机、绘图仪进行自动绘图,并且可以进行任意幅面、任意比例尺的输出。

14.5.8 地籍图原图数字化

14.5.8.1 地籍原图扫描数字化

地籍原图扫描数字化是将纸质地籍图转换为数字化地籍图。其过程为:首先对纸质地籍图进行图面预处理,尽量让图纸平整,利用扫描仪扫描地籍原图,利用矢量化软件实行分层矢量化,并且对矢量化结果进行检查,与规定坐标系进行统一并且做投影转换,进行图幅拼接,建立与图形库相一致的属性库。再对整个数字地籍图进行数据检查,整理作业文档,形成数字化技术和工作报告。

14.5.8.2 图面预处理

① 检查 主要是检查相邻图幅的接边情况，线状要素的连续性，图斑界线是否闭合以及等高线是否连续、相接、与水系的关系是否正确等。

② 分界点 标出同一条线上具有不同属性内容线段的分界点等。

③ 修补 添补不完整的线划，如被注记符号等压盖而间断的线划，境界线以双线河、湖泊为界的部分均以线划连接。

④ 注记 对图面上的各种注记标示要清楚，大小符号取舍得当。

14.5.8.3 分层矢量化

将扫描的栅格图像数据转换成矢量图形数据，即以坐标方式记录图形要素的几何形状。地籍图矢量化是分层进行。

14.5.8.4 坐标系转换及投影转换

平面坐标的转换是将扫描数据的坐标转化到高斯平面直角坐标系。通过平面坐标的转换可以基本上消除图纸旋转、位移和畸变等误差。

当行政区域跨过两个以上3°带时则选择一个主带，将副带的数据转换到主带上。

14.5.8.5 属性数据录入

属性数据又称为非几何数据，包括定性数据和定量数据。定性数据用于描述地籍要素的分类或对要素进行标识，一般用拟定的属性码表示。定量数据则用于说明地籍图要素的性质、特征等。属性数据主要通过地籍调查或相关资料处理获取，键盘进行输入。

14.5.8.6 数据接边处理

数据接边是指把被相邻图幅分割开的同一图形对象不同部分拼接成一个逻辑上完整的对象。在图形接边的同时要注意保持与属性数据的一致性，数据接边要满足限差要求。

14.5.8.7 属性数据连接

用特定的程序把属性与已数字化的点、线、面空间实体连接起来。

14.5.8.8 数据编辑处理

(1) 编辑处理步骤

先检查错误，接着进行编辑修改，再检查，再编辑修改，再检查，直到符合要求为止。

(2) 编辑方法

图形数据的编辑工作，一般利用土地信息系统软件提供的功能，或数据采集软件提供的编辑工具进行。图形数据的编辑工作包括点、线、面数据的增加、删除、移动、连结、相交等。对于带属性的图形数据，在编辑阶段，还要对其属性数据进行增加、删除或修改等。

(3) 编辑处理内容

① 扫描影像图数据的编辑处理包括几何纠正。

② 空间数据的编辑处理包括精度检查、与影像图数据的匹配、图幅拼接、行政界编辑、权属编辑、地类界编辑、数据的几何校正、投影变换、接边处理、要素分层等。

③ 属性数据的编辑处理主要包括各数据记录完整性和正确性检查与修改等。

④ 在数据编辑处理阶段，应该建立和完善图形数据与属性数据之间的对应连接关系。

本章小结

地籍测量以地籍调查为依据、以现代各项测量技术为手段,从控制测量到碎部测量,以采集、处理和表达各类土地及其附着物的位置、形状、大小、数量、质量、土地利用现状等地籍要素的定位。它是地籍管理极为重要的前期基础工作。地籍测量根据施测对象的不同,可分为农村地籍测量和城镇地籍测量;根据施测任务和测量时间的不同,可分为初始地籍测量和变更地籍测量。地籍测量资料是建立地籍信息系统和土地管理信息系统的基础,其在土地资源规划和管理中发挥着极其重要的作用。

地籍调查是遵照国家的法律规定,对土地及其附着物的权属、数量、质量和利用现状等基本情况进行的调查。它既是一项政策性、法律性和社会性很强的基础工作,又是一项集科学性、实践性、统一性、严密性于一体的技术工作。要对土地进行调查就必须进行地籍测量,其中地籍测量有地籍平面控制测量、界址点坐标测量和隐藏界址点解析法测量。

绘制地籍图就是对在土地表层自然空间中地籍所关心的各类要素地理位置的描述,一张地籍图,并不能表示出所有应该要表示或描述的地籍要素,在图上可直观地表达地物和地貌,但各类地物所具有的属性在地籍图上只能用标识符进行有限的表示,这些标识符与地籍簿册中的地籍数据建立一种有序的对应关系,从而使地籍资料有机地联系起来。随着现代社会的进步,地籍图的绘制已经变得非常便捷了,如现代的数字地籍测量已基本上代替纸质地籍图的绘制。数字地籍测量是以计算机及现代测量仪器为核心,在外连输入输出设备及硬、软件的支持下,对各种地籍信息数据进行采集、输入、成图、输出、管理的地籍测量方法。数字地籍测量的主要工作内容包括地籍图根控制测量、地籍调查成果的输入、地籍图测绘、界址点坐标测量。输出成果包括分幅地籍图、宗地图、界址点坐标表、各类面积汇总与统计表等。

思考题十四

(1) 地籍、地籍管理的基本概念及其内容?
(2) 地籍测量的概念和主要内容有哪些?
(3) 简述土地权属的定义及其调查的内容和步骤。
(4) 我国的土地等级是怎么划分的?
(5) 数字地籍的主要内容有哪些?

第 15 章　测绘新技术及其应用

随着科学技术的快速发展，以数字测绘、全球定位系统、遥感和地理信息系统为代表的现代测绘技术体系的建立，4D 产品以及高精度、高效率的新型测绘仪器的出现，使现代测绘新技术从理论到实践发生了根本性变化。本章重点讨论 GNSS 技术、GIS 技术和 RS 技术的原理及其在测绘学科的应用，并对激光扫描、测量机器人和智慧城市等测绘新技术进行了介绍。

15.1 全球导航卫星系统(GNSS)

全球导航卫星系统(Global Navigation Satellite System, GNSS)泛指所有的卫星导航系统,包括全球的、区域的和增强的卫星导航系统,如美国的 GPS、俄罗斯的 Glonass、欧洲的 Galileo 和中国的北斗系统,以及相关的增强系统,如美国的 WAAS(广域增强系统)、欧洲的 EGNOS(欧洲静地导航重叠系统)和日本的 MSAS(多功能运输卫星增强系统)等,还涵盖在建和以后要建设的其他卫星导航系统。不同的导航卫星系统往往具有不同的频率、不同的坐标系和不同的时间系统。国际 GNSS 系统是个多系统、多层面、多模式的复杂组合系统。目前,GNSS 可用的卫星数目已达到 100 颗以上。

15.1.1 GNSS 概述

15.1.1.1 GPS 系统

美国的 GPS 系统由三部分组成,即空间星座部分、地面监控部分和用户设备部分。这三部分具有各自独立的功能,同时又构成一个有机协调的整体。

(1)空间星座部分

GPS 卫星星座设计时由 21 颗工作卫星和 3 颗备用卫星组成,现在已达 30~32 颗,分别分布在 6 个轨道平面上,轨道平面相对地球赤道面的倾角为 55°,各轨道面升交点赤经相差 60°,轨道直径大约为 26 600 km,平均高度为 20 200 km,轨道曲线的形状近乎为圆形,卫星运行周期为 11h 58min。同时在地平线以上在地球上任何地点、任何时间至少可观测到 4 颗及以上卫星,最多 11 颗,保证了全球连续实时三维定位。每颗卫星内装 4 台高精度原子钟,它将发射标准频率,为 GPS 测量提供高精度的时间标准。

GPS 卫星的主要功能是接收、储存和处理地面监控系统发射来的导航电文及其他有关信息;向用户连续不断地发送导航与定位信息,并提供时间标准、卫星本身的空间实时位置及其他在轨卫星的概略位置;接收并执行地面监控系统发送的控制指令,如调整卫星姿态、启用备用卫星等。

GPS 卫星所发播的信号,包括载波信号、P 码、C/A 码和数据码(或称 D 码)等多种信号分量,而其中的 P 码和 C/A 码统称为测距码。GPS 三种信号分量,即载波、测距码和数据码都是在同一个基本频率 f = 10.23 MHz 的控制下,通过对导航电文经过两级调制,第一级是将 $D(t)$ 码调制 C/A 码和 P 码,实现对 $D(t)$ 的伪随机码扩频,然后将他们的组合码分别调制在两个载波频率 L1(1 575.42 MHZ, λ = 19.03 cm)、L2(1 227.60 MHZ, λ = 24.42 cm)上,生成 GPS 信号。在载波 L1 上调制有 C/A 码、P 码(或 Y 码)和数据码,而在载波 L2 上只调制有 P 码(或 Y 码)和数据码。此外,在载波上还调制了每秒 50bit 的数据导航电文,内容包括:卫星星历、电离层模型系数、卫星状态信息、时间信息和星钟偏差及漂移信息。

(2)地面监控部分

卫星运行过程中,由于各种外力(如日月引力、地球非球形引力、大气阻力、太阳光压等)的作用,卫星的运行轨道会发生摄动,地面监控系统就是为了测量和调整卫星的工作状态而设置的。GPS的地面监控系统主要由分布在全球的五个地面站组成,按功能分为主控站(MCS)、注入站(GA)、和监测站(MS)三种。

①主控站　主控站一个,设在美国的科罗拉多法尔孔军事基地。主控站除协调和管理所有地面监控系统的工作外,其主要任务是:根据各监测站的所有观测资料推算编制各卫星的星历、卫星钟差和大气层的修正参数等,并把这些数据传递到注入站;各监测站和GPS卫星的原子钟均应与主控站的原子钟同步或测出其间的钟差,并将这些钟差信息编入导航电文,从而提供全球定位系统的时间基准;诊断工作卫星的工作状态,调整偏离轨道的卫星,使之沿预定的轨道运行;启用备用卫星以代替失效的卫星。

②注入站　注入站三个,分别设在南大西洋阿松森群岛、印度洋的迭戈伽西亚、南太平洋的卡瓦加兰。它们作为地面天线站,在主控站的控制下,通过直径3.6 m的天线将来自主控站的导航电文、卫星星历和其他指令等注入到相应卫星的存储系统,并监测注入信号的正确性。

③监测站　监测站五个,分别设在科罗拉多、阿松森群岛、迭戈伽西亚、卡瓦加兰和夏威夷。站内设有双频GPS接收机、高精度原子钟、气象参数测试仪和计算机等设备,可连续观测和接收所有GPS卫星发出的信号并监测卫星的工作状态,将采集到的数据连同当地气象观测资料和时间信息经初步处理后传送到主控站。五个GPS的地面监控站,除主控站外均无人值守。各站间用现代化的通讯网络联系起来,在原子钟和计算机的驱动和精确控制下,各项工作均已实现了高度的自动化和标准化。

(3) 用户设备部分

GPS用户设备部分主要是GPS接收机,GPS接收机的主要任务是捕获、跟踪、锁定并处理卫星信号,测量出GPS信号自卫星到接收机天线间传播的时间,解译GPS卫星导航电文,实时计算接收机天线的三维坐标、速度和时间,完成导航与定位任务。用户只有通过GPS接收机获取GPS导航和定位信息,并通过计算才能达到定位或导航的目的。同时,GPS用户设备部分还包括数据处理软件及相应的处理器。GPS接收机一般又由天线、主机、电源三个部分组成。

①GPS接收机天线　GPS接收机天线由天线单元和前置放大器两部分组成。天线的作用是将GPS卫星信号的微弱电磁波能量转化为相应电流,前置放大器则将GPS信号电流放大,并要求减少信号损失,便于接收机对信号进行跟踪、处理和量测。

③电源　GPS接收机电源有两种,一种为内电源,一般采用锂电池,主要对RAM存贮器供电;另一种为外接电源,这种电源常用可充电的12V直流镍镉电池组。

15.1.1.2　GLONASS系统

格洛纳斯系统(GLONASS)是苏联自20世纪80年代初开始建设的与美国GPS系统相类似的卫星定位系统,也由卫星星座、地面支持系统和用户设备三部分组成,现在由俄罗斯空间局管理。

GLONASS星座由27颗工作星和3颗备份星组成,27颗星均匀地分布在3个近圆形的轨道平面上,三个轨道平面两两相隔120°,每个轨道面有10颗卫星,同平面内的卫星之间相隔36°,轨道高度23 600 km,运行周期11h 15min,轨道倾角64.8°。

GLONASS地面支持系统由系统控制中心、中央同步器、遥测遥控站(含激光跟踪站)和外场导航控制设备组成。地面支持系统的功能由苏联境内的许多场地来完成。随着苏联的解体,地面支持段已经只有俄罗斯境内的场地，系统控制中心和中央同步处理器位于莫斯科，遥测遥控站位于圣彼得堡、捷尔诺波尔、埃尼谢斯克和可穆尔共青城。

GLONASS 用户设备能接收卫星发射的导航信号，并测量其伪距和伪距变化率，同时从卫星信号中提取并处理导航电文。接收机处理器对上述数据进行处理并计算用户所在的位置、速度和时间信息。GLONASS 系统的主要用途是导航定位，可以广泛应用于各种等级和种类的定位、导航和时频领域等。与 GPS 系统不同的是，GLONASS 系统采用频分多址（FDMA）方式，根据载波频率来区分不同卫星，而 GPS 是码分多址（CDMA），根据调制码来区分卫星。每颗 GLONASS 卫星发播的两种载波的频率分别为 L1 = 1 602 + 0.562 5K（MHZ）和 L2 = 1 246 + 0.437 5K（MHZ），其中 K = 1~24 为每颗卫星的频率编号，而所有 GPS 卫星的载波的频率是相同。GLONASS 卫星的载波上也调制了两种伪随机噪声码：S 码和 P 码。俄罗斯对 GLONASS 系统采用了军民合用、不加密的开放政策。GLONASS 系统单点定位精度水平方向为 16 m，垂直方向为 25 m。

15.1.1.3　Galileo 导航定位系统

伽俐略（Galileo）导航定位系统是欧洲建设的一项全球卫星导航定位系统。Galileo 与 GPS 相比有很大的优越性，主要表现在卫星数量多、定位精度高、寿命长。伽俐略系统的全球设施部分由空间段和地面段组成。截至 2016 年 12 月，已经发射了 18 颗工作卫星，具备了早期操作能力，并计划在 2019 年具备完全操作能力。全部 30 颗卫星计划于 2020 年发射完毕。

Galileo 系统的空间段的 30 颗卫星（27 颗工作星，3 颗备份星）均匀分布在 3 个中高度圆形地球轨道上，轨道高度为 23 616 km，轨道倾角 56°，轨道升交点在赤道上相隔 120°，卫星运行周期为 14 h，每个轨道面上有 1 颗备用卫星。某颗工作星失效后，备份星将迅速进入工作位置，替代其工作，而失效星将被转移到高于正常轨道 300 km 的轨道上。这样的星座可为全球提供足够的覆盖范围。

Galileo 系统的地面段由完好性监控系统、轨道测控系统、时间同步系统和系统管理中心组成。伽俐略系统的地面段主要由 2 个位于欧洲的伽俐略控制中心（GCC）和 29 个分布于全球的伽俐略传感器站（GSS）组成，另外还有分布于全球的 5 个 S 波段上行站和 10 个 C 波段上行站，用于控制中心与卫星之间的数据交换。控制中心与传感器站之间通过冗余通信网络相连。全球地面部分还提供与服务中心的接口、增值商业服务以及与"科斯帕斯－萨尔萨特"（COSPAS - SARSAT）的地面部分一起提供搜救服务。

15.1.1.4　北斗卫星导航系统

北斗卫星导航系统（BeiDou Navigation Satellite System，BDS）一词一般用来特指第二代北斗系统，也被称为北斗二代，曾用名 COMPASS，是中国正在实施的自主发展、独立运行的全球卫星导航系统。系统由空间段、地面段和用户段三部分组成。

北斗系统的空间段计划由 35 颗卫星组成，包括 5 颗静止轨道卫星、27 颗中地球轨道卫星、3 颗倾斜同步轨道卫星。5 颗静止轨道卫星定点位置为东经 58.75°、80°、110.5°、140°、160°，中地球轨道卫星运行在 3 个轨道面上，轨道面之间为相隔 120°均匀分布。5 颗倾斜地球同步轨道卫星（均在倾角 55°的轨道面上）。

北斗系统的地面段由主控站、注入站、监测站组成。主控站用于系统运行管理与控制等。

主控站从监测站接收数据并进行处理,生成卫星导航电文和差分完好性信息,而后交由注入站执行信息的发送。注入站用于向卫星发送信号,对卫星进行控制管理,在接受主控站的调度后,将卫星导航电文和差分完好性信息向卫星发送。监测站用于接收卫星的信号,并发送给主控站,可实现对卫星的监测,以确定卫星轨道,并为时间同步提供观测资料。

北斗系统的用户段即用户的终端,既可以是专用于北斗卫星导航系统的信号接收机,也可以是同时兼容其他卫星导航系统的接收机。接收机需要捕获并跟踪卫星的信号,根据数据按一定的方式进行定位计算,最终得到用户的经纬度、高度、速度、时间等信息。

15.1.2 GNSS 基本原理

15.1.2.1 GNSS 定位基本原理

目前在轨运行的 GNSS,定位原理基本上都是空间距离后方交会,就是把卫星视为动态已知点,在已知卫星空间位置的条件下,地面接收机可以在任何地点、任何时间、任何气象条件下进行连续观测,并且在时钟控制下,测定出卫星信号到达接收机的时间 Δt,进而计算出 GNSS 卫星和用户接收机天线之间的距离,进行空间距离交会,从而确定用户接收机天线所处的位置,即待定点的三维坐标 (x, y, z)。

如图 15-1 所示,设某时刻 t_i 在测站点 P 用 GNSS 接收机测得 P 点(接收机天线相位中心)至四颗 GNSS 卫星 S_1、S_2、S_3、S_4 的空间距离为 ρ_1、ρ_2、ρ_3、ρ_4,通过 GNSS 导航电文获得四颗 GNSS 卫星的三维坐标 (x_S^j, y_S^j, z_S^j),其中 $(j=1, 2, 3, 4)$,则可以用距离交会法求解 P 点三维坐标 (x, y, z)。原则上利用 GNSS 进行三维定位只需要同时接收到三颗卫星的信号就能解算待定点三维坐标,由于考虑到接收机钟误差等参数,一般会有 4 个未知数,故需要能同时观测到 4 颗卫星。实际工作中,一般

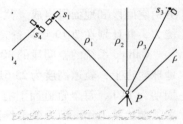

图 15-1 GNSS 定位原理

应观测尽可能多的卫星,组成较好的空间分布图形,以提高定位的精度和可靠性。

15.1.2.2 GNSS 测距原理

(1) 伪距测量

伪距定位是通过测定某颗卫星发射的测距码信号到达用户接收机天线(测站)的传播时间(即时间延迟)Δt,计算卫星到接收机天线的空间距离,如式(15-1)。

$$\rho = c \cdot \Delta t \tag{15-1}$$

式中 C——电磁波在大气中的传播速度。

由于各种误差的存在,由卫星发射的测距码信号到达 GNSS 凌收机的传播时间乘以光速所得出的量测距离并不等于卫星到测站的实际几何距离,故称为伪距。

设第 i 颗卫星观测瞬间在空间的位置为 $(x^i, y^i, z^i)^T$,接收机观测瞬间在空间的位置为 $(X, Y, Z)^T$,从卫星至接收机的几何距离 ρ_i' 可写成式(15-2)。

$$\rho_i' = \sqrt{(x^i - x)^2 + (y^i - y)^2 + (z^i - z)^2} \tag{15-2}$$

建立观测值方程,必须顾及卫星钟差、接收机钟差以及大气层折射延迟等影响。卫星钟

差、大气层折射延迟可以采用适当的改正模型进行校正,把接收机钟差看作一个未知数,同时顾及测站三个坐标未知数$(X,Y,Z)^T$。因此在同一观测历元,只需观测到 4 颗卫星,即可获得 4 个观测方程,求解出 4 个未知数。

(2) 载波相位测量

若某卫星 S 发出一载波信号,该信号向各处传播。在某一瞬间,该信号到达接收机 R 处的相位为 φ_R,在卫星 S 处的相位 φ_S。则卫地距 ρ 为式(15-3)。

$$\rho = \lambda(\varphi_S - \varphi_R) \tag{15-3}$$

式中 λ——载波的波长。

载波相位测量实际上就是以波长 λ 作为长度单位,以载波作为一把"尺子"来量测卫星至接收机的距离。由于 GNSS 卫星并不量测载波相位 φ_S,只是通过接收机震荡器中产生一组与卫星载波的频率及初相完全相同的基准信号,才能量测相位差 $(\varphi_S - \varphi_R)$(说明:该相位差包含整波段数和不足一周的小数部分)。用 $\Delta\phi$ 来表示相位差 $(\varphi_S - \varphi_R)$,N_0 表示整周数,$\Delta\varphi(t)$ 表示不到一周的余数:

$$\Delta\phi = N_0 \cdot 2\pi + \Delta\varphi(t) \tag{15-4}$$

$$\rho = \lambda\Delta\phi = \lambda \cdot [N_0 \cdot 2\pi \cdot \Delta\varphi(t)] \tag{15-5}$$

载波相位观测时,$\Delta\varphi(t)$ 可以获得,但是出现一个整周未知数 N_0,需要通过其他途径求定。另外,如果在跟踪卫星过程中,由于某种原因,如卫星信号暂时中断或受电磁信号干扰造成失锁,计数器无法连续计数,整周计数就不正确,但不到一周的相位观测值 $\Delta\varphi(t)$ 仍然是正确的,这种现象称为周跳。

15.1.3 GNSS 定位模式

GNSS 定位按定位模式不同可分为绝对定位和相对定位。

(1) 绝对定位

绝对定位也称单点定位,是指直接确定观测站相对于坐标系原点(地球质心)绝对坐标的一种定位方法。GNSS 绝对定位方法的实质,是在一个待定点上,用一台接收机独立跟踪 4 颗或 4 颗以上 GNSS 卫星,用伪距测量或载波相位测量方式,利用空间距离后方交会的方法,测定待定点(GNSS 天线)的绝对坐标。单点定位按接收机所处的状态又可分为静态单点定位和动态单点定位。

(2) 相对定位

相对定位又称为差分定位,如图 15-2 所示,差分定位模式采用两台或两台以上的接收机同步跟踪相同的卫星信号,以载波相位测量方式确定接收机天线间的相对位置(三维坐标差或基线向量)。只要给出一个测点的坐标值或已知边基线向量,即可推算其余各测点的坐标。由于各台接收机同步观测相同卫星,卫星的钟差、接收机的钟差、卫星星历误差、电离层延迟和对流层延迟改正等观测条件几乎相同,通过多个观测量间的线性组合,解算各测点坐标时可以有效地消除或大幅度削弱上述误差,从而得到较高的定位精度

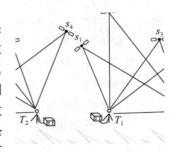

图 15-2 GNSS 相对定位

($10^{-6} \sim 10^{-7}$),该模式在大地测量、精密工程测量等领域有着广泛的应用。

按照参与相对定位的接收机所处状态的不同,相对定位模式主要又可分为静态相对定位(参与相对定位的接收机都静止不动)、快速静态相对定位(一台接收机静止不动,其他接收机静止时间较短)和动态相对定位(一台接收机静止不动,其他接收机处于运动状态)等模式。

15.1.4 GNSS 测量的实施

目前,很多原来的 GPS 生产厂家推出了能同时接收多种 GNSS 信号的兼容型接收机,既可以分别实现单星座的导航、定位和测速,也可以实现组合星座导航、定位和测速。这种接收机的推广使用具有很大的优越性。首先,卫星数量增多,可以在两个星座中选择几何分布好的卫星来进行定位,提高导航定位的精度、连续性和可靠性;其次,能够以较短的数据采集时间获得较高的导航定位精度;最后,兼容型用户机能够在繁杂的地形、地貌环境下补偿被中断接收的卫星信号,还能在一个星座发生故障不能用的情况下,采用另一个星座,以此来确保导航定位正常进行,提高卫星导航的可靠性。兼容型接收机放宽了对载体测量地点和测量条件的限制,重复数据增加了定位结果的可靠性,降低了卫星信号被遮挡的可能性,最重要的是削弱了由一个国家对卫星系统控制的影响。多种定位系统的组合定位,互相配合和补充,极大地提高了定位的可靠性。但是要注意以下问题:第一,针对两个或者三个系统的时间不同步,在定位解算时,增加一个时间未知数变量,共有 5(三系统 6 个)个未知数,因此至少需要 5 颗卫星的数据才能得到有效的三维定位解,而且每个系统的卫星数不小于 2 颗。第二,针对各个星座的坐标系不一致,在计算卫星位置的程序中,将各个坐标系下的数值转换到同一坐标系下。这样无论是单一定位还是混合定位,输出的定位结果均为同一坐标系的值,而且转换参数可以由外部设定。第三,输出时间统一,无论是在单星座定位还是混合定位,输出的时间都是统一的 UTC 时间,这样就保证了在多种模式切换时,时间的一致性。

具体的 GNSS 测量工作分为外业和内业两大部分。其中外业工作包括踏勘选点、建立测量标志、野外作业以及成果质量检核等;内业工作主要包括 GNSS 测量技术设计、数据处理以及技术总结等。按照 GNSS 测量的工作程序,主要有 GNSS 网的技术设计、选点并建立测量标志、外业观测和内业数据处理与技术总结等流程。下面以 GPS 为例具体介绍施测过程。

15.1.4.1 GPS 网的技术设计

GPS 网的技术设计是 GPS 测量的基础性工作,是依据国家有关规范、GPS 网的用途以及用户的要求而进行的网精度的合理确定、网形的优化设计以及网基准设计等项工作。精度指标的确定,将直接影响 GPS 网的布设方案、观测计划、数据处理以及作业的时间和经费等,因此在具体工作中要根据用户的实际需要,结合本部门已有的各项规程和作业经验,并考虑人力、物力、财力的具体状况,合理确定 GPS 网的精度等级。布网可以分级布设,也可越级布设,或布设同级全面网。

(1) GPS 测量精度指标

各级 GPS 网相邻点间基线长度精度用式(15-6)表示,各类 GPS 网精度设计主要取决于网的用途,可参照《全球定位系统(GPS)测量规范》(GB/T 18314-2009 中等级进行精度设计。

$$\sigma = \sqrt{a^2 + (b \cdot d \cdot 10^{-6})^2}$$

(15-6)

式中　　σ——标准差(mm)；
　　　　a——固定误差(mm)；
　　　　b——比例误差系数；
　　　　d——相邻点间的距离(km)。

不同等级的 GPS 控制网，满足不同的要求。AA 级主要用于全球性的地球动力学研究、地壳形变测量和精密定轨；A 级主要用于区域性的地球动力学研究和地壳形变测量；B 级主要用于局部形变监测和各种精密工程测量；C 级主要用于大、中城市及工程测量的基本控制网；D、E 级主要用于中、小城市、城镇及测图、地籍、土地信息、房产、物探、勘测、建筑施工等的控制测量。

(2)网形设计

GPS 测量不需要站点间通视，因此其图形设计灵活性比较大。GPS 网形设计除了规范要求、用户要求之外，还受到经费、仪器类型、数量和人力条件等诸多因素的影响。网形设计的一般原则为：

①GPS 网的布设应视其目的、要求的精度、卫星状况、接收机类型和数量、测区已有的资料、测区地形和交通状况以及作业效率综合考虑，按照优化设计原则进行。

②AA、A、B 级 GPS 网应布设成连续网，除边缘点外，每点的连接点数应不少于 3 点，C、D、E 级 GPS 网可布设成多边形或附合路线。

③A 级及 A 级以下各级 GPS 网中，最简单独立闭合环或附合路线的边数应符合规范的规定。

④各级 GPS 网相邻点间平均距离应符合规范要求，相邻点最小距离可为平均距离的 1/3～1/2；最大距离可为平均距离的 2～3 倍。

⑤为求定 GPS 点在某一参考坐标系中坐标，应与该参考坐标系中的原有控制点联测，联测的总点数不得少于 3 点。在需用常规测量方法加密控制网的地区，C、D、E 级 GPS 网点应有 1～2 方向通视。

⑥为求得 GPS 网点的正常高，应根据需要适当进行水准点联测。AA、A 级网应逐点联测高程，B 级网至少每隔 2～3 点、C 级网每隔 3～6 点联测 1 个高程点，D 级与 E 级网可依具体情况确定联测高程的点数。

15.1.4.2　GPS 网形的选择

根据不同的用途，GPS 网的图形布设通常有点连式、边连式、网连式及边点混合联式等四种基本方式，如图 15-3 所示。在此基础上可进一步布设成三角网形、环形网、星形网以及混合网形等。

(1)点连式

是指相邻同步图形(多台仪器同步观测卫星获得基线构成的闭合图形)仅用一个公共点连接，构成图形检查条件太少，一般很少使用，如图 15-3(a)所示。

(2)边连式

是指同步图形之间由一条公共边连接。这种方案边较多，非同步图形的观测基线可组成异步观测环(称为异步环)，异步环常用于观测成果质量检查，所以边联式比点连接可靠。如图

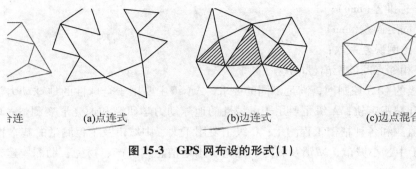

(a)点连式　　(b)边连式　　(c)边点混合连

图 15-3　GPS 网布设的形式（1）

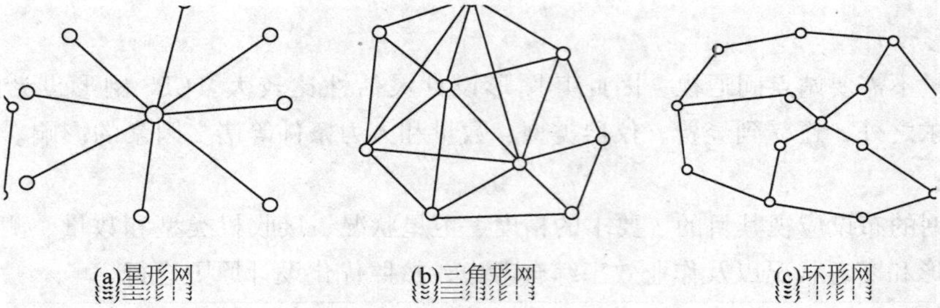

(a)星形网　　(b)三角形网　　(c)环形网

图 15-4　GPS 网布设的形式（2）

15-3（b）所示。

（3）网连接

是指相邻同步图形之间有两个以上公共点相连接。这种方法需要 4 台以上的仪器，网形几何强度和可靠性更高，但是花费时间和经费也更多，常用于高精度控制网。

（4）边点混合连接

是指将点连接和边连接有机结合起来，组成 GPS 网，这种网布设特点是周围的图形尽量以边联接方式，在图形内部形成多个异步环，利用异步环闭合差检验保证测量可靠性。如图 15-3（c）所示。

（5）星形网

在低等级 GPS 测量或碎部测量时可用星形布设，如图 15-4（a）所示。星形网结构简单，常用于快速静态测量，优点是测量速度快，缺点是没有检核条件，检验与发现粗差的能力差。为了保证质量，可选两个点作基准站。

（6）三角网形

GPS 网中的三角形边由独立观测边组成，如图 15-4（b）所示。三角网形的几何结构强，具有良好的自检能力，能够有效地发现观测成果中的粗差，平差后网中相邻点间基线向量的精度分布均匀。

（7）环形网

由若干含有多条独立观测边的闭合环所组成的网为环形网，如图 15-4（c）所示。环形网与常规测量中的导线网相似，其观测量较小，具有较好的自检性和可靠性，但其图形强度比三角网差，相邻点间基线精度分布不均匀。根据不同精度要求，一般规定环形网中所包含的基线边,不超过一定的数量。

15.1.4.3 基准设计

GPS 测量采用广播星历时,其相应坐标系为世界大地坐标系 WGS-84,采用精密星历时,其坐标系为相应历元的国际地球参考框架 ITRF。当换算为大地坐标时,根据需求选择合适的地球椭球基本参数以及主要几何和物理常数,可采用 WGS-84 椭球,或实际工作所在国家坐标系或地方独立坐标系所对应的椭球。因此在 GPS 网的技术设计时,必须明确 GPS 成果所采用的坐标系统和起算数据,即所采用的基准。网的基准包括位置基准、方向基准和尺度基准。GPS 网的基准设计,主要是指网的位置基准的确定,在区域性的 GPS 网中,位置基准一般都是由给定的起算点坐标确定。

15.1.4.4 选点、建标志

由于 GPS 测量观测点间不需要通视,且网的图形选择比较灵活,因而选点工作比常规控制测量来得简便。在选点之前,应收集有关测区的地理情况及已有的地形图等资料,了解测区已有测量标志点的分布及保存情况等选点所需的相关准备工作。GPS 测量的选点工作应遵守的原则如下:

①测站应远离大功率的天线电发射台和高压输电线等强磁场设备,与其距离一般不得小于 200 m,以避免其周围磁场对 GPS 卫星信号的干扰。

②测站附近不应有大面积的水域和对电磁波反射或吸收强烈的物体,以减弱多路径效应的影响。

③测站应设在易于安置 GPS 天线设备的地方,视场要开阔,能保证高度角 10°~15°以上的视场为净空。

④测站应选在交通便利的地方,便于观测和利用其他测量手段进行联测或扩展。对于基线较长的 GPS 网,还应考虑测站附近应具有良好的通讯设施和电力供应,以供测站之间的联络和设备用电。

⑤为了便于长期利用 GPS 测量成果和进行重复观测,GPS 网点选定后应埋设带有中心标志的固定标石。点的标石和标志需稳定、坚固,以利于长久保存和利用。同时要绘制点之记,包括点位略图、点位的交通情况及选点情况等。

15.1.4.5 外业观测

外业观测的内容主要包括:观测计划的拟定、仪器的检验和观测工作的实施等。

(1)外业观测计划的拟定

观测工作开始前,先拟定外业观测计划,有利于顺利地完成观测任务,保证观测结果的精度,提高工作效率等。拟定观测计划主要依据 GPS 网的布设方案、规模大小、精度要求、GPS 卫星星座的几何图形强度、GPS 接收机的数量以及后勤保障等。观测计划的内容包括 GPS 卫星可见性预报图的编制、最佳观测时段的选择、观测区域的划分、作业进程的调度等。

(2)仪器的检验

作业前,应对 GPS 接收机的性能与可靠性进行检验,合格后方可参加作业。GPS 接收机检验的内容,包括一般检验、通电检验和实测检验。

①一般检验 主要检查仪器设备各部件及其附件是否齐全、完好,紧固部件有否松动与脱

落，使用手册与软件等资料是否齐全等。

②通电检验 设备通电后有关信号灯、按键、显示系统和仪表以及自测试系统的工作情况。当自测试正常后，按操作步骤检验仪器的工作情况。

③实测检验 实测检验主要是检验仪器野外作业的性能、接收机内部噪声水平、天线相位中心的稳定性以及对不同测程的基线测量所能达到的精度等。

另外，还包括对天线底座的水准器与对中器以及其他各类测量仪表的检验与校正等。

(3) 观测工作的实施

野外观测应严格按照技术设计要求进行，观测工作主要包括：仪器安置、观测作业、观测记录等。

①仪器安置 仪器安置包括对中、整平、定向、量取仪器高等。天线安置的好坏对GPS测量的精度有很大的影响。

②观测作业 安置仪器后，在规定时间内，按照仪器操作手册的具体步骤进行操作。

③观测记录 在外业观测过程中，观测记录通常由接收机自动进行。仪器自动搜索跟踪卫星进行定位，自动将观测到的卫星星历、导航文件以及测站输入信息以文件形式存入在接收机内。GPS接收机记录的数据主要有：GPS卫星星历和卫星钟差参数、观测历元的时刻及伪距观测值和载波相位观测值、GPS绝对定位结果、测站信息以及接收工作状态信息等。测量人员只需要定期查看接收机工作状况，发现故障及时排除，并随时填写测量手簿。同时，GPS测量要满足规范中GPS控制测量的基本技术要求。

15.1.4.6 内业数据处理

(1) 基线解算（观测数据预处理）

对于两台及两台以上接收机同步观测值进行独立基线向量（坐标差）的平差计算，称为基线解算，也称为观测数据预处理。数据预处理的主要目的，是对原始观测数据进行编辑、加工与整理，筛选出各种专用的信息文件，为进一步的平差计算做准备。其主要内容包括：

①对观测数据进行平滑滤波检验，粗差的探测与剔除等。

②数据传输。将GPS接收机记录的观测数据，传输到磁盘或其他介质上。

③数据分流。从原始记录中通过解码将各项数据分类整理，剔除无效观测值和冗余信息，形成各种数据文件，如星历文件、观测文件和测站信息文件等。

④统一数据文件格式。将不同类型接收机的数据记录格式、项目和采样间隔，统一为标准化的文件格式，以便统一处理。

⑤卫星轨道的标准化。采用多项式拟合法，平滑GPS卫星每小时发送的轨道参数，使观测时段的卫星轨道标准化。

⑥探测周跳、修复载波相位观测值。

⑦对观测值进行必要的校正，如对流层校正和电离层校正等。

在具体的数据处理中，基线向量的解算应注意以下问题：

①基线解算一般采用双差相位观测值，对于边长超过30 km的基线，解算时可以采用三差相位观测值。

②卫星广播星历坐标值，可作基线解的起算数据。对于大型首级控制网，也可采用其他精

密星历作为基线解算的起算值。

③在采用多台接收机同步观测的同一时段中,可采用单基线模式解算,也可以只选择独立基线按多基线处理模式统一解算。

④根据基线长度和观测方式的不同,可采用不同的数据处理模型。通常在 8 km 内的基线,采用双差固定解;30 km 以内的基线,可在双差固定解和双差浮点解中选择最优结果;30 km 以上的基线,可采用三差解;对于快速定位基线,须采用合格的双差固定解。

(2)观测成果检核

观测成果检核包括同步边观测数据的检核、同步环检核、重复边检验和异步环检验等。

(3)GPS 网平差

在各项检核通过之后,得到各独立三维基线向量及其相应方差协方差阵,在此基础上便可以进行 GPS 网平差计算。GPS 网平差计算包括 GPS 网无约束平差和与地面网联合平差两种类型。

15.1.5 GNSS 拟合高程测量

采用 GNSS 测量技术测定地面点的高程是以地心坐标的地球椭球面为基准的大地高 H,大地水准面和似大地水准面相对于地球椭球面有一个高度差,分别称为大地水准面差距 N 和高程异常 ζ。将高精度的 GNSS 大地高转化为工程中正常高的高程拟合研究目前仍是一个研究热点。GNSS 高程拟合法就是利用小区域高程异常具有一定的几何相关性原理,采用数学方法求解高程异常。常用的 GNSS 高程拟合方法有线状拟合法、面状拟合法、加权平均法、重力拟合法和 BP 神经网络法等。GNSS 拟合高程测量仅适用于平原或丘陵地区的五等及五等以下等级高程测量。GNSS 拟合高程测量宜与 GNSS 平面控制测量同时进行。

(1)GNSS 拟合高程测量的主要技术要求

①GNSS 网应与四等或四等以上的水准点联测,联测的 GNSS 点应均匀分布在测区四周和测区中心。若测区为带状地形,则应分布于测区两端及中部。

②联测点数宜大于选用计算模型中未知参数个数的 1.5 倍,点间距宜小于 10 km;地形高差变化较大的地区,应适当增加联测点数。

③地形趋势变化明显的大面积测区,宜采取分区拟合的方法。

④天线高应在观测前后各量测 1 次,取其平均值作为最终高度。

(2)GNSS 拟合高程计算的要求

①充分利用当地的重力大地水准面模型或资料。

②应对联测的已知高程点进行可靠性检验,并剔除不合格点。

③对于地形平坦的小测区,可采用平面拟合模型;对于地形起伏较大的大面积测区,宜采用曲面拟合模型;对拟合高程模型应进行优化。

④GNSS 点的高程计算,不宜超出拟合高程模型所覆盖的范围。

对 GNSS 点的拟合高程成果,应进行检验。检测点数不少于全部高程点的 10% 且不少于 3 个点。高差检验可采用相应等级的水准测量方法或电磁波测距三角高程测量方法进行抽检,其高差较差不应大于 $30D$ mm(D 为参考站到检查点的距离,单位为 km)。

采用数学拟合法建立高程异常模型时，应根据拟合区域的面积、地形、区域和地质情况，选择合适的数学模型。测区面积小、地形较为平坦、重力梯度分布平缓时，高程异常模型可采用曲面拟合法、平面拟合法、多项式曲面拟合法、多面函数拟合法等；GNSS 高程控制网布设成线状或带状时，可采用曲线拟合法、多项式曲线拟合法、三次样条曲线拟合法等。测区面积较大、没有似大地水准面精化工作的地区或测区呈大跨度带状分布时，为了控制高程拟合的误差传递，应根据地形地质情况、高程异常变化梯度合理地划分区域，进行分区拟合计算。

15.1.6 RTK 技术

实时动态测量(Real Time Kinematic，RTK)系统由基准站、流动站和数据链组成，建立无线数据通讯是实时动态测量的保证，其原理是取点位精度较高的首级控制点作为基准点，安置一台接收机作为参考站，对卫星进行连续观测，流动站上的接收机在接收卫星信号的同时，通过无线电传输设备接收基准站上的观测数据，流动站上的计算机根据相对定位的原理实时计算显示出流动站的三维坐标和测量精度。这样用户就可以实时监测待测点的数据观测质量和基线解算结果的收敛情况，根据待测点的精度指标，确定观测时间，从而减少冗余观测，提高工作效率。

利用 RTK 法进行数据采集，碎部点测量较为简便，主要是在测量前对仪器和控制软件需要正确的设置。主要包括如下几步：

(1) 架设基准站

基准站的架设包括 GNSS 天线的安装，电台天线的安装以及 GNSS 天线、电台天线、基准站接收机、数传电台、蓄电池之间电缆的连接。电台模式的基准站架设时，发射天线要离开 GNSS 接收机 3 m 以上，固定各个脚架，避免风力影响。

基准站的选址有以下要求：

①便于安置和操作仪器，视野开阔，视场内障碍物的高度角不宜超过 15°。

②远离大功率无线电发射源(如电视台、电台、微波站等)，其距离不小于 200 m；远离高压输电线和微波无线电信号传送通道，其距离不得小于 50 m。

③附近不应有强烈反射卫星信号的物体(如大型玻璃墙面建筑物、大面积水面等)。

④远离人群及交通比较繁忙的地段，避免人为的碰撞或移动。

(2) 新建、保存任务

选择文件中的新建任务，输入新任务名，选择工作的坐标系统及需要描述的情况，保存新任务。

(3) 配置坐标系统

根据测量任务的要求和当地的投影带及投影标高情况，在手簿中选择或输入正确的坐标系统、椭球参数等。

(4) 设置和启动基准站

选择配置中的基准站选项。可以根据作业时的实际情况适当地改动各选项值。若接收机架设在已知点上，可事先输入已知点坐标值，从列表中选择该点号来启动基准站；若该点为未知点，可用单点定位的值来启动基准站。

(5)设置和启动移动站

配置中的移动站选项。如果无线电和卫星接收正常，流动站开始初始化，软件的一般显示顺序为：串口无数据→开始初始化→浮动→固定，当得到固定解后才可以进行测量工作，否则测量精度比较低。

(6)点校正和测量

点校正的目的是求解不同坐标之间的转换参数。当屏幕显示得到固定解后，即可开始测量。

15.1.7 CORS 技术

连续运行参考站(Continuously Operating Reference Stations，CORS)是利用全球导航卫星系统、计算机、数据通信和互联网络等技术，在一个城市、一个地区或一个国家根据需求按一定距离建立长年连续运行的若干个固定 GNSS 参考站组成的网络系统。连续运行参考站系统是近年来在常规 RTK、计算机技术、通讯网络技术的基础上发展起来的一种实时动态定位新技术。在此基础上就可以建立起各种类型的网络 RTK 系统。

连续运行参考站系统有一个或多个数据处理中心，各个参考站点与数据处理中心之间具有网络连接，数据处理中心从参考站点采集数据，利用参考站网软件进行处理，然后向各种用户自动地发布不同类型的卫星导航原始数据和各种类型 RTK 改正数据。连续运行参考站系统能够全年 365d、每天 24h 连续不间断地运行，全面取代常规大地测量控制网。用户只需一台 GNSS 接收机即可进行毫米级、厘米级、分米级、米级的实时、准实时的快速定位或事后定位。全天候地支持各种类型的 GNSS 测量、定位、变形监测和放样作业，可满足覆盖区域内各种地面、空中和水上交通工具的导航、调度、自动识别和安全监控等功能，服务于高精度中短期天气状况的数值预报、变形监测、地震监测、地球动力学研究等。连续运行参考站系统还可以构成国家的新型大地测量动态框架体系和构成城市地区新一代动态参考站网体系，它不仅能满足各种测绘参考的需求，还能满足环境变迁动态信息监测等多种需求。

15.1.7.1 CORS 技术类型

CORS 技术在用途上可以分成单基站 CORS、多基站 CORS 和网络 CORS。

(1)单基站 CORS

就是只有一个连续运行站，类似于一加一或一加多的 RTK，只不过基准站由一个连续运行的基站代替，基站同时又是一个服务器，通过软件实时查看卫星状态、存储静态数据、实时向 Internet 发送差分信息以及监控移动站作业情况。移动站通过 GPRS/CDMA 网络通讯和基站服务器通讯。

(2)多基站 CORS

就是分布在一定区域内的多个单基站联合作业，基站与基站之间的距离不超过 50 km，他们都将数据发送到一个服务器。流动站作业时，只要发送它的位置信息到服务器，系统自动计算流动站与各个基站之间的距离，将距离近的基站差分数据发送给流动站。这样就确保了流动站在多基站 CORS 覆盖区域移动作业时，系统总能够提供距离流动站最近的基站差分数据，以达到最佳的测量精度。

单基站 CORS 和多基站 CORS 解决了传统 RTK 作业中的几大问题：
①用户需要架设本地的参考站，且架设参考站时含有潜在的粗差。
②没有数据完整性的监控。
③需要人员留守看护基准站，生产效率低。
④通讯不便。
⑤电源供给不便等。

(3) 网络 CORS

多参考站 CORS 虽然在一个较大范围内满足了精度要求，但是建站的密度相对较大，需要较大的投资，且还存在区域内精度不均匀的问题。网络 CORS 技术的产生使得可以在一个较大的范围内均匀稀松地布设参考站，利用参考站网络的实时观测数据对覆盖区域进行系统误差建模，然后对区域内流动用户站观测数据的系统误差进行估计，尽可能消除系统误差影响，获得厘米级实时定位结果，网络 RTK 技术的精度覆盖范围大大增大，且精度分布均匀。

15.1.7.2 CORS 技术优势

CORS 的出现使一个地区的所有测绘工作成为一个有机的整体，结束了以前 GPS 作业单打独斗的局面。与传统 RTK 测量作业方式相比，其主要优势体现在：

(1) 统一基准

为测绘工作提供了一个统一的基准，能够从根本上解决不同行业、不同部门之间坐标系统的差异问题。

(2) 服务拓展

GNSS 的有效服务范围得到了极大的扩展。

(3) 提高效率

采用连续基站，用户随时可以观测，使用方便，提高了工作效率。

(4) 提高精度

拥有完善的数据监控系统，由于消除或削弱各种系统误差的影响，还可获得高精度和高可靠性的定位结果。

(5) 减少费用

用户不需架设参考站，真正实现单机作业，减少了费用。

(6) 减少干扰

使用固定可靠的数据链通讯方式，减少了噪声干扰。

(7) 实现共享

提供远程 INTERNET 服务，实现了数据的共享，可为高精度要求的用户提供下载服务。

15.2 地理信息系统(GIS)

15.2.1 地理信息系统概述

信息(Information)是用文字、数字、符号、语言、图像等介质来表示事物、事件、现象等的内容、数量或特征，向人们或系统提供现实世界中的事实和知识。人们对信息有目的地采集、管理、分析和应用的技术和方法即为信息系统。地理信息系统（Geographic Information System，GIS）是一种信息系统，但又区别于其他信息系统，它是在计算机软硬件支撑下对整个或部分地球表层的有关地理分布数据进行采集、储存、管理、分析、显示、描述的技术系统，它处理和管理的对象是多种地理实体、地理现象数据及其空间关系数据，地理信息的类型多、数据量大和空间关系复杂使地理信息系统比其他信息系统更复杂。

地理信息系统是加拿大诺基尔·汤姆林逊（Roger F. Tomlinson）于 1960 年提出的这一术语，并建立了世界上第一个 GIS 系统——加拿大地理信息系统（CGIS），用于自然资源的管理和规划。半个世纪后的今天，地理信息系统发展成为一个的新兴产业和新兴学科——地理信息产业和地球空间信息学（Geomatics）。地理信息系统是一门综合性学科，其中与地理学、测量学和地图学关系尤为密切，地理信息系统是计算机技术与地理学相结合的产物，测量学为地理信息系统提供空间数据，地理信息系统脱胎于地图并在机助制图的基础上发展起来。

综上所述，地理信息系统就是综合处理和分析空间数据的一种技术系统，是以地理空间数据库为基础，在计算机软硬件的支持下，对空间相关数据进行采集、管理、操作、分析、模拟和显示，并采用地理模型分析方法，实时提供多种空间和动态的地理信息，为地理研究和地理决策服务而建立起来的计算机技术系统。因此，不同的地理信息系统都包括数据输入、数据管理、数据分析与处理、数据显示与输出等基本内容。

15.2.2 GIS 的基本组成

地理信息系统作为一个计算技术系统，主要有四个部分组成：计算机硬件设备、计算机软件系统、地理空间数据和系统组织管理人员。

（1）计算机硬件设备

地理信息系统硬件环境是用于存贮、处理和输入输出数字地图及数据的基本设备，包括以下几个部分：计算机系统，是系统操作、管理、加工和分析数据的主要设备，由 CPU、键盘、鼠标和屏幕显示器等组成；数据输入设备，是用于将需要的数据输入计算机，如数字化仪、扫描仪、解析测图仪、数字摄影测量仪器、数码相机、全站仪、GNSS 接收机等通过数据接口与计算连接传输采集到的数据；数据存贮设备，是存贮数据的磁盘、磁带及光盘等；数据输出设备，包括图形终端显示设备、绘图仪、打印机及多媒体输出装置等，它们将图形、图像、文件或报表等不同形式显示数据的分析处理结果提供给用户。

（2）计算机软件系统

计算机软件系统是指必需的各种程序，是计算机的灵魂，地理信息系统软件系统通常包括计算机系统软件、专业系统软件和相关应用分析程序。计算机系统软件，一般由计算机厂家提供的，是保障用户使用计算机的程序系统，通常包括操作系统、汇编程序、编译程序、诊断程序等，这也是 GIS 软件应用的前提条件；地理信息系统专业软件和其他支持软件，通用包括 GIS 软件包、数据库管理系统、图形软件包、图像处理系统等，用于支持对空间数据输入、存储、转换、输出和与用户接口；应用分析程序是系统开发人员或用户根据某种特定任务而开发的应用程序，是系统功能的扩充与延伸，用户进行系统开发的大部分工作是开发应用程序，而应用程序的水平在很大程度上决定系统的应用性优劣和成败。

(3) 地理空间数据

地理空间数据是指以地球表面空间位置为基准的自然、社会和人文等方面的数据,可以是图形、图像、文字、数字等不同形式,数据是系统程序作用的对象,是 GIS 所表达的现实世界经过模型抽象的实质性内容,是由系统的建立者通过一定仪器设备如全站仪、数字化仪、扫描仪或其他数据采集系统采集数据输入 GIS。GIS 的空间数据主要包括:

①某实体的空间位置　通过仪器设备采集的自然界中地理要素的空间位置,如地理坐标、空间直角坐标、平面直角坐标等。

②实体间的空间关系　实体间的空间关系如度量关系(如两个地物之间的距离)、延伸关系(两个地物之间的方位)、拓扑关系(地物之间包含、邻接等)。

③与几何位置无关的属性　属性分为定性和定量两种,定性属性如树种类型、行政区划归属等名称、类型、特性;定量属性如林地面积、土地等级、人口数量等数量和等级,非几何属性一般是经过抽象的概念,通过分类、命名、野外调查、统计得到。

(4) 系统组织管理人员

系统操作者是 GIS 的重要构成要素,仅有系统软硬件和数据不能构成完整的地理信息系统,需要专业人员进行系统组织、管理、维护和数据更新、系统扩充完善、应用程序开发、灵活应用地理分析模型提取所需信息,才能真正地为研究和决策服务。

15.2.3　常用 GIS 软件简介

15.2.3.1　ESRI 产品系列

美国环境系统研究所(Environmental Systems Research Institute Inc,ESRI)于 1969 年成立于美国加利福尼亚州的 Redlands 市,公司主要从事 GIS 工具软件开发和 GIS 数据生产。2010 年,Esri 推出 ArcGIS 10,这是全球首款支持云架构的 GIS 平台,在 WEB 2.0 时代实现了 GIS 由共享向协同的飞跃,同时 ArcGIS 10 具备了真正的 3D 建模、编辑和分析能力,并实现了由三维空间向四维时空的飞跃,真正的遥感与 GIS 一体化让 RS + GIS 价值凸显。ArcGIS 10 包含多语言版本,包括中文,日语,法语,德语,西班牙语和英语等 6 个版本。ArcGIS 10 主要组成包括 ArcGIS Desktop 及其扩展模块等。

(1) ArcGIS Desktop

这是一个集成了众多高级 GIS 应用的软件套件,它包含了一套带有用户界面组件的 Windows 桌面应用。包括 ArcMap、ArcCatalog、ArcToolbox 以及 ArcGlobe、ArcScene 等。ArcMap 实现地图数据的显示、查询和分析;ArcCatalog 用于基于元数据的定位、浏览和管理空间数据;ArcToolbox 是由常用数据分析处理功能组成的工具箱。

(2) ArcGIS Desktop 扩展模块

ArcGIS Desktop 提供了很多可选的扩展模块,使得用户可以实现高级分析功能,如栅格空间处理以及三维分析功能。所有的扩展模块都可以在 ArcView、ArcEditor 和 ArcInfo 中使用。

ESRI 产品中其他系统模块,在此不再介绍。

15.2.3.2 Mapinfo 产品系列

MapInfo 公司于 1986 年成立于美国特洛伊(Troy)市，成立以来，该公司一直致力于提供先进的数据可视化、信息地图化技术，其软件代表是桌面地图信息系统软件 MapInfo。MapInfo Professional 是 MapInfo 公司主要的软件产品，它支持多种本地或者远程数据库，较好地实现了数据可视化，生成各种专题地图。此外还能够进行一些空间查询和空间分析运算，如缓冲区等，并通过动态图层支持 GPS 数据。MapBasic 是为在 Mapinfo 平台上开发用户定制程序的编程语言，它使用与 BASIC 语言一致的函数和语句，便于用户掌握。通过 MapBasic 进行二次开发，能够扩展 MapInfo 功能，并与其他应用系统集成。Mapxtreme 是 MapInfo 提供的二次开发包(SDK)，基于面向对象，提供 COM 加载，可在 VB、Delphi、C、.Net、Java 等开发语言和环境中进行开发。

15.2.3.3 MapGIS 产品

MapGIS 是中地数码集团的产品名称，是中国具有完全自主知识版权的地理信息系统，是全球唯一的搭建式 GIS 数据中心集成开发平台，实现遥感处理与 GIS 完全融合，支持空中、地上、地表、地下全空间真三维一体化的 GIS 开发平台。系统采用面向服务的设计思想、多层体系结构，实现了面向空间实体及其关系的数据组织、高效海量空间数据的存储与索引、大尺度多维动态空间信息数据库、三维实体建模和分析，具有 TB 级空间数据处理能力、可以支持局域和广域网络环境下空间数据的分布式计算、支持分布式空间信息分发与共享、网络化空间信息服务，能够支持海量、分布式的国家空间基础设施建设。

具体介绍参见相关书籍。

15.2.3.4 GeoStar 产品

CeoStar(吉奥之星)软件系统是武汉测绘科技大学地理信息系统研究中心研制开发的，于 1996 年正式推出，该软件系统是基于矢量栅格一体化的数据结构，是面向大型数据管理和面向对象的系统分析和设计方法的地理信息系统软件。GeoStar 的体系结构为典型的 C/S 结构，服务器端由大型关系数据库管理系统或文件系统管理空间数据构成，主要目的是存储和管理各类空间数据和属性数据。客户端由桌面地理信息系统 GeoStar Desktop 和全组件式的 GIS 二次开发平台 GeoStar Objects、数据转换开发套件 GDC Objects、三维开发套件 GeoLOD 构成，其中桌面地理信息系统 GeoStar Desktop 是基于二次开发套件基础上搭建而成。该产品主要功能包括：数据建库、数据表现、数据分发、图形编辑、空间分析、空间查询、普通图制图、专题图制图、符号设计、数据转换、打印输出。

15.2.4 GIS 的功能

(1) 数据采集与输入

地理数据信息主要有两类形式：一类是地理基础数据或空间数据，如地物、地貌的位置和形态；另一类是属性数据，如土地分类、统计数据、社会经济和环境数据等。空间数据可利用传统测绘仪器(经纬仪、皮尺等)、现代测绘仪器(全站仪、全球定位系统 GPS、雷达等)、摄影测量与遥感技术等手段实地测量，还可以采用原有图件扫描数字化、键盘输入或从其他途径直接拷贝数据，而属性数据可由键盘输入或直接拷贝数据等。

（2）数据管理、分析和处理

GIS 软件系统对空间数据及属性数据具有较强的分析、管理与处理功能，GIS 数据库可以对各种空间数据进行编辑、处理、统计、分析和评价，还可以生成相关统计图。不同的软件系统功能不尽相同，一般都具备空间数据管理、自动生成拓扑关系、地图概括和地图信息提取、图幅管理及空间数据处理、缓冲区生成及图像与图形的叠和与分离、数字地形分析、格网分析与量测计算、自动制图等功能。

（3）数据输出

经过 GIS 系统处理后的空间和属性数据可以通过打印机、绘图仪、显示器等以普通地图、专题图、报表等多种形式输出。

15.3 遥感技术

15.3.1 遥感概述

遥感（Remote Sensing，RS），是不通过直接接触物体而获得信息的技术。地球上每一个物体都在不停地吸收、发射电磁波，并且不同物体的电磁波特性是不同的，遥感就是根据这个原理来探测地表物体对电磁波的反射，或者探测地物本身发射的电磁波，完成远距离识别物体。遥感的实现需要卫星、飞机等遥感平台，针对不同的应用和波段范围，人们已经研究出很多种传感器，探测和接收物体在可见光、红外和微波范围内的电磁辐射。传感器会把这些电磁辐射按照一定的规律转换为原始图像，原始图像被地面站接收后，经过一系列复杂的处理，提供给不同的用户使用。通常把这一接收、传输、处理、分析判读和应用遥感数据的全过程称为遥感技术。近年来，随着空间技术、传感器与数字图像处理技术的发展，以航空遥感和卫星遥感技术为代表的现代遥感技术，已逐步实现动态、快速、准确、及时地提供多种观测数据。由于遥感所具有的观测范围大、采集信息量大、获取信息速度快的特点，正广泛应用于灾害动态监测、农作物估产、资源勘探、土地规划与利用、城市规划、环境监测、气象预报、地质矿产、水文、城市建设与管理、测绘、军事、国土资源等领域，深入到很多学科，成为获取地球表面多层次、多视角、多方位信息的重要手段，对经济和社会发展有很重要的作用。

遥感技术的类型往往从以下几个方面对其进行划分，根据工作平台分为：地面遥感，航空遥感（气球、飞机），航天遥感（人造卫星、飞船、空间站、火箭）；根据传感器类型分为：主动遥感（微波雷达），被动遥感（航空航天、卫星）；根据记录方式分为：成像遥感，非成像遥感；根据应用领域分为：环境遥感，大气遥感，资源遥感，海洋遥感，地质遥感，农业遥感，林业遥感等；根据工作波段分为：可见光遥感，红外遥感，多谱段遥感，紫外遥感和微波遥感。

根据不同工作波段的特点和应用还可以将遥感划分为如下几种类型：可见光遥感，是应用比较广泛的一种遥感方式，对波长为 $0.4 \sim 0.7 \mu m$ 的可见光的遥感一般采用感光胶片或光电探测器作为感测元件，可见光摄影遥感具有较高的地面分辨率，但只能在晴朗的白昼使用；红外遥感，又分为近红外或摄影红外遥感，波长为 $0.7 \sim 1.5 \mu m$，用感光胶片直接感测；中红外遥感，波长为 1.5~5.5μm；远红外遥感，波长为 5.5~1 000μm。中、远红外遥感通常用于遥感物体的辐射，具有昼夜工作的能力；多谱段遥感，利用几个不同的谱段同时对同一地物进行遥感，从而获得与各谱段相对应的各种信息，将不同谱段的遥感信息加以组合，可以获取更多的有关物体的信息，有利于判释和识别，常用的多谱段遥感器有多谱段相机和多光谱扫描仪；紫外遥感，对波长 0.3~0.4μm 的紫外光的主要遥感方法是紫外摄影；微波遥感，对波长 1~1 000μm 的电磁波（即微波）的遥感，微波遥感具有昼夜工作能力，但空间分辨率低。雷达是典型的主动微波系统，常采用合成孔径雷达作为微波遥感器。

遥感作为一门对地观测综合性技术，它的出现和发展既是人们认识和探索自然界的客观需要，更有其他技术手段与之无法比拟的特点。遥感技术的特点归结起来主要有以下三个方面：

① 探测范围广、采集数据快　遥感探测能在较短的时间内，从空中乃至宇宙空间对大范围地区进行对地观测，并从中获取有价值的遥感数据。这些数据拓展了人们的视觉空间，为宏观地掌握地面事物的现状情况创造了极为有利的条件，同时也为宏观地研究自然现象和规律提供了宝贵的第一手资料。这种先进的技术手段与传统的手工作业相比是不可替代的。

② 能动态反映地面事物的变化　遥感探测能周期性、重复地对同一地区进行对地观测，这有助于人们通过所获取的遥感数据，发现并动态地跟踪地球上许多事物的变化。同时，研究自然界的变化规律。尤其是在监视天气状况、自然灾害、环境污染、农作物长势甚至军事目标等方面，遥感的运用就显得格外重要。

③ 获取的数据具有综合性　遥感探测所获取的是同一时段、覆盖大范围地区的遥感数据，这些数据综合地展现了地球上许多自然与人文现象，宏观地反映了地球上各种事物的形态与分布，真实地体现了地质、地貌、土壤、植被、水文、人工构筑物等地物的特征，全面地揭示了地理事物之间的关联性。

15.3.2　遥感图像解译

图像解译，指从图像获取信息的基本过程。即根据各专业的要求，运用解译标志和实践经验与知识，从遥感影像上识别目标，定性、定量地提取出目标的分布、结构、功能等有关信息，并把它们表示在地理底图上的过程。例如，土地利用现状解译，是在影像上先识别土地利用类型，然后在图上测算各类土地面积。遥感影像目视解译是解译者通过直接观察或借助一些简单工具（如放大镜等）识别所需地物信息的过程。

图像的解译标志，是遥感图像上能直接反映和判别地物信息的影像特征。解译标志分为直接解译标志和间接解译标志。直接解译标志指能够直接反映和表现目标地物信息的遥感影像的各种特征，包括遥感影像上的色调、色彩、大小、形状、阴影、纹理、图型等。解译者利用直接解译标志可以直观识别遥感影像上的目标地物。间接解译标志指能够间接反映和表现目标地物信息的遥感影像的各种特征，借助它可以推断其他的相关地物。例如根据植被、地貌与土壤的关系，识别土壤的类型和分布等。

15.3.3　遥感图像处理技术

常用的遥感图像处理方法有光学的和数字的两种。光学处理也称为模拟处理，包括一般的照相处理、光学的几何纠正、分层叠加曝光、相关掩模处理、假彩色合成、电子灰度分割和物理光学处理等。数字处理是指用计算机图像分析处理系统进行的遥感图像处理。数字处理方式灵活，重复性好，处理速度快，可以得到高像质和高几何精度的图像，容易满足特殊的应用要求，因而得到广泛的应用。具体来说，遥感图像处理就是对遥感图像进行纠正、图像变换、图像增强、图像分类以及各种专题处理。

(1) 遥感图像的预处理

遥感图像的预处理通常包括图像纠正、图像配准和图像镶嵌等。

①图像纠正　图像纠正是消除图像畸变的过程，包括辐射纠正和几何纠正。辐射畸变通常由于太阳位置，大气的吸收、散射引起；而几何畸变的原因则包括遥感平台的速度、姿态变化，传感器，地形起伏等。几何纠正包括粗纠正和精纠正两种，前者是根据有关参数进行校正；而后者通过采集地面控制点，建立校正多项式，进行纠正。

②图像配准　在多种遥感图像复合使用时，应当使同一地物在各图像上处于同一位置，这称为图像配准。图像配准与几何精纠正有相似的含义。前者指遥感图像间的配准，而后者是遥感图像与地形图间的配准。当两幅图像较接近时可以用计算机进行自动配准。

③图像镶嵌　由于地图的分幅与遥感图像的分幅不同，当两者配准时总会遇到一幅地图包含两幅以至四幅遥感图像的情况。这时需要把几幅图像拼接在一起，这称为图像镶嵌。由于这些图像可能在不同日期经过不同处理后得到的，简单的拼接往往能看出明显的色调差别。为了得到色调统一的镶嵌图，要先进行各波段图像的灰度匹配。例如，根据图像重叠部分具有相同的灰度平均值和方差的原则调整各图像的灰度值，以及利用自然界线(如河流、山脊等)作为拼接在边界而不是简单的矩形镶嵌。这样可使镶嵌图无明显的接缝。

(2) 图像变换

图像变换指的是将图像从空间域转换到变换域的过程，遥感图像的变换处理作用有：第一，图像在变换域进行增强处理要比在空间域进行增强处理简单易行；第二，通过图像变换可以对较像进行特征抽取。目前，常用的变换有：傅里叶变换、K-L变换、典型成分变换、余弦变换等。

(3) 图像增强

图像增强的目的在于突出图像中的有用信息，扩大不同影像特征之间的差别，从而提高对图像的解译和分析能力。图像增强是一个相对的概念，一部分内容的增强也同时意味着另一部分内容的减弱。目前比较成功的方法有：灰度增强、空间域滤波、频率域滤波、彩色增强等。为了使图像能显示出丰富的层次，必须充分利用灰度等级范围，这种处理称为图像的灰度增强。常用的灰度增强方法有线性增强、分段线性增强、等概率分布增强、对数增强、指数增强和自适应灰度增强、算术运算增强等。

(4) 遥感图像的分类

用计算机对遥感图像进行分类是模式识别技术在遥感技术领域中的具体应用，是遥感数字图像处理的一个重要内容。遥感图像分类就是利用计算机通过对遥感图像中各类地物的光谱信息和空间信息进行分析，选择特征，并用一定的手段将特征空间划分为互不重叠的子空间，然后将图像中的各个像元划归到各个子空间区去。在遥感图像分类中，按照是否有已知训练样本的分类数据，分类方法又分为两大类：即监督分类与非监督分类。

①监督分类　根据已知地物、选择各类别的训练区。计算各训练区内像元的平均灰度值，以此作为类别中心并计算其协方差矩阵。对于图像各未知像元，则计算它们和各类别中心的距离。当离开某类别中心的距离最近并且不超过预先给定的距离值时，此像元即被归入这一类别。当距离超过给定值时，此像元归入未知类别，最大似然率法和最小距离法等是常用的监督分类法。

②非监督分类法　根据各波段图像像元灰度分布的统计量，设定 N 个均值平均分布的类别中心。计算每个像元离开各类别中心的距离，并把它归入距离最近的一类。所有像元经计算归类后算出新的类别中心，然后再计算各个像元离开新类别中心的距离，并把它们分别归入离开新类别中心最近的一类。所有像元都重新计算归类完毕后，又产生新的类别中心。这样迭代若干次，直到前后两次得到的类别中心之间的距离小于给定值为止。

（5）纹理分析

纹理分析是根据周围各像元的分布作为确定这个像元类别的一种方法。遥感图像的一个像元中，可能包含多种地物，不同的地物也可能有相近的波谱特性，使计算机分类的准确度受到一定的限制。纹理可以用来探测和辨别不同的物体和区域。因此，图像纹理分析是对于传统图像分类的有益补充，有着广阔的应用前景。

15.4　测绘新技术集成及其应用

15.4.1　"3S"技术集成及其应用

"3S"技术集成是将遥感（RS）、全球导航卫星系统（GNSS）和地理信息系统（GIS）紧密结合的"3S"一体化技术，已显示出广阔的应用前景。以"3S"技术为基础，将 RS、GIS、GNSS 有机集成起来，构成一个强大的技术体系，可实现对各种空间信息的快速、机动、准确地采集、处理与更新。人们往往把组成"3S"技术的三个部分之间的相互关系用"一个大脑，两只眼睛"来描述，即 RS 为 GIS 提供数据源并定期更新信息，GNSS 对信息进行空间定位，它们构成了"3S"系统的两只眼睛，GIS 对其进行相应的空间分析，从 RS 和 GNSS 提供的海量数据中提取有用信息，并进行综合集成，使之成为决策的科学依据，即一个大脑。

15.4.1.1　"3S"技术在农业中的应用

各种现代信息技术在农业领域中都得到了广泛应用，加速了传统农业的改造，大幅度地提高农业生产效率，促进农业可持续稳定高效发展。包括全球导航卫星系统、地理信息系统、遥感技术、决策支持系统、数据库技术和网络技术等 6 大技术系统，这些系统之间技术上各有侧重，但相互渗透，共同为农业服务。

增加产量和提高效益是农业生产的重要目标。要达到增产高效的目的，除了适时种植高产作物、加强田间管理外，了解土壤性质，适时浇水、施肥，及时发现病害虫害、喷撒农药等也非常重要。利用"3S"技术构建农田管理信息系统，实时监测土壤成分、作物农情，做到合理施肥、播种和喷洒农药，节约费用，降低成本，有助于增加产量和提高效益。

利用遥感图像分类技术可以进行不同作物类别的提取，估算不同作物种植面积，预先获得各种作物的产量指标，利用 GIS 平台形成作物分布图、作物产量预测图等各种图件，为政府决策提供科学依据；当作物出现病虫害、缺水、缺养分的时候，会在特定波长范围出现异常变化，利用这一原理可实时监测病害、虫害、土壤含水量、土壤养分等指标。在 GIS 上对于遥感获取的数据和地面实测数据进行综合分析，针对于不同地块的作物类型、土壤物理特性、土壤养分、土壤污染物含量等信息，进行相应的施肥、灌溉、喷洒农药等田间作业，而不是对所有地块不加区分地统一处理，节约了资源，提高了作物产量和作业效率。GNSS 技术则为对不同地块进行的有针对性的田间作业提供定位基准。

精准农业是当今世界农业发展的潮流，是在信息技术指导下定位、定时、定量地进行农事操作的技术系统，精准农业对于"3S"技术提出更高的要求。遥感尤其是高光谱遥感在精准农业中应用广泛，如利用高光谱数据对不同植被和作物进行精细识别和分类；利用多时相的高光谱数据对作物个体生长状况进行分析研究，实现作物长势的动态监测，对作物单产和长势变化等进行估计，提供更为精确的产量指标；对植被的叶面积指数、生物量、全氮量、全磷量等生物、物理参数进行估算等。GNSS 应用于精准农业中，可进行智能化农业机械作业动态定位、农业信息采样定位和遥感信息定位。GIS 在精准农业中用于组织、分析、显示区域内各种数据。

"3S"技术用于土壤侵蚀调查：土壤侵蚀问题对农业资源和环境问题关系重大，遥感影像可提供许多土壤侵蚀因子信息，如地形、坡度、岩性、植被等，在 GIS 中，据此以通用土壤侵蚀方法为基础建立土壤侵蚀模型，并与相应地区的气象、水文要素相结合，输入计算机进行综合分析，以备检索查询，并编制不同比例尺的土壤侵蚀图。决策部门以此为基础，制订相应的水土保持政策，对于土壤侵蚀程度较强的区域，采取相应的抑制措施，如退耕还林、退田还草等。

15.4.1.2 "3S"技术在林业中的应用

"3S"在林业行业中市场广阔，应用潜力巨大，在森林资源调查、林业规划设计、森林防火、森林病虫害防治、森林生态状况调查等方面被广泛应用。"3S"技术的普遍应用将促进林业工作向精准、高效、现代化的方向发展，带来良好的生态效益、经济效益和社会效益。

森林资源调查：森林资源信息包括林业用地面积、各种森林类型分布、森林蓄积量及其动态变化等信息，林业遥感工作首先通过遥感图像识别不同的林地类型和分布，在抽样调查基础上建立起图像灰度值和森林蓄积量的相关关系，进行森林蓄积量的估算，利用不同时相的遥感图像发现各种变化信息；在 GIS 上编制各种类型的图件及变化信息图件，实现各种森林指标的可视化；而 GNSS 技术可以快速、高效、准确地提供点、线、面要素的精确坐标，进而获得林区面积、出材量、采伐面积等数值指标，另外，在林区利用 GNSS 可以提供准确的位置信息、进行森林境界线的勘测与放样。森林资源信息指标往往需要定量数据并具有一定的精度，"3S"技术具有快速、准确、高精度的特点，是进行森林资源调查与动态监测的有力工具。

森林火灾监测："3S"技术的紧密结合，可以建立高效、实时、实用的林火信息管理系统。森林发生火灾时，利用遥感技术可以在可见光和热红外波段获得火源信息，经处理后获得火点坐标，系统即可自动选定最佳救火线路，扑火队员利用 GNSS 接收机进行实时导航和定位，及时准确地到达火场,组织扑救工作。利用 GNSS 还可以便捷精确地测定受灾林地面积,在 GIS 中,系统分析估计森林火灾的损失,并输出森林火灾受害图、火险等级图等。所以,"3S" 技术对森林防火有重要意义。

森林病虫监测:病虫害防治是林业生产中的重要问题,当森林出现了病害和虫害时,在植物某些的波段会出现异常信息,应用遥感技术捕获这些信息,及时采取补救措施;而应用 GNSS 为森林病虫防治工作进行定位导航,可以减免庞大的地面指挥和信号系统,降低组织工作难度,减少人力、物力和财力的浪费,降低防治成本,提高工作效率。同样在 GIS 中,系统地分析病虫害产生的原因,形成森林病虫害的分布图,估计造成的损失,研究采取合理的病虫害处理措施,总结病虫防治的有效办法。由此可见,"3S" 技术对森林病虫害防治同样发挥着重要作用。

15.4.1.3 "3S"技术在土地资源管理中的应用

土地资源管理是指国家在一定的环境条件下,综合运用行政、经济、法律、技术方法,为提高土地利用生态、经济、社会效益,维护在社会中占统治地位的土地所有制、调整土地关系、监督土地利用而进行的计划、组织、协调和控制等综合性活动。土地资源遥感是研究土地及其变化的最重要的手段之一,遥感对土地的宏观研究,主要包括土地资源评价以及土地利用/土地覆被及其动态监测等内容,借助于 GIS 和 GNSS 技术,大大提高了效率,使得传统方法无法完成的工作得以实现。"3S" 技术在土地利用/土地覆被及其动态监测中的作用分别是:利用 RS 技术主动快速地获取土地利用的遥感影像信息;利用 GNSS 技术准确、快速地获取位置信息,为遥感影像校正提供数据;在 GIS 的支持下,实现土地数据的计算机管理与可视化,实现土地利用数据库地动态更新,按需输出成果图表。

土地利用/土地覆被是借助遥感图像识别不同的类型信息,获取土地利用现状数据,制作图表,提供给相关部门进行宏观决策。土地利用/土地覆被动态监测,是应用遥感技术对不同时相的遥感图像进行判读分析,发现并提取变化信息。土地利用/土地覆被动态监测的内容非常广泛,像荒漠化监测、城市扩张等涉及到土地覆盖性质发生变化的都属于土地利用/土地覆被动态监测的范畴。传统的土地利用/土地覆被动态监测方法,是在已经获得的土地利用现状数据的基础上,采用人工野外实地调查结合测量作业的方法,上报数据和图表资料,进而更新图件,这种方法效率低、费时费力,获取的也往往只是局部的变化信息,并且实时性差。

土地利用/土地覆被动态监测一般实施流程为:数据选取、数据处理、变化信息提取以及监测精度评定。

(1) 数据选取

地区性的土地覆盖变化可以用中低分辨率的卫星数据,中低分辨率的卫星数据覆盖范围广,可以监测到宏观的变化信息,性价比高;而具体到城市甚至各个地块的变化,则需要高分辨率遥感数据,以便监测违章建设、乱占耕地、非法开采矿山破坏环境等现象。目前土地利用监测已形成了高、中、低分辨率三个层次的监测体系,采用 MODIS 等低分辨率影像可以对土地变化进行快速、粗略、大范围的监测;采用 Landsat OLI、CBERS 等进行中等尺度和精度的动态监测;而采用 SPOT6、IKONOS、QuickBird 等可以进行较高精度的细节的动态监测,实现 1:1 万甚至更大比例尺土地利用图的更新。对遥感图像类型的选择,需要结合研究的目的、意义以及区域的大小进行综合选取。为提高精度需要，有时候需要结合相关土地利用图，作为监测的对比，当精度要求特别高时，必须以高分辨率卫星影像作为补充资料。

(2) 数据处理

遥感所获取的数据，通常需要通过相应的图像处理，包括几何纠正、图象增强与变换等，使其在点位精度和识别能力上达到相应的要求；图像分类则是根据相应的分类标准，获得土地利用现状等信息。

(3) 变化信息提取

所谓变化信息，是通过一定时段的土地相关资料（如面积、尺寸以及类型等）变化情况，得到不同时间段的变化信息量，从而可预计出土地将来的变化规律，为今后整体规划提供参考。变化信息发现与提取的主要方法有：

①影像与影像对比判读　将两幅或多幅不同时相的遥感图像进行对比，利用目视判读手段获取定性的变化信息，也可以获取周长、面积等定量变化数据，进而获得变化量和变化速度等信息。这种方法适宜于高分辨率影像，简单易行。

②影像分类法　是对不同时相的遥感影像进行图像分类，得到各时相的分类图。对各个时相的分类图进行叠加分析处理，从而得出动态变化信息。

③矢量底图与影像对比判读　由于图形文件和精校正后的遥感像片是基于同一个坐标系统的同一区域，所以在理论上同名地物应该是完全重合。一般情况下，影像的更新速度快于矢量图更新速度，将前一时相的矢量图叠加到当前时相的遥感图像上，对比遥感图像上地物的形状和类型相对于矢量线条的变化，没有发生变化的区域叠合的很好，二者不一致的区域往往是有变化的区域，这样来人机交互地找出变化区域。

④图像差值法　是将两个时相同一传感器获取的影像相对应的波段进行差值运算，经阈值过滤后，获得图像的变化信息，然后对变化信息进行分类，确定变化的性质。

⑤基于多源影像数据融合方法　此项技术是将不同时相、不同传感器的遥感数据进行融合，使变化区域呈现特殊特征的一种方法。

上述变化信息发现方法中，有的适用于高分辨率图像，可以发现中低分辨率图像无法发现的细节信息；有的适用于中、低分辨率图像，发现变化信息速度快，范围广，可以为局部细节的监测提供指导。上述几种方法相互补充，构成了一个动态监测体系。

(4) 监测精度评定

最后是对已获取的信息进行精度评定，得到所获取数据的精度指标，将可靠的成果形成数据库，作为管理部门进行土地资源管理工作的依据。

15.4.2　三维激光扫描技术及其应用

三维激光扫描技术是近年来出现的新技术，它是利用激光测距的原理，通过记录被测物体表面大量密集点的三维坐标、反射率和纹理等信息，快速复建出被测目标的三维模型及线、面、体等各种图件数据。利用三维激光扫描获取的空间点云数据，可快速建立结构复杂、不规则场景的三维可视化模型，省时又省力，这种能力是现行的三维建模软件所不可比拟的。三维激光扫描仪的巨大优势就在于可以快速扫描被测物体，不需反射棱镜即可直接获得高精度的扫描点云数据。这样一来可以高效地对真实世界进行三维建模和虚拟重现。三维激光扫描仪已经成功地在文物保护、城市建筑测量、地形测绘、采矿业、变形监测、工厂、大型结构、管道设计、飞机船舶制造、公路铁路建设、隧道工程、桥梁改建等领域中应用。

传统测量中,所测的数据输出的大都是二维成果,三维激光扫描仪每次测量的数据不仅仅包含 X、Y、Z 信息,还包括 R、G、B 颜色信息,同时还有物体反射率的信息,这样全面的信息能让物体在电脑里真实再现,是一般测量手段无法做到的。同时,常规测量手段,每一点的测量费时都在 2~5 秒不等,甚至利用几分钟的时间对一个点进行测量,而三维激光扫描仪最高速度已经达到 120 万点/秒,具有快速、不接触、穿透、实时、动态、主动性、高密度、高精度、数字化、自动化等特性。

按照载体的不同,三维激光扫描系统又可分为机载、车载、地面和手持型几类;按测量方式可分为基于脉冲式、基于相位差、基于三角测距原理的三维激光扫描系统;按用途可分为室内型和室外型,也就是长距离和短距离的不同。一般基于相位差原理的三维激光扫描仪测程较短,只有百米左右,而基于脉冲式原理的测程较长,测程远的可达 6 公里。

近些年来,三维激光扫描仪已经从固定式向移动式方向发展,最具代表性的移动类型就是车载三维激光扫描仪和机载三维激光雷达(Light Detection And Ranging,LiDAR)。车载三维激光扫描仪的系统传感器部分集成在一个可稳固连接在普通车顶行李架或定制部件的过渡板上,支架可以分别调整激光传感器头、数码相机、惯性导航单元与 GNSS 天线的姿态或位置,高强度的结构足以保证传感器头与导航设备间的相对姿态和位置关系稳定不变,主要应用于道路和高速公路方面。机载激光三维雷达系统是一种集激光扫描仪、全球导航定位系统和惯性导航系统以及高分辨率数码相机等技术于一身的光机电一体化集成系统,用于获得激光点云数据并生成精确的数字高程模型(DEM)、数字表面模型(DSM),同时获取物体数字正射影像图(DOM),通过对激光点云数据的处理,数字高程模型和数字表面模型等可得到真实的三维场景图。

15.4.3 测量机器人技术及其应用

测量机器人又称自动全站仪,是一种集自动目标识别、自动照准、自动测角与测距、自动目标跟踪、自动记录于一体的测量平台。它的技术组成包括坐标系统、操纵器、换能器、计算机和控制器、闭路控制传感器、决定制作、目标捕获和集成传感器等八大部分。坐标系统为球面坐标系统,望远镜能绕仪器的纵轴和横轴旋转,在水平面 360°、竖面 180° 范围内寻找目标;操纵器的作用是控制机器人的转动;换能器可将电能转化为机械能以驱动步进马达运动;计算机和控制器的功能是从设计开始到终止操纵系统、存储观测数据并与其他系统接口,控制方式多采用连续路径或点到点的伺服控制系统;闭路控制传感器将反馈信号传送给操纵器和控制器,以进行跟踪测量或精密定位;决定制作主要用于发现目标,如采用模拟人识别图像的方法或对目标局部特征分析的方法进行影像匹配;目标获取用于精确地照准目标,常采用开窗法、区域分割法、回光信号最强法以及方形螺旋式扫描法等;集成传感器包括采用距离、角度、温度、气压等传感器获取各种观测值。由影像传感器构成的视频成像系统通过影像生成、影像获取和影像处理,在计算机和控制器的操纵下实现自动跟踪和精确照准目标,从而获取物体或物体某部分的长度、厚度、宽度、方位、二维和三维坐标等信息,进而得到物体的形态及其随时间的变化。

15.4.4 无人机测绘技术及其应用

无人机是通过无线电遥控设备或机载计算机程控系统进行操控的多旋翼或者无人直升机飞行器。无人机航拍是以无人驾驶飞机作为空中平台，以机载遥感设备，如高分辨率CCD数码相机、轻型光学相机、红外扫描仪、激光扫描仪、磁测仪等获取信息，用计算机对图像信息进行处理，并按照一定精度要求制作成图像。无人机系统是集成了高空拍摄、遥控、遥测技术、视频影像微波传输和计算机影像信息处理的新型应用技术。无人驾驶飞机起飞降落受场地限制较小，在操场、公路或其他较开阔的地面均可起降，稳定性、安全性好，转场容易。小型轻便、低噪节能、高效机动、影像清晰、轻型化、小型化、智能化更是无人机航拍的突出特点。

为适应城镇发展的总体需求，提供综合、正确、实时的信息是进行科学决策的基础，各地区、各部门在综合规划、基础设施建设、厂矿建设、居民小区建设、环保和生态建设等方面，无不需要最新、最完整的地形资料。无人机航拍测绘具有高清晰度、大比例尺、高现势性的优点，特别适合获取带状地区航摄影像。无人机航拍遥感技术可广泛应用于国家生态环境保护、矿产资源勘探、海洋环境监测、国土整治监控、农田水利建设、水资源开发、农作物长势监测与估产、自然灾害监测与评估、城市规划与市政管理、森林病虫害防护与监测等多个领域，为各项科研提供实时的影像资料。

15.4.5 其他测绘新技术及其应用

15.4.5.1 虚拟现实

虚拟现实(Virtual Reality，VR)技术是一种可以创建和体验虚拟世界的计算机仿真系统，它利用计算机生成一种模拟环境，是一种多源信息融合的交互式三维动态视景和实体行为的系统仿真，使用户沉浸到该环境中。虚拟现实技术是仿真技术与计算机图形学、人机接口技术、多媒体技术、传感技术、网络技术等多种技术的集合，是一门富有挑战性的交叉技术和研究领域。

虚拟现实技术主要包括模拟环境、感知、自然技能和传感设备等方面。模拟环境是由计算机生成的、实时动态的三维立体逼真图像。感知是指理想的VR应该具有一切人所具有的感知。除计算机图形技术所生成的视觉感知外，还有听觉、触觉、力觉、运动等感知，甚至还包括嗅觉和味觉等。自然技能是指人的头部转动，眼睛、手势或其他人体行为动作，由计算机来处理与参与者的动作相适应的数据，并对用户的输入作出实时响应，并分别反馈到用户的五官。传感设备是指三维交互设备。

应用虚拟现实技术，将三维地面模型、正射影像和城市街道、建筑物及市政设施的三维立体模型融合在一起，再现城市建筑及街区景观，用户在显示屏上可以很直观地看到生动逼真的城市街道景观，可以进行诸如查询、量测、漫游、飞行浏览等一系列操作，满足数字城市技术由二维GIS向三维虚拟现实的可视化发展需要，为城建规划、社区服务、物业管理、消防安全、旅游交通等提供可视化空间地理信息服务。

15.4.5.2 智慧城市

目前，建设智慧城市已成为我国城市发展的潮流。早在 2013 年初，国家测绘地理信息局就发布了《智慧城市时空信息云平台建设技术指南》，开展了智慧城市时空信息云平台建设与试点工作，为数字城市地理空间框架的升级转型以及全面开展智慧城市时空信息云平台建设积累经验。

智慧城市理念主要集中于以下三点：第一，智慧城市建设是以信息技术应用为主线。智慧城市被认为是城市信息化的高级阶段，涉及到信息技术的创新应用，而信息技术是以物联网、云计算、移动互联和大数据等新兴热点技术为核心和代表。第二，智慧城市是一个复杂的、相互作用的系统。在这个系统中，信息技术与其他资源要素优化配置并共同发生作用，对包括政务、民生、环境、公共安全、城市服务等在内的各种需求做出智能化响应和决策支持，促使城市更加智慧地运行。第三，智慧城市是城市发展的新兴模式。智慧城市的服务对象面向政府、企业和个人，它的结果是城市生产、生活方式的变革、提升和完善，从而使居住在城市中的人拥有更美好的生活。

数字城市向智慧城市的转型主要包括如下两大内容：一是建立时空信息数据库。在已建成的基础地理信息数据库基础上，通过数据扩充、添加时间属性以及数据重组，实现从基础地理信息数据到时空信息数据的升级；二是构建时空信息云平台。以直观表达的时空信息为基础，接入物联网实时感知信息，面向各种应用环境按需提供智能化的时空信息服务。由于智慧城市建设涉及的领域众多，存在大量跨部门、跨行业的问题，比如地下管线数据分别在电力、热力及自来水等部门，各种比例尺地形图基础数据在国土、测绘部门，街区及房屋相关数据在房管部门，这些数据在内容格式和应用机制上都是相互独立的。建设智慧城市的首要任务就是建立城市 GIS 地理空间框架基础平台，通过对基础地理信息数据的集成、存储、检索、操作和分析，生成统一的基础地理信息系统，构成其他各种专题信息系统的基础前提和有效载体。而建立这样的城市 GIS 基础平台离不开多尺度的数字线划矢量图（DLG）、数字高程模型（DEM）、数字正射影像图（DOM），上述这些图像和资料的获取都离不开基础测绘工作。灵活性强、精度高的 GNSS 定位技术，实时的多源遥感数据以及 GIS 数据处理技术，都将在智慧城市建设发挥着日益重要的作用。

本章小结

本章主要介绍了 GNSS、GIS、RS 技术的基本概念、原理与应用。详细讲述 GNSS 定位的原理、模式以及 GNSS 测量的实施，概括介绍 GIS 和 RS 的原理、"3S" 技术在农林业等领域的应用以及一些测绘新技术。通过本章的学习，要求重点掌握 GNSS 测量的作业流程，理解 GNSS 测量的原理和方法，了解 "3S" 技术在农、林业等的应用。在学习本章知识的同时，要求广泛阅读测绘地理信息新技术在相关领域的应用文献，了解现代测绘技术在农、林业生产实际中的应用。

思考题十五

(1) 组成 GNSS 各部分的作用是什么？
(2) GNSS 定位测量的特点是什么？

(3) 简述 GNSS 控制网常用的布设形式。
(4) 简述 GIS 的基本功能。
(5) 遥感图像的数字处理包含哪些内容?
(6) 测绘新技术主要有哪些？试说明各自的应用。

参考文献

Barry F K S J. Glenn Bird. 2000. Surveying: principles and applications[M]. 5th ed. New Jersey: Prentice Hall.
Barry F K. 2005. Surveying: Principles and applications[M]. 7th ed.. New Jersey: Prentice Hall.
Barry F. K. 2005. Surveying: Principles and Applications[M]. 7th ed.. New Jersey: Prentice Hall.
CH 5002—1994 地籍测绘规范.
Francis H M, John D B. 1997. Surveying[M]. 10th ed. New Jersey: Prentice Hall.
GB/T 20257.1—2007 国家基本比例尺地图图式 第1部分：1:500、1:1 000、1:2 000 地形图图式.
GB/T 21010—2007 土地利用现状分类.
GB/T 6962—2005 1:500 1:1 000 1:2 000 地形图航空摄影规范.
GB/T 7930—2008 1:500 1:1 000 1:2 000 地形图航空摄影测量内业规范.
GB/T 7931—2008 1:500 1:1 000 1:2 000 地形图航空摄影测量外业规范.
Jack C. M. 1991. Surveying fundamentals[M]. 2nd ed.. New Jersey: Prentice Hall.
Paul R W, Russell C B. 1994. Elementary surveying[M]. 9th ed. New York: Harper Collins Publishers.
TD 1001—1993 城镇地籍调查规程.
TD/T 1014—2007 第二次全国土地调查技术规程.
白会人, 徐晓鹏, 王谢勇. 2005. 测量学课程双语教学的探讨与实践[J]. 测绘通报, (6): 62-64.
卞正富. 2002. 测量学[M]. 北京. 中国农业出版社.
蔡孟裔, 毛赞猷, 田德森, 等. 2000. 新编地图学教程[M]. 北京: 高等教育出版.
陈改英. 2001. 测量学[M]. 北京: 气象出版社.
陈丽华. 2009. 测量学[M]. 杭州: 浙江大学出版社.
陈送财. 2008. 工程测量[M]. 北京: 中国科学技术大学出版社.
程效军, 鲍峰, 顾孝烈. 2016. 测量学[M]. 5版, 同济大学出版社.
崔炳光, 高建新. 2007. 对测量学教材中几个地貌名称的探讨[A]. 全国测绘科技信息网中南分网第二十一次学术信息交流会论文集[C], 520-523.
冯仲科, 韩熙春. 2005. 高校非测绘专业"测量学"教学与学科建设的若干问题及对策[J]. 北京林业大学学报(社会科学版), 4(S): 137-139.
冯仲科. 2002. 测量学原理[M]. 北京. 中国林业出版社.
葛吉琦. 1997. 地籍测量[M]. 哈尔滨: 哈尔滨地图出版社.
葛吉琦. 1999. 测量学与地籍测量[M]. 西安: 西安地图出版社.
顾孝烈, 鲍峰, 程效军. 1999. 测量学[M]. 2版. 上海: 同济大学出版社.
郭昌平. 2009. 浅谈土地整理测量应注意的问题[J]. 陕西煤炭, (2): 82-83.
郭宗河, 郑进风. 2001. 对《测量学》教材编写的几点意见[J]. 测绘通报, (3): 46-47.
国土资源部土地整理中心. 2000. 土地开发整理标准[M]. 北京: 中国计划出版社.
韩熙春. 2003. 测量学[M]. 北京: 中国林业出版社.
胡伍生, 潘庆林. 2002. 土木工程测量[M]. 2版. 南京: 东南大学出版社.

胡振琪．2007．土地整理概论[M]．北京：中国农业出版社．
花向红，邹进贵．2008．《数字测图原理与应用》精品课程建设的实践与思考[J]．测绘工程，17(3)：74－76．
黄仁涛，庞小平，马晨燕．2003．专题地图编制[M]．武汉：武汉大学出版社．
姜晨光．2009．测量技术与方法[M]．北京：化学工业出版社．
焦健，曾琪明．2005．地图学[M]．北京：北京大学出版社．
金和钟，陈丽华．1998．工程测量[M]．杭州：杭州大学出版社．
金和钟．1992．测量学[M]．西安：西安地图出版社．
孔达．2007．水利工程测量[M]．北京：中国水利水电出版社．
李俊锋，张玮．2009．信息化测绘体系下构建新的测量学教材内容的探讨[J]．测绘标准化，25(4)：47－48．
李青岳，陈永奇．2008．工程测量学[M]．北京：测绘出版社．
李秀江．2007．测量学[M]．北京．中国农业出版社．
李秀江．2008．测量学[M]．北京：中国林业出版社．
李一兵．2002．对《测量学》教材编写的探讨[J]．广西大学学报(哲学社会科学版)，24(S)：111－112．
梁勇，齐建国．2004．测量学[M]．北京：中国农业大学出版社．
刘普海，梁勇，张建生．2006．水利水电工程测量[M]，北京：中国水利水电出版社．
刘普海．2005．水利水电工程测量[M]．北京：中国水利水电出版社．
刘星，吴斌．2004．工程测量学[M]．重庆：重庆大学出版社．
陆守一．2000．地理信息系统实用教程[M]．北京：中国林业出版社．
宁津生，陈俊勇，李德仁，等．2004．测绘学概论[M]．武汉：武汉大学出版社．
宁津生．2000．测绘工程专业和测绘学[J]．测绘工程，9(2)：70－74．
潘正风，杨正尧，程效军，等．2008．数字测图原理与方法[M]．武汉：武汉大学出版社．
潘正风，程效军，成枢，等．2015．数字地形测量学[M]．武汉：武汉大学出版社．
潘正风，杨德麟．1996．大比例尺数字测图[M]．北京：测绘出版社．
潘正风．2002．数字测图原理[M]．武汉：武汉大学出版社．
全国科学技术名称审定委员会．2002．测绘学名词[M]．2版．北京：科学出版社，(3)：3．
孙祖述，谌作林，等．1991．地籍测量[M]．武汉：武汉测绘科技大学．
覃辉．2008．《测量学》教材内容的改革与实践[J]．测绘科学，33(6)：229－232．
汤青慧，于水，唐旭，等．2013．数字测图与制图基础教程[M]．北京：清华大学出版社．
王侬，过静珺．2009．现代普通测量学[M]．2版．北京：清华大学出版社．
王侬，过静珺．2001．现代普通测量学[M]．北京：清华大学出版社．
武汉测绘科技大学编写组．1995．测量学[M]．北京：测绘出版社．
徐绍铨，张华海，杨志强，等．2008．GPS测量原理及应用[M]．3版．武汉：武汉大学出版社．
徐行．1997．园林工程测量[M]．哈尔滨：哈尔滨地图出版社．
杨晓明，沙丛术，郑崇启，等．2009．数字测图[M]．北京：测绘出版社．
杨晓明，余代俊，董斌，等．2014．数字测图原理与技术[M]．2版．北京：测绘出版社．
杨正尧．2005．测量学[M]．北京：化学工业出版社．
岳建平，邓念武．2008．水利工程测量[M]．北京：中国水利水电出版社．

翟翊，彭维吉，魏忠邦．2010．浅谈现行"测量学"教材的名称[J]．测绘通报，（1）：75-76．
翟翊，赵夫来，杨玉海．2008．现行测量学教材中的若干问题探讨[J]．测绘通报，（4）：71-74．
张金亮．2006．试论土地整理测绘[J]．国土资源科技管理，（3）：29-30．
张坤宜．2008．交通土木工程测量[M]．武汉：华中科技大学出版社．
张慕良．2010．水利工程测量[M]．北京：中国水利水电出版社．
张晓明．2008．测量学[M]．合肥：合肥工业大学出版社．
张正禄．2009．工程测量学[M]．武汉：武汉大学出版社．
赵红，徐文兵．2017．数字地形图测绘[M]．北京：地震出版社．
赵红．2010．水利工程测量[M]．北京：中国水利水电出版社．
浙江工学院，浙江林学院．1986．测量学[M]．浙江：浙江科学技术出版社．
中国建筑工业出版社．1997．测量规范[M]．北京：中国建筑工业出版社．
钟宝琪．1996．地籍测量[M]．武汉：武汉测绘科技大学出版社．
祝国瑞．2004．地图学[M]．武汉：武汉大学出版社．